Teoria e Prática do
Tratamento de Minérios

Arthur Pinto Chaves
e colaboradores

A flotação no Brasil
volume 4

3ª edição
revista e ampliada

Copyright © 2013 Oficina de Textos

Grafia atualizada conforme o Acordo Ortográfico da Língua
Portuguesa de 1990, em vigor no Brasil desde 2009.

Conselho editorial Cylon Gonçalves da Silva; Doris C. C. K. Kowaltowski;
José Galizia Tundisi; Luis Enrique Sánchez;
Paulo Helene; Rozely Ferreira dos Santos;
Teresa Gallotti Florenzano

Capa e projeto gráfico Malu Vallim
Diagramação Bruno Tonelli
Preparação de textos Gerson Silva
Revisão de textos Hélio Hideki Iraha
Impressão e acabamento Vida & Consciência editora e gráfica

Dados Internacionais de Catalogação na Publicação (CIP)
(Câmara Brasileira do Livro, SP, Brasil)

A Flotação no Brasil / Arthur Pinto Chaves
[editor]. -- 3. ed. rev. e ampl. -- São Paulo :
Oficina de Textos, 2013. -- (Coleção teoria e
prática do tratamento de minérios ; v. 4)

Vários autores.
Bibliografia.
ISBN 978-85-7975-071-7

1. Engenharia de minas 2. Flotação 3. Minérios -
Tratamento I. Chaves, Arthur Pinto. II. Série.

13-06574   CDD-622.752

Índices para catálogo sistemático:
1. Flotação : Tratamento de minérios :
Engenharia de minas 622.752

Todos os direitos reservados à **Editora Oficina de Textos**
Rua Cubatão, 959
CEP 04013-043 São Paulo SP
tel. (11) 3085-7933   fax (11) 3083-0849
www.ofitexto.com.br   atend@ofitexto.com.br

Sumário

1 A FLOTAÇÃO COMO OPERAÇÃO UNITÁRIA NO
  TRATAMENTO DE MINÉRIOS 9
  Antônio Eduardo Clark Peres e Armando Corrêa de Araujo
  1.1 Aspectos básicos da flotação 10
  1.2 Princípios de propriedades das interfaces 13
  1.3 Reagentes e mecanismos de ação 24
  1.4 Máquinas de flotação 35
  1.5 Aplicações da flotação no Brasil 35
      Referências bibliográficas 39

2 MÁQUINAS DE FLOTAÇÃO 40
  Arthur Pinto Chaves e Wendel Johnson Rodrigues
  2.1 Células mecânicas 42
  2.2 Células-tanque 48
  2.3 Hidrodinâmica das células de flotação 50
  2.4 Células pneumáticas 55
  2.5 Outros equipamentos 57
  2.6 Equipamentos disponíveis no Brasil 59
      Referências bibliográficas 62

3 FLOTAÇÃO EM COLUNA 65
  Lauro Akira Takata e Thiago Valle
  3.1 Breve histórico 65
  3.2 O processo de flotação em coluna 67
  3.3 Evolução tecnológica da flotação em coluna 79
  3.4 O atual estado da arte 82
  3.5 O caso da Bunge em Araxá 86
  3.6 Sistemas de geração de bolhas 91
      Referências bibliográficas 102

4 PAULO ABIB: O GRANDE MESTRE DA FLOTAÇÃO NO BRASIL 105
  Francisco Evando Alves e Arthur Pinto Chaves
  4.1 Um início nada fácil 106
  4.2 O desafio da Serrana 107
  4.3 Trilhando o próprio caminho 111
  4.4 A perda 113
      Bibliografia consultada 114

5 **FLOTAÇÃO DE MINÉRIOS FOSFÁTICOS** 116
Luiz Antonio Fonseca de Barros
5.1 Flotabilidade das apatitas 119
5.2 Adsorção de coletores em minérios fosfatados 121
5.3 Uso de ácidos graxos e seus sais 125
5.4 Comprimento e grau de insaturação da cadeia hidrocarbônica 125
5.5 Oxidação das duplas ligações 126
5.6 Área limitante 127
5.7 Solubilidade 128
5.8 Sulfossuccinatos e sulfossuccinamatos 129
5.9 Agentes modificadores 131
5.10 Química do sistema 134
5.11 Controle de pH 137
5.12 *Slimes coating* 139
5.13 Flotabilidade dos minerais de ganga 140
5.14 Análise crítica de processo de concentração de minérios fosfáticos 147
Referências bibliográficas 154

6 **FLOTAÇÃO DE OURO** 158
Fernando Antônio Freitas Lins e Marisa Bezerra de Mello Monte
6.1 Classificação dos minérios de ouro 158
6.2 A flotação no processamento de minérios de ouro 161
6.3 Flotação de ouro 163
6.4 A prática de flotação de minérios auríferos no Brasil 173
6.5 Alguns desafios na flotação de minérios auríferos 185
Referências bibliográficas 189

7 **FLOTAÇÃO DE COBRE NA MINERAÇÃO CARAÍBA** 193
Frank Edward de Oliveira Rezende
7.1 Características gerais da Mineração Caraíba 193
7.2 Descrição do processo produtivo 198
Referências bibliográficas 213

8 **FLOTAÇÃO DE COBRE EM SOSSEGO E SALOBO** 214
Marco Antônio Nankran Rosa e Wendel Johnson Rodrigues
8.1 Características gerais da usina do Sossego 214
8.2 A flotação de cobre do Sossego 217
8.3 Características gerais da usina do Salobo 222
Referências bibliográficas 230

9 FLOTAÇÃO DE CHUMBO E ZINCO NA VOTORANTIM METAIS 231
Alberto Augusto Rebelo Biava e Frank Edward de Oliveira Rezende
9.1 Unidade Vazante - minérios silicatados de zinco 233
9.2 Unidade Morro Agudo - minério sulfetado de
chumbo e zinco 248
Referências bibliográficas 257

10 FLOTAÇÃO DE NÍQUEL NA VOTORANTIM METAIS 258
Geraldo Majela Silveira
10.1 Votorantim Metais Níquel - Unidade Fortaleza de Minas 260
Bibliografia consultada 275

11 FLOTAÇÃO DE CLORETO DE POTÁSSIO (SILVITA) 277
Laurindo de Salles Leal Filho, Eldon Azevedo Masini e Rogério Luiz Moura
11.1 Particularidades físico-químicas e tecnológicas
da flotação de sais de potássio 278
11.2 Fundamentos da seletividade da separação silvita (KCl)
versus halita (NaCl) por flotação 280
11.3 O processo de concentração de silvita na usina de
concentração de Taquari-Vassouras 282
Referências bibliográficas 287

12 FLOTAÇÃO DE SILICATOS 288
*Paulo Roberto de Magalhães Viana, Armando Corrêa de Araujo e
Antônio Eduardo Clark Peres*
12.1 Minerais da classe dos silicatos 288
12.2 Estrutura e carga superficial dos silicatos 299
12.3 Química dos reagentes em solução 306
12.4 Adsorção de reagentes 316
12.5 Exemplo de aplicação: flotação de espodumênio
em sistemas com feldspato e quartzo 344
Referências bibliográficas 348

13 FLOTAÇÃO DE MINÉRIOS DE FERRO 354
*Armando Corrêa de Araujo, Antônio Eduardo Clark Peres, Paulo Roberto de
Magalhães Viana e José Farias de Oliveira*
13.1 Deslamagem 357
13.2 Coletores catiônicos 358
13.3 Coletores aniônicos 359
13.4 Depressores 360
13.5 Espumantes 364

13.6 Surfatantes não iônicos 364
13.7 Conclusões 365
Referências bibliográficas 366

14 FLOTAÇÃO DE FELDSPATOS 368
Carlos Alberto Ikeda Oba e Luiz Paulo Barbosa Ribeiro
14.1 Os feldspatos 368
14.2 Características da flotação de feldspatos 372
14.3 Beneficiamento de feldspatos 375
14.4 Cuidados na eliminação de efluentes com flúor 383
Referências bibliográficas 385

15 FLOTAÇÃO DE MINÉRIOS DE MAGNESITA E TALCO 386
Paulo Roberto Gomes Brandão e Arnaldo Lentini da Câmara
15.1 Magnesita 386
15.2 Talco 395
15.3 Conclusões 399
Referências bibliográficas 400

16 FLOTAÇÃO DE BAUXITA 402
Arthur Pinto Chaves
16.1 Histórico do desenvolvimento de processo........................ 403
16.2 Revisão da literatura 405
16.3 Conclusão 413
Referências bibliográficas 415

17 FLOTAÇÃO DO CARVÃO 417
*Carlyle Torres Bezerra de Menezes, André Taboada Escobar e
Arthur Pinto Chaves*
17.1 Breve histórico do processo de flotação de carvão
no Brasil 417
17.2 Mecanismos atuantes na flotação de carvão 420
17.3 Equipamentos utilizados na flotação de carvão 423
17.4 Reagentes utilizados na flotação 424
17.5 Desafios e problemas operacionais na flotação de carvão ...424
17.6 Considerações finais 425
Referências bibliográficas 426

18 O processo de condicionamento em alta intensidade (CAI) na flotação de minérios 428
Jorge Rubio
18.1 A problemática da recuperação de finos de minérios 428
18.2 Condicionamento em alta intensidade (CAI) 430
18.3 Processo CAI-flotação: estudos de pesquisa em escala de laboratório 437
18.4 Estudo de caso: minérios de fosfato da Bunge Araxá (atual Vale) 439
18.5 Considerações finais e conclusões 445
Referências bibliográficas 447

19 Tratamento de água na mineração 450
Magno Meliauskas
19.1 Hidrologia e Hidrogeologia 451
19.2 Tratamento de águas de lavra e do processamento mineral 454
19.3 Considerações finais e conclusões 458
Referências bibliográficas 458

20 Pesquisa e desenvolvimento em flotação 459
Armando Corrêa de Araujo, Paulo Roberto de Magalhães Viana e Antônio Eduardo Clark Peres
20.1 Etapas de pesquisa e desenvolvimento no processo de flotação 462
20.2 Onde as pesquisas em flotação são desenvolvidas? 466
20.3 Características importantes no desenvolvimento de pesquisas em flotação 470
20.4 Tendências para o futuro 471
Referências bibliográficas 472

21 A Clariant na mineração 475
Equipe Clariant
21.1 Coletores 475
21.2 Espumantes 484

22 Quem é quem na flotação no Brasil 489

A flotação como operação unitária no Tratamento de Minérios

Antônio Eduardo Clark Peres
Armando Corrêa de Araujo

O papel da flotação como operação unitária no Tratamento de Minérios fica bem caracterizado com o auxílio dos Quadros 1.1 e 1.2. No Quadro 1.1, apresenta-se um panorama da Engenharia Mineral, entendida como o conjunto de atividades que tem como matéria-prima o minério e como objetivo a produção de bens comercializáveis, os chamados concentrados. A concentração é uma etapa do setor de Tratamento de Minérios.

Quadro 1.1 PANORAMA DA ENGENHARIA MINERAL

Setor	Etapa		
Pesquisa mineral	prospecção; exploração		
Mineração ou lavra	desenvolvimento; lavra ou explotação		
Tratamento de Minérios	preparação:	fragmentação ou cominuição:	britagem moagem
	controle de tamanho:		peneiramento classificação concentração
	acabamento do concentrado:		espessamento filtragem secagem
	descarte do rejeito:		aglomeração espessamento estocagem
	Manuseio, transporte e comercialização		
Metalurgia Extrativa	hidrometalurgia; pirometalurgia		
	Amostragem, circulação de água, controle		

A concentração de minerais requer três condições básicas: liberabilidade, diferenciabilidade e separabilidade dinâmica (Silva, 1973). A liberação dos grãos dos diferentes minerais é obtida por meio de operações de fragmentação (britagem e moagem) intercaladas com etapas de separação por tamanho. A separabilidade dinâmica está diretamente ligada aos equipamentos empregados. As máquinas de flotação caracterizam-se por possuírem mecanismos capazes de manter as partículas em suspensão e de possibilitar a aeração da polpa. A diferenciabilidade é a base da seletividade do método.

As propriedades diferenciadoras e os métodos de concentração a elas relacionados são apresentados no Quadro 1.2.

1.1 Aspectos básicos da flotação

Flotação em espuma, ou simplesmente flotação, é um processo de separação aplicado a partículas sólidas que

Quadro 1.2 PROPRIEDADES DIFERENCIADORAS E MÉTODOS DE CONCENTRAÇÃO

Propriedades	Métodos
Óticas (cor, brilho, fluorescência)	escolha ótica (manual ou automática)
Densidade	líquido denso, meio denso, jigues, mesas, espirais, cones, ciclones de meio denso, DWP, bateias, calhas, calhas estranguladas, classificadores, hidrosseparadores etc.
Forma	os mesmos métodos baseados na densidade
Suscetibilidade magnética	separação magnética
Condutividade elétrica	separação eletrostática ou de alta tensão
Radioatividade	escolha com contador
Textura/friabilidade	cominuição seguida de classificação ou hidrosseparação ou peneiramento
Reatividade química	hidrometalurgia
Reatividade de superfície	flotação, agregação ou dispersão seletiva, eletroforese, aglomeração esférica

explora diferenças nas características de superfície entre as várias espécies presentes. O método trata misturas heterogêneas de partículas suspensas em fase aquosa (polpas). Os fundamentos das técnicas que exploram características de superfície estão em um campo da ciência conhecido como "Físico-química das Interfaces", "Química de Superfície", "Química das Interfaces" ou "Propriedades das Interfaces". A seletividade do processo de flotação baseia-se no fato de que a superfície de diferentes espécies minerais pode apresentar distintos graus de hidrofobicidade. O conceito de hidrofobicidade de uma partícula está associado à sua umectabilidade ou "molhabilidade" pela água. Partículas mais hidrofóbicas são menos ávidas por água. O conceito oposto à hidrofobicidade é designado como hidrofilicidade.

Em termos de polaridade, os compostos químicos dividem-se em polares e apolares (ou não polares), em função de apresentarem ou não um dipolo permanente. A importância da polaridade reflete-se no fato de que existe afinidade entre substâncias ambas polares ou ambas apolares, não havendo, geralmente, afinidade entre uma substância polar e outra apolar.

Nos sistemas de flotação, a fase líquida é sempre a água, uma espécie polar, e a fase gasosa é quase sempre o ar, constituído basicamente por moléculas apolares. Uma substância hidrofóbica pode agora ser mais bem caracterizada como aquela cuja superfície é essencialmente não polar, tendo maior afinidade com o ar do que com a água. Por outro lado, uma substância hidrofílica é aquela cuja superfície é polar, possuindo maior afinidade com a água do que com o ar.

Entre os minerais encontrados na natureza, muito poucos são naturalmente hidrofóbicos (grafita - C; molibdenita - MoS_2; talco - $Mg_3Si_4O_{10}(OH)_2$; pirofilita - $Al_2Si_4O_{10}(OH)_2$; alguns carvões - C; e ouro nativo livre de prata - Au). A separação entre partículas naturalmente hidrofóbicas e partículas naturalmente hidrofílicas é teoricamente possível fazendo-se passar um fluxo de ar através de uma suspensão aquosa que contenha as duas espécies. As partículas hidrofóbicas seriam carreadas pelo ar e as hidrofílicas permaneceriam em suspensão.

Mas, em geral, a mera passagem de um fluxo de ar não é suficiente para carrear as partículas hidrofóbicas. Faz-se necessária a formação de uma espuma estável, que é obtida pela ação de reagentes conhecidos como espumantes, os quais abaixam a tensão superficial na interface líquido/ar e têm, ainda, a importante função de atuar na cinética da interação partícula-bolha, fazendo com que o afinamento e a ruptura do filme líquido ocorram dentro do tempo de colisão.

O pequeno número de minerais naturalmente hidrofóbicos seria indicativo de uma gama restrita de aplicações da flotação. Sua vastíssima aplicação industrial decorre do fato de que minerais naturalmente hidrofílicos podem ter sua superfície tornada hidrofóbica por meio da adsorção (concentração na interface) de reagentes conhecidos como coletores. Em outras palavras, a propriedade diferenciadora pode ser induzida.

Na maioria dos sistemas de flotação, a seletividade do processo requer a participação de substâncias orgânicas ou inorgânicas, designadas como modificadores ou reguladores. As ações dos modificadores são diversas, destacando-se: ajustar o pH do sistema, ajustar o Eh do sistema, controlar o estado de dispersão das partículas na polpa, facilitar e tornar mais seletiva a ação do coletor (função designada como ativação) e tornar um ou mais minerais hidrofílicos e imunes à ação do coletor (função conhecida como depressão).

Em termos de teor do minério a ser tratado, a flotação apresenta enorme flexibilidade. No limite superior, encontram-se carvões com teores de até 80% de carbono e magnesita com conteúdo em $MgCO_3$ acima de 90%. No outro extremo, situam-se os minérios de cobre de origem porfirítica, dos quais pode ser recuperado molibdênio, sob a forma de molibdenita, com teores da ordem de 0,02%.

A faixa granulométrica das partículas usualmente está entre 1 mm (carvões) e 5 µm (oximinerais). Na maioria dos casos, o tamanho máximo é fixado pela liberação dos grãos do mineral cuja recuperação é o objetivo do tratamento. Quando a granulometria de liberação é maior que aquela que possibilita o transporte das partículas pelas bolhas de ar, esse fator passa a governar o tamanho máximo na alimentação. Já o limite inferior da faixa granulométrica está relacionado com o conceito de lamas e com o fato de se tratar de flotação de sulfetos ou de outros minerais.

Tradicionalmente, apesar de as lamas serem prejudiciais em todos os sistemas de flotação, em geral a flotação de sulfetos é processada sem deslamagem prévia, e a dos demais minerais, após deslamagem. Existe uma tentativa de se quantificar o conceito de lamas. Partículas entre 100 µm e 10 µm são designadas como "finos"; entre 10 µm e 1 µm, "ultrafinos"; abaixo de 1 µm, "coloides"; a faixa dos ultrafinos e coloides constitui as lamas. Na prática, a deslamagem não é feita necessariamente em 10 µm. O tamanho de corte é definido em função do consumo exagerado de reagentes e da perda de seletividade no processo. Um fenômeno comum é o recobrimento da superfície de um mineral por lamas de outro(s) mineral(is), conhecido como *slimes coating*, que pode chegar a inibir completamente a seletividade na flotação. Na flotação, assim como em outros processos que envolvem a partição de fluxos de polpa, partículas menores que um certo tamanho crítico acompanham a partição da água.

A definição acerca da necessidade de deslamagem e do diâmetro em que ela será feita deve levar em conta dois fatores conflitantes: os custos da operação e as perdas em mineral útil confrontados com o menor consumo de reagentes e uma maior seletividade. Problemas ambientais ligados a descarte de rejeitos e emprego de flotação pneumática têm levado a maioria das usinas a reduzir o diâmetro de corte na deslamagem.

1.2 Princípios de propriedades das interfaces

Uma fase pode ser definida como uma porção homogênea de um sistema, fisicamente distinta e mecanicamente separável.

Em outras palavras, é uma região do espaço em que a composição química é uniforme e as propriedades físicas e mecânicas são as mesmas. A transição de propriedades entre duas fases se faz de maneira gradual ao longo de uma região espacial designada como interface, que apresenta uma de suas dimensões extremamente reduzida.

Considerando-se os três estados da matéria – sólido, líquido e gasoso –, é possível a identificação de cinco tipos de interface: sólido/sólido, sólido/líquido, sólido/gás, líquido/líquido e líquido/gás. Todos estão presentes em sistemas de flotação e serão discutidos a seguir.

Uma interface sólido/sólido é exemplificada por uma partícula mineral recoberta por lamas de outra espécie por meio de um mecanismo essencialmente de atração eletrostática conhecido como slimes coating, de primordial importância para a flotação, já que a partícula perde totalmente sua identidade superficial. Uma partícula mineral imersa em meio aquoso caracteriza uma interface sólido/líquido. Uma bolha de gás aderida a uma partícula mineral exemplifica uma interface sólido/gás, supondo-se que no momento da adesão a película líquida que circunda a bolha sofre um processo de afinamento até a ruptura. Alguns reagentes de flotação são imiscíveis em água, caracterizando uma interface líquido/líquido. Para facilitar o acesso desses reagentes às interfaces sólido/líquido e líquido/gás, muitas vezes faz-se necessária sua emulsificação. O melhor exemplo da interface líquido/gás é a película líquida que envolve uma bolha, apesar de geralmente a literatura citar como exemplo desse tipo de interface uma bolha imersa em meio aquoso. A espessura da interface é muito pequena, especialmente quando uma fase gasosa está envolvida, não passando de poucas vezes as dimensões moleculares das espécies presentes. Considera-se que essas interfaces apresentam espessuras da ordem de nanômetros ou até fração de nanômetro. No caso de interfaces sólido/líquido, a espessura depende da força iônica da solução. Para uma solução aquosa de NaCl, estima-se uma espessura de 10 nm para uma concentração de 1 x 10^{-3} mol/L, decaindo para 0,36 nm para uma concentração de 0,7 mol/L. Existe unanimidade em relação ao fato de conceitos químicos e físico-químicos não poderem ser extrapolados do seio das fases (*bulk*) para a região interfacial. Por outro lado, caso não se estabeleçam analogias entre o comportamento interfacial e aquele no seio das fases, o estudo de propriedades das interfaces torna-se de compreensão ainda mais difícil. Optamos por considerar que existem analogias entre fenômenos e propriedades *bulk* e interfaciais, lembrando que analogia não significa identidade total e que as extrapolações de um domínio para outro requerem todos os cuidados.

Os principais tipos de ligações químicas ocorrem também na região interfacial. Deve-se lembrar que um átomo ou íon na superfície mineral pode "reagir" com espécies em solução, porém não tem a mesma "liberdade" que uma espécie em solução, já que apresenta um grau de "comprometimento químico" com a estrutura do sólido.

Assim como nos processos *bulk*, as ligações covalentes interfaciais estão associadas à redução de energia causada pela superposição de orbitais semipreenchidos de dois átomos. As ligações covalentes são direcionais (o arranjo atômico é determinado pelos ângulos das ligações), ocorrem entre átomos vizinhos e podem ser polares ou apolares. As apolares envolvem átomos de mesma eletronegatividade (definida como afinidade por elétrons em uma ligação covalente), isto é, átomos iguais, ou simetria molecular que faz com que os centros de cargas negativas e positivas na molécula coincidam. Na ausência de simetria, o grau de polaridade de uma ligação covalente depende da diferença de eletronegatividade entre os átomos. Essas ligações são designadas como covalentes com caráter parcialmente iônico. Quando o caráter iônico ultrapassa 50%, são usualmente conhecidas como ligações iônicas, em razão da predominância de atração eletrostática entre íons de carga oposta (exemplo: KF - fluoreto de potássio - caráter 92% iônico).

As ligações iônicas são não direcionais (o arranjo atômico depende dos tamanhos relativos dos átomos), de longo alcance e polares. Um tipo de ligação secundária que exerce um papel preponderante em flotação é a ligação ou ponte de hidrogênio. O hidrogênio apresenta a peculiaridade de, ao se ionizar, ficar desprovido de nuvem eletrônica, tornando-se apto a agir como lado positivo de dipolos em que a extremidade negativa é ocupada por elementos altamente eletronegativos, como o flúor, o oxigênio e o nitrogênio, causando, geralmente, polimerização.

As pontes de hidrogênio são responsáveis pelo alto grau de estruturação da água no estado líquido, que exibe uma densidade mais elevada que no estado sólido. As ligações de van der Waals são do tipo secundário, causadas pela natureza polar flutuante (dipolo instantâneo) de um átomo com todas as camadas eletrônicas ocupadas cheias. Individualmente são consideradas de baixa energia; porém, em geral, manifestam-se de forma aditiva. No campo do Tratamento de Minérios, assumem um significado especial em razão de dois efeitos:

a) propiciam interações moleculares entre radicais de hidrocarboneto de surfatantes;

b) na ausência de repulsão eletrostática, causam a agregação de partículas finas por meio de mecanismo de coagulação.

Outros tipos de ligações possíveis são: íon/dipolo, dipolo/dipolo, íon/dipolo induzido, dipolo/dipolo induzido e dipolo induzido/dipolo induzido. Finalmente, não se pode esquecer das interações entre íons ou moléculas polares e superfícies minerais carregadas, cuja importância cresce com a redução na granulometria das partículas.

Mesmo com o auxílio das mais sofisticadas técnicas da microscopia eletrônica, a pequena espessura das interfaces inviabiliza qualquer tentativa de observação *in situ* de fenômenos interfaciais. Todo o conhecimento acumulado baseia-se em modelos empíricos e em medidas experimentais de três grandezas: adsorção, tensão superficial e potencial zeta.

Conceitualmente, adsorção significa concentração na interface. Como, matematicamente, a interface é considerada bidimensional, a adsorção é quantificada em termos de massa/área (por exemplo: g/cm^2 ou mol/cm^2). Normalmente é medida a partir da abstração de um reagente em solução por um sólido. Quando as determinações são realizadas sob temperatura constante, os resultados são apresentados na forma de isotermas de adsorção (medidas da quantidade adsorvida em função da quantidade disponível para adsorção).

A classificação tradicional da adsorção em física e química (fisissorção e quimissorção) foi desenvolvida para a adsorção de gases em sólidos. As seguintes considerações podem ser feitas para adaptá-la a sistemas de flotação:

♦ interações envolvendo ligações de van der Waals e forças coulômbicas entre adsorvato (aquele que se adsorve) e adsorvente (aquele sobre o qual ocorre a adsorção) são designadas como físicas;

♦ a fisissorção pode apresentar (e geralmente apresenta) multicamadas. Muitas vezes é difícil distinguir adsorção de reação química em solução seguida de precipitação superficial;

♦ a quimissorção caracteriza-se por ligações dos tipos iônica, covalente (normalmente o caráter da ligação é covalente parcialmente iônico) e ponte de hidrogênio;

♦ a adsorção química restringe-se a monocamadas, já que seu mecanismo básico envolve transferência ou compartilhamento de elétrons.

Outra grandeza interfacial mensurável que, em sistemas de flotação, se manifesta na interface líquido/gás, é a tensão superficial. Evidências da existência da tensão superficial surgem em fatos corriqueiros do dia a dia: a água em um copo ou em um lago (na ausência de vento) mostra uma superfície plana, mas, em pequenas quantidades, as gotas mostram uma superfície curva convexa (pequenas gotas e bolhas de ar são esféricas); a imersão de um tubo de vidro capilar em água faz com que o líquido suba e sua superfície se torne côncava; um anel de platina imerso em água e seguro por fios, quando forçado para fora do líquido, retém parte da água; a estabilidade de bolhas de sabão na tradicional brincadeira infantil requer a presença de um agente espumante.

Apesar dessas evidências, a conceituação de tensão superficial de forma clara e objetiva não é trivial. Serão considerados os conceitos mecânico, termodinâmico e químico. A definição mecânica pode ser visualizada através de uma película de sabão sustentada por um dispositivo formado por três arames fixos e um móvel. Mediante a aplicação de uma força f ao arame móvel, a área da película sofre um incremento. A tensão superficial g é definida como sendo o trabalho mecânico necessário para produzir um acréscimo unitário de área. A termodinâmica define o conceito de variação de energia livre de superfície (ΔGs) como a energia requerida para trazer moléculas do interior de uma fase para a interface. Para as interfaces líquido/gás e líquido/líquido, o valor numérico da tensão interfacial coincide com o de ΔGs. A expressão "tensão interfacial" é genérica e vale para qualquer interface. A designação "tensão superficial", ortodoxamente, refere-se à tensão interfacial no caso de um líquido em equilíbrio com seu vapor; na prática, aplica-se a qualquer interface líquido/gás. Quimicamente, a tensão superficial pode ser considerada como a resistência à formação de uma ligação química.

Em geral, a tensão superficial de uma solução é afetada pela concentração do soluto. A presença de sais e bases (com exceção do hidróxido de amônio) eleva a tensão superficial em relação à da água. A maioria dos surfatantes (álcoois, carboxilatos, sulfatos, sulfonatos, aminas, sais quaternários de amônio etc.) reduz a tensão superficial. Os tiocompostos, por sua vez, causam um decréscimo desprezível na tensão superficial.

A terceira grandeza interfacial diretamente mensurável é uma propriedade elétrica conhecida como potencial zeta. As propriedades elétricas das interfaces são estudadas por meio do modelo da dupla camada elétrica (DCE). A importância das interações coulômbicas em sistemas de flotação, especialmente no caso de oximinerais, levou Parks (1975) a classificar a adsorção em não específica e específica, conforme a predominância, respectivamente, de mecanismos eletrostáticos ou outros. Adsorção estritamente não específica é incapaz de reverter o sinal da carga do sólido. Considerando-se que a carga elétrica dos sólidos suspensos numa polpa aquosa atrai uma "atmosfera" de íons de carga contrária, sendo parte dessa atmosfera difusa, pode-se adotar como representativa da dupla camada elétrica a estrutura ilustrada na Fig. 1.1. Círculos menores representam íons não hidratados, capazes de se adsorverem especificamente. Íons hidratados, apresentados

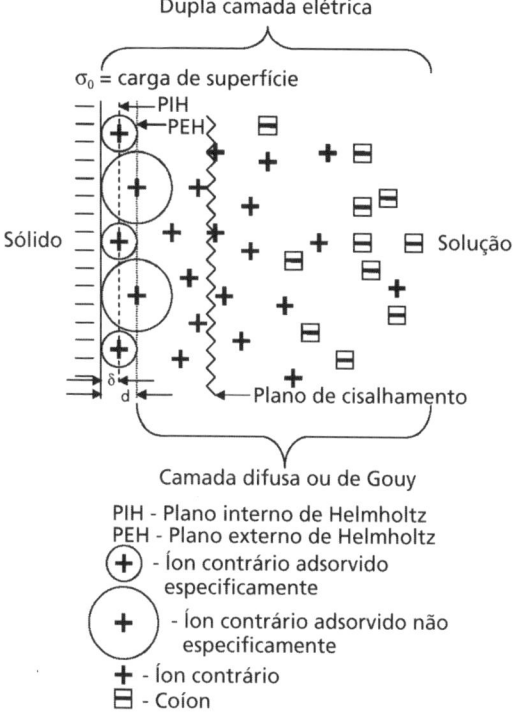

Fig. 1.1 Estrutura da dupla camada elétrica

como círculos maiores, limitam-se a adsorver-se por mecanismo eletrostático (adsorção não específica). O modelo genérico pode ser dissecado para situações particulares, mostradas nas Figs. 1.2 e 1.3, que retratam, respectivamente, ausência de adsorção específica e adsorção específica com reversão de carga seguida por adsorção não específica. O perfil de potencial ao longo da interface, apresentado na parte inferior das figuras, é hipotético. A medida direta de potencial somente é possível em um plano de localização indefinida, no interior da camada difusa, provavelmente muito próximo ao plano externo de Helmholtz, conhecido como plano de cisalhamento. A expressão vem do fato de a interface sólido/líquido sofrer cisalhamento ou romper quando, na presença de um campo elétrico,

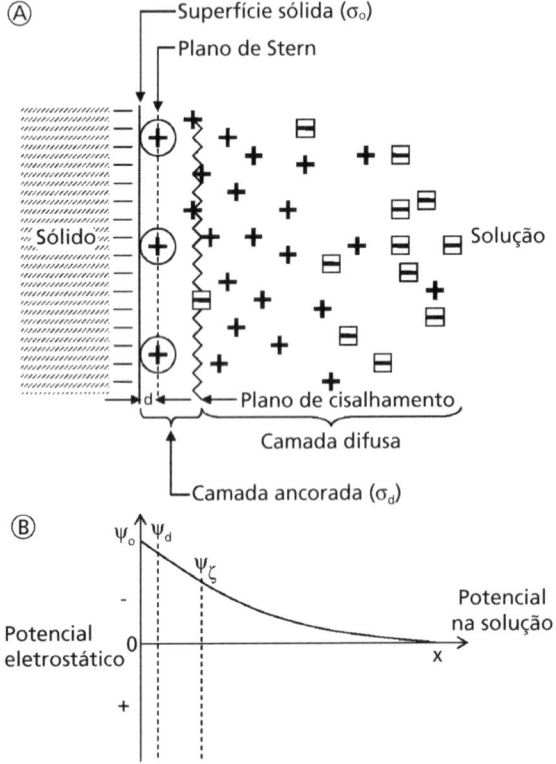

Fig. 1.2 Modelo da dupla camada elétrica na ausência de adsorção específica: (A) esquema da DCE; (B) distribuição do potencial eletrostático

ocorre movimento relativo entre uma partícula sólida carregada e o líquido em que ela está imersa. Esse deslocamento diferencial das partes da dupla camada elétrica leva ao aparecimento de um potencial eletrocinético, medido por meio dos quatro fenômenos eletrocinéticos:

i eletroforese, na qual as partículas eletricamente carregadas, suspensas numa polpa, movimentam-se sob a ação de um campo elétrico aplicado (método mais empregado em tratamento de minérios);
ii eletro-osmose;
iii potencial de escoamento;
iv potencial de sedimentação.

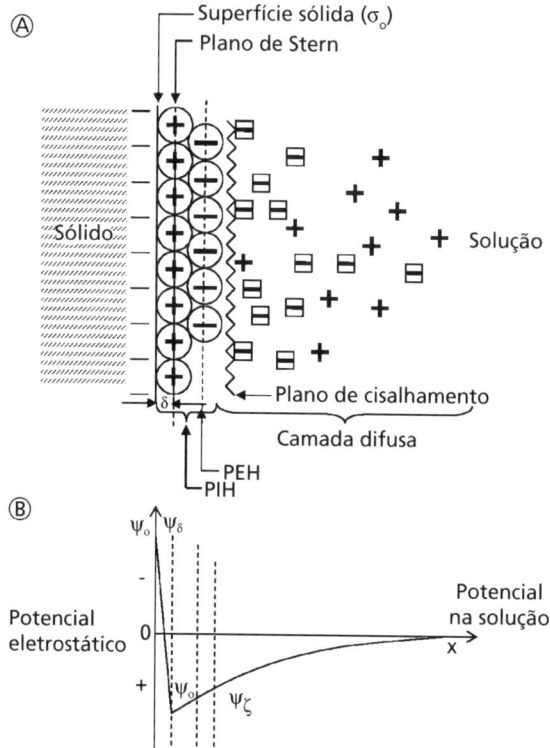

Fig. 1.3 Modelo de Stern da dupla camada elétrica contemplando adsorção específica superequivalente: (A) esquema da DCE; (B) distribuição do potencial eletrostático

Diversos fatores podem contribuir para a geração de carga na superfície de partículas minerais. No caso de óxidos e silicatos (que podem ser considerados óxidos "múltiplos") de baixa solubilidade, o mecanismo pode ser visualizado com o auxílio da Fig. 1.4. A fragmentação leva à ruptura de ligações Si-O. O cátion hidrogênio pode adsorver-se em "sítios" oxigênio, e o ânion hidroxila, em "sítios" silício. Ambas as situações levam a uma condição de hidrólise superficial. A carga de superfície é atribuída à dissociação anfotérica, segundo as seguintes reações:

i $MOH = MO^- + H^+$
ii $MOH = M^+ + OH^-$
iii $M^+ + H_2O = MOH^{2+}$
iv $MOH + H^+ = MOH^{2+}$

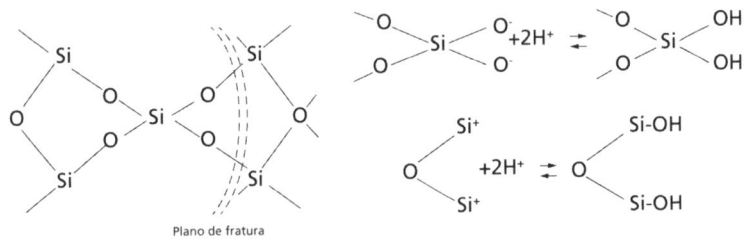

Fig. 1.4 Esquema da hidrólise superficial do quartzo

O sentido das reações vai depender do pH do sistema, segundo o princípio de Le Chatelier.

A análise apresentada mostrou que a carga no sólido é sensível à composição da fase aquosa e que frequentemente é possível identificar certos solutos iônicos como determinadores de potencial, isto é, primariamente responsáveis pela carga superficial: são os íons determinadores de potencial (IDP).

Apresentam-se, a seguir, algumas definições sugeridas pela International Union of Pure and Applied Chemistry (IUPAC):

♦ ponto de carga zero (PCZ): logaritmo negativo da atividade do IDP correspondente à carga real de superfície nula

1 A flotação como operação unitária no Tratamento de Minérios   23

($\sigma_o = 0$). É determinado por medida direta da adsorção dos IDPs;
- ponto isoelétrico (PIE): logaritmo negativo da atividade de IDP para a qual a carga líquida no plano de cisalhamento é nula ($\sigma_z = 0$). É obtido pela medida de potencial zeta, na presença de um eletrólito indiferente, de forma a reduzir a possibilidade de que IDPs povoem a camada de Gouy. Caso H^+ e OH^- sejam os IDPs, o ponto em que o potencial zeta se anula (numa curva de ψ_ζ x pH) será o pH do PIE, ou simplesmente PIE (Fig. 1.5);

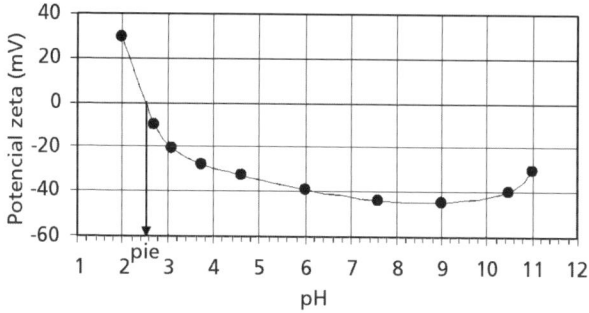

Fig. 1.5 Potencial zeta em função do pH

- íons determinadores de potencial (IDPs) de segunda ordem: aqueles que reagem com os (IDPs) de primeira ordem, determinando a carga de superfície;
- concentração de reversão de carga (CRC): concentração de espécie correspondente ao potencial zeta nulo em situação em que a carga é determinada por IDP de segunda ordem. Um exemplo de reversão de carga por IDP de segunda ordem é a adsorção do hidroxicomplexo de chumbo ($PbOH^+$) sobre o quartzo, por ligação de hidrogênio, que pode ser visualizada na Fig. 1.6. Na faixa de pH de predominância do hidroxicomplexo (Fig. 1.7), a presença de cátions chumbo reverte o potencial zeta do quartzo (Fig. 1.8);
- ponto de reversão de zeta (PRZ): logaritmo negativo da CRC.

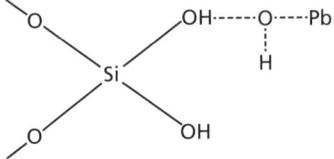

Fig. 1.6 Esquema da adsorção do hidroxi-complexo de chumbo na superfície do quartzo

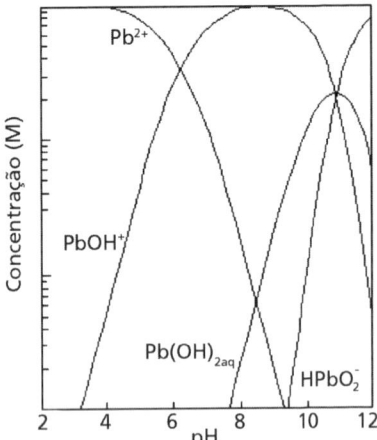

Fig. 1.7 Diagrama de concentração logarítmica para $[Pb^{2+}] = 1 \times 10^{-4}$ molar

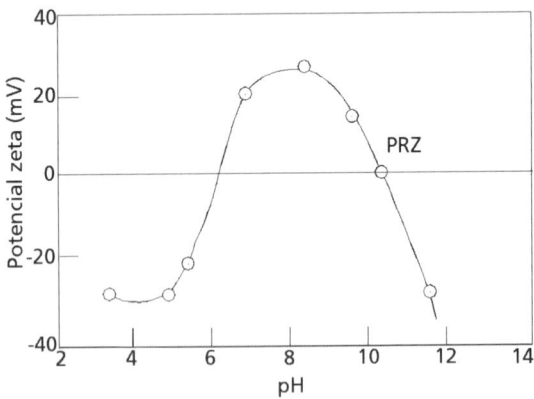

Fig. 1.8 Potencial zeta do quartzo em função do pH para $[PbCl_2] = 1 \times 10^{-4}$ molar; ponto de reversão de zeta (PRZ): logaritmo negativo da CRC

1.3 Reagentes e mecanismos de ação

A discussão prévia deixou clara a relevância dos reagentes no desempenho da flotação. Espumantes são imprescindíveis em todos os sistemas. Algumas vezes, esse papel fica em segundo plano pelo fato de o coletor também exercer a função de espumante e de, no jargão do dia a dia, o reagente ser referido apenas como coletor. Coletores e modificadores são empregados na grande maioria dos sistemas de flotação.

Reagentes de flotação são compostos orgânicos e inorgânicos utilizados com o objetivo de controlar as características das interfaces envolvidas no processo. Qualquer espécie, orgânica ou inorgânica, que apresente tendência a concentrar-se em uma das cinco interfaces possíveis é um "agente ativo na superfície". A expressão "surfatante" é reservada para espécies ativas na superfície que apresentam um caráter anfipático do tipo R-Z. O grupo polar Z consiste de um agregado de dois ou mais átomos ligados de forma covalente, possuindo um momento de dipolo permanente, e representa a porção hidrofílica do surfatante. O grupo não polar é desprovido de dipolo permanente e constitui a porção hidrofóbica da espécie. O radical R pode ser de cadeia linear, ramificada ou cíclica, apresentando tanto ligações saturadas quanto insaturadas. Os surfatantes podem apresentar mais de um radical, e o(s) radical(is) pode(m) ligar-se a mais de um grupo polar (surfatante multipolar).

De acordo com seu papel no processo de flotação, os reagentes são tradicionalmente classificados em coletores, espumantes e modificadores.

Coletores são aqueles reagentes que atuam na interface sólido/líquido, alterando a superfície mineral, que passa de caráter hidrofílico para hidrofóbico. Apesar de não se enquadrarem nessa definição, moléculas neutras, como óleo diesel e querosene, são empregadas na flotação de minerais naturalmente hidrofóbicos, como grafita e carvão não oxidado, sendo impropriamente designadas como coletores.

Uma característica importante dos coletores é a compatibilidade entre seu preço e os custos de operação aceitáveis para um dado processo. Na maioria dos casos, são manufaturados a partir de matérias-primas naturais ou subprodutos de processos da indústria química. Raramente sua composição química se aproxima de 100% da substância ativa. Muitas vezes, as impurezas são inerentes ao processo de fabricação, representando reações de síntese incompletas e até mesmo a presença de espécies adicionadas como enchimento. Em outros casos, espécies químicas são intencionalmente adicionadas com o objetivo de reforçar a ação da matéria ativa, tornando a flotação mais recuperadora e/ou seletiva. Geralmente a presença dessas espécies não é mencionada pelos fabricantes, obrigando os usuários a exaustivas identificações químicas para aumentar seu conhecimento sobre os reagentes que utilizam.

Tradicionalmente, os sistemas de flotação são divididos em sulfetos e não sulfetos. Os coletores utilizados na flotação de sulfetos são conhecidos como tiocompostos. A classe dos não sulfetos é mais complexa, pois engloba um número muito grande de minerais. A maior parte deles se enquadra na classificação de oximinerais, da qual ficariam excluídos não sulfetos como a fluorita, a criolita (deve-se salientar que os fluoretos se assemelham aos óxidos, porém apresentam o flúor, e não o oxigênio, como elemento eletronegativo na estrutura) e os sais solúveis, além de carvão e grafita. Uma classificação mais detalhada dos não sulfetos mostra os seguintes grupos: óxidos e silicatos (geralmente de baixa solubilidade), minerais levemente solúveis (carbonatos, fosfatos, sulfatos, tungstatos, molibdatos, niobatos etc.), sais solúveis e uma classe à parte, constituída por carvão e grafita. Os coletores empregados na flotação de não sulfetos (exceto carvão e grafita) foram designados por Leja (1982) como compostos ionizáveis não tio.

Os grupos polares dos tiocompostos contêm pelo menos um átomo de enxofre não ligado a oxigênio. São usualmente apresentados como derivados de um "composto de origem" oxigenado, por meio da substituição de um ou mais átomos de oxigênio por enxofre. Partindo-se de compostos de origem da química inorgânica, a transição para tiocomposto requer a substituição de um ou mais hidrogênios por radicais de hidrocarboneto. A sequência é sugerida para facilitar a visualização do reagente, não representando a rota de síntese. Os tiocompostos são, em geral, comercializados sob a forma de sais de sódio ou potássio.

As principais propriedades dos tiocompostos são:
 i baixa ou nenhuma atividade na interface líquido/ar

1 A flotação como operação unitária no Tratamento de Minérios   27

(caracterizando ação exclusivamente coletora e ausência de ação espumante);
ii alta atividade química em relação a ácidos, agentes oxidantes e íons metálicos;
iii diminuição da solubilidade com o aumento da cadeia hidrocarbônica.

A importância das reações de oxidação de tiocompostos leva a uma forma de apresentá-los de acordo com a sequência: composto de origem, tioderivados e produto de oxidação, conforme o Quadro 1.3.

Nos xantatos, ocorre ressonância entre os átomos de enxofre da ligação dupla e da simples e o de carbono. A ressonância entre os dois átomos de enxofre e o de oxigênio é desprezível.

Os grupos apolares dos tiocompostos empregados em flotação são geralmente hidrocarbonetos de cadeia curta: etila a hexila

Quadro 1.3 TIOCOMPOSTOS

Composto de origem	Tioderivado	Produto de oxidação
ácido carbônico: H_2CO_3	monotiocarbonato: ROCOSNa ditiocarbonato: $ROCS_2Na$ tritiocarbonato: $RSCS_2Na$ perxantato: $ROCS_2O$- Na éter xântico: $ROCS_2C_3H_7$ formato xantógeno: $ROCS_2CO_2C_3H_7$	carbonato dissulfeto: $(ROCOS)_2$ dixantógeno: $(ROCS_2)_2$
ácido carbâmico: H_2NCOOH	ditiocarbamato: R_2NCS_2Na éster de tionocarbamato: $C_3H_7NHCSOC_2H_5$	dissulfeto de tiouretana: $(R_2NCS_2)_2$
ácido fosfórico: H_3PO_4	monotiofosfato de dicresila: $(H_2C\text{©}OHO)_2PSONa$ ditiofosfato de monoalquila: $ROHOPS_2Na$ ditiofosfato de dialquila: $ROROPS_2Na$	monotiofosfatógeno ditiofosfatógeno ditiofosfatógeno (análogos ao dixantógeno)
ácido fosfínico: H_2POOH	ditiofosfinato: R_2PS_2Na	
ureia: $(H_2N)_2CO$	tiocarbanilida: $(\text{©}NH)_2CS$ mercaptobenzotiazol: ©SNCSH	
água: H_2O	mercaptana: R_2SHSNa	dissulfeto de dialquila: $(RS)_2$
amoníaco: NH_3	tioeteramina: $H_7C_3S(CH_2)nNCH_3RC_2H_5$	

© = benzeno.

(C_2H_5 a C_6H_{13}), fenila (C_6H_5), ciclo-hexila (C_6H_{11}) e combinações de grupos alquila e arila.

No caso dos xantatos, são empregados industrialmente os homólogos de 2 a 5 carbonos. As estruturas ramificadas (iso) dos homólogos de 3 e 4 carbonos (propila e butila) são mais utilizadas que as estruturas lineares (n).

Os xantatos são normalmente designados pelo símbolo X: EtXK: etilxantato de potássio; X^-: ânion xantato; X_2: dixantógeno.

Apesar do elevado momento de dipolo dos sais insolúveis, produtos de reação entre xantatos ou ditiofosfatos e cátions metálicos, mesmo os homólogos mais curtos, são hidrofóbicos.

Os mecanismos de adsorção dos tiocoletores são discutidos tomando-se como exemplo os xantatos. Alguns ânions xantato dissolvidos na fase líquida reagem com cátions metálicos da superfície do retículo cristalino do mineral sulfetado. Esse sal deve ser suficientemente insolúvel para que o processo de adsorção prossiga. As posições ocupadas por esse sal servem de pontos de "ancoragem" ou "nucleação" para a adsorção de dixantógeno ou xantato do metal da rede formados a partir de uma reação eletroquímica:

$$2ROCS_2^- \Leftrightarrow (ROCS_2)_2 + 2e \text{ ou}$$
$$2ROCS_2^- + MeS \Leftrightarrow Me(ROCS_2)_2 + S + 2e$$

Outra possibilidade é a produção de ânion tiossulfato em vez de enxofre elementar:

$$4ROCS_2^- + MeS + 3H_2O \Leftrightarrow 2Me(ROCS_2)_2 + S_2O_3^- + 6H^+ + 8e$$

Os elétrons produzidos nessas reações anódicas são consumidos na redução de oxigênio dissolvido:

$$O_2 + 4H^+ + 4e \Leftrightarrow 2H_2O \text{ ou } O_2 + 2H_2O + 4e \Leftrightarrow 4OH^-$$

A oxidação a dixantógeno ou xantato do metal é governada pelo potencial de repouso do sistema, que é o potencial de equilíbrio do sistema como um todo, medido com um eletrodo combinado de platina ou de ouro, sendo atingido levando-se em conta a contribuição de todos os pares redox presentes. A Tab. 1.1 mostra que, quando o potencial de repouso é mais anódico que o potencial reversível de oxidação do ânion xantato a dixantógeno, a espécie adsorvida é a oxidada (dixantógeno). No caso de o potencial de repouso ser inferior ao potencial redox para o par, observa-se a presença do xantato do metal da rede. A exceção a esse raciocínio termodinâmico, observada no caso da covelita, pode ser explicada pela formação inicial de xantato cúprico, com posterior dissociação em xantato cuproso e dixantógeno.

Tab. 1.1 Correlação entre potenciais de repouso e produtos de interação entre sulfetos e xantatos. Xantato de etila de potássio (6,25 x 10^{-4} molar; pH 7). Potencial reversível de oxidação a dixantógeno 0,130 V

Mineral	Potencial de repouso Eh (V)	Produto de interação
arsenopirita	0,22	X_2
pirita	0,22	X_2
pirrotita	0,21	X_2
molibdenita	0,16	X_2
alabandita	0,15	X_2
calcopirita	0,14	X_2
covelita	0,05	X_2 + MX
bornita	0,06	MX
galena	0,06	MX

Fonte: Allison et al. (1972).

Em meio ácido, o ânion xantato converte-se em ácido xântico, que rapidamente se decompõe em CS_2 e álcool. O tempo de meia-vida da decomposição cai de cerca de 2.000 min em pH 6 para 10 min em pH 4, e 1 min em pH 3.

Os principais representantes da classe de coletores designados como compostos ionizáveis não tio são:

i alquilcarboxilatos, derivados dos ácidos carboxílicos ou ácidos graxos: RCOOH;

ii alquilsulfatos e sulfonatos, geralmente de sódio: $R-O-SO_3^-Na^+$ e $R-SO_3^-Na^+$;

iii mono e dialquilfosfatos, derivados do ácido fosfórico: RPO_4H_2;

iv reagentes menos comuns, como sulfossuccinatos ($ROOC-CH_2-CH-COONa-SO_3Na$), sulfossuccinamatos ($RNHCO-CH_2-CH-COONa-SO_3Na$), sarcosinatos ($ROCCH_2-NH-COONa$) e hidroxamatos ($ROC-HN-ONa$);

v derivados da amônia (NH_3): aminas primárias ($R-NH_2$) e sais quaternários de amônio $(R-N(CH_3)_3^+Cl^-)$.

Os coletores pertencentes aos grupos (i) a (iv), quando ionizados, são aniônicos (os sulfossuccinamatos e os sarcosinatos são anfotéricos), ao passo que os da família das aminas são catiônicos.

Sabões de ácidos graxos são empregados como coletores de apatita na produção de rocha fosfórica. Os ácidos graxos são de origem vegetal e equivocadamente designados como "óleos" (de casca de arroz, de casca de soja, em geral hidrogenados; *tall oil*, que é extraído de um tipo de pínus). A saponificação é feita com soda cáustica. A frio, sua extensão atinge cerca de 70%, podendo superar 95% se feita a quente. Os ácidos graxos mais efetivos são o oleico e o linoleico.

As aminas empregadas na flotação catiônica reversa de minérios de ferro são parcialmente neutralizadas com ácido acético para aumentar sua solubilidade em água. O grau de neutralização que leva a um melhor desempenho situa-se entre 25% e 30%. Além da neutralização, as aminas primárias são modificadas pela introdução do grupo $O(CH_2)_3$ entre o radical e o nitrogênio, transformando-se em eteramina ($R-O(CH_2)_3NH_2$). São também utilizadas as eterdiaminas ($R-O(CH_2)_3NH(CH_2)_2NH_2$). Tanto as etermonoaminas quanto as eterdiaminas são parcialmente neutralizadas com ácido acético. O radical mais comum é a decila.

As principais propriedades dos compostos ionizáveis não tio são:
i propensão a hidrólise ou dissociação, governada pelo pH da solução, afetando fortemente a atividade superficial por meio da predominância da espécie iônica ou da molecular. Como regra geral simplificada, a forma iônica atua como coletor, e a molecular, como espumante;
ii diminuição da tensão interfacial na interface ar/solução, quando presentes em solução diluída;
iii tendência a formar micelas, no caso de homólogos de cadeia longa.

Dois mecanismos distintos podem ocorrer na adsorção de coletores ionizáveis não tio em oximinerais:
i atração eletrostática inicial entre a cabeça polar ionizada do coletor e a superfície mineral com carga oposta, seguida da formação de hemimicelas por ligações de van der Waals entre os radicais do coletor;
ii adsorção química do coletor, independentemente de atração ou repulsão eletrostática, seguida pela imobilização por forças de van der Waals entre os radicais.

Os surfatantes empregados como espumantes são compostos não iônicos, geralmente pertencentes à classe dos álcoois ou dos éteres. Álcoois de cadeia linear tendem a formar filmes solidificados na interface líquido/gás, o que é um efeito indesejável. Entre os álcoois de cadeia ramificada, o mais comumente empregado como espumante é o MIBC, metilisobutilcarbinol, que apresenta a estrutura $CH-CH_2-CH-CH_3$ com dois grupos CH_3 ligados ao carbono 1 e a hidroxila ligada ao carbono 3. Na flotação de sulfetos, são empregados álcoois aromáticos como cresóis e xilenóis. O α-terpineol é um álcool cíclico que se apresenta como principal constituinte ativo do óleo de pinho. Os chamados poliglicóis são derivados de dois éteres cíclicos: o óxido de etileno e o óxido de propileno. A hidrofilicidade desses grupos aumenta drasticamente a solubilidade dos chamados éteres de poliglicol em relação aos álcoois correspondentes. O peso molecular de um metiléter de propilenoglicol (CH_3–(O–C_3H_6)$_x$–OH) varia com o número x de grupos de óxido de propileno.

Ao contrário das funções bem definidas dos coletores e dos espumantes, as ações dos modificadores são distintas:

i modulação do pH, de extrema importância prática. É efetuada mediante a adição de ácidos e de bases. Deve-se levar em conta o fato de que o ânion do ácido ou o cátion da base poderá, em alguns sistemas, adsorver--se especificamente e alterar as características das interfaces envolvidas;

ii modulação do Eh, potencial eletroquímico do sistema, importante na flotação de sulfetos, envolvendo a adição de redutores e oxidantes, o emprego de nitrogênio como fase gasosa ou a moagem com corpos moedores e revestimentos inoxidáveis;

iii controle do estado de agregação da polpa por meio da adição de dispersantes e agregantes (coagulantes e floculantes). Em geral, os dispersantes exercem também o papel de depressores de ganga. As ações de dispersão e de agregação estão intimamente relacionadas com a modulação do pH. Uma polpa dispersa usualmente favorece a flotação. Uma floculação seletiva do(s) mineral(is) que se dirige(m) ao afundado poderá ter um efeito benéfico (p. ex., flotação catiônica reversa de minérios de ferro itabiríticos). Os polímeros naturais e sintéticos têm poder floculante no caso de apresentarem alto peso molecular, e são dispersantes quando possuem baixo peso molecular. Os principais polímeros sintéticos são derivados da acrilamida, constituindo as poliacrilamidas. Em menor escala, são também empregados derivados dos ácidos acrílico e metilacrílico, de ésteres acrílicos e de acrilonitrila. Um polímero constituído por mais de um monômero é designado como copolímero;

iv ativação, por meio da adição de reagentes capazes de tornar mais eficaz e/ou seletiva a ação dos coletores. Entre os ativadores, destacam-se os cátions metálicos, como o cúprico, ativador da esfalerita e de sulfetos contendo ouro associado, e o chumbo, ativador da estibnita. Os sulfetos de sódio (Na_2S e NaSH) são empregados na sulfetização de oxidados de chumbo, cobre e zinco;

v depressão, por meio da adição de reagentes capazes de inibir a ação do coletor e hidrofilizar a superfície dos minerais que se destinam ao afundado. Entre os depressores inorgânicos, destacam-se: CaO (depressor de pirita em usinas de cobre e cobre/molibdênio), NaSH (depressor de sulfetos de cobre e ferro em circuito de molibdenita), $ZnSO_4$ (depressor de esfalerita em circuitos de chumbo/zinco e cobre/chumbo/zinco), NaCN ou $Ca(CN)_2$ (depressores de sulfetos de ferro, pirita, pirrotita e marcassita, arsenopirita e esfalerita; em menor extensão, deprimem sulfetos de níquel e cobalto, sulfetos de cobre e outros sulfetos em geral, com exceção da galena), ferrocianeto e ferricianeto (depressores de sulfetos de cobre e de ferro na faixa de pH entre 6,5 e 8,5), HF (depressor de micas, quartzo, apatita e espodumênio, na flotação de minérios pegmatíticos), reagente de Nokes (depressor de sulfetos de cobre e de ferro em circuitos de molibdenita), dicromato (depressor seletivo de galena em circuitos de cobre/chumbo) e permanganato (depressor seletivo de pirrotita e arsenopirita em circuitos de pirita). Entre os depressores orgânicos, destacam-se os polissacarídeos, em especial o amido de milho. Outros depressores orgânicos são os taninos e seus derivados, em especial o quebracho; os derivados da celulose (a carboximetilcelulose é o principal representante) e os lignossulfonatos.

O amido é encontrado em diversos grãos e tubérculos, e o milho é a sua principal fonte industrial no Brasil. Existe grande potencialidade para a utilização do amido de mandioca, mas a falta de grandes empresas produtoras dificulta seu emprego sistemático. Na Europa, tem crescido o uso de amido de batata em diversas operações distintas da flotação.

O amido de milho é uma reserva energética vegetal formada pela polimerização de moléculas de D-glicose geradas pelo processo fotossintético, e cuja fórmula aproximada é $(C_6H_{10}O_5)_n$.

Os amidos são constituídos por dois compostos com estruturas de cadeias distintas:

i amilose, polímero linear em que o número n de unidades D-glicose permanece na faixa de 200 a 1.000;

ii amilopectina, polímero ramificado em que o número de unidades do monômero supera 1.500.

O peso molecular médio do amido não modificado supera 300.000 u.m.a. Os amidos de milho podem sofrer modificação química que leva a espécies com grau de polimerização inferior, as chamadas dextrinas, que chegam a pesos moleculares da ordem de 7.000 u.m.a. Tanto as dextrinas quanto os amidos de milho não modificados são hidrofilizantes, porém aquelas são dispersantes e estes, floculantes.

Os amidos não modificados contêm, além de substância amilácea (amilose + amilopectina), óleo, proteínas, umidade, fibras e matéria mineral. O óleo é inibidor de espuma, sendo recomendável que seu teor não ultrapasse 1,5%. Corrêa (1994) demonstrou que a principal proteína do milho, a zeína, é um depressor de hematita comparável a amido. A umidade é decorrente da higroscopicidade dos produtos de milho em qualquer faixa granulométrica. Fibras e matéria mineral são inertes quimicamente.

Em comparação com amidos de milho, amidos de mandioca apresentam gomas com maior viscosidade, o que é indicativo de maior peso molecular, e teor de óleo desprezível, reduzindo o risco de inibição da ação espumante.

Os amidos não modificados são insolúveis em água fria. Sua solubilização ou gelatinização requer a ação de NaOH (mais comum) ou calor. Na gelatinização com NaOH, geralmente são empregadas relações mássicas amido:NaOH de 4:1 a 6:1.

1.4 Máquinas de flotação

A terceira condição básica essencial à flotação, a separabilidade dinâmica, envolve a utilização de um equipamento que apresente desempenho metalúrgico e capacidade adequados à realidade industrial.

Nos cem anos de existência da flotação, foram desenvolvidos e utilizados muitos equipamentos de diferentes concepções, uma das quais consolidou-se na prática industrial: a célula mecânica de subaeração.

Um novo equipamento revolucionou o universo de máquinas de flotação a partir dos anos 1980: a coluna de flotação. Patenteada em 1961, a coluna de flotação, ou "coluna canadense", como é conhecida, teve sua primeira aplicação industrial em 1981, no estágio de limpeza do circuito de flotação de molibdenita da Mine Gaspé, Quebec, Canadá.

O século XXI marca a consolidação das chamadas *tank cells*, máquinas mecânicas cuja concepção incorpora também características das colunas de flotação.

As máquinas de flotação serão discutidas no Cap. 2.

1.5 Aplicações da flotação no Brasil

O Quadro 1.4 sumariza as principais usinas de flotação em operação no Brasil à época da primeira edição deste volume (2006). Minérios de ferro e fosfato dominam o cenário tanto em termos de tonelagem processada quanto em número de usinas em operação. Outros minérios são concentrados por flotação: grafita, magnesita, talco, sulfetos de cobre, sulfetos de chumbo-zinco, oxidados de zinco, níquel, ouro, nióbio, fluorita, carvão, feldspato, silvita e resíduo hidrometalúrgico contendo prata.

Quadro 1.4 SUMÁRIO DAS USINAS DE FLOTAÇÃO EM OPERAÇÃO NO BRASIL

Mineral	Operador	Usina/mina	Máquinas mecânicas?	Coluna?	Colunas substituíram máquinas mecânicas?	Classe de coletor	Principais modificadores	Faixa de pH	Alimentação da flotação tph
fosfato	Bunge Fertilizantes	Cajati	sim	sim	não	sarcosinato	amido	alcalino	1.000
		Araxá	não	sim	sim	ácidos graxos	amido	alcalino	1.500
	Fosfertil	Tapira	não	sim	sim	ácidos graxos	amido	alcalino	1.500
		Catalão	sim	sim	sim	ácidos graxos	amido	alcalino	1.000
	Copebras	Catalão	sim	não	não	ácidos graxos	amido	alcalino	800
minério de ferro	MBR	Pico	não	sim	não	eteramina	amido	alcalino	700
		Vargem Grande	não	sim	não	eteramina	amido	alcalino	500
	Samarco	Germano	sim	sim	não	eteramina	amido	alcalino	3.200
	CSN	Casa de Pedra	não	sim	não	eteramina	amido	alcalino	800
		Cauê	sim	não	não	eteramina	amido	alcalino	1.600
		Conceição	sim	sim	não	eteramina	amido	alcalino	1.800
	CVRD	Alegria	sim	sim	não	eteramina	amido	alcalino	800
		Timbopeba	sim	não	não	eteramina	amido	alcalino	
		Timbopeba-Capanema	sim	sim	não	eteramina	amido	alcalino	600
		Vazante	sim	sim	não	amina	Na_2S	alcalino	80
zinco	CMM[1]	Morro Agudo[3]	sim	não	não	tio[4]	Na_2CO_3/$CuSO_4$	alcalino	120

Quadro 1.4 Sumário das usinas de flotação em operação no Brasil (cont.)

Mineral	Operador	Usina/mina	Máquinas mecânicas?	Coluna?	Colunas substituíram máquinas mecânicas?	Classe de coletor	Principais modificadores	Faixa de pH	Alimentação da flotação tph
níquel	CMM[1]	Fortaleza de Minas	sim	não	não	tio[4]	CMC	natural	100
cobre	Mineração Caraíba S.A.	Jaguarari	sim	não	não	tio[4]	cal	alcalino	200
cobre	MSS[2]	Canaã dos Carajás	sim	sim	não	tio[4]	–	natural	4.000
ouro	Anglo Gold	Queiroz-Raposos	sim	não	não	tio[4]	–	natural	200
ouro	Eldorado	Santa Bárbara	sim	sim	não	tio[4]	–	natural	200
ouro	RPM	Paracatu	sim	não	não (usa flotação flash)	tio[4]	cal	alcalino	1.000
nióbio	CBMM	Araxá	sim	não	não	amina	amido	ácido	200
nióbio	Mineração Catalão	Catalão	sim	não	não	amina	amido	ácido	50
grafita	Companhia Nacional de Grafite	Itapecerica	sim	não	não	óleo de pinho	silicato Na	natural	50
grafita	Companhia Nacional de Grafite	Pedra Azul	não	sim	não	óleo de pinho	silicato Na	natural	50
grafita	Companhia Nacional de Grafite	Salto da Divisa	não	sim	não	óleo de pinho	silicato Na	natural	50

Quadro 1.4 SUMÁRIO DAS USINAS DE FLOTAÇÃO EM OPERAÇÃO NO BRASIL (CONT.)

Mineral	Operador	Usina/mina	Máquinas mecânicas?	Coluna?	Colunas substituíram máquinas mecânicas?	Classe de coletor	Principais modificadores	Faixa de pH	Alimentação da flotação tph
fluorita	Min. N. S. do Carmo	Cerro Azul	sim	não	não	tall oil	silicato Na	alcalino	100
fluorita	Cia. Nitro Química	Morro da Fumaça	sim	não	não	tall oil	–	alcalino	30
carvão	Carbonífera Met. S.A.	Criciúma	sim	não	não	fuel oil	–	natural	150
carvão	Ind. Carb. Rio Deserto	Siderópolis	sim	não	não	fuel oil	–	natural	10
magnesita	Magnesita S.A.	Brumado	sim	não	não	amina	–	alcalino	50
talco	Magnesita S.A.	Brumado	não	sim	não	somente espumante	–	natural	5
feldspato	Feldspar Min. Ltda.	Curitiba	não	sim	não	amina	–	ácido	50
prata	Paraibuna Metais[1]	Juiz de Fora	não	sim	sim	tio[4]	–	ácido	20
potássio	CVRD	Taquari-Vassouras	sim	não	não	amina graxa	amido	natural	250

(1) CMM e Paraibuna Metais pertencem à Votorantim Metais; (2) MSS é a Mineração Serra do Sossego, do grupo CVRD; (3) em Morro Agudo também se produz concentrado de Pb (galena); (4) tiocoletores incluem xantatos, ditiofosfatos e mercaptobenzotiazol.

Fonte: Luz e Almeida (1989, 2000); Chaves e Chieregatti (2002); Araújo e Viana (2003a, 2003b).

Referências bibliográficas

ALLISON, S. A. et al. A determination of the products of reaction between various sulphide minerals and aqueous xanthate solution. *Metallurgical Transactions*, v. 3, p. 2613-2618, 1972.

ARAÚJO, A. C.; VIANA, P. R. M. Minérios de ferro e seus métodos de concentração. In: SIMPÓSIO BRASILEIRO DE MINÉRIO DE FERRO, 4., 2003, São Paulo. *Anais...* São Paulo: ABM, 2003a. p. 750-759.

ARAÚJO, A. C.; VIANA, P. R. M. *Relatório confidencial*. [S.l.: s.n.], 2003b.

CHAVES, A. P.; CHIEREGATTI, A. C. *Estado da arte da tecnologia mineral no Brasil*. Brasília: Centro de Gestão e Estudos Estratégicos, 2002.

CORRÊA, M. I. *Ação depressora de polissacarídeos e proteínas na flotação reversa de minérios de ferro*. 1994. 85 f. Dissertação (Mestrado) – CPGEM/UFMG, Belo Horizonte, 1994.

LEJA, J. *Surface chemistry of froth flotation*. London: Plenum Press, 1982.

LUZ, A. B.; ALMEIDA, S. L. M. *Manual de usinas de beneficiamento*. Rio de Janeiro: Cetem, 1989.

LUZ, A. B.; ALMEIDA, S. L. M. *Usinas de beneficiamento de minérios do Brasil*. Rio de Janeiro: Cetem, 2000.

PARKS, G. A. Adsorption in the marine environment. In: RILEY, J. P.; SKIRROW, G. (Ed.). *Chemical Oceanography*. London: Academic Press, 1975. p. 241-308.

SILVA, A. T. *Tratamento de minérios*. Belo Horizonte: EE/UFMG, 1973. v. 1.

2
Máquinas de flotação

Arthur Pinto Chaves
Wendel Johnson Rodrigues

Como ficou bem claro no capítulo anterior, a disponibilidade de um equipamento confiável é condição básica para o bom desempenho da operação unitária de flotação. Isso significa desempenho metalúrgico (capacidade de processo) e capacidade volumétrica para receber, transportar e distribuir os fluxos de alimentação, flotado e deprimido, água e ar que atravessam o equipamento a cada instante.

As primeiras células utilizadas foram células pneumáticas, que ainda hoje são utilizadas em casos específicos. A maior parte dos equipamentos, porém, são células mecânicas subaeradas (com injeção ou não de ar ou outro gás), aqui incluídas as células de grande volume (*tank cells*). Existem também equipamentos que operam com ar disperso ou ar dissolvido. As colunas de flotação começaram a ser empregadas no fim do século XX e hoje constituem uma tendência irreversível. O Brasil é um dos países com maior número de unidades instaladas (ver Quadro 1.4).

Além da flotação propriamente dita, outras operações auxiliares estão envolvidas, a saber:
- o condicionamento;
- a dosagem e a adição de reagentes;
- o adensamento das polpas para permitir o condicionamento;
- a atrição (*scrubbing*) das superfícies das partículas para remover coberturas de argilas ou óxidos;
- a deslamagem para eliminar finos e argilominerais nocivos ao processo;
- o transporte das polpas e espumas;
- a instrumentação e o controle automático do processo.

Nunca é demais falar do efeito nocivo das lamas sobre a flotação. Isso decorre de duas razões. A primeira é a natureza mineralógica da maioria das lamas, que é de argilominerais ou de óxidos hidratados de ferro. Esses minerais aderem à superfície das partículas e recobrem-na, ou seja, o reagente (coletor, depressor ou ativador) não pode reconhecê-la, e a coleta e ativação (ou depressão) ficam impedidas. Outra razão, quando essas lamas são da mesma espécie do mineral, é a sua enorme área específica. Um cubo de 150 µm de lado ocupa o mesmo volume que mil cubinhos de 15 µm de lado. Entretanto, a área específica total desses mil cubinhos é dez mil vezes maior! Ou seja, esses finos consomem todo o reagente disponível. Em certos casos, como na flotação da fluorita e de alguns fosfatos, é necessário condicionar separadamente as frações finas e grossas da alimentação, ou a flotação poderá não ocorrer.

O condicionamento tem por finalidade colocar os reagentes em contato com as partículas minerais. Ele é feito em condicionadores, tanques cilíndricos agitados, de diâmetro igual ou muito próximo à altura. Algumas considerações quase óbvias precisam ser relembradas:

- ◆ o condicionamento de depressores e ativadores precisa ser feito antes do condicionamento dos coletores e em condicionadores separados;
- ◆ quanto maior o adensamento da polpa (porcentagem de sólidos), maior a probabilidade de as gotículas de reagente colidirem com as partículas minerais e, assim, darem início à coleta;
- ◆ o tempo de condicionamento precisa ser determinado experimentalmente para cada minério e para cada condição operacional.

Da necessidade da porcentagem elevada de sólidos ocorre a operação anterior de adensamento da polpa. Muitas vezes é necessário espessá-la para atingir a diluição adequada. Todavia, a necessidade da deslamagem prévia, que é feita em ciclones, e a possibilidade de acertar a porcentagem de sólidos do seu *underflow* mediante a utilização correta do diâmetro do *apex* simplificam essa operação.

A atrição da superfície das partículas é feita em equipamentos especiais – as células de atrição –, e é seguida de deslamagem para retirar do circuito as coberturas removidas.

Como regra no Tratamento de Minérios, é difícil obter, numa única etapa, o teor e a recuperação desejados. Na flotação, tipicamente se executa uma etapa inicial chamada *rougher*, na qual se obtém um concentrado pobre e um rejeito que ainda contém valores. O rejeito *rougher* é repassado em outra etapa, chamada *scavenger*, na qual os valores são recuperados e o rejeito é final. O concentrado *rougher* é repassado em uma etapa denominada *cleaner*, na qual o teor é aumentado até o teor desejado para o concentrado final.

O concentrado *scavenger* é muito pobre para ser considerado produto final, e o rejeito *cleaner* é muito rico para ser descartado. Os dois fluxos são juntados e retornam ao circuito. A configuração final é mostrada na Fig. 2.1. Existem inúmeras variações desse circuito básico, como será evidenciado nos diversos capítulos deste livro.

Note-se que na Fig. 2.1 os termos "concentrado" e "rejeito" foram substituídos por "flotado" e "deprimido", com o propósito de fugir da controvérsia que ocorre na flotação reversa (p. ex., da sílica nos minérios de ferro), em que o flotado é o rejeito, e o deprimido, o concentrado.

Fig. 2.1 Circuito típico de beneficiamento

2.1 Células mecânicas

Vamos distinguir dois elementos construtivos: a máquina de flotação e a célula, aqui compreendida como o volume dentro do qual a máquina atua e o processo de flotação se desenvolve.

As células são, portanto, tanques projetados para receber continuamente a polpa a ser flotada, por uma das suas faces laterais; descarregar a espuma pela sua parte superior e o restante da polpa com o deprimido pela face oposta. A regra é usar conjuntos de células, de modo a garantir que todas as partículas que podem ser flotadas o sejam (evitar o by-pass). A flotação industrial difere dos ensaios por bateladas em laboratório. Nestes, conduz-se o processo até a exaustão da espuma, ou seja, a partícula coletada só pode sair na espuma. Na célula industrial, porém, existe a possibilidade de a partícula coletada ser arrastada pelo fluxo do deprimido. Daí a necessidade de prover outras células para diminuir a probabilidade de que isso venha a ocorrer.

A experiência industrial mostra que esse número mínimo de células varia em função do tipo de minério, ou melhor, da cinética de flotação da espécie que está sendo flotada. A Fig. 2.2 mostra a quantidade de células (total dos bancos) usualmente utilizadas.

As células podem ser fechadas ou abertas lateralmente. Nas abertas, o fluxo de deprimido é contínuo, de uma célula para outra.

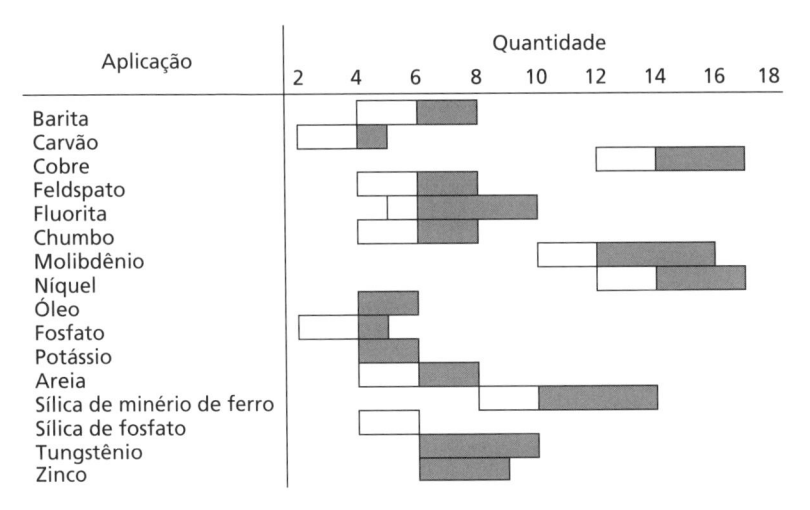

Aplicação	Quantidade
	2 4 6 8 10 12 14 16 18
Barita	
Carvão	
Cobre	
Feldspato	
Fluorita	
Chumbo	
Molibdênio	
Níquel	
Óleo	
Fosfato	
Potássio	
Areia	
Sílica de minério de ferro	
Sílica de fosfato	
Tungstênio	
Zinco	

Fig. 2.2 Quantidade de células por bancada e por substância mineral
Fonte: Denver (s.d.).

Numa extremidade do conjunto é instalada uma caixa de alimentação e, na extremidade oposta, uma caixa de descarga, como mostra a Fig. 2.3. Essas duas caixas controlam a diferença de nível entre a alimentação e a descarga e, com isso, o fluxo de deprimido ao longo da bancada de células. No caso de células fechadas (cell-to--cell), existem dispositivos controladores de nível em cada célula.

Fig. 2.3 Banco de células de flotação (Humboldt)

Dependendo do modelo, a espuma é descarregada somente pela frente ou também pelo lado de trás. De qualquer forma, ela é sempre recolhida em calhas e encaminhada ao seu destino, seja por gravidade ou por meio de bombeamento.

A máquina de flotação (Fig. 2.4) é instalada dentro da célula. Ela consiste de um rotor no fundo da célula, acionado e suspenso por um eixo. O rotor precisa fornecer a energia mecânica necessária para manter a polpa em suspensão. O conjunto tem um acionamento externo e, via de regra, o eixo gira dentro de um tubo que ultrapassa o nível da polpa e sai para a atmosfera. O movimento rotacional do rotor

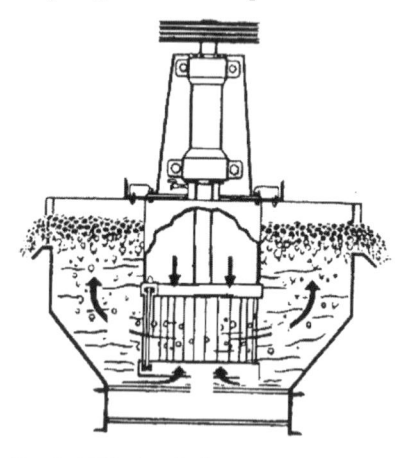

Fig. 2.4 Máquina de flotação
Fonte: Chaves e Leal Filho (1998).

gera pressão negativa dentro da polpa. O ar é aspirado e passa pelo tubo dentro do qual gira o eixo. Em muitos casos, essa aspiração é suficiente para a flotação; em outros, prefere-se injetar ar (ou outro gás) comprimido para dentro da célula e ter controle também sobre essa variável. Foram feitas experiências de substituição de ar por CO_2 na flotação reversa de minério de ferro, com resultados muito interessantes.

Além de manter a polpa em suspensão, o rotor deve fornecer a energia necessária para o transporte do deprimido, o que é obtido pelo correto posicionamento do rotor dentro do volume da célula, por uma rotação adequada e por uma escolha adequada do diâmetro.

Para uma flotação efetiva, deseja-se um número muito grande de bolhas de pequeno diâmetro, de modo a capturar o maior número possível de partículas coletadas. Para isso, é necessário fragmentar as bolhas geradas pelo rotor, o que é feito por outra peça, denominada estator (Fig. 2.5). As bolhas têm diâmetro da ordem de 1 mm.

Existem diferentes concepções para a geometria da célula, como mostra a Fig. 2.6. A quebra da quina da célula diminui o volume justamente onde a agitação é mais fraca, e pode ocorrer

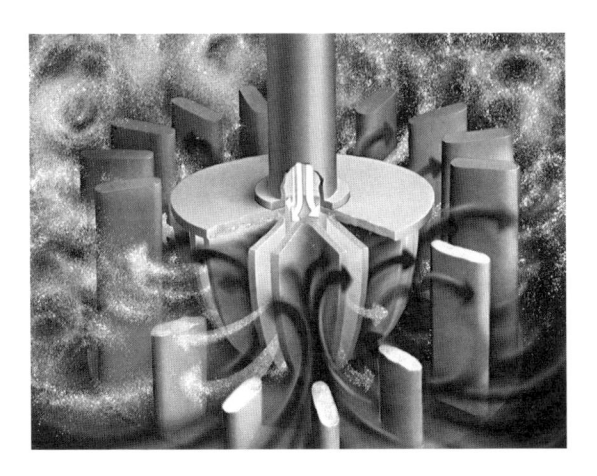

Fig. 2.5 Rotor e estator (Outokumpu)

deposição de minério. Essa providência diminui o volume de minério depositado dentro da célula e impede que, no caso de um escoamento súbito do minério acumulado, o rotor seja travado.

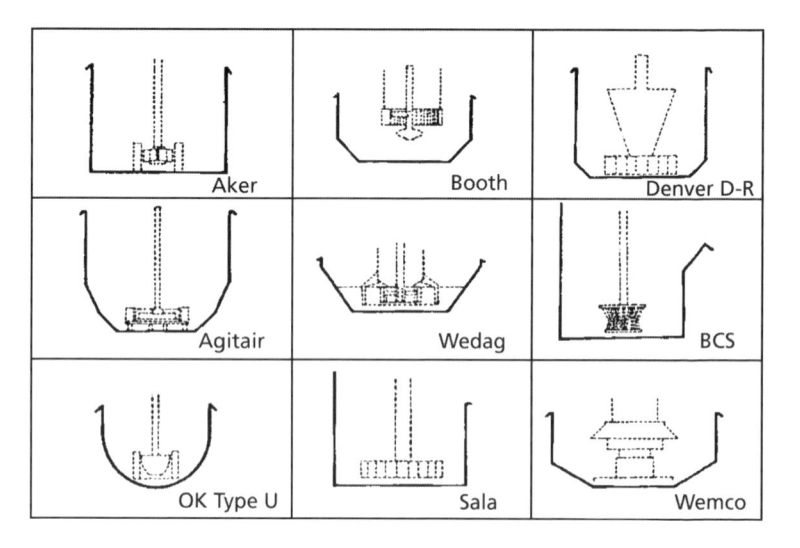

Fig. 2.6 Desenhos de células de flotação
Fonte: Young (1982).

Da mesma forma, existem diferentes projetos para o conjunto rotor-estator (Fig. 2.7). O mais simples é o modelo Aker (Fig. 2.7A). O rotor é uma turbina, o eixo é tubular e o ar passa por dentro dele. O estator é uma coroa fixada no fundo da célula. No modelo Agitair (Fig. 2.7D), o estator é uma coroa autoportante. Ela é fixada ao fundo da célula por parafusos, facilitando a sua retirada para manutenção. O rotor tem uma tampa superior que retém os sólidos sedimentados em caso de parada da máquina e impede que eles travem o rotor. Assim, graças a essa tampa, o rotor está isolado e sempre livre para rodar. A Outokumpu (OK) apresenta o conjunto rotor-estator de projeto mais sofisticado (Fig. 2.7G).

As células de desenvolvimento mais moderno têm formato cilíndrico. De início, isso decorreu da facilidade estrutural e construtiva desse formato. Num segundo momento, aplicou-se a tecnologia oriunda da indústria química de reatores, que precisam

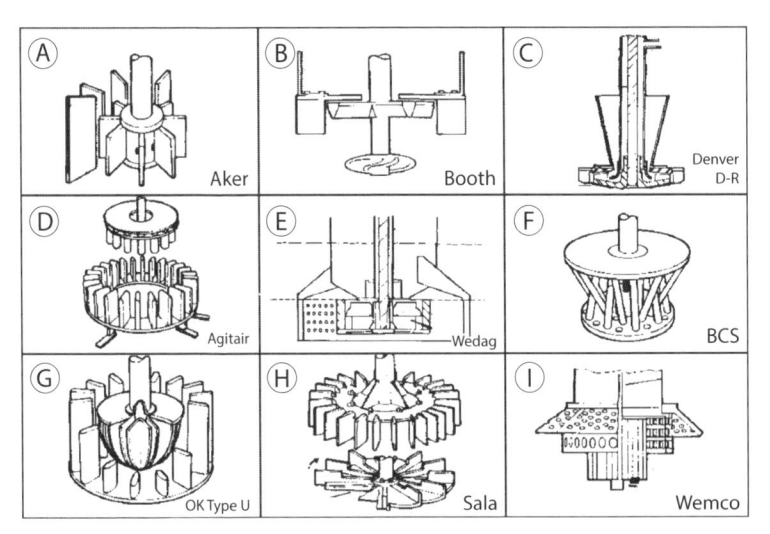

Fig. 2.7 Desenhos de rotor-estator
Fonte: Young (1982).

fornecer agitação muito eficiente para o contato entre os reagentes – no caso da flotação, o que se deseja é o contato partícula-bolha de ar. Verificou-se que as forças intensas de cisalhamento criadas pelo rotor são capazes de fornecer a energia necessária para a ruptura da barreira constituída pelo filme de água da bolha e permitir melhor adesão bolha/partícula, mesmo para as partículas de pequena dimensão.

O efeito indesejável da rotação da polpa dentro da célula foi resolvido mediante a instalação de defletores adequadamente projetados para impedir o movimento rotacional, dirigir os fluxos ascendentes e descendentes dentro da célula e maximizar a recirculação da polpa na região inferior, ao mesmo tempo que a turbulência na região superior precisa ser reduzida para diminuir o descolamento bolha-partícula coletada.

As calhas de recolhimento da espuma são radiais.

O projeto das máquinas modernas dá muita atenção aos aspectos hidrodinâmicos da polpa dentro da célula. Existe a preocupação tanto com a transferência de ar à polpa como com a circulação da polpa dentro da célula e a transferência da polpa de uma célula para a outra. Esses parâmetros variam em função do tamanho do rotor, da sua velocidade e da sua posição dentro da célula.

O controle automático de processo é uma rotina na indústria. Os controles essenciais são os de pH e de nível das células. A análise química *on-line* também é prática consagrada, principalmente na concentração de sulfetos.

Entretanto, nada substitui o operador atento. Com efeito, a aparência da espuma é a melhor indicação do comportamento do processo. Com base nesse fato, tentou-se parametrizar a espuma e fazer o controle do processo a partir dos seus parâmetros, principalmente o tamanho e a textura das bolhas. Instrumentos específicos monitoram esses parâmetros e os comparam com padrões predefinidos. As variáveis atuadas são o pH, a vazão de ar injetada e o nível das células, além da dosagem dos reagentes.

Mais recentemente, a tendência observada é de utilizar a análise de imagens como ferramenta para esse controle. A espuma é fotografada a intervalos, em pontos estratégicos, e sua cor, seu tamanho de bolha e sua textura são comparados com padrões. Programas elaborados a partir de conceitos de Lógica Fuzzy caracterizam a espuma com base nos modelos alimentados a esses programas e traçam a estratégia de controle, que utiliza as mesmas variáveis. Um sistema supervisório descrito por Torres (1999) utiliza análises *on-line* de cobre e sete aspectos visuais típicos da espuma para detectar e identificar os possíveis problemas e acionar soluções.

2.2 Células-tanque

Há pouco tempo, surgiu um novo modelo de células de flotação: as células-tanque. Inicialmente destinadas à flotação de carvão (o carvão é flotado em diluições muito altas, o que demanda grandes volumes, e geralmente é feito apenas o estágio *rougher*), rapidamente foram aproveitadas para a flotação de outros bens minerais, e seu uso hoje é consagrado.

As células-tanque utilizam a tecnologia de agitadores e condicionadores para promover a agitação e o bombeamento da polpa. Os tanques são circulares e, dependendo do modelo, o conjunto rotor-estator é colocado a diferentes alturas:

- para operações *rougher* ou *scavenger*, ele é colocado mais acima dentro da célula, de modo a forçar o escoamento para o flotado;
- para operações *cleaner*, ele é colocado embaixo, de modo que o conjunto bolha-partículas possa se soltar se a hidrofobicidade não for enérgica.

A Fig. 2.8 mostra esses dois modelos, e a Fig. 2.9, um conjunto de células-tanque instalado.

Um detalhe importante na Fig. 2.9 é que, na primeira célula (à esquerda), o ar é injetado (forçado) e, na segunda, o ar é simplesmente aspirado pelo movimento rotacional do rotor. A injeção de ar (ou outro gás) é outra variável de processo que assume importância cada vez maior na operação da flotação. A mesma tecnologia de cone introduzido na célula para alterar a altura da camada de espuma, disponível nas células pneumáticas, é oferecida aqui, como mostra a Fig. 2.10.

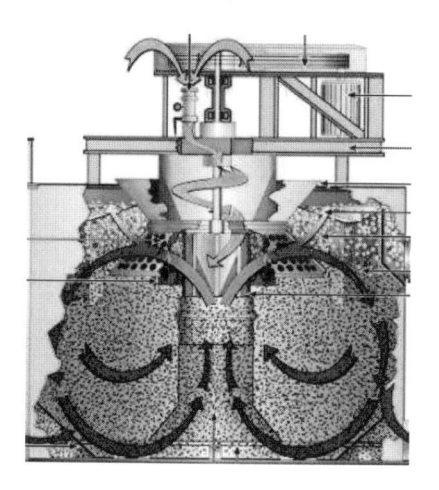

Rotor-estator mais acima na célula   Rotor-estator no fundo da célula

Fig. 2.8 Diferenças de projeto em relação à posição do rotor

Fig. 2.9 Conjunto de células-tanque (células Agitair, ar forçado)

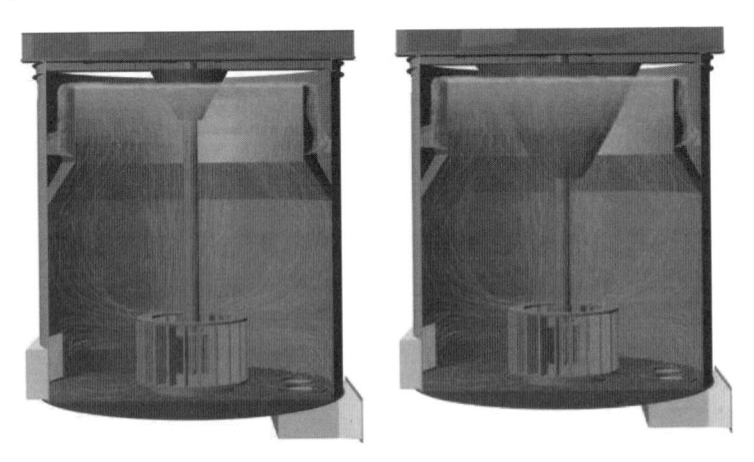

Fig. 2.10 Cone para controle da altura da coluna de espuma

2.3 Hidrodinâmica das células de flotação

Como já mencionado no Cap. 1, o mecanismo fundamental da separação de partículas minerais por flotação consiste na adesão seletiva de partículas hidrofobizadas a bolhas ascendentes de ar, em meio aquoso, sob condições dinâmicas. Uma vez que o ambiente químico adequado esteja estabelecido para a coleta dessas partículas, o desempenho da flotação passa a depender das condições hidrodinâmicas dentro da célula. Todavia, apesar de sua óbvia importância, os fenômenos hidrodinâmicos têm recebido pouca atenção de pesquisadores da área. Via de regra, o principal enfoque está sobre a interação entre espécies químicas (coletores, depressores, ativadores) e sítios ativos da interface mineral/solução.

Após o pré-tratamento da superfície das partículas, a máquina de flotação deve proporcionar condições hidrodinâmicas e mecânicas favoráveis para a separação efetiva de um ou mais minerais. À parte as exigências para a entrada de alimentação e descarga da polpa das células ou bancos e para a remoção hidráulica ou mecânica da espuma, os equipamentos devem executar também as seguintes funções (Harris, 1976; Schubert; Bischofberger, 1978; Poling, 1980; Schulze, 1984; Weiss, 1985; Guimarães, 1995):

- ♦ suspensão e dispersão eficazes das partículas para impedir sua sedimentação e promover o seu contato com as bolhas de ar;
- ♦ promover a aeração da polpa e a formação e dispersão das bolhas;
- ♦ fazer as partículas capturadas pela bolha subirem rumo à camada de espuma;
- ♦ evitar turbulência da polpa próximo à camada de espuma;
- ♦ controlar o nível da interface polpa/espuma.

Como já mencionado, o movimento rotacional do rotor gera uma região de pressão negativa dentro do equipamento, suficiente para aspirar o ar necessário à flotação, daí a conveniência de um tubo coaxial com o eixo do impelidor. Todavia, existem modelos cuja aeração é forçada, isto é, ar comprimido é injetado no sistema. O estator, além de quebrar as bolhas de ar, tem a função de inibir o movimento rotacional da polpa dentro da célula, induzido pela rotação do rotor, e de promover a dispersão do ar, como mostrado na Fig. 2.4.

Como nas bombas centrífugas, o giro do rotor faz com que a polpa seja deslocada na direção do topo do tanque, atingindo uma altura a partir da qual a polpa experimenta um movimento descendente, quando é então novamente sugada e direcionada para o topo (Fallenius, 1987; Harris, 1987; Chaves; Leal Filho, 1998). Por conseguinte, as variáveis hidrodinâmicas possuem significativa importância para a formação e a estabilidade do agregado partícula/bolha. Os números dinâmicos mais elucidativos para flotação são apresentados no Quadro 2.1.

Os movimentos de bolhas e partículas estão relacionados à microturbulência que controla a colisão entre esses componentes da polpa. A probabilidade de a bolha encontrar a partícula e de ambas permanecerem aderidas até chegarem à camada de coleta da célula depende somente da taxa de dissipação de energia do impelidor (ε_d) e da viscosidade cinemática da polpa (ν_{sL}).

Quadro 2.1 ADIMENSIONAIS HIDRODINÂMICOS UTILIZADOS NA FLOTAÇÃO

Adimensional	Fórmula	Expressa a relação entre
Reynolds	$Re_l = D_2 N \rho sL/\mu sl$	forças de inércia e forças viscosas
Froude	$Fr_l = DN^2/g$	forças de inércia e forças gravitacionais
Potência	$Po = P/(N^3 D^5 \rho sL)$	força de arraste do rotor e forças de inércia
Euler	$Pr_d = Pr/(N^2 D^2 \rho sL)$	pressão e forças de inércia
Fluxo de ar	$NQ = Q_G/(ND^3)$	vazão de ar e forças de inércia
Weber	$We_I = N^2 D^3 \rho sL/\gamma$	forças de inércia e forças capilares
Bond	$Bo = L^2 g \rho sL/\gamma$	forças gravitacionais e forças capilares
Capilar	$Cap = DN \rho sL/\gamma$	forças de viscosidade e forças capilares

onde: D = diâmetro do rotor; N = rotação do rotor; ρsL = densidade da polpa; μsl = viscosidade da polpa; g = aceleração da gravidade; P = potência; Pr = pressão; Q_G = vazão de ar ou gás; L = dimensão característica da geometria do sistema (cm); γ = tensão superficial.
Fonte: Brown et al. (1950); Bird et al. (1960); Dickey e Fenic (1976); Harris (1976); Giles (1977); Schubert e Bischofberger (1978); Foust et al. (1982); Kelly e Spottiswood (1982); Leja (1982); Schulze (1984); Sissom e Pitts (1988); Perry e Green (1997); Rodrigues (2001).

2 Máquinas de flotação

A taxa de dissipação de energia pode ser calculada pelas equações (Schubert; Bischofberger, 1978; Schulze, 1984; Schubert, 1985, 1999):

$$\varepsilon_d = \frac{P}{M} \quad (2.1)$$

$$\varepsilon_d = \frac{P}{V} \quad (2.2)$$

onde:

ε_d = taxa de dissipação de energia do impelidor;
P = potência do impelidor;
M = massa da polpa presente na célula;
V = volume de polpa.

Na flotação de grossos, a potência consumida deve ser minimizada. Assim, prefere-se trabalhar com bolhas maiores, e a estabilidade dos conjuntos partícula-bolha cresce. Além disso, as forças turbulentas agindo nesses aglomerados são diminuídas, o que explica a boa recuperação das partículas grossas em rotações não tão altas. Por sua vez, para partículas finas e muito finas, o número de colisões necessário é bem maior do que para partículas intermediárias e grossas. Desse modo, a potência consumida na flotação de finos é superior àquela consumida com as partículas intermediárias e grossas (Schubert; Bischofberger, 1978; Schubert, 1985, 1999).

A Fig. 2.11 apresenta a energia dissipada pelo rotor para diferentes células industriais de diversos volumes, evidenciando o aumento da energia dissipada em células menores, que, por sua vez, propiciam um ambiente hidrodinâmico prejudicial à flotação de partículas grossas. Por outro lado, o crescimento do volume das células nos últimos anos propiciou o melhor desempenho da flotação de grossos (Arbiter, 1999).

A influência da energia dissipada na flotação de esferas de vidro grossas, com diâmetro aproximado de 248 µm, foi reportada por Rodrigues (2001), conforme apresentado na Fig. 2.12.

A microturbulência presente no sistema pode ser suficiente para a destruição do agregado partícula/bolha, para a dispersão das

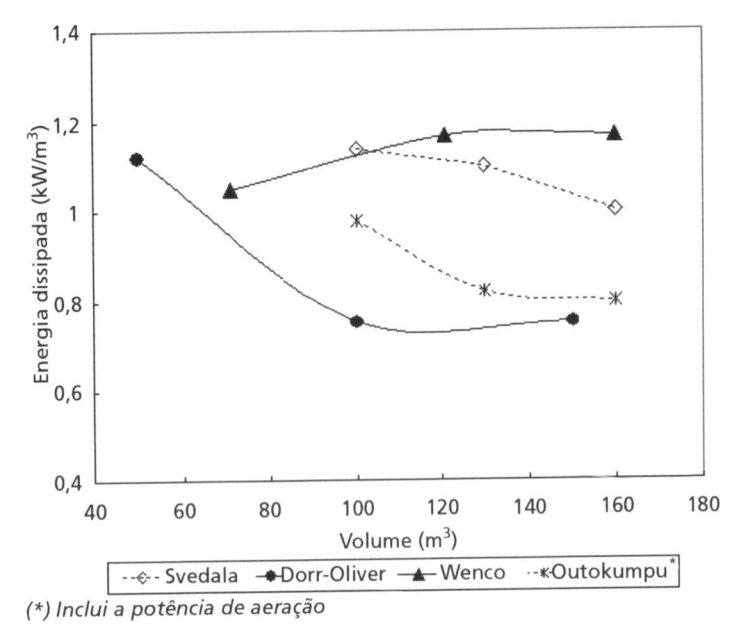

Fig. 2.11 Energia dissipada em células industriais de flotação
Fonte: Arbiter (1999).

(*) Inclui a potência de aeração

Legenda: --◇-- Svedala —●—Dorr-Oliver —▲—Wenco ··*··Outokumpu*

Gráfico (A):
d_p	D/T
● 0,496 mm	0,61
○ 0,248 mm	0,61
△ 0,248 mm	0,48

Gráfico (B): $d_p = 0{,}248$ mm, D/T = 0,48

- ■ $8{,}8 \times 10^{-7}\,\text{m}^2/\text{s} < v < 9{,}3 \times 10^{-7}\,\text{m}^2/\text{s}$
- □ $2{,}4 \times 10^{-6}\,\text{m}^2/\text{s} < v < 2{,}7 \times 10^{-6}\,\text{m}^2/\text{s}$

Eixo x: Energia dissipada média (W/kg)
Eixo y: Recuperação (%)

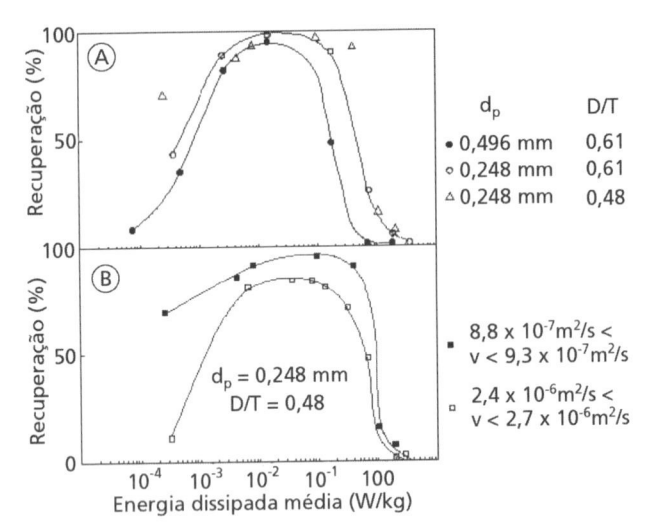

Fig. 2.12 Recuperação das esferas de vidro *versus* energia dissipada média e viscosidade cinemática

bolhas na polpa e também para a colisão partícula/bolha. Experimentos mostram que a máxima recuperação das esferas de vidro com diâmetro de 0,248 mm foi observada quando a dissipação de energia ficou na faixa de $1 < \varepsilon_d < 2{,}52$ kW/kg, o que evidencia que:

- para baixa energia dissipada ($\varepsilon_d < 0{,}3$ W/kg), a microturbulência presente no sistema não é suficiente para promover adequada colisão partícula-bolha ou, ainda, suficiente dispersão do fluxo de bolhas ao longo da célula (observação visual);
- para ε_d muito elevada ($\varepsilon_d > 10$ W/kg), a turbulência é excessiva, criando condições mais propícias para a quebra do agregado partícula/bolha;
- a magnitude da energia dissipada pelo rotor pode constituir um parâmetro valioso para controlar a microturbulência presente nas células de flotação.

2.4 Células pneumáticas

As células pneumáticas não têm peças móveis, e o ar é alimentado através de um injetor no fundo da célula. A Fig. 2.13A mostra um esquema da célula Imhoflot modelo V-cell. A peça cônica superior é um dispositivo para regular a altura da camada de espuma. O cone é mergulhado ou retirado da célula (cilíndrica), aumentando ou diminuindo a seção disponível para a espumação. Dessa forma, a altura da camada de espuma pode ser regulada, constituindo-se, assim, em mais uma ferramenta de otimização da operação.

A agitação não é feita pelo rotor, mas sim pelo movimento do ar injetado. Como consequência, o consumo energético é elevado. Em contrapartida, não havendo agitação mecânica, a turbulência da polpa é menor, e isso é favorável para a flotação de partículas mais finas ou mais grosseiras, para as quais a célula mecânica costuma ser limitada. A literatura recomenda esse equipamento para minérios com distribuição granulométrica muito ampla, minerais de densidade elevada e minerais frágeis.

O injetor, também chamado de aerador, é um meio poroso feito de bronze, vidro ou cerâmica, sinterizado de modo a resultar em canais de diâmetro controlado para a passagem do ar. As bolhas têm diâmetro da ordem de 0,1 mm a 0,5 mm.

A empresa Maelgwyn Mineral Services oferece um segundo tipo construtivo, que incorpora diferentes características com o intuito de melhorar a separação em aplicações de tratamento difícil. Esse equipamento, denominado G-cell, injeta a polpa de alimentação, já aerada, tangencialmente à célula. A Maelgwyn alega que a ação centrífuga melhora a mobilidade das bolhas de ar ascendentes, promovendo a separação dos minerais e reduzindo o arrastamento de material de ganga. O tempo de residência é de 30 s, extremamente baixo se comparado aos métodos convencionais. Com isso, obtêm-se volumes reduzidos, com maior flexibilidade de projeto e de circuito e sensível redução dos custos de capital e de operação, conforme dados do fabricante. A Fig. 2.13B mostra o modelo de alimentação centrífuga (G-cell).

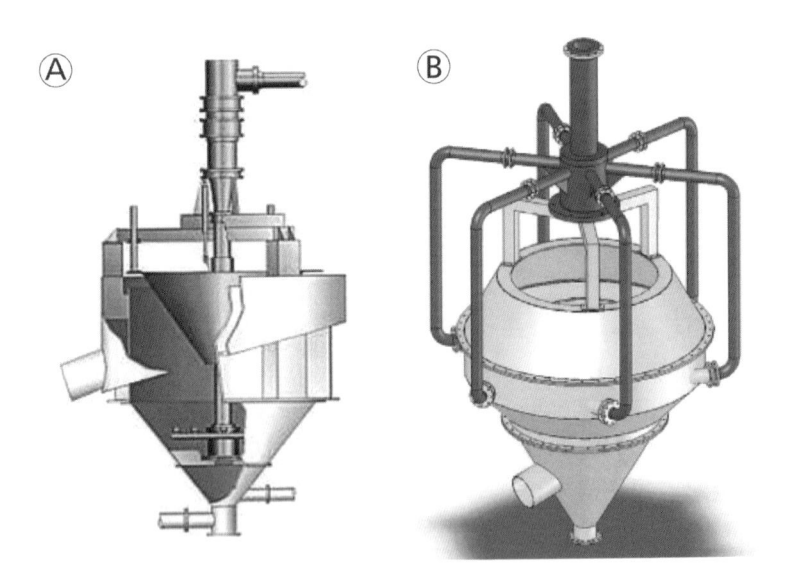

Fig. 2.13 Células pneumáticas Imhoflot: (A) modelo V-cell; (B) modelo G-cell
Fonte: Maelgwyn Mineral Services (s.d.).

2.5 Outros equipamentos

Existem células pneumáticas onde o ar disperso ou dissolvido na água é desprendido pela súbita despressurização dentro da célula. A água pode também ter sido previamente saturada de ar, ou outro gás (ou gases) pode ser gerado pela eletrólise da água. O resultado são bolhas muito pequenas, de 0,03 mm a 0,12 mm, geradas diretamente sobre as partículas, resultando em um contato bolha-partícula mais eficiente.

O *air-sparged hydrocyclone* é um equipamento especial; na realidade, um ciclone dotado de uma parede porosa, através da qual o ar é injetado. As bolhas de ar, de diâmetro inferior a 0,1 mm, e as partículas aderidas a elas se dirigem para o fluxo ascendente que sai como *overflow*. As partículas deprimidas saem pelo *underflow*. Ocorre, então, um contato intenso entre as bolhas de ar que estão vindo da periferia do equipamento com as partículas sólidas que estão sendo centrifugadas e encaminhadas à periferia do ciclone. As condições para a colisão das partículas com as bolhas são, portanto, favorecidas.

O *hydrofloat* é um equipamento fornecido pela Eriez, que usa um classificador de leito fluidizado (ver o vol. 1 desta série, p. 300ss.) para fazer a flotação. A elevada densidade de polpa em que o equipamento opera tem um efeito levigador sobre as partículas. Segundo o fabricante (Inbras-Eriez, s.n.t.-b), isso faz com que partículas mais grossas que os tamanhos habituais da flotação (em torno do limite de 65# ou 0,21 mm) possam ser flotadas. A Fig. 2.14 mostra um esquema do aparelho e o compara ao classificador.

As bolhas são geradas num borbulhador externo à máquina e injetadas dentro da célula da mesma maneira que nas colunas de flotação ou células pneumáticas. O sensor de densidade controla a densidade de polpa dentro da máquina, mantendo-a no valor desejado por meio da injeção de água e da abertura e fechamento da válvula de deprimido (chamado de *overflow* na figura).

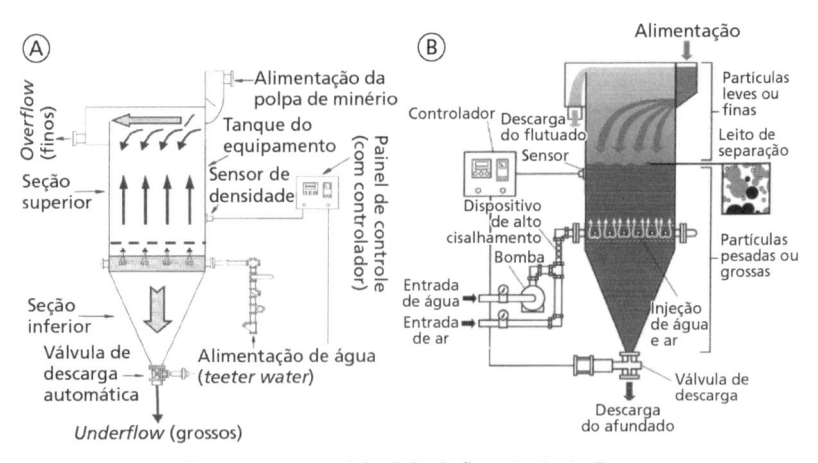

Fig. 2.14 (A) Classificador *crossflow*; (B) célula de flotação *hydrofloat*
Fonte: Inbras-Eriez (s.n.t.-a, s.n.t.-b).

As colunas de flotação são um desenvolvimento recente. No Brasil, a primeira aplicação industrial data de 1991. Em razão da sua importância, elas terão um capítulo inteiramente dedicado a elas (Cap. 3). Por ora, é importante mencionar apenas algumas características que justificam o imenso sucesso que as colunas de flotação vêm alcançando.

O esquema básico do equipamento é mostrado na Fig. 2.15. A alimentação é introduzida no terço superior da coluna, e o ar, na sua base. As partículas sólidas afundam na polpa e encontram em seu percurso as bolhas de ar que estão subindo, e colidem com elas. Se estão coletadas, capturam bolhas de ar e passam a ser arrastadas para cima. Se não, continuam o seu percurso descendente, porém sempre em choque com bolhas que estão subindo. É como se as operações de *rougher* e *scavenger* fossem feitas nos dois terços inferiores da coluna.

Modernamente, introduziu-se o *retrofit*, pelo qual parte do deprimido é realimentada à célula através dos aeradores. É um verdadeiro *scavenger*!

Por sua vez, as partículas aderidas às bolhas sobem até a porção superior, onde recebem água de lavagem aspergida sobre

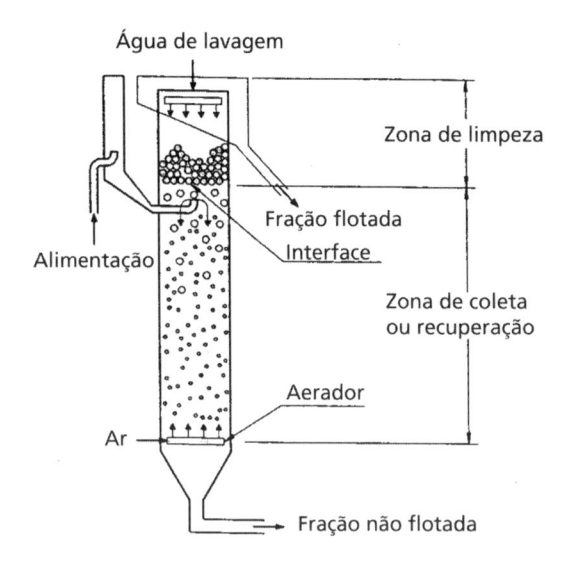

Fig. 2.15 Coluna de flotação

a camada de bolhas. As partículas mal coletadas ou partículas não coletadas arrastadas mecanicamente se desprendem da espuma e voltam a afundar. O terço superior da coluna funciona, portanto, como se fosse a etapa *cleaner* do circuito de flotação.

As colunas de flotação incorporam as vantagens das células pneumáticas, de ter agitação mais branda e flotar bem partículas mais grossas e mais finas, em comparação com as células mecânicas. O tempo de residência da bolha dentro da coluna é muito grande, uma vez que as bolhas são geradas na base do equipamento e o percorrem inteiramente até serem descarregadas na parte superior. A lavagem da espuma na porção superior da coluna derruba as partículas não coletadas arrastadas mecanicamente pela espuma, aumentando, assim, o teor do concentrado.

Finalmente, as colunas podem ser instaladas ao tempo e ocupam área projetada menor que as células mecânicas.

2.6 Equipamentos disponíveis no Brasil

O Brasil tem um mercado produtor de equipamentos para

mineração muito importante. Os fabricantes referidos no Guia de Compras de 2006 da revista *Brasil Mineral* foram consultados para a elaboração deste capítulo, e os produtos oferecidos, modelos e capacidades são informados na Tab. 2.1.

A empresa Engendrar fabrica células de laboratório, e a FLSmidth, células Wemco SmartCell para usina-piloto (0,05 m^3 e 0,15 m^3). A Metso produz dois modelos básicos: a célula circular Metso RCS e a Metso Denver quadrada, DR. As duas máquinas usam suprimento externo de ar de baixa pressão para ter controle preciso da aeração. O modelo RCS é o padrão global da Metso e é fornecido em tamanhos de 0,8 m^3 a 200 m^3. Ele pode ser fornecido com mecanismos *standard* ou reforçado. As células RCS são circulares. A Metso Denver DR Flotation Machine é a máquina Denver com recirculação forçada da polpa junto ao rotor e ao estator. Os tamanhos vão desde usina-piloto até 42,5 m^3, e a célula é projetada para manter a zona de separação (volume acima da zona de recirculação forçada) com a mesma altura, independentemente do tamanho da célula.

A FLSmidth fabrica as células da Dorr-Oliver e da Wemco (Eimco Envirotech), e células de tecnologia mista. As células Wemco são autoaspiradas e as da Dorr-Oliver trabalham com injeção de ar. O carro-chefe para a maioria das aplicações continua sendo a Wemco 1+1. As células Dorr são cilíndricas e incorporam o rotor de projeto especial da marca. Na Tab. 2.1, R significa células de seção retangular; UT, células de seção circular (cilíndricas); U, tanques em U, e RT, *round tank*, estas últimas recomendadas para utilização como *rougher*. A célula Wemco SmartCell tem tanque cilíndrico com defletores e controle automático da vazão de ar.

A Outokumpu oferece diferentes modelos de células: as clássicas OK-R e OK-U Flotation Machines, e as OK-TC, de tanque cilíndrico (*tank cell*), e OK-TC-XHD (*extra heavy duty*), além de uma célula SK (*skin air*), cilíndrica, recomendada para flotação *flash*.

Nota-se a tendência de os fabricantes oferecerem células de grande volume e de formato cilíndrico. O volume maior atende

Tab. 2.1 Células produzidas no Brasil (fabricante e modelo)

		Metso													
DR Flotation Machine	tamanho	DR15	18sp	24	100	180	200	300	500	1500	-	-	-	-	-
	capacidade (m³)	12	25	50	100	180	200	300	500	1.500	-	-	-	-	-
RCS Flotation Machine	tamanho	RCS5	10	15	20	30	40	50	70	100	130	160	200	-	-
	capacidade (m³)	5	10	15	20	30	40	50	70	100	130	160	200	-	-
FLSmidth Minerals (antes GLV, Dorr-Oliver e Eimco)															
Séries UT e R	tamanho	1550UT	1350UT	1000UT	600UT	300UT	100R	50R	25R	10R	1R	-	-	-	-
	capacidade (m³)	1.550	1.350	1.000	600	300	100	50	25	10	1	-	-	-	-
Série RT	tamanho	200	160	130	100	70	60	50	40	30	20	10	-	-	-
	capacidade (m³)	200	160	130	100	70	60	50	40	30	20	10	-	-	-
Wemco 1+1	tamanho	18	28	36	44	56	66	66D	84	120	144	164	190	225	-
	capacidade (ft³)	1	3	11	21	40	61	100	150	300	500	1.000	1.500	3.000	-
X Cell	capacidade (m³)	1,5	3	5	10	20	30	50	70	100	130	160	-	-	-
Wemco SmartCell	capacidade (m³)	5	10	20	40	60	70	100	130	160	200	250	-	0,05	0,15
	capacidade (ft³)	180	360	710	1.060	1.410	2.120	2.470	3.530	4.590	5.650	7.060	8.830	1,8	5,3
Outokumpu															
OK-R	tipo	5	3	1,5	0,5	-	-	-	-	-	-	-	-	-	-
	capacidade (m³)	5	3	1,5	0,5	-	-	-	-	-	-	-	-	-	-
OK-U	tipo	50	38	16	8	-	-	-	-	-	-	-	-	-	-
	capacidade (m³)	50	38	16	8	-	-	-	-	-	-	-	-	-	-
SK	tipo	1200	500	240	80	40	15	-	-	-	-	-	-	-	-
	capacidade (m³)	52	23	8	2,2	1,3	0,7	-	-	-	-	-	-	-	-

bem a grandes capacidades de produção com um número menor de células, economizando espaço, número de motores e controles e, consequentemente, manutenção.

Quanto às colunas de flotação, a maior parte dos equipamentos instalados no Brasil é CPT (antiga Cominco), mas os outros fabricantes (FLSmidth e Metso) também oferecem equipamentos fabricados no Brasil.

A Fig. 2.16 mostra células de flotação do circuito de beneficiamento do Sossego (CVRD, Canaã dos Carajás, PA).

Fig. 2.16 Células de flotação do Sossego (Outokumpu)

Referências bibliográficas

ARBITER, N. Development and scale-up of large flotation cells. In: PAREKH, B. K.; MILLER, J. D. (Ed.). *Advances in flotation technology*. Littleton: SME, 1999. p. 345-353.

BIRD, R. B. et al. *Transport phenomena*. New York: John Wiley & Sons, 1960.

BROWN, G. M. et al. *Unit operations*. New York: John Wiley & Sons, 1950.

CHAVES, A. P.; LEAL FILHO, L. S. Flotação. In: LUZ, A. B.; POSSA, M. V.; ALMEIDA, S. L. (Ed.). *Tratamento de minérios*. 2. ed. Rio de Janeiro: Cetem, 1998.

DENVER EQUIPMENT CO. *Flotation cells*. Denver: Denver Equipment Co., [s.d.].

DICKEY, D. S.; FENIC, J. C. Dimensional analysis for fluid agitation systems. *Chemical Engineering*, v. 83, n. 1, p. 139-145, 1976.

FALLENIUS, K. Turbulence in flotation cells. *International Journal of Mineral Processing*, v. 21, n. 1/2, p. 1-23, 1987.

FOUST, A. S. et al. *Princípios das operações unitárias*. Tradução: Horácio Macedo. 2. ed. Rio de Janeiro: Guanabara Dois, 1982.

GILES, R. V. *Mecânica dos fluidos e hidráulica*. Tradução: Sérgio dos Santos Borde. São Paulo: McGraw-Hill do Brasil, 1977. (Coleção Schaum).

GUIMARÃES, R. C. *Separação de barita em minério fosfático através de flotação em coluna*. 1995. 271 f. Dissertação (Mestrado) – Escola Politécnica da Universidade de São Paulo, São Paulo, 1995.

HARRIS, C. C. Flotation machines. In: FUERSTENAU, M. C. (Ed.). *Flotation*: A. M. Gaudin Memorial Volume. New York: AIME, 1976. v. 2.

HARRIS, C. C. Flotation machine design, scale up and performance: data base. *Advances in mineral processing*, Nato Series, 1987. cap. 37.

INBRAS-ERIEZ EQUIP. MAGNÉTICOS. Crossflow separator. *Catálogo* 1198-SC-SG-SEN, [s.n.t.-a].

INBRAS-ERIEZ EQUIP. MAGNÉTICOS. Hydrofloat separator. *Catálogo* 300-SG-SEN, [s.n.t.-b].

KELLY, E. G.; SPOTTISWOOD, D. J. *Introduction to mineral processing*. New York: John Wiley & Sons, 1982.

LEJA, J. *Surface chemistry of froth flotation*. New York: Plenum Press, 1982.

MAELGWYN MINERAL SERVICES. *Pneumatic flotation Imhoflot™*. Llandudno (UK): Maelgwyn Mineral Services, [s.d.].

PERRY, R. H.; GREEN, D. W. *Perry's chemical engineers' handbook*. 7. ed. Sidney: McGraw-Hill, 1997. (Várias paginações).

POLING, G. W. Selection and sizing of flotation machines. In: MULAR, A. L.; BHAPPU, R. B. *Mineral processing plant design*. 2. ed. New York: SME, 1980.

RODRIGUES, W. J. *Aspectos hidrodinâmicos na flotação de partículas grossas*. 2001. 150 f. Dissertação (Mestrado) – Escola Politécnica da Universidade de São Paulo, São Paulo, 2001.

SCHUBERT, H. On some aspects of the hydrodynamics of flotation process. In: FORSSBERG, K. S. (Ed.). *Flotation of sulphide minerals*. Amsterdam: Elsevier, 1985. p. 337-355.

SCHUBERT, H. On the turbulence - controlled microprocesses in flotation machines. *International Journal of Mineral Processing*, v. 56, n. 1-4, p. 257-276, 1999.

SCHUBERT, H.; BISCHOFBERGER, C. On the hydrodynamics of flotation machines. *International Journal of Mineral Processing*, v. 5, n. 2, p. 131-42, 1978.

SCHULZE, H. J. *Physico-chemical elementary processes in flotation*: an analysis from the point of view of colloid science including process engineering considerations. Amsterdam: Elsevier, 1984.

SISSOM, L. E.; PITTS, D. R. *Fenômenos de transporte*. Tradução: Adir M. Luiz. Rio de Janeiro: Guanabara, 1988.

TORRES, V. M. *Sistema especialista para processamento de minérios de ouro*. 1999. Tese (Doutorado) – Epusp/PMI, São Paulo, 1999.

WEISS, N. L. *SME mineral processing handbook*. New York: Society of Mining Engineers, 1985. v. 1. (Várias paginações).

YOUNG, P. Flotation machines. *Mining Magazine*, p. 35-59, jan. 1982.

Flotação em coluna 3

Lauro Akira Takata
Thiago Valle

3.1 Breve histórico

A concepção do processo de flotação em coluna teve início em 1961, a partir da invenção patenteada pelos canadenses Remy Trembly e Pierre Boutin. As primeiras descrições do equipamento e ensaios em escala-piloto foram feitos por Boutin e Wheeler em meados da década de 1960. Em 1981, a Mines Gaspé Division, da Noranda Mines, iniciou, na província de Quebec, no Canadá, a operação da primeira célula de coluna em escala industrial, com 0,91 m de diâmetro, para flotação *cleaner* de molibdênio. A versão final desse circuito, em 1987, era um estágio com coluna de 0,91 m de diâmetro, seguida por flotação em outra coluna de 0,46 m de diâmetro. A partir de então, as colunas industriais de flotação espalharam-se rapidamente pelo Canadá, Austrália, África do Sul e América do Sul, principalmente Chile e Brasil.

No Brasil, as primeiras colunas de flotação de grande porte entraram em operação em 1991, na Mina do Germano (Mariana, MG), da Samarco Mineração, com colunas de 3,66 m e 2,44 m de diâmetro para flotação do quartzo de minério de ferro (Fig. 3.1). Posteriormente, outras empresas do setor instalaram colunas industriais de grandes dimensões com o mesmo objetivo, ou seja, a concentração de minério de ferro pela flotação reversa de quartzo. Atualmente, apenas no segmento de tratamento de minério de ferro, existem no país 68 colunas industriais em operação, instaladas nas seguintes empresas:

- Samarco Mineração S.A. Mina do Germano (Mariana, MG);

- Companhia Siderúrgica Nacional (CSN), Mineração Casa de Pedra (Congonhas, MG);
- Minerações Brasileiras Reunidas (MBR), Mina do Pico (Itabirito, MG);
- S.A. Mineração da Trindade (Samitri), Mina da Alegria (Mariana, MG);
- Companhia Vale do Rio Doce (CVRD), Mina de Conceição (Itabira, MG) e Mina de Timbopeba (Mariana, MG).

Fig. 3.1 Colunas da Samarco

No setor de beneficiamento de fosfatos, as primeiras colunas industriais de grande porte entraram em operação em 1993, na Bunge Fertilizantes, Unidade de Araxá (MG), onde foram instaladas seis colunas de seção retangular, com dimensões de 3,0 m x 4,5 m e 14,5 m de altura, para flotação de barita, apatita grossa, finos naturais e finos gerados. Posteriormente, outras unidades de beneficiamento de fosfato adotaram também a flotação em coluna, substituindo parte dos circuitos existentes para recuperação de grossos, finos e ultrafinos. Atualmente, colunas com seções circulares e retangulares estão presentes nas unidades industriais da Fosfertil em Catalão (GO) e Tapira (MG), assim como na unidade

da Bunge Fertilizantes em Cajati (SP). Ao todo, são 33 colunas industriais instaladas nas unidades de beneficiamento de apatita, distribuídas nas seguintes empresas:
- Bunge Fertilizantes, Unidade Araxá (MG);
- Bunge Fertilizantes, Unidade de Cajati (SP);
- Fertilizantes Fosfatados (Fosfertil), Complexo de Mineração Tapira (CMT) (Tapira, MG);
- Fertilizantes Fosfatados (Fosfertil), Complexo de Mineração Catalão (CMC) (Catalão, GO);
- Galvani Ind. Com. e Serviços, Mina de Lagamar (MG).

A flotação em coluna está presente também em instalações industriais de concentração de cobre, feldspato, grafite, zinco, chumbo, talco, prata e nióbio. Ao todo, às colunas encontradas nessas instalações industriais de beneficiamento acrescentam-se mais 41 colunas de diferentes tamanhos, instaladas em várias regiões do país.

Em quase duas décadas, o número de colunas industriais de flotação no Brasil evoluiu de zero para 142, demonstrando o enorme sucesso desse processo para a concentração de vários tipos de minérios. A flotação em coluna ainda apresenta um bom potencial para crescimento, em razão dos planos de expansão das usinas de beneficiamento existentes e também dos projetos em andamento de novas unidades industriais de tratamento de minérios (ver Anexo 3.1 - Relação das colunas em operação no Brasil).

3.2 O processo de flotação em coluna

Apesar da grande diversidade de desenhos de colunas de flotação, o modelo que apresenta maior aplicação em escala industrial, não só no Brasil como em todo o mundo, é aquele conhecido como coluna canadense, cujo esquema é apresentado na Fig. 3.2.

No perfil da coluna representada na Fig. 3.2, é possível identificar duas regiões distintas:

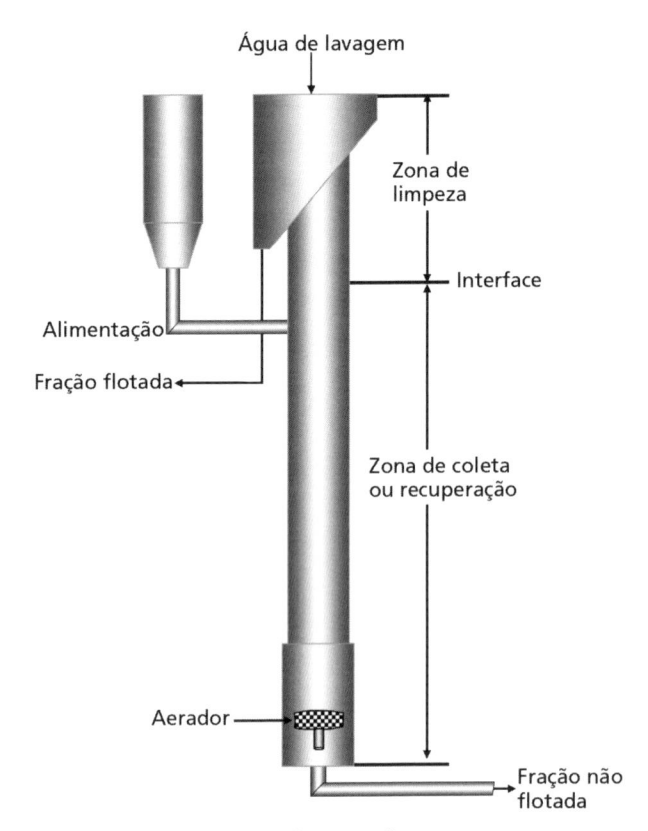

Fig. 3.2 Perfil esquemático de uma coluna canadense

- a zona de coleta, também conhecida como zona de recuperação, situada entre a interface polpa/espuma e o sistema de aeração;
- a zona de limpeza, também conhecida como camada de espuma, situada entre a interface polpa/espuma e o transbordo.

A coluna de flotação difere da célula mecânica convencional nos seguintes aspectos:
- geometria (relação altura/diâmetro);
- presença de água de limpeza na camada de espuma;
- ausência de agitação mecânica;
- sistema de geração de bolhas.

As colunas de seção transversal circular apresentam diâmetros que variam entre 0,5 m e 7 m, e alturas entre 7 m e 15 m (Tab. 3.1). Para colunas com diâmetros maiores que 1,2 m, é comum a utilização de divisões internas verticais denominadas defletores (*baffles*). Esses defletores normalmente seccionam a coluna entre os aeradores e o transbordo de espuma, com interrupção na região da alimentação da coluna. Essas divisões internas tinham por objetivo minimizar os efeitos da turbulência interna da coluna de flotação. Nos projetos recentes de colunas de flotação, esses defletores foram eliminados, provavelmente em decorrência da melhor distribuição interna de polpa, dos avanços no sistema de geração e distribuição de bolhas etc.

Tab. 3.1 PARÂMETROS OPERACIONAIS E DE PROJETO NORMALMENTE UTILIZADOS EM COLUNAS INDUSTRIAIS

Parâmetros	Faixa de variação	Valor típico
altura total da coluna (m)	7-15	12
altura da zona de espuma (m)	0,1-2	1,0
velocidade do gás* (cm/s)	0,5-3	1,5
hold-up do gás* (%)	5-35	15
diâmetro da bolha* (mm)	0,5-2	1,2
velocidade da polpa (cm/s)	0,3-2	1,0
velocidade do *bias* (cm/s)	0-0,3	0,1
velocidade da água de limpeza (cm/s)	0,2-1	0,4

*no ponto médio da zona de recuperação.

Modernamente, com a modificação dos sistemas de aeração da coluna, passou a ser utilizado o sistema de retroalimentação: parte do deprimido é levada de volta à coluna através do sistema de injeção de ar. Dessa forma, as bolhas são geradas sobre a partícula. Havendo chance de adsorção da partícula à bolha, essa chance é maximizada, o que ajuda a melhorar a recuperação. A Fig. 3.3 mostra o sistema de retroalimentação.

Fig. 3.3 Sistema de retroalimentação

3.2.1 Zona de coleta ou recuperação

Em geral, a alimentação de polpa na coluna é feita num ponto localizado a aproximadamente 1/3 da altura a partir do topo da coluna. Na zona de coleta, as partículas em movimento descendente, provenientes da alimentação da coluna, entram em contato com o fluxo ascendente em contracorrente das bolhas de ar geradas e distribuídas na parte inferior do equipamento. As partículas hidrofóbicas são transportadas para a camada de espuma, enquanto as partículas hidrofílicas afundam e são removidas pelo fundo da coluna.

O modelo proposto para descrever o comportamento das colunas industriais de flotação é o de um reator tubular pistonado (*plug flow reactor*) com dispersão axial. Nesse modelo de reator, o desvio da idealidade é representado pelo número de dispersão (Nd). Esse modelo foi proposto por Yianatos, Espinoza-Gomes, Finch, Laplante e Dobby, e leva em conta aspectos cinéticos da flotação e aspectos hidrodinâmicos da polpa.

A vazão de ar é uma das variáveis mais importantes no processo de flotação em coluna, e cada tipo de mineral apresenta uma faixa ótima de fluxo de ar, que é também função da recuperação em massa para a fração flotada, da granulometria do minério e do tamanho de bolhas. As colunas industriais operam com a velocidade superficial do gás na faixa de 0,5 cm/s a 3,0 cm/s, dependendo do tipo de flotação e do mineral a ser concentrado.

O *hold-up* do gás é definido como a fração volumétrica ocupada pelo ar na zona da recuperação da coluna. Esse parâmetro depende da vazão de ar, do tamanho das bolhas, da densidade de polpa, do carregamento de sólidos nas bolhas e da velocidade descendente da polpa. O *hold-up* do gás pode ser calculado de diversas formas, mas o método mais usual é realizá-lo a partir de resultados de medidas de pressão na zona de coleta (Fig. 3.4).

Quando se correlaciona o *hold-up* do gás com sua velocidade superficial, verifica-se que, a partir de um determinado valor de velocidade do ar, o *hold-up* permanece praticamente constante. A partir desse ponto, perde-se o controle da aeração, em razão da presença de bolhas grandes provenientes da coalescência das bolhas menores. O escoamento passa de um regime de bolhas para um regime turbulento e observa-se diminuição nas recuperações (Fig. 3.5).

Muitos desenhos de aeradores já foram utilizados para a

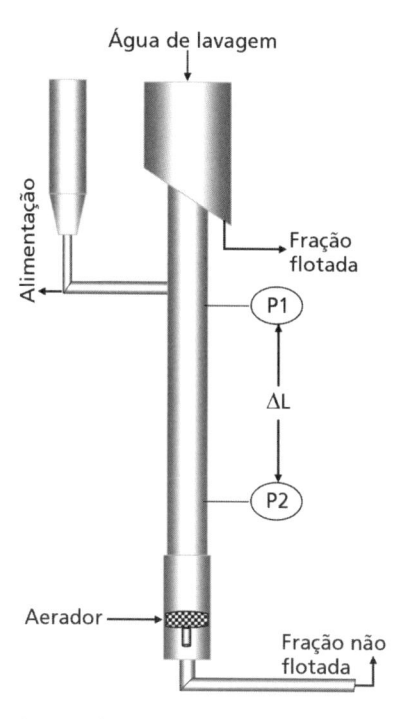

Fig. 3.4 Sistema para medida do *hold-up* do gás

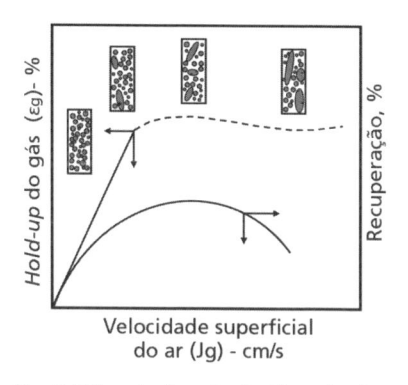

Fig. 3.5 Correlação entre *hold-up* do gás e velocidade superficial do ar

geração de bolhas para as colunas industriais, tais como placas porosas, tubos com paredes porosas, placas de orifício, meios filtrantes (tecidos), mantas de borracha perfuradas etc. Em geral, as bolhas de ar geradas por esses métodos apresentam uma distribuição de diâmetros entre 0,5 mm e 2,0 mm.

Os desenhos de sistemas de geração de bolhas continuam mudando rapidamente e incorporando novas técnicas que permitem geração de bolhas com distribuição cada vez mais ampla de tamanhos. O diâmetro médio das bolhas pode ser estimado com a utilização de expressões matemáticas.

Existem outros métodos para a determinação de tamanhos de bolhas, que propõem a utilização de processos óticos, ultrassom, raios *laser* etc., mas ainda são muitas as dificuldades para a coleta de amostras representativas do fluxo de bolhas e a estimativa dos seus tamanhos. Os métodos mais utilizados são para sistemas ar/água e captam as bolhas em colunas-piloto, para produzir imagens digitais por meio de microscopia, e o processamento dessas imagens é feito em programas especiais de computador. Essas medições *off-line* apresentam boa precisão porque podem ser feitas com grande número de bolhas, e a distribuição de tamanhos é calculada por métodos estatísticos. O grande desafio ainda é o desenvolvimento de métodos eficazes que permitam trabalhar *on-line*, para controle de processo em colunas industriais.

A relação entre a altura da zona de coleta e o diâmetro da coluna foi avaliada por Yianatos, Espinoza-Gomes, Finch, Laplante e Dobby, e a conclusão principal foi que o aumento da relação altura/diâmetro proporcionava a diminuição do número de dispersão (Nd) e o aumento do tempo de residência do líquido, melhorando o desempenho da coluna. Porém, o aumento da relação altura/diâmetro promovia também a diminuição do fluxo volumétrico do gás, tornando, eventualmente, muito limitada a capacidade de carregamento da coluna. Para as condições típicas de operação das colunas industriais, os referidos autores recomendam uma relação entre a altura da zona de coleta e o diâmetro da coluna em torno de 10:1. Para evitar que o crescimento do tamanho das colunas acarretasse a diminuição dessa relação, foram instaladas nas colunas industriais as divisões internas denominadas *baffles*.

O tempo de residência é um dos fatores que afetam significativamente o desempenho da coluna, principalmente no que diz respeito à recuperação do mineral de interesse para a fração flotada. Variações no tempo de residência podem ser efetuadas por meio de alterações na vazão de alimentação, na concentração de sólidos na alimentação, na vazão de água de lavagem e na altura da zona de recuperação da coluna.

O tempo de residência de partículas sólidas na coluna é função de sua velocidade de sedimentação e, portanto, aumenta com a diminuição do tamanho das partículas, aproximando-se do tempo de residência da fase líquida. Partículas grosseiras, acima de 0,1 mm, apresentam tempo de residência igual ou menor que 50% em relação ao da fase líquida.

3.2.2 Zona de espuma ou limpeza

Na zona de limpeza é adicionada a água de lavagem, por meio de distribuidores internos ou externos à espuma, com o objetivo de eliminar partículas de minerais de ganga arrastadas pelo fluxo ascendente. A diferença entre a vazão da água de limpeza e a vazão da água que transborda pelas calhas de flotado recebe o nome de *bias*. Quando o *bias* é positivo, significa que o fluxo líquido é descendente, garantindo melhor eficiência na limpeza da fração flotada (Fig. 3.6).

A água de lavagem repõe a água naturalmente drenada, promovendo a estabilidade da espuma. A adição de água de lavagem permite aumentar a camada de espuma de menos de 10 cm para mais de 100 cm, mesmo na ausência de sólidos. A velocidade superficial de *bias* é tipicamente mantida entre 0,1 cm/s e 0,3 cm/s em colunas industriais. O aumento da velocidade superficial de *bias* para acima de 0,4 cm/s pode ter efeitos negativos, porque promove turbulência e induz movimentos axiais

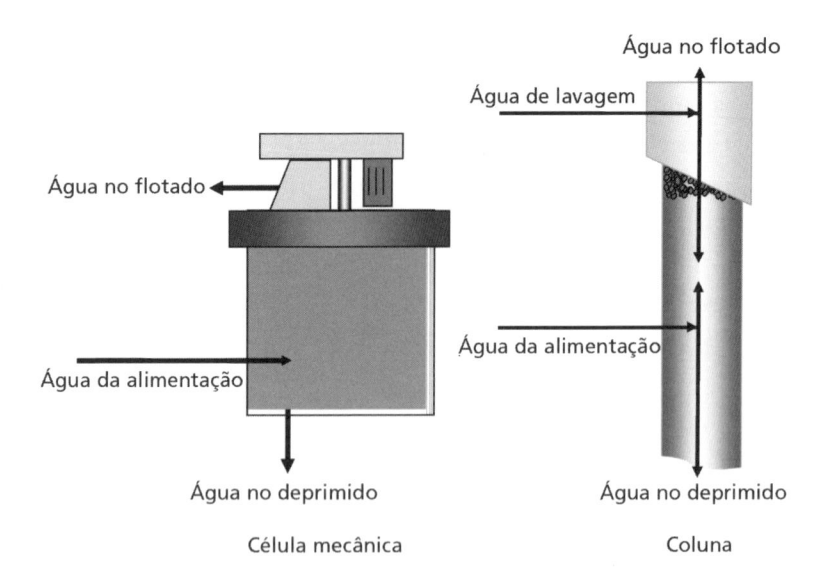

Fig. 3.6 Esquema dos fluxos de água nas células mecânica e de coluna

na zona de limpeza. A condição operacional desejável é manter o *bias* positivo, porém com o menor valor possível.

A adição de água de limpeza aumenta o conteúdo de água na espuma, o que significa diminuição do *hold-up* do gás na camada de espuma. Estudos feitos com sistemas com duas fases (gás/água) revelam que os diâmetros das bolhas crescem de forma muito significativa ao passarem da zona de coleta para a zona de espuma, em razão da coalescência, mantendo nas regiões superiores pequenas variações no tamanho das bolhas. Nessas condições, o *hold-up* do gás na camada de espuma apresenta valores em torno de 60% junto da interface e cresce rapidamente, atingindo valores iguais a 80% ou mais nas regiões superiores.

O aumento da vazão de ar promove a elevação do *hold-up* do gás na zona de coleta e a sua diminuição na zona de limpeza, provocada pelo arraste de água da zona de coleta. Quando esse fenômeno é muito intenso, tornando iguais os *hold-up* das duas zonas, ocorre o desaparecimento da interface.

O aumento da vazão de ar acima de certos valores pode promover arraste de água suficiente para tornar o *bias* negativo na zona de espuma. Nesse caso, a vazão de água contida na espuma de transbordo é maior que a vazão de água de lavagem. O aumento da velocidade superficial do gás promove o aumento do tamanho das bolhas nas zonas de coleta e de limpeza. O efeito da vazão de ar sobre o diâmetro das bolhas deve ser considerado na estimativa da área específica das bolhas no topo da camada de espuma, a qual comanda a taxa de remoção de sólidos.

A altura da camada de espuma pode ser um parâmetro importante quando espumas mais profundas proporcionam maior seletividade à flotação, principalmente quando o processo exige vazões de ar muito elevadas. A altura mais usual da camada de espuma é em torno de 100 cm, mas deve ser investigada, durante a fase de ensaios-piloto, a faixa de valores mais indicada para a concentração de cada tipo de mineral.

Um parâmetro importante da zona de limpeza é a capacidade de carreamento (*carrying capacity*) da espuma, que representa a máxima vazão mássica de concentrado no topo da coluna. Esse parâmetro é mais utilizado para o dimensionamento das colunas industriais, sendo definido na fase de ensaios-piloto por meio de variações na vazão de alimentação, que proporcionam as variações na vazão de sólidos do concentrado. Em geral, a curva de vazão mássica de sólidos no concentrado, em função da vazão de alimentação, apresenta uma fase crescente, chega a um ponto máximo e, em seguida, começa uma fase decrescente. O ponto máximo da curva representa a capacidade de carreamento. Esse modelo experimental é mais utilizado porque não se conhecem ainda métodos adequados para determinar a constante cinética da flotação na zona de espuma, parâmetro necessário para o ajuste de outros modelos propostos.

O transbordo de espuma para as calhas de concentrado depende de um parâmetro denominado *lip loading*, que define o perímetro de calha necessário para uma determinada produção de concentrado. O *lip loading* é um parâmetro utilizado no dimensionamento de colunas industriais, e os valores-limite normalmente são obtidos por meio de ensaios-piloto. O rápido crescimento do tamanho das colunas tornou necessário o desenvolvimento de novos desenhos de calhas internas para a coleta da fração flotada, sendo mais comum o arranjo de calhas concêntricas para colunas cilíndricas.

3.2.3 Interação entre as zonas de recuperação e de limpeza

Um fenômeno que tem despertado interesse de pesquisadores em quantificá-lo, mas sobre o qual se têm ainda poucas informações, é o chamado *froth drop back*. Sabe-se que o fenômeno é mais intenso em regiões próximas à interface, em razão da coalescência das bolhas e da diminuição da sua área específica, provocando o desprendimento de partículas das bolhas. Tais partículas voltam para a zona de coleta, sendo novamente coletadas pelo fluxo ascendente de bolhas de ar. Os fenômenos de *drop back* e recoleta de partículas na zona de recuperação proporcionam uma intensa carga circulante de partículas entre as duas zonas.

A recuperação da zona de coleta é dependente da constante cinética de flotação, do tempo de residência das partículas e do grau de mistura axial. Um modelo prático da zona de espuma ainda está para ser desenvolvido na mesma extensão do modelo prático da zona de coleta. O *drop back* das partículas da zona de espuma para a zona de coleta ocorre mesmo quando a espuma não está saturada com sólidos, e o fenômeno de *drop back* aumenta com o aumento do tamanho de partículas.

A maior parte do fenômeno de *drop back* ocorre nos primeiros centímetros da zona de limpeza, onde a rápida desaceleração das bolhas e a sua coalescência inicial promovem o desprendimento das partículas, que retornam para a zona de coleta. Para avaliar como a interação entre as duas zonas afeta o desempenho total da coluna, é proposta a configuração com duas etapas distintas.

Falutsu e Dobby (1989a, 1989b) desenvolveram um modelo especial de coluna de laboratório para avaliar o fenômeno de *drop back*. Estudos realizados com essa coluna permitiram medições diretas da recuperação da zona de espuma e da constante cinética da zona de coleta, que são parâmetros essenciais para o dimensionamento e a simulação das colunas de flotação.

Os ensaios realizados com coluna de 2,5 cm de diâmetro e amostra de sílica pura apresentaram uma recuperação da zona de espuma menor que 60%. Avaliações realizadas em usina-piloto e avaliações industriais com minério sugerem que as recuperações da zona de espuma sejam iguais ou inferiores a 50%. A avaliação de resultados de ensaios-piloto pode ser feita por meio do modelo de reator ideal (*plug flow reactor*), ao passo que, no dimensionamento de colunas industriais, há necessidade de ajustes ao passar para um modelo com dispersão axial. Os cálculos são feitos com base em resultados de ensaios-piloto, porém através de um processo interativo, com aproximações sucessivas.

Rubio (1996) e Valderrama e Rubio (2008), fazendo alterações na geometria e usando diferentes parâmetros operacionais, utilizaram um equipamento semelhante, a coluna de três produtos (C3P), na flotação de sistemas minerais de cobre, finos de fluorita, sulfeto de chumbo e zinco e partículas de ouro (Fig. 3.7). Rubinstein e Gerasimenko (1993), Rubinstein (1994) e Rubinstein e Badenicov (1995) descrevem uma coluna com *design* semelhante, porém

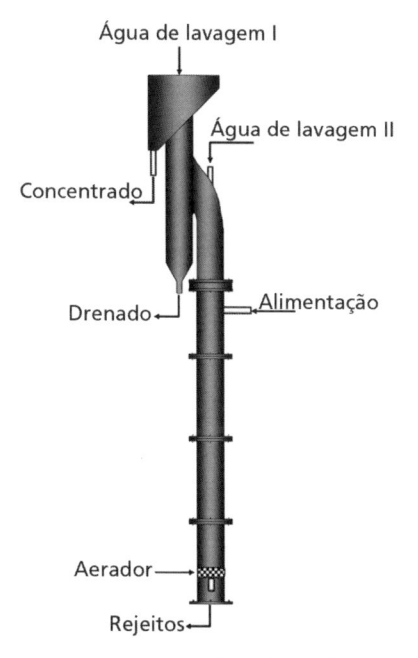

Fig. 3.7 Esquema da coluna de três produtos (C3P) de laboratório

sem especificar os resultados obtidos. Gallegos-Acevedo et al. (2007) também utilizaram um aparato semelhante ao descrito por Falutsu e Dobby (1989a, 1989b) para determinar o carregamento das bolhas de ar na fase espuma e, com isso, estimar o fluxo de massa de sólidos no concentrado. Com equipamento similar, Ata, Ahmed e Jameson (2002) avaliaram a coleta de partículas hidrofóbicas na fase espuma, introduzidas na coluna por meio da água de lavagem.

As principais modificações na coluna de três produtos (C3P) são a separação seletiva do material drenado da espuma, com o uso de um "coletor" situado rente à zona de coleção, e a adição de uma segunda água de lavagem acima do ponto de entrada da alimentação (zona intermediária). Pelo fato de produzir os produtos concentrado, drenado e rejeitos, a célula de flotação recebeu o nome de "coluna de flotação modificada de três produtos (C3P)".

De modo geral, na C3P são distinguidas cinco zonas:
a) zona de coleta: localizada entre o borbulhador e o ponto de alimentação;
b) zona de lavagem intermediária: localizada entre a alimentação e o ponto de adição da segunda água de lavagem;
c) zona de inflexão: localizada entre o ponto de adição da água de lavagem II e o final da inflexão;
d) zona de partículas drenadas: localizada do ponto de inflexão até a saída do produto drenado;
e) zona de limpeza: localizada entre o topo da coluna até a interface polpa/espuma.

A polpa previamente condicionada é alimentada a aproximadamente 1/3 do topo da coluna, onde entra em contato com as bolhas ascendentes geradas por um tubo poroso localizado na base da coluna. Os agregados bolha/partícula passam para a zona de lavagem intermediária da coluna, onde sofrem a lavagem realizada pela água de lavagem II, que tem a função de evitar que as partículas arrastáveis de ganga e com menor hidrofobicidade se dirijam até a zona de espuma, saindo assim pela corrente do rejeito. As partículas com maior hidrofobicidade, que resistem à ação de limpeza da água de lavagem II, passam pela inflexão e se dirigem até a zona de limpeza (zona de espuma - tubo I), onde sofrem a ação da água de lavagem I, que tem a mesma função desempenhada nas colunas convencionais. As partículas drenadas pela água de lavagem na espuma constituem o *drop back*, sendo retiradas no fluxo do produto drenado. As partículas de mais alta hidrofobicidade e de alta cinética de flotação resistem à ação das duas águas de lavagem e se dirigem ao produto concentrado, no extremo superior da coluna, constituindo um produto de alto teor de material de valor e baixo conteúdo de impurezas.

3.3 Evolução tecnológica da flotação em coluna

A partir de 1981, com a operação da primeira coluna industrial do mundo ocidental, em Les Mines Gaspé (Quebec, Canadá), muitos trabalhos de pesquisa tiveram início em diferentes escalas, principalmente industrial e piloto, contribuindo para o rápido avanço do conhecimento do processo de flotação em coluna. As publicações sobre o assunto, até então limitadas a uma média de uma por ano, tiveram crescimento exponencial, passando para mais de 30 por ano a partir de 1987. Como decorrência dessa intensa atividade de pesquisa, foram desenvolvidos novos desenhos de equipamentos, tanto da coluna como de seus componentes, principalmente dos sistemas de geração de bolhas. As colunas industriais, inicialmente com diâmetros iguais ou menores que 0,9 m, cresceram rapidamente para assumir os tamanhos atuais, com diâmetros de até 7 m.

Desde o início de seu desenvolvimento como processo industrial, a flotação em coluna tem apresentado, como principal vantagem em relação a outros processos, o fato de ser mais seletiva, proporcionando produtos equivalentes aos dos circuitos convencionais de flotação com células mecânicas, mas com circuitos muito mais simplificados, com menos estágios de flotação de limpeza. Isso geralmente significa menores investimentos em equipamentos na concentração de um determinado mineral. Além disso, por não apresentarem sistemas de agitação, os custos de energia elétrica e de manutenção mecânica são menores que os das células mecânicas. A grande quantidade de trabalhos de pesquisa tem colaborado para a rápida evolução tecnológica dos processos e equipamentos dessa técnica.

3.3.1 Alimentação da coluna

Nas colunas cilíndricas, a polpa geralmente é alimentada num ponto a aproximadamente 1/3 da altura a partir do topo da coluna. Internamente, a distribuição da polpa é feita no centro da coluna por um dispositivo tipo cachimbo. O movimento axial assegura a homogeneização em cada compartimento durante o movimento de descida da polpa na coluna. Esse conceito pode também ser aplicado às colunas com seção transversal quadrada, porque a simetria permite uma única alimentação no centro da seção transversal da coluna.

Para as colunas com seção transversal retangular, foram desenvolvidos desenhos de distribuidores de polpa externos. Esses distribuidores podem ter rotor autopropelido, no qual o movimento de rotação é obtido pela passagem da polpa por tubos propulsores instalados no rotor do equipamento, ou ser fixos, com a distribuição feita por escoamento da polpa por gravidade. Como essas colunas normalmente apresentam compartimentos com seção transversal quadrada, a polpa distribuída alimenta o centro de cada um dos compartimentos. Existe uma tendência de esses distribuidores autopropelidos serem substituídos por distribuidores fixos, como forma de simplificar a operação das colunas industriais.

Com o crescimento do diâmetro das colunas cilíndricas, tornou-se necessária a instalação de um distribuidor interno à coluna, com desenho semelhante ao dos distribuidores de polpa tubulares. Em geral, esse distribuidor apresenta quatro ramificações tubulares, em cujas extremidades estão instaladas curvas de 90° voltadas para baixo. Placas metálicas instaladas em frente a cada uma dessas curvas cuidam da dispersão e distribuição da polpa no interior da coluna.

3.3.2 Calhas de transbordo de espuma

As colunas apresentam uma geometria que resulta em perímetros externos relativamente pequenos quando comparados com os tamanhos da coluna. A necessidade de maiores extensões de perímetro para transbordo de espuma levou à criação de desenhos de calhas internas.

Para colunas cilíndricas, as calhas internas podem ser dispostas nas posições radial ou concêntrica, mas são sempre calculadas para ocuparem a menor área possível da coluna, uma vez que se constituem em obstruções para o escoamento da espuma de concentrado. Nas colunas de seção quadrada ou retangular, é comum as calhas internas ficarem no mesmo plano dos defletores, valendo, nesses casos, a mesma preocupação com a obstrução da área transversal da coluna.

Para o dimensionamento de calhas de transbordo de espuma em colunas industriais, é necessário definir um parâmetro denominado *lip loading*, que define o perímetro de calha necessário para uma determinada produção de concentrado. Esse parâmetro que define a capacidade de transbordo de espuma é uma característica de processo e deve ser determinado por meio de ensaios-piloto.

3.3.3 Distribuição de água de lavagem

A água de limpeza pode ser adicionada por dispositivos externos ou internos à camada de espuma. Quando a água de limpeza é interna à camada de espuma, a adição é feita a uma profundidade entre 10 cm e 20 cm abaixo do transbordo da espuma. Para a distribuição da água de limpeza em toda a seção da coluna, geralmente são utilizados equipamentos constituídos de tubos perfurados, quando se trata de distribuidores internos, e de calhas perfuradas, nos casos de distribuidores externos.

Na realidade, os fatores que limitam a geometria dos distribuidores de água de limpeza são os planos dos defletores da coluna e a posição das calhas de transbordo da espuma. Os dispositivos de distribuição de água de limpeza devem ser colocados nos espaços livres da seção da coluna, próximo ao nível de transbordo da espuma. Não tem havido mudanças significativas nos desenhos de distribuidores de água de limpeza das colunas industriais.

Existe sempre a preocupação de obter a melhor distribuição possível da água de lavagem na coluna, mas essa água deve ser adicionada à camada de espuma com a menor pressão possível, para evitar perturbações na zona de limpeza. A percolação da água através da camada de espuma promove a remoção de partículas de minerais de ganga presentes na espuma. Dessa forma, é comum a utilização de dispositivos para minimizar a pressão na distribuição de água de limpeza.

3.4 O atual estado da arte
3.4.1 Colunas industriais

A flotação em coluna é um processo muito seletivo e que, em geral, demanda tempos de residência maiores que as células mecânicas para alcançar as mesmas recuperações na fração flotada. Em razão disso, tem-se tornado comum a utilização de circuitos mistos, com células mecânicas operando nas etapas de recuperação, *rougher* e *scavenger*, e colunas operando nas etapas de limpeza. A opção por essa alternativa ficou mais evidente nas instalações onde os circuitos de flotação eram constituídos por células mecânicas e as colunas substituíram-nas apenas nos circuitos de flotação *cleaner*.

Atualmente, mesmo em projetos novos, é comum a escolha de circuitos mistos, com células mecânicas atuando nos estágios de recuperação e colunas operando nas etapas de limpeza. Essa opção representa o uso de processo com pequenos tempos de residência, altas recuperações e pequenas relações de enriquecimento (*upgrading*) nos estágios de recuperação (*rougher* e *scavenger*), e o uso de processo com grandes tempos de residência, altas recuperações e altas relações de enriquecimento nas etapas de limpeza. No Brasil, o projeto mais recente a adotar esse tipo de circuito de flotação é o projeto de cobre em Carajás (PA).

Dependendo da escala de produção, a flotação em coluna pode ser uma boa alternativa, pelo seu potencial de proporcionar altas relações de enriquecimento (*upgrading*), simplificando drasticamente os circuitos de flotação. O caso do fosfato de Araxá (MG) pode ser considerado um exemplo, embora extremo, porque cada um dos circuitos de flotação com células mecânicas se resumiu, no final, a um único estágio de flotação em coluna. Nesse caso, as colunas conseguem produzir concentrados com aproximadamente 35% de P_2O_5 a partir de alimentações com teores de P_2O_5 entre 15% e 20%.

A altura da camada de espuma utilizada nas colunas industriais normalmente se situa entre 80 cm e 100 cm. A água de lavagem adicionada no topo da coluna percola pela camada de espuma, removendo as impurezas ali presentes por meio de fenômenos de arraste. Um processo no qual a altura da camada de espuma deve ser mantida em valores abaixo de 30 cm é a flotação de barita, porque, para camadas de espuma maiores, não se observa transbordo de espuma na calha de concentrado. Esse comportamento da flotação de barita é um desvio da normalidade e, portanto, considerado uma exceção.

No processo de flotação reversa do quartzo do minério de ferro, o objetivo é a obtenção do produto deprimido mais puro possível, e para alcançar esse propósito os esforços são direcionados para maximizar as recuperações no flotado. Nas colunas utilizadas para esse tipo de flotação, é comum a operação com a menor camada de espuma possível e, em muitos casos, a água de lavagem não é utilizada.

Os novos sistemas de geração de bolhas têm potencial para melhorar o desempenho das colunas industriais, uma vez que os ensaios realizados em escala industrial e piloto mostraram a tendência de melhores recuperações do mineral de interesse e menores consumos de coletor. Os estudos em laboratório e usina-piloto tentam formular as bases teóricas para explicar o melhor desempenho desses aeradores, mas estima-se que a diferença de desempenho resulte de diversos fatores, como a ampla distribuição de tamanho de bolhas, a intensa recirculação do rejeito da coluna através dos aeradores e a nucleação de microbolhas sobre a superfície das partículas hidrofóbicas.

Embora existam duas alternativas de controle para a operação das colunas industriais, observa-se que a quase totalidade das colunas utiliza o controle de nível. Nesse caso, a vazão da água de limpeza é mantida fixa e o nível é conservado por válvulas controladoras de vazão de rejeito. Tanto a vazão da água de lavagem como a altura da camada de espuma são mantidas fixas em valores ótimos previamente selecionados.

A outra estratégia de controle da coluna consiste no controle de *bias*, mantido no valor desejado pela variação da vazão do rejeito em função da vazão da alimentação da coluna. Nesse caso, o nível da coluna é mantido pela variação da vazão da água de lavagem. Essa alternativa introduz muitas perturbações na coluna e pode colocar alguns parâmetros de processo fora da faixa ótima, prejudicando o desempenho da coluna.

A flotação em coluna é atualmente utilizada em vários outros processos, como separação de óleo da água em plataformas de perfuração de petróleo, reciclagem de papel, fermentação, concentração da fração oleífera de areias betuminosas, tratamento de efluentes líquidos etc.

3.4.2 Novos desenvolvimentos e perspectivas

Atualmente, os trabalhos de pesquisa com colunas de flotação estão direcionados para o desenvolvimento de processos e ensaios com equipamentos em escalas de laboratório e usina-piloto, e podem ser classificados nos seguintes grupos principais:

- ensaios para avaliar novos equipamentos de geração de bolhas;
- estudos para avaliar processos de flotação perante os sistemas multibolhas, que consistem de bolhas normais acrescidas de microbolhas;
- trabalhos de pesquisa para o desenvolvimento de novos métodos para medição de tamanho de bolhas;
- trabalhos de pesquisa relacionados com tratamento de efluentes industriais, separação de óleo em águas, recuperação de minerais em lamas etc.

No campo da flotação de minérios, observa-se um grande número de empresas realizando ensaios industriais e piloto para avaliar os novos desenhos de sistemas de geração de bolhas. A nova geração de aeradores proposta por fabricantes de equipamentos é do tipo externo e utiliza o sistema polpa/ar para a geração de bolhas. Esses modelos de aeradores apresentam vantagens e desvantagens em relação aos modelos antigos, que são resumidas a seguir:
- uma das vantagens é a geração de bolhas com distribuição mais ampla de tamanhos (geram bolhas menores que 0,5 mm, segundo estudos de laboratório), que possibilita o aumento de recuperação nas frações fina e ultrafina;
- outra vantagem é a recirculação de rejeito para a zona de geração de bolhas, que promove um contato mais intenso entre as partículas e as bolhas, possibilitando o aumento da recuperação de partículas do mineral de interesse presentes no rejeito;
- como desvantagem, as partículas abrasivas podem promover rápida erosão das peças de desgaste, aumentando os custos operacionais das colunas industriais; o desenvolvimento de novos materiais para confecção desse tipo de borbulhadores, no entanto, poderá superar rapidamente esse problema.

Um desenvolvimento recente é uma máquina de flotação denominada *hydrofloat*, produzida pela Eriez Magnetics para a flotação das partículas mais grosseiras do minério. Trata-se de um classificador hidráulico adaptado para a flotação em coluna, no qual as condições hidrodinâmicas se somam aos efeitos cinéticos, proporcionando a recuperação de partículas grossas previamente classificadas. Ensaios-piloto realizados com fosfato da Flórida mostraram recuperações de apatita extremamente elevadas na faixa de tamanhos entre 35 mesh e 1,0 mm, quando comparadas com resultados obtidos com células mecânicas. Para muitos minerais, a flotação de partículas grosseiras tem sido um grande desafio, e o desenvolvimento desse equipamento pode ser uma solução para esse problema.

Para a flotação de finos e ultrafinos do minério, muitos trabalhos de pesquisa têm sido desenvolvidos, principalmente no campo da flotação por ar dissolvido (FAD) e também por meio de flotação com extender. Na flotação FAD, as bolhas são geradas pela passagem de água saturada com ar em orifícios de pequeno diâmetro. A dissolução de ar em água é obtida em vasos pressurizados, por meio de injeção simultânea de ar comprimido e água. A flotação com extender é realizada com adição de um reagente orgânico apolar para aumentar a hidrofobicidade das partículas do mineral de interesse. O desenvolvimento de processos mecânicos de produção de emulsões em soluções aquosas do reagente extender proporcionou ganhos significativos de recuperação na flotação em coluna de alguns minerais.

3.5 O caso da Bunge em Araxá

O caso relatado a seguir refere-se ao caminho percorrido para o desenvolvimento da flotação em coluna para o fosfato de Araxá (MG). Por ser um trabalho pioneiro no segmento de fosfatos, exigiu estudos detalhados em escala de laboratório e em usina-piloto. Atualmente, pela grande experiência acumulada em flotação de fosfatos em coluna, os trabalhos de desenvolvimento seriam mais simples, demandando menos tempo para a implantação de um projeto desse porte.

3.5.1 Ensaios em usina-piloto

Em 1990, a Bunge Fertilizantes - Unidade Araxá (MG) contratou o Centro de Desenvolvimento da Tecnologia Nuclear (CDTN) para a realização de ensaios-piloto de flotação de apatita. Foi coletado, na unidade industrial de Araxá, um lote de amostra de ultrafinos gerados na moagem, após a deslamagem em microciclones (*underflow* dos microciclones), o qual foi enviado para o CDTN, em Belo Horizonte (MG). Os ensaios foram realizados em colunas de 4 polegadas de diâmetro e 7,5 m de altura. Os resultados obtidos nessa fase mostraram bom potencial para prosseguir no desenvolvimento do processo.

Para a avaliação do *sparger* multiorifício da Cominco, foi construída uma coluna protótipo com 24 polegadas de diâmetro na usina-piloto do CDTN. Nessa unidade protótipo, foram feitos muitos ensaios de geração de bolhas, com e sem reagentes tensoativos, em sistemas ar/água. Obtiveram-se as estimativas de tamanhos de bolhas em diferentes condições operacionais, com o intuito de avaliar a influência do fluxo de ar no tamanho e no regime de fluxo das bolhas. Decidiu-se, a partir dessa experiência, partir para os ensaios-piloto *on-line* com a usina industrial, e o CDTN elaborou o projeto de uma usina-piloto com coluna com 24 polegadas de diâmetro e 10,4 m de altura, que foi instalada na unidade de beneficiamento de apatita de Araxá (MG).

Essa usina-piloto entrou em operação em 1991, realizando ensaios com as duas linhas de ultrafinos: os naturais e os gerados na moagem. Em ambos os casos, uma pequena parcela do fluxo de polpa da usina industrial era separada para alimentar a usina-piloto. A vazão de alimentação de sólidos dessa unidade-piloto era em torno de 2 t/h e permitia simular pelo menos um estágio de flotação em coluna e compará-lo com o circuito industrial. Os ensaios-piloto *on-line* permitiam não somente simular os processos na mesma condição operacional da usina industrial, como também possibilitavam avaliar o desempenho dos novos processos desenvolvidos em estudos de laboratório.

Ao longo de aproximadamente um ano de estudos, foram investigadas todas as variáveis do processo de flotação em coluna envolvendo os ultrafinos gerados na moagem e os ultrafinos naturais. No escopo do trabalho, foram incluídos os estudos para o desenvolvimento de novos processos relacionados com a flotação de apatita. Dentre os resultados, vale destacar:

- substituição do coletor de apatita, até então um *tall oil*, por óleo de arroz saponificado. Com essa troca, o consumo específico de coletor, que era da ordem de 3,0 kg/t, passou para 0,3 kg/t, tendo como base de cálculo o concentrado apatítico. Com a diminuição da dosagem de coletor, o processo de flotação tende a se tornar mais seletivo;
- a flotação prévia da barita, necessária sempre que o teor de barita ultrapassa 2,5%, foi substituída por um processo de depressão de barita com amido gelatinizado. O desenvolvimento desse processo permitiu a elaboração do projeto de flotação em coluna dos finos, sem a etapa de flotação prévia de barita;
- a flotação da apatita, tanto nos ultrafinos gerados como nos ultrafinos naturais, poderia ser realizada com apenas um estágio de flotação *rougher*, produzindo concentrados finais nas duas linhas.

Em 1993, com o início de operação das colunas industriais de ultrafinos, iniciaram-se os ensaios-piloto com os fluxos industriais de flotação de barita, flotação de apatita da fração grossa e flotação de apatita do rejeito remoído. Nesse mesmo ano, tiveram início os projetos industriais de flotação em coluna para os fluxos de polpa mencionados.

3.5.2 O projeto industrial

A unidade industrial de beneficiamento da Bunge Fertilizantes em Araxá (MG) entrou em operação em 1977, com todos os circuitos de flotação constituídos por células mecânicas Wemco de 300 ft^3 (8,5 m^3). Ao todo, eram 66 células Wemco para atender aos circuitos de flotação de vários fluxos de polpa da usina, cada um com estágios *rougher* e *scavenger* e várias etapas de flotação *cleaner*.

Em 1993, entraram em operação duas colunas com seção transversal retangular, com dimensões de 3,0 m x 4,5 m e altura de 14,5 m, para a flotação de apatita nas frações ultrafina natural e ultrafina gerada na moagem. Essas duas colunas substituíram os circuitos de flotação de barita e apatita dos dois fluxos da usina, o que resultou na desativação de 24 células mecânicas. A geometria das colunas, com seção transversal retangular, foi escolhida para possibilitar a instalação das colunas dentro do prédio da usina de concentração.

Juntamente com o projeto de flotação dos ultrafinos em coluna, foi elaborado um projeto de preparação do novo coletor de apatita, já com capacidade para atender aos projetos futuros de flotação em coluna para a fração grossa e o rejeito remoído. A preparação do óleo de arroz consistia de um processo de saponificação a quente. No caso desse projeto, foi selecionado o processo por bateladas. Com a instalação da instrumentação adequada e de câmeras de vídeo, tornou-se possível a operação dessa instalação de reagentes por controle remoto, a partir da sala de controle central da usina.

A instrumentação de controle adotada para a operação das colunas de ultrafinos foi a variação de vazões de ar e água de lavagem por meio de válvulas acionadas por controle remoto, e do nível das colunas por *pinch valves* no fluxo de rejeito, operando em malha de controle com sensores de nível. Na alimentação das colunas foram instalados instrumentos de medição de vazão e densidade de polpa, que permitem o cálculo da massa alimentada a cada coluna. A instrumentação que monitora a alimentação das colunas controla as dosagens de depressor e coletor, tornando automático o controle de processo. Com esse sistema, toda a operação das colunas passou a ser realizada a partir da sala de controle da usina.

Em 1994, entraram em operação mais quatro colunas com seção transversal retangular, com dimensões de 3,0 m x 4,5 m e altura de 14,5 m. Essas colunas tinham como objetivo substituir o restante dos circuitos de flotação e, com isso, desativar todas as células mecânicas de flotação. Os circuitos de flotação previstos nesse projeto foram:

♦ uma coluna para a flotação prévia da barita da fração grossa do minério;
♦ duas colunas operando em paralelo para a flotação de apatita da fração grossa do minério;
♦ uma coluna para a flotação de apatita do rejeito grosso remoído.

Os conceitos de instrumentação e controle foram mantidos para essas novas colunas, inclusive na preparação e nas dosagens de reagentes. A preparação do amido gelatinizado, que anteriormente era realizada *on-line* com a operação da usina, passou a utilizar o conceito de estocagem de amido gelatinizado, tornando independentes a preparação e a dosagem.

Todas as instalações continuam funcionando de acordo com a concepção original, isto é, tanto a operação das colunas industriais como a dos sistemas de preparação e dosagem de reagentes são controladas a partir da sala de controle da usina. É importante mencionar que esse foi o primeiro passo no projeto de automação da unidade de beneficiamento de fosfato de Araxá.

Em 2007, a Bunge Fertilizantes concluiu o *revamp* da usina de beneficiamento de Araxá, passando a sua capacidade de produção de 800.000 t/a para 1.050.000 t/a de concentrado apatítico. Esse projeto de expansão envolveu a ampliação de capacidade de toda a usina, inclusive da flotação, onde foram instaladas mais duas colunas, com diâmetros de 4,33 m × 5,0 m e altura de 14,5 m.

Em continuação, a Bunge Fertilizantes - Unidade Araxá executou o projeto de uma nova usina de beneficiamento, com capacidade de produção de 600.000 t/a de concentrado apatítico, que entrou em operação em 2009. Para o circuito de flotação dessa nova usina, foram instaladas mais sete colunas de flotação, com dimensões de 3,66 m × 4,33 m e altura de 14,5 m.

3.6 Sistemas de geração de bolhas

Fica patente a relação direta entre a eficiência dos equipamentos de flotação e os seus sistemas geradores de bolhas, os quais são parte fundamental de sua forma construtiva e operacional. Os geradores de bolhas existentes no mercado podem ser mecanismos complexos, com várias partes integrantes ou simples peças estáticas que, por meio de fluxos de misturas de água, ar ou polpa-ar, são capazes de gerar microbolhas responsáveis pelo processo de flotação.

Para Luz et al. (1998), um gerador de bolhas eficiente é aquele capaz de gerar bolhas de 0,5 mm a 2,0 mm de diâmetro, com velocidade superficial de ar entre 1,0 cm/s e 3,0 cm/s e *hold-up* (percentual de ar presente dentro da célula em relação ao volume total) de 15% a 20%. Além disso, deve ter manutenção mecânica e operação fácil e ser produzido com materiais resistentes ao desgaste.

A seguir, apresentam-se os tipos de sistema de aeração, separados por grupos de equipamentos.

3.6.1 Células pneumáticas

Em geral, o termo flotação pneumática é associado à aeração da polpa fora do equipamento. Os mecanismos aeradores das células pneumáticas são estáticos e recebem polpa pressurizada de uma bomba centrífuga. A formação das microbolhas com diâmetros da ordem de 0,1 mm a 0,5 mm se dá por meio da passagem da mistura polpa-ar por um sistema de Venturi montado em um tubo vertical de alimentação da célula. Esses mecanismos são autoaspirantes, em razão do vácuo gerado pela passagem da polpa através deles. Essa mistura pode ser introduzida de duas maneiras no equipamento:

- ◆ por um tubo vertical descendente, sendo posteriormente expelida por bocais injetores no fundo do equipamento no sentido vertical ascendente. Por essa razão, esse modelo é chamado tipo "vertical". Os bocais injetores são normalmente fabricados em cerâmica e metais resistentes à abrasão.

♦ um segundo tipo de célula é a denominada G-cell, na qual, após a passagem pela unidade de distribuição, tem-se a divisão dos fluxos de alimentação que são introduzidos na célula tangencialmente, provocando uma ação centrífuga e dinâmica em seu conteúdo interno.

A Fig. 3.8 apresenta uma célula pneumática tipo vertical em corte com detalhe do sistema de aeração.

3.6.2 Colunas de flotação

Muitos tipos de aeradores já foram utilizados na geração de bolhas em colunas industriais, tais como placas porosas, tubos com paredes porosas, placas de orifício, meios filtrantes

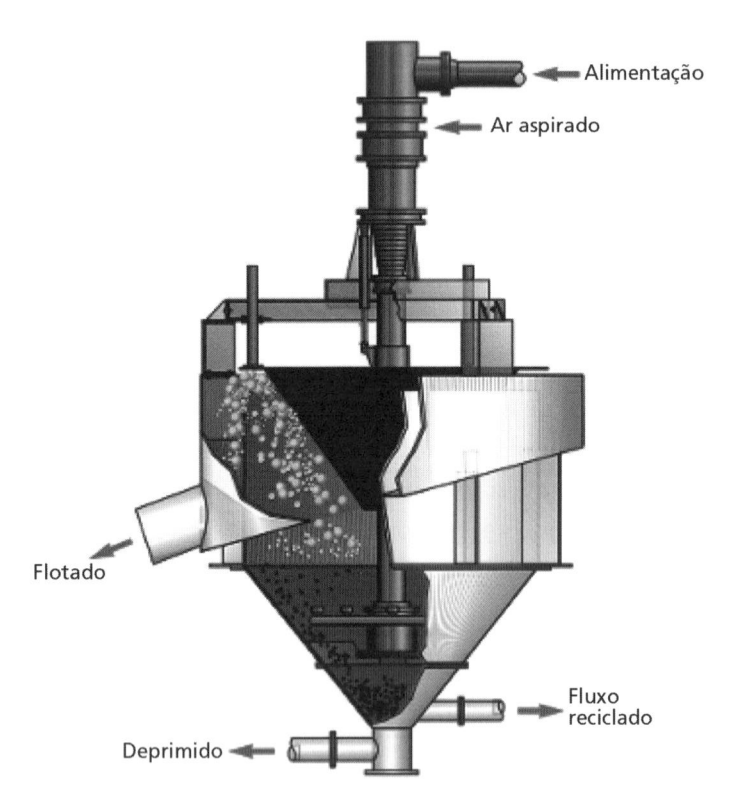

Fig. 3.8 Sistema de aeração de uma célula pneumática G-cell
Fonte: Imhoflot (2012).

e mantas de borracha perfuradas, entre outros. As bolhas geradas nesses processos são da ordem de 0,5 mm a 2,0 mm de diâmetro.

Os tipos de sistemas de geração de bolhas para colunas de flotação podem ser internos e externos. As primeiras colunas de grandes dimensões eram equipadas com sistemas de geração de bolhas internos do tipo tubular com vários orifícios. Como descrito anteriormente, há muitos tipos de borbulhadores para colunas de flotação. Os mais aplicáveis atualmente na indústria mineral são descritos a seguir.

Borbulhadores internos

Os borbulhadores internos, como o próprio nome diz, são equipamentos internos às colunas de flotação. Vários materiais foram utilizados para a confecção desses borbulhadores, entre os quais se podem citar: placas porosas, tubos porosos, tecidos (meios filtrantes) e mantas de borracha microperfuradas, entre outros.

Segundo Wheeler (1986), na década de 1960, período em que as colunas de flotação foram desenvolvidas, utilizavam-se aeradores internos construídos em materiais porosos, principalmente borracha microperfurada. Eles tinham um grande inconveniente: os constantes entupimentos e consequentes paradas para substituição.

Com a evolução em sistemas de aeração para colunas, começaram a ser utilizados os aeradores do tipo ar e água, que podem ser retirados, inspecionados e ocasionalmente substituídos mesmo com as colunas em operação. Eles consistiam de lanças com insertos de tungstênio e orifícios de 0,9 mm, que eram alimentadas com misturas de ar e água pressurizadas, gerando, assim, bolhas menores e mais uniformes, decorrentes da alta pressão (em torno de 5 kg/cm^2 a 7 kg/cm^2), da passagem da mistura em velocidades supersônicas pelos pequenos orifícios e do posterior alívio de pressão. Esse modelo apresentava a vantagem de permitir o ajuste do tamanho das bolhas por meio da atuação sobre a pressão do sistema e sobre a relação entre as vazões de ar e de água. Sua operação, porém, era muito complexa, em razão da exigência de controle de pressão e vazão de ar e água, além de constantes entupimentos resultantes de impurezas presentes na água, e outros inerentes do próprio processo.

Segundo os resultados do estudo comparativo entre borbulhadores de Penna et al. (2003), o tamanho médio das bolhas produzidas por esse sistema é da ordem de 0,7 mm. A Fig. 3.9 ilustra os tipos de aeradores porosos que lançam ar e água, e a Fig. 3.10 representa a orientação de montagem dos aeradores ar e água CPT.

Aerador - metal poroso

Aerador - ar e água

Fig. 3.9 Sistema de aeração CPT
Fonte: CPT (2001).

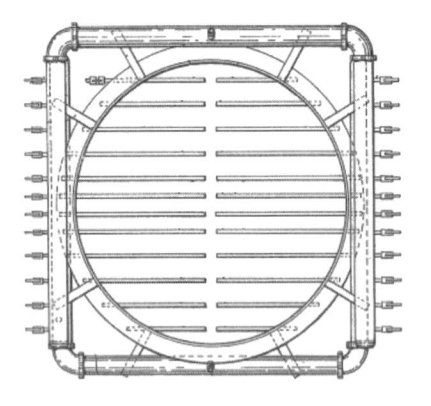

Fig. 3.10 Orientação de montagem de sistema de aeração ar e água CPT
Fonte: Canadian Intellectual Property Office (2012).

Alguns anos mais tarde, o aerador do tipo lança de múltiplos orifícios começou a ser substituído por um novo modelo, também em formato de lança, porém com um só orifício na ponta, com variações de diâmetro de 5,0 mm a 7,0 mm. Esse novo modelo contava com uma haste acoplada a uma válvula, que permitia variar a abertura de passagem de ar, controlando assim a vazão e a pressão do sistema. O princípio de funcionamento desse modelo era a adição somente de ar a alta pressão, gerando velocidades supersônicas no orifício de saída da lança. Entre as vantagens mais significativas desse novo sistema estavam o não entupimento, pelo fato de o furo ser de maior diâmetro, e a não utilização de água (podendo conter partículas). A desvantagem era que as bolhas tinham diâmetros médios maiores, e no caso de alguns minerais e processos havia a necessidade de adicionar água novamente. A Fig. 3.11 ilustra esse tipo de borbulhador.

As gerações seguintes desses borbulhadores contam com sistema automático de vedação, uma vez que a pressão de operação fica abaixo da contrapressão exercida pela polpa internamente à coluna de flotação.

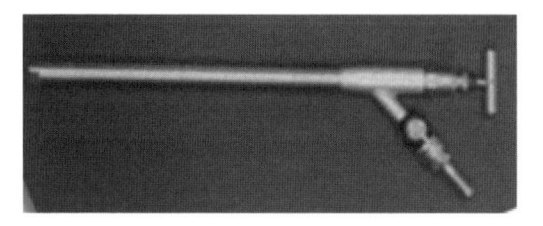

Fig. 3.11 Borbulhador ar orifício único CPT
Fonte: CPT (2001).

Existem vários tipos de aeradores disponíveis no mercado. Alguns exemplos são *spargers* Multi Mix®, MinnovEX'® e SlamJet® Eriez. A Fig. 3.12 mostra os borbulhadores tipo lança Multi Mix®, e a Fig. 3.13, o borbulhador MinnovEX'®.

O sistema de borbulhamento SlamJet® Eriez é um sistema de injeção de gás que consiste de uma série de tubos simples, cada um equipado com um controle individual de velocidade de fluxo, acionado automaticamente pelo próprio ar de processo. O mecanismo automático de fechamento é conectado a uma haste e a uma válvula tipo agulha de aço inox e ponteira em poliuretano. A ponteira é provida de um inserto cerâmico que protege o equipamento contra desgaste. Os possíveis diâmetros vão de 2,5 mm a 7,0 mm.

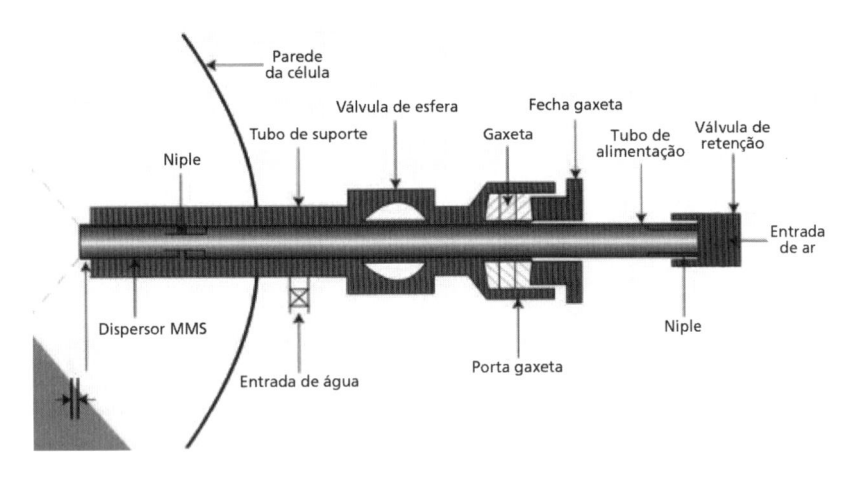

Fig. 3.12 Borbulhador ar orifício único Multi Mix®
Fonte: Multi Mix (2012).

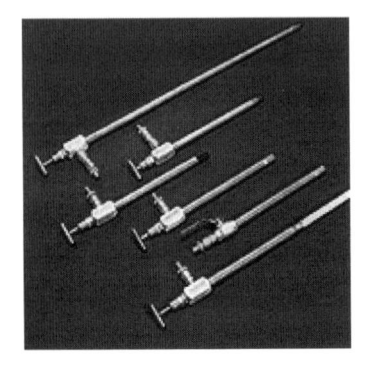

Fig. 3.13 Borbulhador ar orifício único MinnovEX'®
Fonte: <http://www.wizart.sk>.

O ajuste de ar e o mecanismo de fechamento consistem de uma mola e um diafragma, montados no final da lança e conectados à haste da válvula de agulha. A tensão na mola é preestabelecida na fábrica para fornecer uma pressão de *cracking* na coluna, que é maior que a pressão estática. Isso assegura que, na falta de pressão adequada, a tensão na mola posicione a válvula de agulha na posição fechada, prevenindo assim o refluxo da polpa de processo. A Fig. 3.14 ilustra o sistema SlamJet® Eriez.

Borbulhadores externos

Os borbulhadores externos são equipamentos estáticos que promovem a quebra das bolhas por cisalhamento ou cavitação. Nos dois casos, o princípio de funcionamento é o mesmo, e se

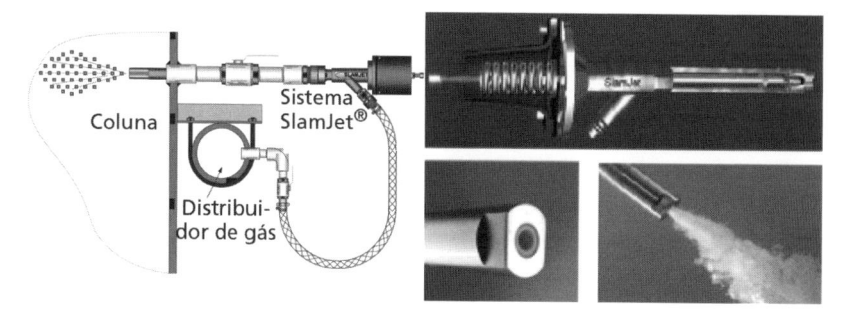

Fig. 3.14 Sistema SlamJet® Eriez
Fonte: Eriez (2012).

dá pela tomada constante de uma porção da polpa na base da coluna, por uma bomba centrífuga, e essa polpa é recalcada até um anel de distribuição denominado "*manifold* de polpa", de onde se derivam as linhas para a quantidade necessária de borbulhadores do sistema. Logo antes de a polpa pressurizada passar pelo borbulhador, faz-se a injeção de ar comprimido, completando assim a mistura necessária à formação das microbolhas. Os diâmetros médios das microbolhas geradas por esse tipo de sistema são menores que 0,5 mm, o que possibilita o aumento da recuperação nas frações finas e ultrafinas. Outra vantagem desse modelo é que ele promove a recirculação de parte do deprimido, promovendo maior contato entre partículas e bolhas e dando uma chance a mais aos minerais presentes no rejeito de serem coletados. A Fig. 3.3 mostrou uma instalação típica desse sistema.

O borbulhador que se utiliza de cisalhamento para a geração de bolhas consiste de um tubo aletado internamente. As aletas estão dispostas a 45° em relação ao eixo do tubo e são fabricadas com um material cerâmico de alta resistência à abrasão. A Fig. 3.15 ilustra esse tipo de aerador.

O sistema de aeração por cavitação da Eriez é denominado Cavitation Tube® e consiste de um tubo de injeção de ar em poliuretano com insertos (bicos) cerâmicos antiabrasivos. Com a passagem da mistura de polpa e ar através desse tubo, o ar dissol-

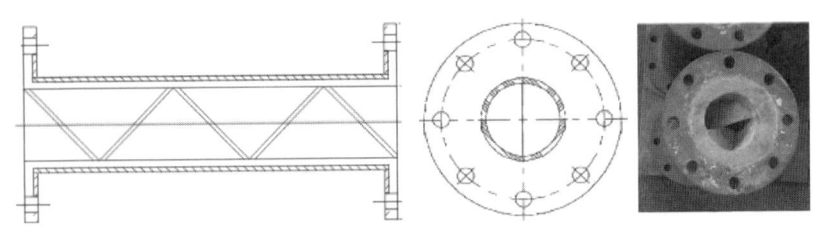

Fig. 3.15 Borbulhador (gerador de bolhas por cisalhamento)

vido é precipitado na superfície dos minerais hidrofóbicos. Ao passar pelo estrangulamento interno, sujeita-se a uma mistura intensiva com ar na seção difusora do tubo. Como resultado desse processo, tem-se uma divisão da porção de ar existente em forma de bolhas e, consequentemente, a diminuição extrema do diâmetro das bolhas a serem introduzidas na coluna de flotação. A Fig. 3.16 ilustra esse tipo de aerador.

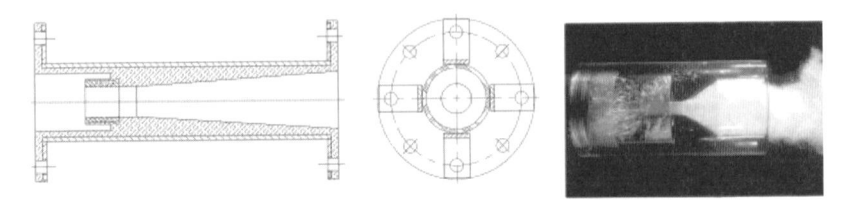

Fig. 3.16 Borbulhador gerador de bolhas por cavitação Cavitation Tube®
Fonte: Eriez (2012).

Jameson Cell

Esta célula, concebida na década de 1980 pelo professor Graeme Jameson e por estudantes da Universidade de Newcastle (Austrália), funciona com a alimentação de polpa bombeada alimentando uma tubulação denominada *downcomer* (Fig. 3.17). A polpa pressurizada passa através de orifício, criando um jato de alta pressão, o qual gera uma depressão que aspira ar da atmosfera. A mistura mergulha na coluna de líquido e a energia cinética de impacto quebra as bolhas de ar, tornando-as muito pequenas. Ao mesmo tempo, essas bolhas de ar colidem com as partículas, coletando-as. Já dentro da célula, na parte denominada *tank pulp zone*, tem-se a separação das partículas flotadas, que se dirigem às calhas de coleta de espuma, sendo o deprimido descartado pelo fundo da célula. A Fig. 3.18 ilustra esse equipamento.

Froth Separator

Este equipamento foi desenvolvido na antiga União das Repúblicas Socialistas Soviéticas (URSS), em 1961. Seu princípio de funcionamento é a alimentação de polpa condicionada pelo topo do equipamento, ou seja, a polpa desce através de palhetas inclinadas antes de entrar na zona de aeração na área de espuma; as partículas hidrofóbicas são retidas e as hidrofílicas passam através dessa zona, sendo assim separadas. Esse método é particularmente mais adequado à separação de partículas grossas.

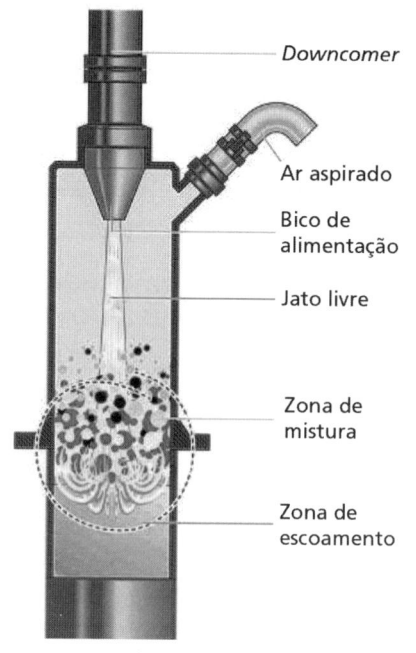

Fig. 3.17 Borbulhador (gerador de bolhas tipo *downcomer*)
Fonte: Jameson Cell (2012).

A polpa é alimentada pelo topo do equipamento e desce através de um alimentador provido de placas defletoras antes de passar pela área de aeração, onde recebe uma forte aeração de ar e água, criando-se, dessa forma, uma camada de espuma. O material não flotado desce através do tanque piramidal e é descartado pelo fundo da célula. Esse equipamento conta com duas bordas de 1,6 m de comprimento cada uma, capazes de tratar 50 t/h e polpas com 50% a 70% de sólidos.

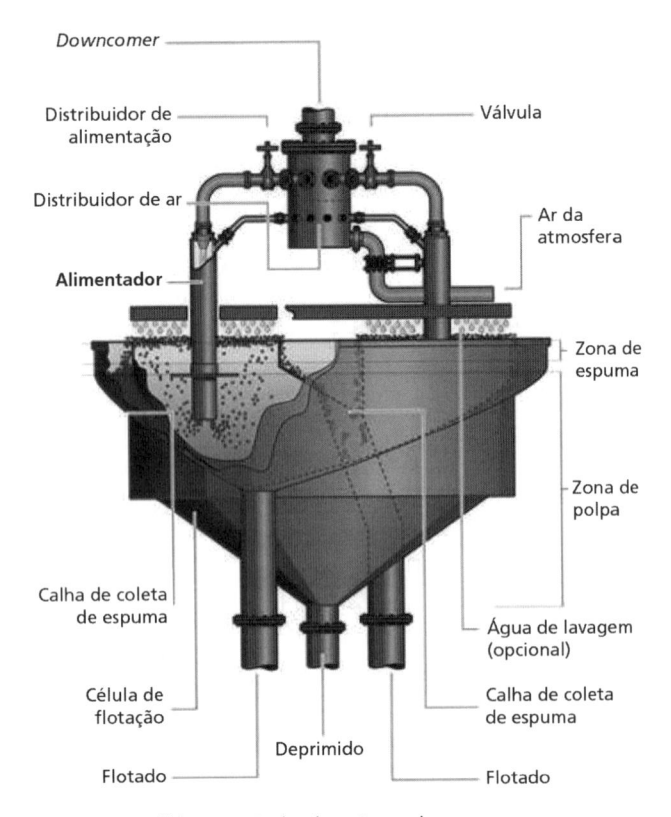

Fig. 3.18 Jameson Cell (Xstrata Technology Europe)
Fonte: Jameson Cell (2012).

Segundo Wills et al. (2006), embora pouco utilizado no mundo ocidental, o *Froth Separator* tem um grande potencial para o tratamento de alimentações grossas de até dez vezes a taxa de alimentação de máquinas mecânicas. O tamanho máximo para flotação é de cerca de 3 mm, mas ele não é adequado para o tratamento de finos. A faixa típica de alimentação deve estar entre 75 µm e 2 mm. A relação do tempo de flotação é invertida, ou seja, com o aumento do tempo de flotação, reduz-se a recuperação e aumenta-se o grau de concentração. Esse equipamento é ilustrado na Fig. 3.19.

Nas células do tipo *Froth Separator*, o sistema de aeração é composto por tubos de borracha microperfurados (40 a 60 furos por centímetro cúbico). A pressão de alimentação do ar é de 115 kPa.

Essa aeração promove, já na alimentação, uma flotação rápida, pois os aerados estão posicionados logo abaixo da camada de espuma.

SIMINE Hybrid Flotation®

Trata-se de um equipamento muito similar a uma coluna de flotação, que recebe a alimentação de polpa aerada em um primeiro estágio, sendo que essa aeração é feita fora do equipamento. Em um segundo estágio, que funciona como uma coluna de flotação convencional, ocorre a aeração natural pelo fundo da célula (Fig. 3.20).

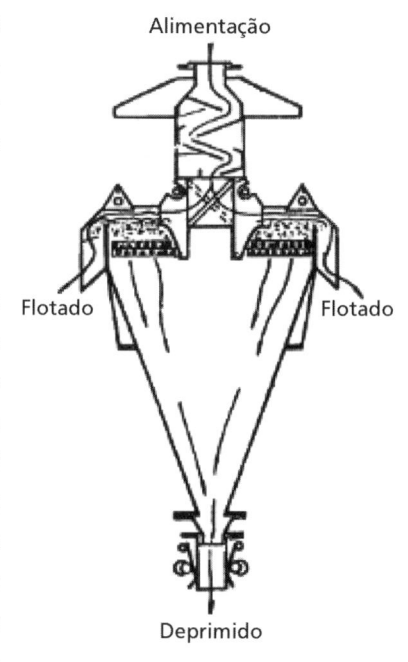

Fig. 3.19 Máquina de flotação *Froth Separator*
Fonte: Lu (2005).

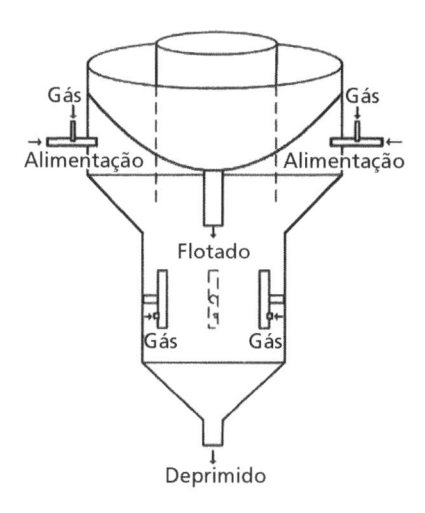

Fig. 3.20 SIMINE Hybrid Flotation®
Fonte: VDMA Mining Suplement (2010).

Referências bibliográficas

ATA, S.; AHMED, N.; JAMESON, G. J. Collection of hydrophobic particles in the froth phase. *International Journal of Mineral Processing*, v. 64, p. 101-122, 2002.

CANADIAN INTELLECTUAL PROPERTY OFFICE. Disponível em: <http://patents.ic.gc.ca>. Acesso em: 12 jan. 2012.

CPT. *Manuais de divulgação*, 2001.

ERIEZ MINERALS GROUP. *Catálogo de equipamentos*. Disponível em: <http://en-ca.eriez.com/Products/spargers/>. Acesso em: 10 jan. 2012.

FALUTSU, M.; DOBBY, G. S. Direct measurement of froth drop back and collection zone recovery in a laboratory flotation column. *Minerals Engineering*, v. 2, n. 3, p. 377-386, 1989a.

FALUTSU, M.; DOBBY, G. S. Direct measurement of froth zone performance in a laboratory flotation column. In: DOBBY, G. S.; RAO, S. R. (Ed.). *The International Symposium on Processing of Complex Ores*. Halifax, NS, Canada: Pergamon Press, 1989b. p. 335-347.

GALLEGOS-ACEVEDO, P. M.; PÉREZ-GARIBAY, R.; URIBE-SALAS, A.; NAVA-ALONSO, F. Bubble load estimation in the froth zone to predict the concentrate mass flow rate of solids in column flotation. *Minerals Engineering*, v. 20, n. 13, p. 1210-1217, 2007.

IMHOFLOT. *Pneumatic flotation imhoflot*. Disponível em: <http://www.maelgwyn.com/downloads/Maelgwyn_Imhoflot_Brochure.pdf>. Acesso em: 12 jan. 2012.

JAMESON CELL. Disponível em: <http://www.jamesoncell.com>. Acesso em: 12 fev. 2012.

LU, S. et al. *Interfacial separation of particles*. USA: Elsevier, 2005. p. 628.

LUZ, A. B. et al. *Tratamento de minérios*. 2. ed. Rio de Janeiro: Cetem - CNPq/MCT, 1998.

MULTI MIX. *Catálogo de equipamentos*. Disponível em: <http://www.multimix.com.au/documents/SBp2.jpg>. Acesso em: 19 fev. 2012.

PENNA, R. et al. Estudo comparativo entre dois sistemas de aeração de coluna de flotação. *Revista Escola de Minas*, Ouro Preto, v. 56, n. 1, p. 195-200, jan.-mar. 2003.

RUBINSTEIN, J. B. *Column flotation, process, design and practices*. London: Gordon & Breach Science Pub., 1994.

RUBINSTEIN, J. B.; BADENICOV, V. New aspects in the theory and practice of column flotation. *Proceedings of the 19th International Mineral Processing Congress*, v. 3, p. 113-116, 1995.

RUBINSTEIN, J. B.; GERASIMENKO, M. P. Design, simulation and operation of a new generation of column flotation machines. *Proceedings of the 18th International Mineral Processing Congress*, v. 2, p. 793-804, 1993.

RUBIO, J. Modified column flotation of mineral particles. *International Journal of Mineral Processing*, v. 48, p. 183-196, 1996.

VALDERRAMA, L.; RUBIO, J. Unconventional column flotation of low-grade gold fine particles from tailings. *International Journal of Mineral Processing*, v. 86, n. 1-4, p. 75-84, 2008.

VDMA MINING SUPLEMENT. *SIMINE Hybrid Flotation*®. Alemanha, 2010.

WHEELER, D. A. *Column flotation*: the original column. McGill University Seminar, May 1986.

WILLS, B. A. et al. *Mineral processing technology*: an introduction to the practical aspects of ore treatment and mineral recovery. 7. ed. Oxford: Butterworth-Heinemann, 2006.

Anexo 3.1 Relação das colunas em operação no Brasil

1. Minério de ferro

Empresa	Data	Quantidade	Dimensões (m)		Etapa	Aplicação
			Diâmetro	Altura		
Samarco	1991	4	3,67	13,6	recleaner	finos
	1991	1	2,44	10,0	scavenger	finos
	1995	1	3,0 x 4,0	12,0	rougher	ultrafinos
	1995	1	3,0 x 2,0	12,0	cleaner	ultrafinos
	1996	3	3,0 x 6,0	13,6	recleaner	finos
	1996	2	3,0 x 4,0	13,6	scavenger	finos
MBR - Pico	1993	2	3,67	14,0	rougher/cleaner	finos
	1996	1	3,67	14,0	rougher	finos
	1999	1	4,0	10,0	scavenger	finos
	2004	3	4,3	12,0	rougher	finos
	2004	2	4,3	12,0	cleaner	finos
	2004	2	4,3	12,0	recleaner	finos
	2004	1	3,67	9,0	scavenger	finos
MBR - Vargem Grande	1999	1	3,67	14,0	rougher	finos
	1999	1	3,67	14,0	cleaner	finos
	1999	1	3,67	14,0	scavenger	finos
CSN - Casa de Pedra	1993	3	4,0	10,0	rougher	finos
	1993	1	4,0	10,0	cleaner	finos
	2005	1	4,0	10,0	rougher	finos
	2005	1	4,0	10,0	cleaner	finos
CVRD - Alegria	1994	1	2,44	12,0	rougher	finos
	1996	1	2,44	12,0	rougher	finos
CVRD - Conceição	1995	6	5,0 x 3,0	14,0	rougher	finos
	1995	3	5,0 x 3,0	14,0	cleaner	finos

Anexo 3.1 Relação das colunas em operação no Brasil (cont.)

Empresa	Data	Quantidade	Dimensões (m) Diâmetro	Dimensões (m) Altura	Etapa	Aplicação
CVRD - Timbopeba	1993	2	4,0	15,0	rougher	finos
	1993	1	4,0	15,0	cleaner	finos
Samitri	1998	1	2,44	12,0	cleaner	finos
	2000	2	6,0 x 4,0	14,0	rougher	finos
	2000	2	6,0 x 3,0	10,0	scavenger	finos
	2000	1	5,0 x 3,0	14,0	cleaner	finos
2. Fosfato						
Bunge - Araxá	1993	2	4,5 x 3,0	14,5	rougher	ultrafinos
	1993	2	4,5 x 3,0	14,5	rougher	grossos
	1993	1	4,5 x 3,0	14,5	rougher	barita
	1993	1	4,5 x 3,0	14,5	rougher	remoído
Bunge - Cajati	1998	2	4,5 x 3,0	14,0	cleaner	grossos
	1998	1	4,5 x 3,0	14,0	rougher	ultrafinos
	1998	1	4,5 x 3,0	14,0	scavenger	ultrafinos
	1998	1	4,5 x 3,0	10,0	cleaner	ultrafinos
Fosfertil - Tapira	1994	2	6,0 x 3,0	14,0	cleaner	grossos
	1994	1	5,0 x 3,0	14,0	cleaner	finos
	2000	1	4,3	14,0	rougher	ultrafinos
	2000	1	3,67	14,0	cleaner	ultrafinos
Fosfertil - Catalão	1995	2	6,0 x 3,0	12,0	rougher	finos
	1995	1	5,0 x 3,0	12,0	cleaner	finos
	1995	1	5,0 x 3,0	12,0	rougher	ultrafinos
	1995	1	4,5 x 3,0	12,0	cleaner	ultrafinos
Galvani - Lagamar	2005	1	3,67	12,0	rougher	grossos
	2005	1	3,67	12,0	rougher	finos
3. Cobre						
CVRD - Sossego	2004	6	4,3	14,0	cleaner	grossos/finos
Prometálica - Monte Cristo	2003/2005	3	1,8	9,0	rougher/cleaner	polimetálicos
4. Chumbo e zinco						
CMM - Vazante	–	1	2,0	13,0	cleaner	zinco
CMM - Paracatu	2002	1	4,0	13,0	rougher	chumbo
	2002	1	1,83	9,0	cleaner	chumbo
	2002	1	3,05	13,0	rougher	zinco
	2002	1	3,05	10,0	cleaner	zinco

4
Paulo Abib: o grande mestre da flotação no Brasil

Francisco Evando Alves
Arthur Pinto Chaves

O desenvolvimento das técnicas de flotação e da própria Engenharia Mineral no Brasil está indissociavelmente ligado à figura do professor Paulo Abib Andery, um pioneiro e, como é próprio dos pioneiros, um visionário. Foi ele que, com uma equipe de jovens engenheiros, seus alunos do então Departamento de Engenharia de Minas e Metalurgia da Escola Politécnica da Universidade de São Paulo (Poli-USP), desenvolveu pioneiramente a flotação do fosfato da jazida de Jacupiranga (SP), viabilizando o aproveitamento das reservas brasileiras de baixo teor, então pertencentes à Serrana de Mineração, uma subsidiária do grupo Bunge. O processo foi desenvolvido na década de 1960 e até hoje Jacupiranga encontra-se em produção.

Além de possibilitar a concentração do fosfato de baixo teor, Paulo Abib e sua equipe desenvolveram o processo para o aproveitamento das imensas reservas de calcário, que estava associado ao fosfato e era, até então, considerado como rejeito. O calcário passou a ser utilizado para a fabricação de cimento numa fábrica ao lado da mina.

O desenvolvimento do processo que permitiu o aproveitamento da rocha carbonatítica de Jacupiranga já seria suficiente para que o professor Paulo Abib figurasse na galeria dos grandes nomes da mineração brasileira. No entanto, ele fez muito mais: foi um grande professor, com alunos de graduação e pós-graduação por todo o país, e criou uma empresa que foi pioneira no estudo e desenvolvimento de processos minerais no Brasil e que é tida, até hoje, como a principal empresa de Engenharia Mineral do país. Nessa empresa, toda uma geração de engenheiros de minas e tratamentistas foi formada e treinada, e por meio dessa geração de profissionais de elite os conceitos de Engenharia de Minas foram estabelecidos e consolidados.

4.1 Um início nada fácil

Originário de família humilde, filho de imigrantes, Paulo Abib Andery foi a primeira pessoa do clã familiar a ter diploma universitário. Ele cursou o ginásio e o científico (como eram chamados os ensinos fundamental e médio na época) no tradicional Colégio Roosevelt, na Praça da República, no centro da capital paulista, que hoje abriga as instalações da Secretaria da Educação do Estado de São Paulo.

Depois ele fez vestibular e ingressou na Escola Politécnica da USP, de onde saiu diplomado. Àquela altura, sua mãe havia falecido e seu pai encontrava-se doente, vindo a falecer logo depois que ele se formou, o que obrigou Paulo Abib a assumir o arrimo da família, já que era o filho mais velho. Assim, ele teve de responder pelo sustento de duas casas: a sua e a da família.

Paulo Abib se formou em 1946, na primeira turma de Engenharia Metalúrgica da Escola Politécnica da USP. Na época, o curso era de Minas e Metalurgia. Depois de formado, ele foi trabalhar no Conselho Nacional do Petróleo (CNP), precursor da Petrobras, empresa que viria a ser criada em 1953 por Getúlio Vargas, que também decretou o monopólio do petróleo no Brasil.

Quando conheceu Dona Amália, que viria a ser sua paixão de companheira de toda a vida, ele decidiu deixar o emprego no CNP, pois queria algo mais estável, que não o obrigasse a ficar tanto tempo fora de casa. Foi então para o Departamento de Estradas de Rodagem (DER) de São Paulo, onde o salário era menor, forçando a família a sacrifícios. Na época ele ainda cuidava de duas irmãs.

Em janeiro de 1955, Jânio Quadros, que havia vencido as eleições para o governo de São Paulo, alegando necessidade de "varrer a corrupção" – era o "homem da vassoura", seu símbolo eleitoral –, resolveu mandar todo mundo embora, e Paulo Abib, assim como diversos outros técnicos, ficou "na rua da amargura".

Felizmente, o professor David Campos Ramos, que dirigia o Departamento de Engenharia de Minas e Metalurgia da Poli, convidou-o para ser professor assistente. O trabalho de pesquisa era com o minério da Plumbum, das minas de chumbo de Boquira, no interior da Bahia, e da mina de cobre de Camaquã, no Rio Grande do Sul. Como ele mantinha a função de professor assistente na Poli, os trabalhos de campo tinham de ser feitos nos feriados e finais de semana, o que exigia sacrifícios de sua família, que não podia contar com sua convivência.

Naquela época, os alunos fizeram uma campanha contra o professor titular da disciplina, David Campos Ramos, o que fez com que este movesse um processo contra o seu assistente, isto é, o professor Paulo Abib, a quem ele havia contratado e a quem culpava pela revolta dos alunos. O motivo do descontentamento dos alunos era que o professor titular não renovava suas apostilas: apenas mudava datas etc., mas mantinha sempre a mesma cantilena. No processo que moveu contra Paulo Abib, o professor titular alegou que o assistente abandonava a cadeira e negligenciava as atividades de ensino, o que não era verdade, pois Paulo Abib viajava justamente nos finais de semana, feriados e nos períodos de recesso escolar.

Naquela ocasião (1960), Paulo Abib estava trabalhando em sua tese de livre-docência, e a direção da escola resolveu apressar o processo. O título da tese, com a qual ele se tornou livre-docente da Escola Politécnica, era "Concentração do minério oxidado de chumbo, mina de Boquira, município de Macaúbas, Estado da Bahia".

4.2 O desafio da Serrana

Paulo Abib foi convidado para trabalhar na Serrana pelo professor Geraldo Melcher. Naquela ocasião, o minério alterado de Jacupiranga havia se esgotado, e a empresa buscava uma alternativa para a continuidade do empreendimento. O professor Melcher achava que o aproveitamento da reserva remanescente não era viável. A empresa, no entanto, considerava que deviam pelo menos fazer estudos, buscando uma alternativa, e Melcher decidiu desafiar Paulo Abib, que sempre havia se mostrado muito curioso com relação a novos processos. Ele teria três anos para tentar. Se não tivesse sucesso, estaria despedido.

As reservas de minério alterado em Jacupiranga estavam previstas para exaurir em meia dúzia de anos, utilizando-se a concentração por separação magnética de baixa e alta intensidade. "O minério era muito rico, cerca de 20% de P_2O_5, mas não se conseguia boa recuperação das lamas e dos finos. O carbonatito tinha teor médio pouco acima de 5% e havia muita perda nas lamas. Fez-se uma galeria na base do morro da mina e foram retiradas amostras de superfície nos afloramentos segundo uma malha que cobria toda a jazida", conta Darcy Germani, que trabalhou com Paulo Abib na Serrana.

Em 1962, foi montada por Paulo Abib uma pequena planta-piloto em um espaço cedido no Moinho da Lapa, pertencente ao Moinho Santista. Com o decorrer dos trabalhos da planta-piloto, já começou a se definir o caminho para flotar a apatita, separando-a da calcita. Na Flórida (EUA) e em Palabora (África do Sul) já haviam tentado fazer isso, mas sem sucesso. As dificuldades técnicas para essa separação são muitas: ambos os minerais são sais de cálcio. Como eles são solúveis, a presença do íon carbonato em solução altera o ponto zero de carga da apatita. Os coletores usuais para essa flotação (ácidos graxos ou seus sais) são coletores pouco seletivos. No caso de Jacupiranga, havia dois outros complicadores: a presença de flogopita e uma quantidade muito grande de lamas.

Dona Amália conta que, durante a fase de pesquisa na Serrana, o professor Paulo Abib quase a deixou – bem como toda a família – louca. Ele vivia mexendo nas latas de mantimentos na cozinha, fuçando os pacotes de farinha e maisena, até que um dia descobriu qual o amido que dava bom resultado na flotação e pediu para Dona Amália não contar a ninguém. Ele havia encontrado o caminho certo.

O processo foi desenvolvido, longamente demonstrado em bancada e em usina-piloto e, finalmente, implantado na Serrana. Foi patenteado no Brasil e nos Estados Unidos com o nome de Processo Serrana. Era alguma coisa totalmente inédita! Sua apresentação, em 1973, no International Mineral Processing Congress, em Cagliari, na Itália, teve enorme repercussão e tornou Paulo Abib internacionalmente conhecido. Tamanha foi essa repercussão que a edição seguinte do congresso, em 1977, foi realizada em São Paulo. Era a primeira vez que esse evento tão importante era realizado no hemisfério sul.

A fotografia apresentada na Fig. 4.1 está no salão do Conselho do Departamento de Engenharia de Minas e de Petróleo da Escola Politécnica da USP, tendo sido tirada por ocasião do congresso em Cagliari.

O Processo Serrana consiste na coleta do fosfato com sal de ácidos graxos e na depressão da ganga carbonática com amido. Como já mencionado, a dificuldade dessa separação é que ambos

Fig. 4.1 Fotografia de Paulo Abib Andery - Escola Politécnica da USP

os minerais são sais parcialmente solúveis de cálcio – fosfato de cálcio e carbonato de cálcio. Em polpa, pequena parte de cada mineral se dissolve, mas em quantidade suficiente para perturbar todo o processo: ocorre precipitação do íon carbonato na superfície das partículas de fosfato e vice-versa. O coletor não consegue distinguir qual é a partícula de fosfato para aderir-se a ela.

Daí a importância fundamental do amido como depressor. Na realidade, ele não é apenas um depressor, mas também sequestra íons de carbonato em solução, limpando-a e limpando a superfície dos grãos de fosfato, permitindo, assim, a coleta seletiva do ácido graxo sobre as partículas de fosfato. Sobre o papel do amido, o professor Laurindo Leal Filho, da Escola Politécnica da USP, assinala que "este reagente provou ser capaz de tanto deprimir a ganga carbonática quanto melhorar a eficiência da separação apatita/ganga por modulação da tensão superficial da polpa, além de proporcionar adequadas condições de espumamento ao sistema de flotação" (Leal Filho, 1991).

O trabalho foi desenvolvido de maneira empírica, por tentativa e erro. Paulo Abib não tinha nada para orientá-lo a não ser o seu enorme conhecimento dos mecanismos da flotação e uma intuição prodigiosa. Demonstração cabal disso é que, 25 anos decorridos da descoberta do Processo Serrana, o professor Leal Filho, na pesquisa para a sua tese de doutorado, tratou de refazer o processo de Paulo Abib, só que, desta vez, utilizando os recursos disponibilizados pelos avanços tecnológicos alcançados desde então, como medida de potencial eletrocinético, modelagem molecular, difração de raios X, medidas de distância entre cátions, desenvolvimentos em físico-química das superfícies, todo um conjunto de conhecimentos e recursos que, na época de Paulo Abib, não havia. Ele examinou aspectos de textura superficial dos minerais envolvidos, granulação, rugosidade e heterogeneidade química superficiais, cristaloquímica da apatita e da calcita, estado de agregação e dispersão desses minérios em polpa, além da cinética da flotação. E a sua conclusão é a de que a rota a ser seguida só podia ser a mesma desenvolvida por Paulo Abib, que o fez com base no empirismo, sem utilizar nenhum recurso sofisticado. Leal Filho a resume como: "O trabalho desenvolvido pelo Prof. Paulo Abib Andery nos anos 60 reflete bem o propósito eminentemente prático que se tinha em vista: viabilizar a utilização de um minério que, à luz dos conhecimentos da época, era impraticável. Suas conclusões, além de viabilizarem um empreendimento industrial de vulto, desmistificaram a impossibilidade da separação apatita/carbonatos por flotação" (Leal Filho, 1991).

Paulo Abib era também um visionário. Bem antes que a expressão "desenvolvimento sustentável" virasse moda, ele já a transformava em prática ao mostrar seu descontentamento inicial com o Processo Serrana, porque este possibilitava somente a concentração do fosfato, gerando uma grande quantidade de rejeito. Ele achava que o processo deveria possibilitar o aproveitamento desses rejeitos, o que, de fato, ele terminou por conseguir: produzir, além do concentrado de apatita, um rejeito tão puro que pudesse ser utilizado como matéria-prima para a fabricação do cimento. A fábrica de cimento está lá, até hoje produzindo clínquer com rejeito do beneficiamento. Até onde se sabe, foi a primeira fábrica concebida no Brasil a ter rejeitos como matéria-prima.

4.3 Trilhando o próprio caminho

A casa em que Paulo Abib havia morado, na rua Arthur de Azevedo, na cidade de São Paulo, veio a ser a sede daquela que foi a mais importante empresa de Engenharia Mineral já criada no Brasil: a Paulo Abib Engenharia. Ali ele se instalou com sua equipe, tendo a edícula como laboratório. O que ele não imaginava era que a Paulo Abib Engenharia crescesse tão rápido: em um ano, a empresa já ocupava seis casas na mesma rua. O laboratório havia sido transferido para um galpão em Taboão da Serra (SP), e a empresa contava com 30 funcionários. Alguém pode achar um exagero 30 pessoas ocuparem seis casas, mas é importante lembrar que, naquela época, tudo era feito na base da prancheta: não havia nada de computador, nem CAD/CAM ou coisa que o valha. Os desenhos eram esquematizados pelo engenheiro, desenvolvidos pelo projetista, trabalhados pelo desenhista e, finalmente, passados a limpo (a nanquim) por um copista. As legendas eram normografadas!

Um aspecto interessante é que a maioria dos engenheiros da empresa eram ex-alunos de Paulo Abib, sinal de que ele confiava no que ensinava aos seus pupilos. Entretanto, ele não permitiu que se criasse uma "panela" de politécnicos, e recebia com entusiasmo engenheiros de outras escolas, de Belo Horizonte, Ouro Preto, Porto Alegre, que se integravam rapidamente. Aliás, muitos deles vieram a se tornar sócios de uma outra empresa criada por Paulo Abib, a EIM (Engenharia para a Indústria Mineral), que tinha laboratório e desenvolvia os processos, enquanto a Paulo Abib fazia a engenharia. Além de dar participação acionária aos seus funcionários, Paulo Abib também introduziu na empresa o horário móvel, algo pioneiro no Brasil da época.

O sucesso empresarial foi imediato e a empresa consolidou-se a partir de dois nichos de mercado: rocha fosfática e minério de ferro.

Paulo Abib e sua equipe adaptaram o Processo Serrana para minérios residuais de fosfato e para minérios de outras chaminés alcalinas. Ao projeto da Serrana seguiram-se os projetos da Araxá Fertilizantes e Produtos Químicos (Arafértil), em Araxá (MG); da Mineração Vale do Paranaíba S.A., em Tapira (MG); e da Metais de Goiás S.A. (Metago), em Catalão (GO). Com eles, o Brasil tornou-se autossuficiente em fosfato. Ou seja, o professor Paulo Abib desempenhou um papel fundamental na história da indústria brasileira.

A linha do minério de ferro começou quando a CVRD recebeu a usina de concentração do Cauê, em Itabira (MG), à época a maior do mundo. Projetada e construída por um consórcio alemão, a usina foi um fiasco – simplesmente não funcionava. O processo foi revisto e corrigido, e a usina, reprojetada. Seguiu-se o projeto da usina de Conceição (Itabira, MG) para a mesma CVRD e, posteriormente, o projeto da maior parte das minas e usinas de beneficiamento de minério de ferro no Brasil.

Em 1972, Paulo Abib já considerava a flotação reversa da sílica como uma rota de processo mais inteligente que a separação magnética de alta intensidade. O processo foi todo demonstrado e desenvolvido em laboratório, mas só veio a ser aplicado muito tempo depois. Adicionalmente, Paulo Abib orientou uma pesquisa sobre a flotação direta da hematita, considerando a possibilidade de aproveitar corpos muito pobres em hematita, para os quais fosse mais interessante flotar esse mineral. Essa situação, em princípio, está sendo atingida com o esgotamento das jazidas de itabirito e a exposição do protominério. Como esse protominério já está exposto, o custo de lavra pode ser muito barato e, apesar de pobre, pode tornar-se economicamente interessante.

Novamente o seu espírito avançado se revelava – mais de 30 anos atrás! O conceito de "desenvolvimento sustentável", ainda não explicitado à época, era claro para ele, e Paulo Abib usava o melhor do seu conhecimento para aplicá-lo.

4.4 A perda

"Quando o 'velho morreu', em 1976, e ele não estava tão velho, pois tinha apenas 52 anos de idade, todo mundo ficou temeroso, porque ele era um líder, e a ideia da empresa era dele. Nós somente executávamos. E, fato interessante, as empresas usuárias de nossos serviços começaram a nos proteger: traziam serviço, acreditavam cada vez mais em nós, e percebemos que iríamos continuar vivos mesmo sem o Paulo Abib", afirma Antenor Silva.

No enterro de Paulo Abib, o professor Tharcísio Damy dos Santos, representando a Escola Politécnica, disse com muita propriedade em seu elogio fúnebre: "Não sei quem perdeu mais: se a família, um pai; a academia, um pesquisador; ou a nação, um cidadão".

A Fig. 4.2 mostra o busto elaborado após a sua morte e que está no átrio do Departamento de Engenharia de Minas e de Petróleo da Escola Politécnica da USP.

Em 1976, quando Paulo Abib faleceu, a empresa tinha mil funcionários. É bom lembrar que o primeiro empregado da Paulo Abib Engenharia fora contratado em 1970, ou seja, em apenas seis anos o número de empregos foi multiplicado por mil.

Por ocasião da morte de Paulo Abib, sua empresa estava solidamente constituída e com uma equipe entrosada e competente. A empresa cresceu muito e continuou ativa, desenvolvendo ou participando de todos os grandes projetos brasileiros de mineração (e até mesmo fora do Brasil) até o fim dos anos 1990. A Paulo Abib Engenharia tornou-se uma verdadeira escola por onde passaram muitas das mais expressivas lideranças da engenharia e da mineração brasileiras.

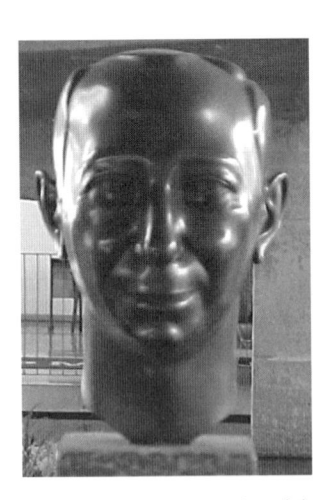

Fig. 4.2 Busto de Paulo Abib Andery - Escola Politécnica da USP

A união, o espírito de equipe, a amizade que os funcionários encontravam ali dentro era tão grande que ainda hoje, decorridos 17 anos do encerramento das atividades empresariais, todos os anos os funcionários se reúnem para confraternizar e lembrar os bons tempos passados. Isso ocorre tanto em Belo Horizonte como em São Paulo.

Em conclusão: pelas linhas aqui expostas, fica evidente a capacidade científica, técnica, intelectual e empresarial do professor Paulo Abib, bem como a sua liderança carismática e o seu papel histórico no desenvolvimento da flotação e da Engenharia Mineral no Brasil. Entretanto, a figura humana sobressaía e superava, de longe, todos os demais aspectos.

Bibliografia consultada

ANDERY, P. A. *Concentração de minério oxidado de chumbo, mina de Boquira, município de Macaúbas, Estado da Bahia.* 1961. Tese (Livre-docência) – Epusp/PMI, São Paulo, 1961.

ANDERY, P. A. Concentração da apatita do carbonatito de Jacupiranga, Estado de São Paulo. 1967. Tese (Cátedra) – Epusp/PMI, São Paulo, 1967.

ANDERY, P. A. Flotation of phosphate containing materials. Int. Cl. 209-167, U.S. 3,403,783, Oct. 1st, 1968.

HENNIES, W. T.; STELLIN Jr., A. Histórico da Engenharia de Minas da Epusp. Poli Memória, n. 15, abril 1993.

LEAL FILHO, L. S. Aspectos relevantes na separação apatita/minerais de ganga via Processo Serrana. 1991. Tese (Doutorado) – Epusp/PMI, São Paulo, 1991.

SERRANA S. A. DE MINERAÇÃO. Processo de concentração de fosfatos minerais a partir de minérios de fosfatos minerais a partir de minérios de fosfato de ganga carbonática. BR n. P177910, 1968.

5 Flotação de minérios fosfáticos

Luiz Antonio Fonseca de Barros

Para haver a separação das apatitas dos minerais de ganga, dos minérios fosfáticos de origem ígnea, há que se mudar o caráter da sua superfície, o que, habitualmente, se faz no processo de concentração via flotação por espumas, em meio aniônico, com o uso de ácidos carboxílicos com diferentes tamanhos de cadeia carbônica e grau de saturação. Esses ácidos adsorvem na superfície da apatita por meio do processo de quimissorção, ou seja, há precipitação, na superfície dessa apatita, de um sal do ácido carboxílico utilizado.

Trabalhos técnicos demonstraram esse fenômeno, como, por exemplo, o de Rao, Antti e Forssberg (1990), que avaliaram a adsorção de camada de oleato de sódio sobre o sítio de cálcio da superfície dos minerais semissolúveis (calcita, apatita e fluorita), forçando com a precipitação de oleato de cálcio mediante a concentração excessiva de oleato de sódio nesses ensaios. Mishra, Chander e Fuerstenau (1980) observaram que a mobilidade eletroforética da apatita tornou-se negativa, com mudanças do ponto isoelétrico dessa apatita à medida que se aumenta a concentração de oleato de sódio em solução.

No caso das apatitas provenientes de rochas ígneas, que correspondem à grande maioria dos minérios fosfáticos brasileiros, o desenvolvimento de reagentes químicos capazes de separar o mineral apatita a partir de um minério com diferentes minerais de ganga, principalmente de minerais carbonáticos, foi o grande marco do desenvolvimento da tecnologia mineral no Brasil, na década de 1960. Nesse período, o professor Paulo Abib Andery desenvolveu, para a chaminé alcalina carbonatítica de Cajati (SP), o processo de concentração de apatita a partir do uso de ácido graxo como coletor de apatita e de amido de milho como depressor dos minerais de ganga (Leal Filho, 2000). Estava iniciado, assim, em caráter inédito, o desenvolvimento de processo para o aproveitamento dos minérios fosfáticos brasileiros de baixo teor de fósforo.

Desde essa época, diversos pesquisadores têm se dedicado à pesquisa de desenvolvimento de reagentes de processo, pois os minérios fosfáticos passaram a apresentar problemas muito particulares, em razão da sua complexidade mineralógica. Enquanto o minério fosfático de Cajati, de composição relativamente simples, responde razoavelmente ao processo desenvolvido pelo professor Paulo Abib, os minérios das chaminés alcalinas de Tapira (MG) e de Catalão (GO) apresentaram problemas outros e bastante complexos, decorrentes, principalmente, das suas diversificadas composições mineralógicas (Leal Filho, 2002). Além disso, eles apresentam uma grande variedade de espécies minerais na sua composição, e alguns minerais de ganga mostram propriedades superficiais bastante similares às da apatita. Esses minerais possuem substituições e modificações químicas e cristalográficas que alteram suas características físicas e químicas e, como consequência, suas propriedades superficiais, respondendo diferentemente às variáveis de processo e às características dos ácidos carboxílicos utilizados (Barros, 1997).

Lenharo (1994), em seu estudo de caracterização de diferentes apatitas brasileiras, avaliou a flotabilidade das diversas apatitas dos diferentes depósitos nacionais em tubo de Hallimond, usando como coletor o reagente tradicional ácido graxo de *tall oil*, derivado da madeira *Pinus elliottii*, e verificou que as apatitas primárias apresentam melhor desempenho na flotação em comparação com as apatitas secundárias. Estas tiveram um desempenho inferior devido à associação com óxido-hidróxido de ferro em suas superfícies. Portanto, a autora concluiu que, de modo geral, o nível de flotabilidade está relacionado às variações composicionais e morfológicas, bem como ao grau de impregnação e intercrescimento com óxidos-hidróxidos de ferro.

Salum et al. (1990) avaliaram, em tubo de Hallimond, a flotabilidade de amostras do mineral apatita provenientes de um minério alterado da mina de Tapira (MG). Eles detectaram que a presença dos contaminantes Fe, Si e Ti na superfície das partículas de apatita reduziu a flotabilidade desse mineral para uma mesma concentração de reagente coletor.

Rodrigues e Brandão (1993) correlacionaram o desempenho na flotabilidade da apatita com o grau de cristalinidade das mesmas apatitas. Os autores utilizaram ensaio de flotabilidade, em tubo de Hallimond modificado, usando como coletor o oleato de sódio. Eles verificaram que as apatitas com maior cristalinidade apresentaram melhores desempenhos na flotação. Para as amostras de apatita com índices de cristalinidade menores, as dosagens de coletor foram maiores, a fim de que tais amostras atingissem os mesmos desempenhos daquelas com elevados índices de cristalinidade.

Para exemplificar esses fatos, indicamos os valores de potencial zeta para amostras das apatitas primárias e secundárias dos minérios fosfáticos do Complexo Mineroquímico de Catalão (GO), da empresa Fertilizantes Fosfatados S.A., que apresentam resultados bastante distintos, como mostra a Fig. 5.1. Nota-se que os valores de potencial zeta da apatita primária mostraram-se mais negativos quando comparados à apatita secundária dessa mesma jazida.

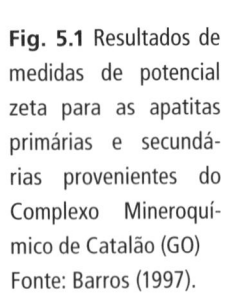

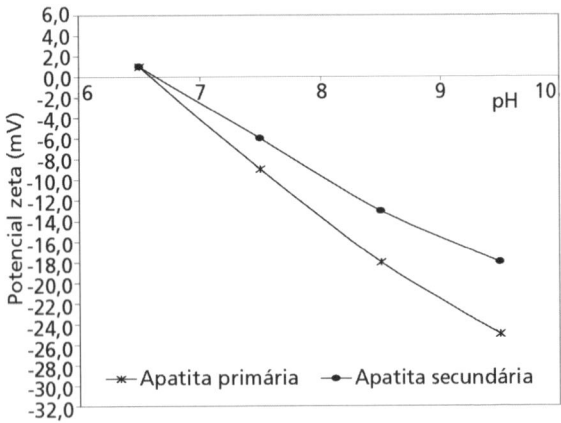

Fig. 5.1 Resultados de medidas de potencial zeta para as apatitas primárias e secundárias provenientes do Complexo Mineroquímico de Catalão (GO)
Fonte: Barros (1997).

Resultados de testes laboratoriais realizados em condições semelhantes apresentaram valores distintos de potencial zeta, em função do pH, para as apatitas primárias e secundárias provenientes tanto dos minérios granulados como dos minérios friáveis do Complexo de Mineração de Tapira (MG), da mesma empresa, como mostra a Fig. 5.2.

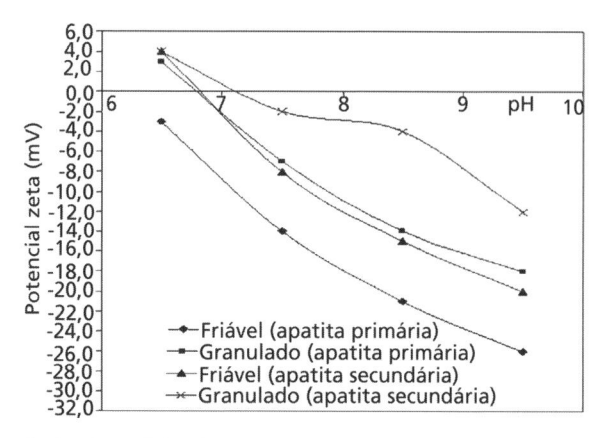

Fig. 5.2 Resultados de medidas de potencial zeta para as apatitas primárias e secundárias provenientes dos minérios granulados e friáveis do Complexo de Mineração de Tapira (MG) Fonte: Barros (1997).

As considerações feitas mostram a necessidade do constante desenvolvimento técnico para o aproveitamento industrial desses minérios de baixo teor de fósforo.

5.1 Flotabilidade das apatitas

A Tab. 5.1 apresenta uma análise típica de concentrados fosfáticos obtidos pela flotação aniônica de apatita, no processo produtivo dos complexos industriais da empresa Fertilizantes Fosfatados S.A. A tabela relaciona as análises de concentrados fosfáticos convencionais e de concentrados ultrafinos, que são obtidos por meio de flotação com a recuperação das apatitas existentes nas lamas de processo, separadas por microdeslamagem e flotação em colunas.

Tab. 5.1 Análise típica dos concentrados fosfáticos

Elementos	Tapira-CMT* (%)		Catalão-CMC* (%)	
	convencional	ultrafino	convencional	ultrafino
P_2O_5	35,4	34,0	36,8	34,2
CaO	50,8	48,0	48,0	44,6
Fe_2O_3	1,4	1,8	2,6	3,6
Al_2O_3	0,2	0,6	0,6	0,7
MgO	0,5	1,2	0,4	1,3
SiO_2	2,0	4,8	2,4	4,8
F	1,2	1,2	2,3	2,3
TiO_2	1,6	1,2	1,0	0,5
BaO	0,1	0,3	1,6	1,5
SrO	1,0	1,0	1,0	1,0
CO_2	3,2	2,9	1,0	0,8

*CMT - Complexo de Mineração de Tapira - Fertilizantes Fosfatados S.A.
CMC - Complexo Mineroquímico de Catalão - Fertilizantes Fosfatados S.A.

Em razão das diferentes tipologias minerais, os minerais de ganga que compõem os concentrados fosfáticos relacionados na Tab. 5.1 apresentam-se em diferentes faixas de tamanho e diferentes quantidades para cada tipo de concentrado e para os dois complexos de mineração citados. Assim, na Tab. 5.2, indicamos a participação mineralógica dos minerais contaminantes constituintes dos produtos de flotação, bem como as suas faixas de variação.

Tab. 5.2 Origem mineralógica dos contaminantes fosfáticos

Contaminantes	Origem mineralógica	Distribuição em peso (%)			
		Concentrado convencional		Concentrado ultrafino	
		CMT*	CMC*	CMT	CMC
ferro	magnetita	10	20	15	20
	micas	70	50	55	40
	piroxênios	15	10	20	10
	outros minerais	5	20	10	30
alumínio	micas	80	40	65	45
	piroxênios	15	55	25	50
	outros minerais	5	5	10	5
magnésio	micas	70	50	60	45
	piroxênios	10	20	20	30
	outros minerais	20	30	20	25
silício	micas	55	30	50	40
	piroxênios	5	10	15	15
	outros minerais	40	60	35	45

Tab. 5.2 ORIGEM MINERALÓGICA DOS CONTAMINANTES FOSFÁTICOS (CONT.)

Contaminantes	Origem mineralógica	Distribuição em peso (%)			
		Concentrado convencional		Concentrado ultrafino	
		CMT	CMC	CMT	CMC
cálcio	carbonatos	85	5	80	15
	minerais de titânio	10	85	15	75
	silicatos	5	5	5	10
titânio	anatásio	20	20	20	30
	perovskita	70	40	75	30
	magnetoilmenita	–	40	5	40

*CMT - Complexo de Mineração de Tapira - Fertilizantes Fosfatados S.A.
CMC - Complexo Mineroquímico de Catalão - Fertilizantes Fosfatados S.A.

A similaridade de comportamento dos minerais fosfáticos e dos minerais de ganga com relação ao processo de flotação aniônica é justificada pela semelhança de suas composições químicas de superfície e pela alta atividade de superfície dos coletores empregados com esses minerais. Além disso, a interação entre ânions e cátions dissolvidos na polpa e a superfície dos minerais prejudica bastante a seletividade do processo, permitindo que a adsorção possa ocorrer de forma global para as apatitas e as gangas.

A flotação das apatitas com a utilização de ácidos graxos ocorre em ampla faixa de pH, podendo ser obtidas altas recuperações de fósforo. Apatitas recristalizadas, impregnadas superficialmente por óxido de ferro, podem ser flotadas, e mesmo partículas mistas podem ser recuperadas em condições especiais de flotação. O problema crítico é a obtenção de seletividade entre as apatitas e as gangas. Flota-se a apatita, mas flota-se também a ganga. Assim, os estudos devem ser conduzidos para a obtenção de maior seletividade, pela necessidade de obter-se uma especificação mínima que atenda às exigências do processo de solubilização química.

5.2 Adsorção de coletores em minérios fosfatados

O Quadro 5.1 relaciona exemplos de surfatantes de cadeia carbônica longa que normalmente são usados como coletores para os minerais levemente solúveis, como é o caso das apatitas. A cadeia iônica determina se o coletor é aniônico e se ele é completa ou parcialmente ionizado.

Quadro 5.1 CARACTERÍSTICAS DOS PRINCIPAIS TIPOS DE REAGENTES COLETORES

Tipo	Fórmula	Íon	Ionização
ácido graxo saponificado	RCOONa	$RCCO^-$	fraco
alquilfosfato	$RPONa_2$	RPO_4^{2-}	fraco
alquilsulfato	RSONa	RSO_4^-	forte
alquilsulfonato	RSO_3Na_2	RSO_3^-	forte
sal de amina primária	RNH_3Cl	RNH_3^+	fraco
sal de amina secundária	$RNH_2(CH_3)Cl$	$RNH_2(CH_3)^+$	fraco
sal de amina terciária	$RNH_2(CH_3)Cl$	$RNH(CH_3)^{2+}$	fraco
sal de amônio quaternário	$RN_2(CH_3)Cl$	$RN(CH_3)^{3+}$	forte

Fonte: Hanna e Somasundaran (1962).

Para os casos de minerais silicatados, segundo Fuerstenau e Palmer (1962), os principais mecanismos de interação coletor aniônico/silicato são: atração eletrostática, associação das cadeias hidrocarbônicas do coletor e interação química com os íons metálicos da superfície.

Com relação aos minerais ditos semissolúveis, como a apatita, a calcita, a fluorita etc., a tendência à adsorção física é tanto maior quanto mais baixa for a concentração do coletor e mais curta for a sua cadeia carbônica. O contrário acontece com a tendência à adsorção química (Fuerstenau; Palmer, 1962), que parece estar relacionada à formação de hidroxocomplexos dos íons metálicos (Schultz; Cook, 1953) ou à atuação de coletores quelantes (Fuerstenau; Raghavan, 1977).

A vermiculita (biotita alterada), um dos minerais típicos na composição dos minérios fosfáticos, possui comportamento na flotação aniônica que parece não ser muito relatado pela literatura corrente em Tratamento de Minérios. Ela apresenta os mais diferentes comportamentos e resultados nos processos industriais, em função do seu grau de alteração, com comprometimento em todo o processo. Experiências mostram casos em que há a interação dos sais dos ácidos graxos com a superfície mineral, promovendo a sua hidrofobicidade, mesmo que parcial, e reduzindo assim a seletividade do meio. Para os casos desses minerais que se apresentam com superfícies não decompostas, frescas, existem estudos cujos resultados em nada podem ser utilizados como informativo e comparativo para o comportamento dos minerais alterados. Experiências industriais comprovam tal fato. Assim, os efeitos dos íons complexos e de suas adsorções modificam inteiramente o processo, em face de suas atuações, bem como da natureza mineralógica do meio. Esses efeitos podem, em alguns casos, ter significativa importância, com resultados que implicam alterações técnicas e econômicas para o processo produtivo.

Dependendo de suas estruturas e composições, as apatitas apresentam características bastante variadas de adsorção dos ácidos graxos como coletores. A Fig. 5.3 ilustra a resposta à flotação de apatitas provenientes de diferentes origens.

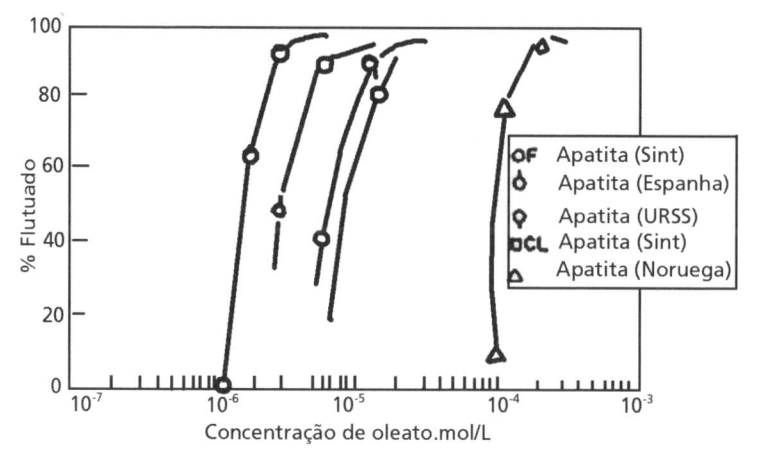

Fig. 5.3 Comportamento na flotação de apatitas de diversas procedências
Fonte: Hanna e Somasundaran (1962).

Há evidências de que a apatita e a calcita adsorvem o íon oleato fisicamente abaixo e quimicamente acima de seu IEP (Hanna; Somasundaran, 1962). Du Rietz conseguiu evidências de que ácidos graxos se adsorvem em multicamadas em minerais de cálcio. A adsorção direta de sais metálicos do coletor sobre a superfície dos minerais parece ser o mecanismo que controla a adsorção em tais casos (Du Rietz, 1957). O início da flotação de alguns minerais, como calcita e apatita, com ácidos graxos estaria associado à precipitação de seus sais (Du Rietz, 1975).

Peck, Raby e Wadsworth (1966) propuseram a quimissorção de ácidos graxos ou seus sais na fluorita e na barita, por meio da substituição dos respectivos ânions da rede cristalina por íons oleato. Fisissorção ocorreria em decorrência de forças de van der Waals e forças eletrostáticas. Pelo fato de a apatita e a calcita serem minerais com características de superfície, como as dos minerais estudados por Peck, Raby e Wadsworth, é provável que os mesmos mecanismos sejam válidos para eles.

Dobias et al. (1960) concluíram que o dodecilsulfato de sódio e o dodecilsulfonato de sódio interagem com a apatita através dos cátions de sua rede cristalina ou através de adsorção específica na camada de Stern. Por outro lado, Somasundaran e Agar (apud Peck; Raby; Wadsworth, 1966) concluíram que a interação sulfonatos/apatita é de natureza predominantemente eletrostática. Tanto a solubilidade quanto a capacidade de flotação dependem do comprimento da cadeia do reagente coletor, da presença de duplas ligações na cadeia e da coexistência de moléculas neutras e espécies iônicas do coletor (Hanna; Somasundaran, 1962).

Knubovec e Maslennikov (1970), em estudos realizados por meio de espectroscopia de infravermelho, concluíram que há adsorção química e física do oleato sobre a superfície de fosfato, e adsorção química do oleato sobre a superfície da dolomita.

Os coletores aniônicos adsorvem eletrostaticamente abaixo e quimicamente acima de seus PZCs, como é o caso da adsorção de oleato sobre a apatita e a calcita (Hanna; Somasundaran, 1962;

Mishra; Chander; Fuerstenau, 1980). Assim, entre os fatores que afetam a adsorção de coletores e, consequentemente, a flotação, estão (Hanna; Somasundaran, 1962):

- ♦ propriedades de superfícies do mineral, incluindo características físicas, composição química e estrutura cristalina, bem como de suas alterações/substituições e impregnações superficiais;
- ♦ características do coletor, assim como grupos funcionais, comprimento da cadeia carbônica e concentração;
- ♦ composição íon-molecular da fase aquosa, a qual depende de outras propriedades relevantes da solução, como temperatura, pH, força iônica e presença de várias espécies minerais dissolvidas e seus produtos de reação, bem como os íons do coletor em solução.

5.3 Uso de ácidos graxos e seus sais

Os ácidos graxos e seus sais têm sido largamente usados na flotação, como coletores, principalmente, e no processamento de oximinerais e outros minerais levemente solúveis (Caires, 1995). Os ácidos graxos e seus sais (os carboxilatos) têm grande poder coletor, baixo preço de venda no mercado nacional e grande disponibilidade para utilização industrial. Entretanto, apresentam baixa seletividade e, geralmente, requerem o uso de agentes modificadores para sua boa utilização. A sua eficiência como coletores é influenciada pelas características da cadeia hidrocarbônica, tais como: número de átomos de carbono, grau de insaturação e configuração estérica (Caires, 1995).

5.4 Comprimento e grau de insaturação da cadeia hidrocarbônica

Os sabões dos principais ácidos graxos componentes do *tall oil* foram testados individualmente por Hsieh (1980) como coletores para uma fluorapatita metamórfica e duas apatitas sedimentares. Hsieh observou que os coletores mais eficientes foram, em função das características do ácido: oleato, linoleato e linolenato. Entretanto, a eficiência relativa desses sabões variava conforme a natureza da apatita. A ordem decrescente de poder de coleta para a fluorapatita metamórfica foi: oleato, linoleato, linolenato; e, para as apatitas sedimentares, foi: linoleato, oleato e linolenato. O comportamento observado foi atribuído às diferenças de texturas e às composições químicas dos minerais. Os sais dos ácidos eláidico e ricinoleico, bem como os sais dos ácidos graxos saturados, não se revelaram bons coletores para os dois tipos de apatita. O fato de o elaidato e os sabões dos ácidos graxos saturados com mais de 12 átomos de carbono não terem sido bons coletores foi atribuído por Hsieh a seus pontos de fusão elevados e à possibilidade de formarem ácidos graxos ou sabões insolúveis. A justificativa para o baixo poder de coleta do ricinoleato foi demonstrada pela presença de um grupo OH na sua cadeia hidrocarbônica, fazendo decrescer sua hidrofobicidade.

Testes de microflotação de magnesita foram realizados por Brandão (1984, 1988), com o uso de sais de diversos coletores aniônicos. A ordem decrescente de poder de coleta dos diferentes sais dos ácidos graxos foi: elaidato, oleato, linoleato, linolenato e ricinoleato. O comportamento do *tall oil* saponificado foi intermediário ao dos ácidos oleico e linoleico, seus componentes mais abundantes. Segundo Brandão (1984, 1988), a diferença do comportamento dos sabões resultaria principalmente das características de suas cadeias hidrocarbônicas, como a configuração estérica e a tendência à oxidação.

5.5 Oxidação das duplas ligações

Outro fator importante a ser considerado na adsorção dos ácidos graxos e dos minerais ditos salinos é a interação entre as cadeias hidrocarbônicas dos ácidos (sabões) insaturados adsorvidos, decorrente da reatividade das duplas ligações com o oxigênio. Brandão (1984, 1988) estudou a adsorção de oleato de sódio em solução aquosa, usando a técnica de espectrometria infravermelha de reflexão-absorção múltipla. Verificou-se que, em soluções aquosas, em contato com o ar, a dupla ligação da cadeia hidrocarbônica do ácido oleico reagia com oxigênio dissolvido. Na camada adsorvida de oleato, essa oxidação levava à polimerização parcial das cadeias hidrocarbônicas, e as fortes ligações covalentes C-O-C entre as cadeias vizinhas, aliadas às ligações de van der Waals já existentes, tornavam o filme adsorvido extremamente estável.

Segundo Brandão (1984, 1988), três aspectos eram importantes para promover a oxidação da dupla ligação do oleato: a dissolução em água, o contato com o oxigênio do ar e o efeito catalítico da superfície mineral. Quando um desses fatores estava ausente, a oxidação não ocorria ou sua extensão era insignificante. Além disso, a extensão da oxidação dependia do tipo de interação entre o grupo polar do coletor e a superfície do carbonato. Assim, a adsorção em pH 6,0, quase totalmente de natureza química, resultava em películas mais oxidadas e polimerizadas, além de mais compactas e homogêneas, acarretando um nível de hidrofobicidade mais alto. Em pH 10,0, havia predominância da adsorção física, e os filmes adsorvidos eram menos oxidados e polimerizados, tinham uma estrutura mais heterogênea e menos compacta, e o nível de hidrofobicidade era menor.

A oxidação das duplas ligações de cadeia hidrocarbônica explicaria a superioridade dos ácidos graxos insaturados como coletores: visto que os ácidos graxos saturados não são capazes de formar filmes adsorvidos parcialmente polimerizados, haveria apenas as forças de van der Waals entre as cadeias hidrocarbônicas vizinhas (Brandão, 1988).

5.6 Área limitante

Para que os ácidos possam conferir caráter hidrófobo à partícula mineral, é necessário que sejam formadas camadas suficientemente densas de coletor adsorvidas na sua superfície. A capacidade de o coletor formar monocamadas mais ou menos densas na interface mineral/solução é, também, função de sua área limitante. Esse parâmetro é definido como a área diretamente influenciada por uma molécula de surfatante na monocamada mais densa possível, na interface gás/líquido (Hukki, 1953).

As áreas limitantes dos ácidos graxos dependem diretamente da área da seção reta da cadeia hidrocarbônica. Portanto, essas áreas são funções do tipo de cadeia do ácido, como: grau de insaturação; configuração; presença de anéis cíclicos, de ramificações ou de certos grupos funcionais, como OH (Hu, 1985; Hu et al., 1986).

Estudos de filmes monomoleculares de ácidos graxos em água mostraram que há um aumento da área limitante com o grau de insaturação da cadeia hidrocarbônica. Observa-se que, quanto maior o número de duplas ligações, maior a curvatura e a agitação térmica da molécula, e, consequentemente, maior a área da sua seção transversal (Schneider et al., 1949). Acredita-se que a afinidade entre a dupla ligação e a água não tenha influência no tipo de monocamada que o ácido graxo forma (Schneider et al., 1949). Os ácidos graxos poli-insaturados que possuem duplas ligações tanto na configuração cis quanto na trans, como, por exemplo, o ácido linolênico cis-trans, apresentam áreas limitantes intermediárias entre as duplas ligações dos isômeros cis e trans (Schneider et al., 1949).

O ácido ricinoleico tem área limitante muito maior que a do ácido oleico, do qual difere apenas pela presença de uma hidroxila ligada ao 12º carbono. Essa hidroxila aumenta a área da seção transversal e a atração para com as moléculas de água (Hu et al., 1986).

5.7 Solubilidade

A solubilidade dos sabões é função do comprimento e do grau de insaturação da cadeia hidrocarbônica e do cátion metálico (Fuerstenau; Miller; Kuhn, 1985). Os sabões de metais alcalinos e de bases orgânicas nitrogenadas são solúveis em água, mas suas solubilidades diminuem com o aumento da cadeia hidrocarbônica (Markley, 1961). Os sais de ácidos graxos de outros metais são considerados praticamente insolúveis. Aqueles de cálcio e magnésio, por exemplo, formam precipitados insolúveis. Sais de ácidos graxos insaturados são mais solúveis em água que os de ácidos saturados de mesmo número de átomos de carbono (Parks, 1975). A solubilidade dos sabões também varia com a temperatura. A solubilidade do sabão, abaixo do "ponto Krafft", é negligenciável, e aumenta rapidamente quando a solução é aquecida acima do ponto Krafft. Esse rápido aumento de solubilidade é decorrente da formação de micelas. Elas começam a se formar quando o ponto Krafft é atingido.

5.8 Sulfossuccinatos e sulfossuccinamatos

Sulfossuccinatos e sulfossuccinamatos são aerossóis obtidos por meio de esterificação de ácido succínico ($HOOC - (CH_2)_2 - CCOH$) ou ácidos maleicos com um alquil álcool, ROH, seguida pelo aquecimento do éter com uma solução aquosa concentrada de bissulfito $NaHSO_3$ (Leja, 1983).

Exemplos de sulfossuccinatos são os sais de fórmula geral (U.S. Patent, 1975, 1976; Leja, 1983).

$$R - Z - \underset{\underset{COOM}{|}}{CH} - \underset{\underset{COOM}{|}}{CH} - SO_3M$$

onde:
R = H ou radical orgânico;
Z = O, S, SO, SO_2, N e NO;
M = metal alcalino, amônio ou cátions de amônio substituídos.

Os compostos apresentados anteriormente são derivados de anidrido sulfomaleico com compostos que possuem hidrogênio ativo (álcoois, tióis, hidroxiácidos, aminas) e posterior tratamento com hidróxido de metal alcalino.

Sulfossuccinamatos são compostos de fórmula geral:

$$\begin{array}{c} \text{O} \\ \parallel \\ \text{C} - \text{OX}_1 \\ \text{XSO}_3 - \text{R} \\ \quad \backslash \quad / \\ \text{C} - \text{N} - \text{R}_1 \\ \parallel \quad \backslash \\ \text{O} \quad \text{CH}_2\text{CH}_2 - \text{C} - \text{OR}_2 \\ \parallel \\ \text{O} \end{array}$$

onde:

X e X_1 podem ser H ou radicais catiônicos formadores de sais (metais, amônia, aminas etc.);

R = resíduo de ácido policarboxílico alifático;

R_1 = radical alquil, com 1 a 5 átomos de carbono.

Os sulfossuccinamatos são extremamente solúveis em água quando X, X_1 e R_2 são radicais de metais alcalinos e insolúveis em solventes orgânicos. Quando R_2, na fórmula, é um grupo alquil, os compostos se tornam menos solúveis. Eles geralmente são sólidos pulverizados incolores. O pH de soluções aquosas desses compostos depende da natureza dos grupos substituintes, mas, em geral, está entre 6,5 e 8,0. Apresentam molhabilidade, emulsificação, dispersão, espumação, detergência e outras características de superfície ativa. As impurezas encontradas em sulfossuccinamatos comerciais são: octadecilamina, derivados de ácidos maleicos e álcool residual.

Testes de flotação no pH 9 realizados com minérios pobres do sul da Flórida (EUA), com o uso de uma mistura de *tall oil* e um monoéster de ácido sulfossuccínico como coletor, mostraram que o teor e a recuperação de P_2O_5 aumentam em relação a testes em que foi usado somente o *tall oil* (Silva, 1983).

A aplicabilidade desses produtos para o beneficiamento dos minérios fosfáticos carbonatados de Tapira (MG) possibilitou o aproveitamento de áreas liberadas na lavra da mina, garantindo a obtenção de produtos flotados com a qualidade química e mineralógica especificada (Barros, 1997).

5.9 Agentes modificadores

A apatita e os carbonatos são minerais que mostram a mesma grandeza de interação com os ácidos carboxílicos e apresentam comportamentos muito próximos com relação aos processos tradicionais de concentração mineral utilizados no beneficiamento dos minérios fosfáticos. Assim, para a obtenção de resultados positivos, faz-se necessário o uso de agentes modificadores para obter melhor seletividade na separação entre esses minerais.

Os agentes modificadores atuam na flotação de minerais tipo sal por meio de quatro mecanismos principais (Eigeles, 1958; Silva, 1983):

♦ ação direta sobre a superfície mineral, afetando a carga de superfície e a capacidade de adsorção;
♦ formação de uma camada hidrofílica, reduzindo a adsorção do coletor;
♦ ação sobre a química da polpa de flotação;
♦ ação sobre o processo de formação de espumas.

Esses efeitos parecem suficientemente abrangentes para explicar a ação de agentes modificadores em outros minerais não sulfetos, como óxidos de ferro e titânio e minerais silicatados, presentes em rochas fosfáticas. Por serem abrangentes, explica-se também a impossibilidade de escolha *a priori* do agente modificador mais adequado para determinado minério. Esses reagentes podem interagir igualmente com todos os minerais do minério, e a sua seletividade é, muitas vezes, dependente da intensidade da interação. Por esse motivo, os critérios de escolha ainda são de natureza empírica, quer baseando-se em dados "substancialistas" oferecidos pela literatura especializada, quer baseando-se em experimentação intensiva com os modificadores disponíveis.

5.9.1 Agentes modificadores inorgânicos

Um dos modificadores mais utilizados na flotação de minerais não sulfetos é o silicato de sódio. Eigeles (1958) e Klassen e Razanova (1978) citaram o silicato de sódio como um agente modificador de grande seletividade na flotação de diversos minerais de cálcio.

Fuerstenau et al. (1968) postularam que a sílica coloidal era a espécie responsável pela depressão da calcita, ao passo que o ânion silicato era responsável pela depressão da fluorita. Concentrações da ordem de 1 x 10^{-3} molar de silicato (relação SiO_2/Na_2O igual a 3,22) não afetaram a resposta à flotação da apatita.

A utilização de silicato de sódio para separar a calcita, a fosforita, a apatita e a barita do quartzo foi relatada por Glembotsky et al. (1963). Nesse sistema, o silicato parece atuar como depressor do quartzo e dispersante para as lamas, normalmente presentes nas polpas.

Cromatos, dicromatos, polifosfatos, fluoretos e certos ácidos orgânicos são frequentemente usados como depressores. É comum atribuir aos ânions a capacidade de baixar a carga de superfície dos minerais (Hanna; Somasundaran, 1962).

5.9.2 Agentes modificadores orgânicos

Amido e tanino têm sido usados há anos como depressores seletivos de minerais não sulfetos e, particularmente, como excelentes depressores de ganga carbonatada. Outros coloides orgânicos, como albuminas, gelatina, cola animal, poliacrilamida e carboximetilcelulose, têm sido usados para resolver problemas específicos (Hanna; Somasundaran, 1962).

O amido é produzido por meio de produtos alimentícios como milho, batata, mandioca, trigo e arroz. Quimicamente, é constituído pela condensação de moléculas a-glicose. A maior parte dos amidos consiste de uma mistura de dois tipos de polímeros: a amilose e a amilopectina. A amilose é um polímero linear no qual as unidades da glicose se ligam pelas posições 1 e 4 por meio de pontes de hidrogênio, possuindo um peso molecular na faixa de 10.000 a 50.000. A amilopectina é um polímero ramificado cujas ligações ocorrem nas posições 1-4 e 1-6, e seu peso molecular pode chegar a vários milhões. Em geral, os amidos são constituídos de 10% a 25% de amilose e 75% a 90% de amilopectina.

Schultz e Cook (1953) e Balajee e Iwasaki (1969), estudando a adsorção de amido em óxidos de ferro, verificaram que a sua ação depende de:

- características do mineral;
- tipo de amido;
- extensão de suas ramificações;
- modo de preparação do amido;
- pH da solução;
- eletrólitos presentes;
- natureza do grupo funcional.

Segundo Hanna e Somasundaran (1962), a escala de eficiência da depressão pelo amido com vários grupos funcionais é:

$$- OCH_2COONa > - OH > - OOCH_2CH_3 > - N(C_2H_4OC_2H_5)_2$$

A capacidade de formação de complexos com íons cálcio parece contribuir para a adsorção do amido na calcita. Outra contribuição importante está associada à existência de carga iônica líquida negativa no amido, em valores de pH básicos. Isso decorre da ionização de seus constituintes menores, como ácidos graxos, fosfato e outros, além da ionização dos grupos hidroxila, especialmente os das posições C-2 e C-6 das unidades glicose.

A hipótese da formação de ligações de hidrogênio entre o amido e as superfícies minerais pode não ser verdadeira, visto que sua adsorção é mais intensa na fluorita que na calcita, o que se explica pela maior capacidade da fluorita de formar ligações de hidrogênio. Entretanto, nota-se que sua adsorção na fluorapatita é menos intensa que na calcita, apesar de existirem melhores condições de formação de ligações de hidrogênio no primeiro mineral (Hanna; Somasundaran, 1962).

Segundo Hanna e Somasundaran (1962), os fatores determinantes na adsorção de moléculas de amido sobre minerais como fluorita, calcita e apatita seriam:

- ◆ solubilidade do mineral, relacionada à capacidade que este tem de prover a polpa de cátions metálicos que influenciariam a adsorção de polímero;
- ◆ estrutura do cristal, associada a fatores estéricos;
- ◆ impurezas associadas ao mineral, capazes de proporcionar níveis de heterogeneidade química superficial;
- ◆ composição iônica da polpa.

Hanna e Somasundaran (1962) observaram uma redução na adsorção de amido em calcita com o aumento do pH da solução. Essa reação foi correlacionada ao decréscimo da concentração de íons Ca^{2+} e $Ca(OH)^+$ na solução com o aumento de pH.

Tradicionalmente, no tratamento dos minérios fosfáticos brasileiros são utilizados amidos de milho e produtos derivados do milho como depressores dos minerais de ganga. Essa utilização, verificada em caráter pioneiro no beneficiamento da apatita de Cajati (SP), no processo desenvolvido e patenteado pelo professor Paulo Abib, permitiu o aproveitamento daquele depósito mineral e serviu como base para o desenvolvimento e o aproveitamento dos outros depósitos brasileiros. Esse desenvolvimento inédito serviu de alicerce para o crescimento da engenharia e da tecnologia mineral brasileiras.

5.10 Química do sistema

Segundo Hanna e Somasundaran (1962), os comportamentos similares dos minerais presentes na composição mineralógica dos minérios fosfáticos brasileiros, em relação ao processo de concentração por flotação, são atribuídos, entre outros, aos seguintes fatores:

- composição química superficial, através de cátions e ânions, ou comportamento semelhante com relação ao processo;
- alta atividade superficial dos coletores utilizados, resultando em reduzida seletividade de adsorção do coletor e os os minerais de fósforo e da ganga;
- interação entre as espécies iônicas dissolvidas de um mineral e os outros minerais da polpa, modificando as propriedades interfaciais originais destes, tais como carga, composição química e grau de hidratação;
- interação entre as espécies iônicas dissolvidas e os reagentes de flotação, como coletores e modificadores, alterando o comportamento esperado para os minerais no processo.

Para tal carência de seletividade ser contornada, são necessários agentes modificadores, além do uso cada vez maior de coletores mais seletivos com os sulfossuccinatos, sarcozinatos etc., conforme já ocorre em várias operações industriais, como Kemira, Foskor, Serrana e Fosfertil, entre outras.

A eficiência das operações industriais do beneficiamento dos fosfatos, que são dependentes das propriedades citadas, pode ser – e efetivamente é – afetada pela presença de espécies orgânicas e inorgânicas dissolvidas no sistema. Espécies dissolvidas (incluindo aquelas adicionadas intencionalmente ou não) e aquelas introduzidas pela dissociação dos minerais presentes no minério e/ou no meio aquoso presente podem configurar características ou até definir o funcionamento do sistema.

O estudo das características intrínsecas dos minerais e a utilização de técnicas que possibilitem a melhor individualização dos possíveis problemas de minerais considerados refratários ao beneficiamento são de grande valia na interpretação e no desenvolvimento de processo. Condições como heterogeneidade química e física e adsorção inadvertida de íons e/ou coloides presentes na polpa do minério, fatos corriqueiros nas operações industriais, são responsáveis pelo comportamento e pelo resultado do processo de flotação (Hanna; Somasundaran, 1962; Kulkarni; Somasundaran, 1976; Assis et al., 1990; Salum et al., 1990).

Trabalhos técnicos de caracterização tecnológica de minérios fosfáticos alterados demonstraram má seletividade do processo pela presença de micas, e mencionaram a influência maléfica do alto grau de alteração dessas micas e as suas consequências nos resultados do processo de concentração (Barros, 1997). Esse grau de alteração pode se apresentar em caráter total ou parcial. Assim, salienta-se que essas micas apresentam grande importância para qualquer sistema em estudo, por sua grande capacidade de troca iônica. Íons como Fe^{3+}, Al^{3+}, Mg^{3+} etc. podem ser colocados em solução aquosa por esses minerais micáceos quando do processo de beneficiamento e, por consequência, ser adsorvidos especificamente pela apatita, vindo a alterar o seu comportamento em termos de flotabilidade.

Santos (1975) cita a vermiculita como um mineral capaz de se associar a outros minerais de estrutura em camadas, formando um empilhamento de minerais que pode reter, entre as suas camadas, partículas de argilominerais de tamanho coloidal (Beraldo, 1986). Por sua vez, no processo, esses minerais podem ser liberados ao sistema, afetando o comportamento físico-químico do meio e as respostas ao processo. Estudos de processo em escala laboratorial e industrial comprovaram tais afirmativas, pois os minérios fosfáticos de Tapira (MG), ricos em vermiculitas, decompõem-se no meio aquoso, liberando grande quantidade de argilominerais em estado coloidal. Isso é maléfico, pois tais minerais coloidais sempre são adsorvidos pela apatita (Beraldo, 1986).

Assis et al. (1990) e Salum et al. (1990), em trabalhos com minério fosfático de Tapira (MG), estudaram as influências que esses íons provenientes da dissociação de fases minerais micáceas exercem no potencial zeta da apatita. As medidas realizadas para esse potencial mostraram uma mudança no IEP da fase fosfática menos alterada de pH 8,0 para pH 10,0, quando na presença de íons e/ou coloides da fase micácea, indicando adsorção específica desses íons e/ou coloides pelas fases fosfatadas. Assim, a presença dessas fases micáceas reais diminui a flotabilidade da fase fosfatada.

A experiência da Fosfertil na operação de beneficiamento de certas áreas da jazida de Tapira (MG), onde ocorrem as fases fosfatadas estudadas, comprova o desempenho e os fenômenos citados por Salum et al. (1990) nas operações industriais. Trabalhos complementares realizados para o estudo do efeito da presença de íons Ca^{2+} e Mg^{2+} no meio aquoso por dissociação de carbonatos presentes nos minérios residuais mostraram, também, a adsorção específica na apatita e/ou a alteração no seu potencial zeta.

Hanna e Somasundaran (1962) estudaram os efeitos da presença de calcita e apatita dissociadas no meio aquoso na flotação da apatita, verificando a depressão da apatita. Testes na presença de sais inorgânicos como K_3PO_4 e K_2CO_3 afetam a flotação da apatita; $Ca(NO_3)_2$ não influencia significativamente. Esses resultados sugerem que espécies carbonato e fosfato podem ser quimicamente adsorvidas nos sítios de cálcio da apatita, competindo com o oleato de sódio e, assim, afetando a flotação.

5.11 Controle de pH

O efeito apenas do coletor (ácidos graxos) não é o bastante para atingir-se a necessária eficiência da coleta ou a seletividade requerida pelo processo industrial de beneficiamento. Então, necessitamos de outros mecanismos que também atuam no sistema de separação, tais como: controle de pH, utilização de reagentes depressores, dispersantes, a ordem e o modo de adição de diversos reagentes etc. Dessa forma é que podemos obter o resultado desejado (Hanna; Somasundaran, 1962; Glembotsky et al., 1963).

O pH desempenha um papel importante na flotação dos minerais por afetar, de forma mais ou menos intensa, a carga elétrica de diversos materiais, a dissociação dos reagentes coletores e de outros reagentes, a adsorção de cátions e ânions e o estado de floculação/agregação de polpa, que são fatores que modificam o processo. Essas modificações ocorrem por mudanças do pH do meio. Comprovadamente o pH rege os princípios básicos dos mecanismos do processo (Glembotsky et al., 1963; Klassen; Mokrousov, 1963). O pH desempenha papel preponderante na flotação de minerais não sulfetos com a utilização de coletores oxidrílicos ou catiônicos. A carga superficial de grande parte desses minerais quase sempre é função do pH, sendo negativa para valores elevados e positiva para valores baixos. Assim, o pH condiciona a flotação por coleta física desses minerais: a flotação aniônica é feita acima do PZC. A adsorção química de coletores aniônicos pode ocorrer acima do PZC dos minerais salinos de cátions alcalinos terrosos. Existe, porém, um certo intervalo de pH para o qual a coleta é mais efetiva ou seletiva, dependendo das características do mineral útil e dos minerais de ganga (Beraldo, 1986, s.n.t.).

O efeito de reagente controlador de pH é dependente do tipo de reagente. São mais utilizadas, nos processos industriais, a soda e a amônia (caso da Flórida). Às vezes, no caso de água dura, recomenda-se o uso de barrilha, devendo-se considerar que, aparentemente, o carbonato de sódio é um ativador de calcita e um depressor de apatita, não devendo ser usado – ou ser usado com moderação – em flotação direta da apatita com ganga calcítica. Contudo, pouco se pode dizer quando a ganga é preferencialmente dolomítica.

O consumo de reagente regulador de pH depende de diversos fatores, como: valor do pH, composição iônica da polpa e natureza dos minerais. O tempo de ação do reagente também é importante, dado o consumo do reagente por diversos minerais ácidos.

O condicionamento é, em geral, o ponto-chave de todos os fluxogramas. Nessa etapa, altera-se a escala de hidrofobicidade dos minerais por meio da combinação adequada de reagentes, porcentagem de sólidos e condições de agitação (Beraldo, s.n.t.; Orphy; Yousef; Hanna, 1968).

Flotação aniônica direta, com posterior limpeza do concentrado por flotação catiônica reversa, é o esquema mais comum na separação sílica/fosfato. No Brasil, as instalações em operação usam apenas a flotação aniônica, com diversos estágios de limpeza. Estudos laboratoriais foram desenvolvidos para a aplicação da flotação catiônica na separação de apatitas e calcitas, a exemplo do fosfato de Itataia (CE), em processo trabalhado pelo CDTN-CNEN (MG).

5.12 *Slimes coating*

No processo de flotação, principalmente naqueles casos de beneficiamento de minérios intemperizados, que se apresentam com alto grau de partículas naturais de granulometria ultrafina, é muito importante a deposição dessas partículas sobre as partículas maiores, afetando, assim, as suas características em relação à flotação. Geralmente as partículas do mineral flotável efetivamente limpas de cobertura de *slimes* flotam, enquanto aquelas recobertas pelos *slimes* simplesmente deixam de flotar (Parsonage; Watson, 1982).

Slimes coating pode ser definido como a aderência de partículas ultrafinas de alguns minerais nas superfícies de partículas grossas de outros minerais. Esse fenômeno ocorre quando os minerais apresentam potencial elétrico de sinal contrário. Por exemplo, quando a galena é flotada em presença de *slimes* de alumina, a flotação é bastante prejudicada a pH menores que 9,0, pois nessas condições a galena possui potencial negativo, e o alumínio, positivo. Para valores de pH maiores que 9,0, o potencial do alumínio também é negativo, sendo este, portanto, repelido (Beraldo, s.n.t.).

A experiência industrial da Fosfertil no beneficiamento dos minérios fosfáticos de Tapira (MG) e Catalão (GO) mostrou que *slimes* derivados da decomposição das vermiculitas limoníticas podem depositar-se na superfície das apatitas, fazendo com que a mesma apatita possa ser deprimida pelo amido e pela consequente formação das ligações de "pontes" entre os íons férricos das superfícies minerais e as hidroxilas do insumo. Tais fatos também se ligam às lamas liberadas por vermiculitas do minério fosfático de Tapira, quando adsorvem soda cáustica nos circuitos de flotação onde se trabalha em meio básico, que é uma condição usual naquela aplicação industrial (Beraldo, s.n.t.; Orphy; Yousef; Hanna, 1968).

Para minimizar esse efeito pernicioso, podem-se utilizar produtos específicos que reduzem o percentual de impregnação por meio da dispersão desses elementos. Em geral, os principais reagentes usados para reduzir esse efeito são: silicato e fluorsilicato de sódio, fosfatos, pirofosfatos e hexametafosfato de sódio. Vale lembrar, porém, que esses reagentes apresentam efeitos negativos sobre a flotação das partículas grossas do mineral útil, a apatita, razão pela qual é necessária a escolha adequada da condição de aplicação, bem como ajustes das distribuições da apatita em função da distribuição granulométrica.

5.13 Flotabilidade dos minerais de ganga

Diversos minerais de ganga compõem os minérios de fosfatos, de acordo com a origem do minério, sedimentar ou ígnea, as diferentes reservas minerais de procedência e os diferentes graus de alterações e substituições químicas. É comum a ocorrência dos minerais silicatados e oxidados em diferentes condições, e os principais são: magnetita, quartzo, calcita, dolomita, perovskita, micas, piroxênio e diopsídio. As micas apresentam-se nas formas de vermiculita, biotita e flogopita, com os mais diversos graus de alteração, desde a sua origem fresca até em total estágio de decomposição.

O amido de milho é um reagente que apresenta uma aplicação muito ampla na depressão dos minerais de ganga, como magnetita, diopsídio, quartzo e perovskita (Leal Filho, 2000). Além disso, o amido é capaz de deprimir alguns tipos de calcita e dolomita, como é o caso da calcita e da dolomita da reserva de Cajati (SP). Já para a calcita proveniente do minério carbonatado das reservas de Tapira (MG), Catalão (GO) e Araxá (Barreiro, MG), os estudos têm demonstrado que o amido não é capaz de deprimi-la, como seria desejável. Para o caso da dolomita, os resultados são inferiores. Vale lembrar que a depressão das calcitas apresenta diferentes graus em função do tamanho dos cristais.

Para a barita, há deficiência de depressão pelo amido na presença dos coletores ácidos graxos e sulfossuccinato de alquila. Além dessa deficiência, a depressão, quando ocorre, não é seletiva. Essa deficiência levou à flotação da barita em separado com sulfatos de alquila, seguida de flotação da apatita. Esse processo é utilizado na usina da Bunge, em Araxá (MG) (Guimarães; Peres, 1999), e também nas usinas da Mineração Catalão (Copebras) e do Complexo de Mineração de Catalão (GO).

A separação seletiva por flotação entre os minerais carbonatados – calcita e dolomita – e a apatita é bastante complexa, representando um dos desafios para a tecnologia brasileira, como no caso de outras minerações que trabalham com minério de origem sedimentar (Miller; Wang; Li, 2002). No caso brasileiro, em que nossas reservas são de origem ígnea, a complexidade dessa separação está relacionada às similaridades das propriedades interfaciais desses minerais. Verifica-se que, em meio alcalino, onde se realiza o processo de flotação industrial da apatita, as cargas superficiais desses minerais são bastante negativas e próximas à da apatita. Somasundaran et al. (1985 apud Fuerstenau; Palmer, 1962) relataram a dificuldade de se separar a apatita do minério carbonatado da Flórida devido às similaridades nas propriedades superficiais da calcita e da dolomita. Além disso, há solubilização parcial desses minerais, com a introdução de íons em suspensão. Esses autores, ao examinarem a estabilidade do sistema apatita/calcita/dolomita, verificaram que, na condição em que a apatita está em equilíbrio com a calcita na presença de uma solução de Mg^{2+} igual a 5×10^{-4} $kmol.m^{-3}$, haverá, em um sistema aberto, a precipitação da dolomita para pH acima de 8,2. Para um sistema fechado, também haverá a precipitação da dolomita. No entanto, os autores são enfáticos em afirmar que a dificuldade em determinar uma rota para a flotação seletiva do fosfato dolomítico de outros fosfatos pode ser atribuída à dificuldade em entender o equilíbrio químico entre a apatita e a dolomita.

No entanto, o desenvolvimento de reagentes com maior seletividade tem permitido a separação entre dolomita e apatita, como mostra o trabalho desenvolvido por Miller, Wang e Li (2002). Nesse trabalho, os autores, por meio do uso de ácido alquil-hidroxâmico como coletor da apatita, alcançaram índices de recuperação e teor de P_2O_5 compatíveis com os resultados obtidos por meio da rota tradicional de concentração. Eles realizaram ensaios de microflotação utilizando amostras de minerais puros de francolita, fluorapatita, dolomita e quartzo, todos provenientes de rochas de origem sedimentar. Os resultados mostraram que a flotabilidade da dolomita e do quartzo foi bastante inferior, abaixo de 10%, em comparação com os valores alcançados para os minerais fluorapatita e francolita.

Assis, Montenegro e Peres (1996) avaliaram, em escala de laboratório, o efeito do uso de hidroxamato como coletor na microflotação de minerais puros provenientes de dois tipos de minérios de fosfatos brasileiros. Segundo esses autores, a seletividade desse reagente está relacionada à solubilidade do mineral e à estabilidade dos complexos formados a partir dos cátions da rede cristalina desse mineral.

Portanto, conclui-se que é necessário o uso de um sistema de reagentes capaz de inibir a flotabilidade desses minerais carbonatados pelos ácidos graxos, e, para isso, utiliza-se como depressor o amido de milho. Verifica-se que o amido não deprime com eficiência a dolomita, na presença tanto de ácidos graxos quanto dos reagentes sulfossuccinato e sarcosinato de alquila.

No caso da calcita, estudos também mostraram que esse mineral possui um boa flotabilidade na presença de ácidos graxos (Mishra, 1982; Pugh; Stenius, 1985; Rao; Antti; Forssberg, 1990).

Entretanto, diversos trabalhos têm mostrado que esse mineral pode ser deprimido pelo amido de milho, assim como por silicato de sódio e metassilicato de sódio (Mishra, 1982; Rao; Antti; Forssberg, 1989, 1990). Salienta-se, porém, a diferença de comportamento das calcitas em distintas frações granulométricas, para o caso da chaminé de Tapira (MG), conforme observado em estudos de diferentes depressores realizados por Barros (1997) e Leal Filho (1998).

No caso das gangas silicáticas, as características cristalográficas e químicas desses minerais influenciarão o seu desempenho durante a flotação. Manser (1975) e Fuerstenau e Fuerstenau (1982) relacionaram a classificação estrutural dos silicatos com as respostas à flotação, usando como coletores ácidos graxos e aminas. Verificou-se que há diferenças no comportamento dos minerais silicatados na presença dos coletores aniônico e catiônico, o que demonstra o efeito das características cristalográficas e químicas sobre o desempenho da flotação (Quadro 5.2). Consequentemente, os tipos de superfícies geradas após o processo de fragmentação serão característicos de cada tipo de mineral silicatado, influenciando também a resposta à flotação desses minerais.

Quadro 5.2 CLASSIFICAÇÃO ESTRUTURAL DOS SILICATOS E SUAS RESPOSTAS À FLOTAÇÃO COM ÁCIDOS GRAXOS E AMINAS

Classificação estrutural dos silicatos		Resposta à flotação	
Grupos	Arranjo estrutural	com ácidos graxos	com aminas
nesossilicatos	tetraedros do tipo SiO_4 independentes	boa	ruim
Inossilicatos simples (piroxênios)	cadeias unitárias contínuas de tetraedros que compartilham 2 oxigênios	ruim	ruim
inossilicatos duplos (anfibólios)	cadeias duplas contínuas de tetraedros que compartilham alternadamente 2 e 3 oxigênios	nula	boa
filossilicatos	camadas contínuas de tetraedros que compartilham 3 oxigênios	nula	boa
tectossilicatos	arranjo tridimensional de tetraedros que compartilham 4 oxigênios	nula	muito boa

Os mesmos autores referidos anteriormente exemplificaram o efeito da fragmentação sobre as características de dois tipos de silicatos, os ortossilicatos e os tectossilicatos. Segundo eles, ao serem cominuídos, os ortossilicatos poderão gerar em superfícies cátions metálicos (Al^{3+}, Fe^{2+}, Fe^{3+}, Mg^{2+}, Mn^{2+}; Ca^{2+} etc.). Esses cátions funcionariam como sítios para a adsorção específica de coletores aniônicos, bem como para as moléculas de amido. Já no caso dos tectossilicatos, espera-se que a quebra dos tetraedros SiO_4^{-4} não ocorra durante a cominuição, e sim um rompimento das ligações Si-O ou Al-O. Isso fará com que a superfície mineral, quando em meio alcalino, seja rica em cargas negativas, com implicação direta na possibilidade de adsorção dos reagentes citados.

Leal Filho (2002) realizou estudos de microflotação com as quatro principais espécies de minerais silicatados que ocorrem em minérios fosfáticos brasileiros: quartzo (tectossilicato), hidrobiotita (filossilicato), diopsídio (inossilicato) e schorlomita (nesossilicato). Os resultados mostraram que o quartzo e a hidrobiotita tiveram uma boa flotabilidade com o coletor catiônico eteramina. Esses minerais apresentam uma superfície rica em sítios carregados negativamente, e, nos valores de pH em que foram realizados os ensaios, as determinações de potencial zeta confirmaram essa característica. Os valores de potencial zeta obtidos para os valores de pH entre 9 e 11 foram: quartzo, da ordem de −50 mV; hidrobiotita, da ordem de −43 mV; schorlomita, da ordem de −32 mV, e diopsídio, da ordem de −22 mV, como mostra a Fig. 5.4. Esses valores negativos de cargas superficiais propiciaram a interação entre esses minerais e o reagente catiônico.

Já os minerais diopsídio e schorlomita apresentaram valores menores de potencial zeta (absoluto), o que mostra que a quantidade de sítios negativos disponíveis para interação com o coletor catiônico é menor, razão pela qual suas flotabilidades com o coletor catiônico foram menores (Leal Filho, 2002).

No caso da flotação aniônica, resultados obtidos por Leal Filho (2002), utilizando como coletor o oleato de sódio, mostraram que os minerais diopsídio e schorlomita tiveram elevada flotabilidade para valores de pH inferiores a 10. Essa elevada flotabilidade, nessa condição, é decorrente dos sítios de cátions metálicos que favoreceram a interação com os ânions oleato. Para valores de pH superiores a 10, observou-se que a flotabilidade desses minerais decresceu drasticamente e, segundo o autor, essa queda na recuperação está relacionada à competição entre os íons hidroxila (OH⁻) e o ânion oleato (RCOO⁻).

Para os minerais hidrobiotita e quartzo, verificou-se que o comportamento na flotação aniônica foi o oposto do ocorrido na flotação catiônica, como ilustrado na Fig. 5.5.

Estudos sobre a capacidade de depressão dos minerais silicatados por meio do amido de milho, em pH 10 e numa concentração de coletor igual a 100 mg/L, mostraram que o diopsídio é deprimido pelo amido de milho e, segundo Leal Filho (2002), essa depressão é resultante da adsorção das moléculas de amido de milho através da interação entre o grupo hidroxila (OH) e cátions metálicos hidroxilados na estrutura cristalina dos minerais. O mesmo ocorreu para o mineral schorlomita, porém num grau menor de intensidade, conforme mostrado na Fig. 5.5.

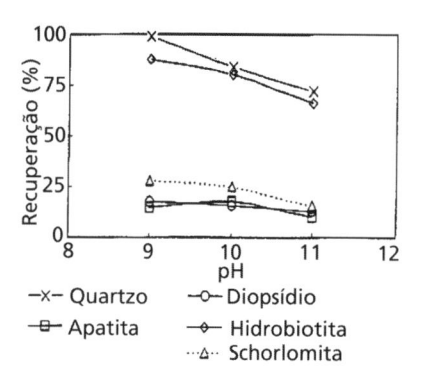

Fig. 5.4 Flotabilidade de alguns silicatos e apatita em função do pH, na presença do coletor eteramina (100 mg/L)
Fonte: Leal Filho (2002).

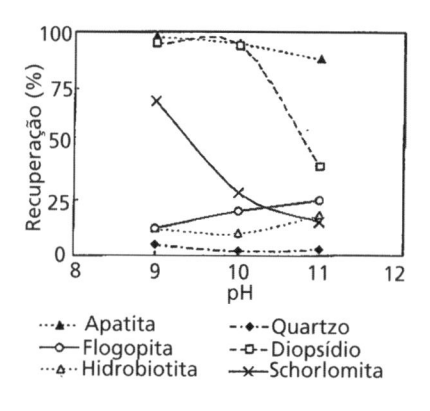

Fig. 5.5 Flotabilidade de alguns silicatos e apatita em função do pH, na presença do coletor oleato de sódio (100 mg/L)
Fonte: Leal Filho (2002).

Para os minerais quartzo, hidrobiotita e flogopita, o efeito do amido é muito reduzido ou nulo, não ocorrendo a depressão desses minerais. Seus percentuais de recuperação permaneceram constantes, independentemente da concentração de amido. Assis e Brandão (1999) também observaram que alguns minerais micáceos provenientes da mina de Tapira (MG) não sofreram depressão pelo amido. Segundo Leal Filho (2002), essa dificuldade apresentada pelo amido em deprimir os minerais micáceos está relacionada ao fato de que esses minerais somente possuem disponibilidade de interação com os grupos OH$^-$ do amido através das arestas das placas, não sendo, para eles, suficiente para garantir uma boa eficiência dessa interação e, consequentemente, do depressor.

A flotabilidade dos minerais silicatados também será afetada pela presença dos cátions metálicos Ca^{2+} e Mg^{2+} em solução. O aumento na concentração desses cátions em solução provocará uma ativação da flotação dos minerais silicatados, principalmente para os minerais micáceos. As propriedades de superfície desses minerais serão alteradas em razão, principalmente, da adsorção de hidroxicomplexos formados a partir desses cátions.

Determinações de potencial zeta *versus* concentração dos cátions Mg^{2+} e Ca^{2+} (medidos como pMg e pCa) para o mineral diopsídio mostraram a reversão de carga com o aumento da concentração desses cátions em solução. Observa-se que houve a reversão de carga a partir do valor de pMg (pMg = $-\log[Mg^{2+}]$) igual a 2,9 para a suspensão com pH igual a 10,5. No caso da concentração do cátion Ca^{2+}, há reversão de carga na superfície do mineral diopsídio para valor de pCa próximo a 2,3 (Leal Filho, 2002). Segundo o autor, essa reversão de carga deve-se à presença da espécie $MgOH^+$, no caso da adição do cátion Mg^{2+}, e da espécie $CaOH^+$, no caso da adição do cátion Ca^{2+}.

Essas mesmas medidas de potencial zeta em função da concentração dos cátions metálicos Mg^{2+} e Ca^{2+} foram realizadas para os demais minerais silicatados: schorlomita, hidrobiotita, flogopita e quartzo. Na Tab. 5.3 são apresentados os valores de pMg e pCa nos quais ocorreram as reversões de carga para os minerais silicatados.

Estudos de flotabilidade em tubo de Hallimond com o mineral flogopita mostraram que ocorre aumento na recuperação desse mineral com o aumento nas concentrações de cálcio e magnésio em solução. Para o cátion Mg^{2+}, a partir de pMg < 4 a flotabilidade da flogopita aumentou drasticamente, o que demonstra o efeito ativador desse cátion na superfície desse mineral. O cátion Ca^{+2}, por sua vez, também teve um efeito ativador sobre a superfície da flogopita, porém sua dosagem foi maior, pCa < 3, sendo que, nesse caso, os valores de recuperação foram inferiores (Leal Filho, 2002).

Tab. 5.3 Concentrações máximas de cálcio (pCa), magnésio (pMg) e hidrogênio (pH) capazes de reverter o sinal do potencial zeta de alguns minerais silicatados

Mineral	Diopsídio	Schorlomita	Hidrobiotita	Flogopita	Quartzo
pCa	~2,5	<2,0	~2,2	~2,2	~1,8
pH	11,5	11,5	11,5	11,5	11,5
pMg	~2,8	~2,8	~2,6	~3,1	~1,8
pH	10,5	10,5	10,5	10,5	10,5

Fonte: Leal Filho (2002).

5.14 Análise crítica de processo de concentração de minérios fosfáticos

O primeiro item de uma análise de processo que visa à obtenção de melhores resultados do aproveitamento de um recurso mineral é a caracterização desses minérios. Esse item deve ser um dos primeiros estudos a serem realizados, pois, além de ter significativa importância em qualquer estudo, na área do beneficiamento mineral promove maior conhecimento tecnológico e melhor aproveitamento. Uma caracterização bem-feita é a base para um planejamento de mina seguro e confiável, de forma a minimizar as possíveis surpresas que os minérios sempre trazem, os riscos operacionais e as perdas de qualidade dos produtos, e maximizar o rendimento metalúrgico e da produção industrial.

Com base no estudo inicial de caracterização, pode-se verificar a importância da tipologia dos minérios nos resultados dos processos de separação mineral. Assim, após os primeiros trabalhos, pode-se planejar e realizar uma caracterização mais profunda, buscando, para cada tipo tecnológico, por meio de estudos fundamentais, as razões dos seus problemas de processo, bem como as causas que promovem vantagens ou ganhos. Com isso, podem-se obter informações mais amplas, de modo a permitir e estabelecer possíveis *blendings* de minérios mais vantajosos para uma operação mais efetiva.

A busca por indicadores técnicos, guias mineralógicos associados a ensaios-padrão de flotação, pode permitir uma análise de processo mais profunda e confiável, sendo a via de mais fácil execução desse planejamento mineral.

A previsão de resultados de processo de concentração, possibilitada pela presença ou não de diferentes tipos de minérios-problema ou refratários ao processo, pode ajudar o tratamentista a amenizar a situação, contornando ou alterando o processo. Por exemplo, para o caso específico da lavra de minérios de fosfatos alterados, se um banco de lavra for minerado com material decomposto (por intemperismo), pode-se verificar, por análise e observação em campo, a presença de fosfatos secundários (não apatíticos). Assim, quando esses fosfatos alimentarem um processo de flotação, seja em escala laboratorial ou industrial, caso não sejam descartados nas etapas de separação anteriores, irão alimentar os circuitos de flotação, passando, por sua vez, ao concentrado fosfático, prejudicando a qualidade desse produto.

Como se sabe, para o caso dos concentrados fosfáticos utilizados na produção de ácidos fosfóricos, esses fosfatos não apatíticos não se solubilizam bem, além de possibilitarem a formação de complexos químicos que reduzem a eficiência do processo químico e sua capacidade de produção. Todavia, ao se saber com antecedência da existência de tais problemas, pode-se planejar *blendings* de concentrados para reduzir os efeitos negativos.

A presença de micas alteradas no minério que alimenta o processo de concentração indica a necessidade de maior consumo do agente modificador, como a soda cáustica, para correção do pH. Como consequência, ao entrarem em equilíbrio com o meio aquoso, tais micas liberam significativa carga iônica, como íons cálcio, magnésio, ferro e alumínio, que são íons determinadores de potencial, alterando, com isso, as condições físico-químicas do processo e do potencial zeta da apatita. Essas alterações podem quase sempre levar à redução de recuperação, além de perda de controle do processo e, consequentemente, perda de eficiência. Além disso, a interação desses íons com os ácidos graxos possibilita a formação de sabões insolúveis, que são geradores de espumas de flotação mais persistentes. Por sua vez, essas espumas promovem/facilitam a geração de perdas de material por "sobra de caixas e calhas", prejudicando o manuseio e reduzindo a recuperação.

A presença de minerais alterados pode indicar ao operador a necessidade de ações mais efetivas na etapa de atrição, de forma a garantir, nessa etapa, maior dispersão dessas polpas e liberação de sua carga iônica, tornando possível e mais fácil o seu descarte na etapa de deslamagem. Tais ações seriam: aumentar a atrição e adequar a deslamagem para melhor descarte dos finos.

O descarte das frações ultrafinas pode permitir que o produto fino recuperado tenha a sua *performance* de processo melhorada. Apesar de também ser possível processar esses ultrafinos de modo a obter concentrados dentro de especificações de mercado, a sua separação exige condições de processo próprias e diferentes daquelas necessárias para o produto fino. Logo, a sua separação é benéfica. Portanto, as mudanças de circuitos operacionais implantadas com essa finalidade têm de demonstrar a sua comprovação e efetivo retorno de investimento para que possam ser realizadas.

A presença de minerais portadores de cálcio e magnésio com cargas iônicas trocáveis com o meio aquoso pode apresentar-se de maneira significativa nos minérios fosfáticos alterados. A presença desses minerais promove a sua solubilização total ou parcial, liberando carga iônica para o meio aquoso. Esses íons são determinadores de potencial, alterando as características físico-químicas interfaciais do mineral-minério e influenciando negativamente sua resposta à flotação. A presença desses íons também pode modificar o pCa e/ou o pMg da polpa, alterando, assim, a adsorção do coletor nas apatitas e reduzindo drasticamente a recuperação de processo, além de aumentar o consumo específico desse insumo.

A presença do mineral dolomita no minério pode significar prejuízos para a qualidade do concentrado fosfático. Conforme já citado, esse mineral possui boas condições de flotabilidade nas mesmas condições de processo necessárias para a apatita. O depressor normalmente utilizado nos processos industriais de fósforo não consegue deprimir esse mineral. Assim, a dolomita flota facilmente, integrando-se ao concentrado fosfático, elevando o conteúdo de MgO do concentrado e indo para o reator de ácido fosfórico, onde vai aumentar o consumo de ácido sulfúrico, alterando a temperatura do reator, além de reduzir a produção.

O estudo sistemático das apatitas provenientes dos depósitos de origem magmática, como é o caso dos principais depósitos minerais brasileiros, mostra claramente a complexa variabilidade composicional desse mineral e as consequentes alterações em suas propriedades físicas e químicas.

As principais alterações de propriedades verificadas a partir das variações na composição química estão relacionadas às propriedades físico-químicas e cristalográficas dos minerais, tais como hábito, cristalinidade, granulometria, cela unitária, associação mineralógica e um intenso vínculo com o perfil de intemperismo. Tais propriedades, por sua vez, interferem diretamente no comportamento com relação ao processo de concentração por flotação. Assim, a simples determinação da relação "c/a" – parâmetros da cela unitária, medida por difração de raios X – pode determinar e indicar graus de intemperismo, substituições na rede e, por consequência, alterações de processo.

Comportamentos tecnológicos distintos podem ser correlacionados com diferentes condições geológicas do depósito mineral por meio das variações e substituições nas apatitas. Como exemplo, a apatita de Tapira (MG), quando de origem primária e sem a ação de substituição, apresenta elevados índices de cristalinidade e excelentes índices de flotabilidade. Por sua vez, aquelas apatitas com substituição na rede, pela contribuição de outros íons, podem ter sua origem vinculada ao perfil de intemperismo, com intercrescimento e impregnações superficiais de produtos ferruginosos, apresentando baixos índices de cristalinidade e, consequentemente, reduzida flotação.

As apatitas secundárias, muito comuns nas chaminés alcalinas, frequentemente aparecem associadas a grãos primários e/ou com recobrimento superficial desses grãos. Assim, além de constituir parte importante da reserva mineral, resultam em comportamento mais refratário ao processo de flotação.

A presença de fosfatos secundários indica a redução da eficiência da solubilização química, o que significa problemas ao processo.

As apatitas rugosas apresentam-se altamente reativas. Dependendo da situação, essas apatitas, em mistura com apatitas cristalinas, trazem problemas ao processo, seja por consumo diferenciado de coletor, seja na solubilização por perdas de P_2O_5.

Aspectos superficiais como rugosidade, textura e cristalinidade interferem na adsorção do coletor, exigindo, em alguns casos, o aumento de consumo do coletor.

Diferenças de comportamento também ocorrem em função do tamanho de partículas. Assim, partículas grossas necessitam de consumo elevado de coletor para a sua flotação, em comparação com as partículas finas. Por outro lado, com o consumo de depressor ocorre o inverso: chega-se a usar até oito vezes mais depressor para as partículas finas do que para as grossas.

Ações de processo podem ser tomadas no dia a dia pelo acompanhamento dos rejeitos de flotação dos circuitos industriais, analisando-se e observando-se os aspectos estruturais, realizando-se testes laboratoriais etc. Essas ações podem conduzir a procedimentos operacionais que maximizem a recuperação metalúrgica do processo.

O acompanhamento da caracterização tecnológica e do planejamento de mina para as características cristalográficas e químicas das apatitas existentes nas diferentes frentes de lavra mostra-se de grande importância para indicar o comportamento do minério no processo de flotação e, se conduzido sistematicamente, pode contribuir bastante para a melhoria dos resultados da concentração mineral.

O acompanhamento do processo produtivo pode revelar-se uma ferramenta importante para o controle operacional. Em termos da comparação química dos elementos menores – como, por exemplo, óxidos de terras-raras, que são bastante comuns em todos os depósitos nacionais –, o acompanhamento de processo pode indicar problemas na solubilização desses concentrados, quando do seu aproveitamento químico na produção de fertilizantes. Esses óxidos agem de forma a prejudicar a cristalização do gesso, reduzindo a taxa de filtragem e comprometendo a produção de ácido fosfórico.

A alteração do potencial zeta da apatita é muito comum. Essa alteração ocorre principalmente em função da solubilidade dos carbonatos presentes, em impregnações dos carbonatos e nas reações de troca iônica características dos minerais alterados presentes no minério (micas, por exemplo). O acompanhamento dessa modificação indica a necessidade de alterações operacionais nos circuitos de preparação do minério para a flotação.

O comportamento dos insumos de processo também pode ser alterado em função da mineralogia do produto a ser concentrado. Assim, o amido pode ser adsorvido pela calcita, deprimindo-a bem, e, por sua vez, ser adsorvido na vermiculita, floculando-a, e não a deprimindo. Por outro lado, a flotabilidade dos minerais micáceos ocorre em função de suas solubilidades em termos de íons cálcio e magnésio. Porém, a presença de íons cálcio aumenta consideravelmente a probabilidade de adsorção do amido nas apatitas grossas. Também a presença de micas alteradas pode provocar indiretamente uma condição de perda de recuperação de apatita. Em função disso, necessita-se trabalhar também em modificações de circuitos, considerando a concentração de espécies minerais em diferentes frações granulométricas.

As micas alteradas, em geral presentes nos minérios fosfáticos residuais, tendem a concentrar-se nas frações finas. Dessa forma, o circuito de beneficiamento que se utilizar do descarte das lamas naturais possibilitará a obtenção de melhores resultados do processo de concentração. A flotação em separado das frações granulométricas finas e grossas, após o condicionamento com os depressores e coletores, também em separado, pode apresentar melhor desempenho de processo e melhor seletividade do sistema.

O projeto de unidade de concentração que prevê o uso de circuitos de flotação separados para os minérios decompostos e para os minérios frescos pode apresentar melhor resultado de processo. Tal melhoria se justifica pela composição iônica diferenciada das polpas de flotação de tais minérios. Por exemplo:

- em geral, os minérios granulados, duros, podem apresentar maior quantidade de minerais carbonatados (calcita e dolomita), que, por sua vez, apresentam, na fase aquosa da flotação, porção mais rica nos cátions oriundos de cálcio e magnésio. Esse fato torna necessário o uso de coletores sintéticos mais tolerantes à presença de tais íons;
- quanto aos minérios decompostos residuais, o mesmo problema ocorre, normalmente pela maior presença de micas alteradas (que possuem capacidade de troca de cátions bem superior à das micas menos alteradas);
- na situação em que ambos os minérios são flotados em conjunto, a tendência é aumentar o consumo do coletor. Isso provocará maior flotação dos minerais de ganga, contaminando o concentrado produzido. Na tentativa de diminuir a presença de tais contaminantes nesses concentrados, forçosamente será preciso reduzir a recuperação metalúrgica.

Referências bibliográficas

ASSIS, S. M.; BRANDÃO, P. R. G. Os minerais micáceos do minério fosfático de Tapira. Parte II. Estudos com misturas apatita/minerais micáceos. *Brasil Mineral*, n. 177, p. 42-46, 1999.

ASSIS, S. M.; MONTENEGRO, L. C. M.; PERES, A. E. C. Utilisation of hidroxamates in minerals froth flotation. *Minerals Engineering*, v. 9, n. 1, p. 103-114, 1996.

ASSIS, S. M. et al. Caracterização da performance na flotação de um fosfato alterado de Tapira. *Anais do XIV Encontro Nacional de Tratamento de Minérios e Hidrometalurgia*, Salvador, p. 323-336, 1990.

BALAJEE, S. R.; IWASAKI, I. Adsorption mechanism of starches in flotation and flocculation of iron ores. *Transactions SME/AIME*, v. 244, p. 401-406, 1969.

BARROS, L. *Flotação da apatita da jazida de Tapira, MG*. 1997. Dissertação (Mestrado) – Escola Politécnica da Universidade de São Paulo, São Paulo, 1997.

BERALDO, J. L. *Apostila de flotação*. Escola Politécnica da USP. [s.n.t.].

BERALDO, J. L. *Concentração de fosfatos*. Curso ministrado à Petrofértil, 1986.

BRANDÃO, P. R. G. Flotação de carbonatos de Mg/Ca - efeito comparativo de coletores aniônicos. *Anais do X Encontro Nacional de Tratamento de Minérios e Hidrometalurgia*, Belo Horizonte, p. 324-336, 1984.

BRANDÃO, P. R. G. A oxidação do oleato durante a flotação de oximinerais e suas consequências. *Anais do Encontro Nacional de Tratamento de Minérios e Hidrometalurgia*, São Paulo, 1988.

CAIRES, L. G. Óleos vegetais como matérias-primas coletoras. 1995. Dissertação (Mestrado) – Escola de Engenharia da UFMG, Belo Horizonte, 1995.

DOBIAS, B. et al. Eletrochemical analysis of the flotation of apatite. *Rudy*, v. 12, n. 8, p. 207-414, 1960.

DU RIETZ, C. Fatty acids in flotation. *Proceedings of the 4th International Mineral Dressing Congress* (Progress in Mineral Dressing), Stockholm, 1957. p. 417-433.

DU RIETZ, C. Chemisorption of collectors in flotation. *Proceedings of the 11th International Mineral Processing Congress*, Cagliari, p. 375-403, 1975.

EIGELES, M. A. Selective flotation of non sulfide minerals. *Transactions of the 4th International Mineral Dressing Congress* (Progress in Mineral Dressing), Stockholm, p. 391-401, 1958.

FUERSTENAU, D. W.; FUERSTENAU, M. C. The flotation of oxide and silicate minerals. In: KING, R. P. (Ed.). *Principles of flotation*. Johannesburg: SAIMM, 1982.

FUERSTENAU, D. W., RAGHAVAN, S. The crystal chemistry, surface properties and flotation behavior of silicate minerals. In: CONGRESSO INTERNACIONAL DE PROCESSAMENTO DE MINERAIS, 12. *Anais...* Brasília: DNPM, 1977. p. 368-415.

FUERSTENAU, M. C.; PALMER, B. R. Anionic flotation of oxides and silicates. In: FUERSTENAU, M. C. (Ed.). *Flotation*: A. M. Gaudin Memorial Volume. New York: AIME, 1962. v. 1, p. 148-196.

FUERSTENAU, M. C.; MILLER, J. D.; KUHN, M. C. *Chemistry of flotation*. New York: SME/AIME, 1985.

FUERSTENAU, M. C. et al. The influence of sodium silicate on non metallic flotation systems. *Transactions SME/AIME*, v. 241, p. 319-323, 1968.

GLEMBOTSKY, V. A. et al. *Flotation*. New York: Primary Sources, 1963.

GUIMARÃES, R. C.; PERES, A. E. C. Interfering ions in the flotation of phosphate ore in a batch column. *Minerals Engineering*, v. 12, n. 7, p. 757-768, 1999.

HANNA, H. S.; SOMASUNDARAN, P. Flotation of salt-type minerals. In: FUERSTENAU, M. C. (Ed.). *Flotation*: A. M. Gaudin Memorial Volume. New York: AIME, 1962. v. 1, cap. 8, p. 197-272.

HSIEH, S. S. Flotation studies on carboxilic acid components of tall oil. *Transactions SME/AIME*, Fall Meeting, Minneapolis, 1980.

HU, J. S. *Surface chemistry of fluorite flotation*. 1985. Thesis (Ph.D. in Philosophy in Metallurgy) – Utah University, Utah, 1985.

HU, J. S. et al. Characterization of adsorbed oleate species at the fluorite surface by FTIR spectroscopy. *International Journal Mineral Processing*, v. 18, p. 73-84, 1986.

HUKKI, R .T.; VARTIANEN, O. An investigation of the collecting effects of fatty acids in tall oil on oxides minerals, particularly on ilmenite. *Transactions SME/AIME*, p. 818-820, 1953.

KLASSEN, V. I.; MOKROUSOV, V. A. *An introduction to the theory of flotation*. London: Butterworths, 1963.

KLASSEN, V. I.; RAZANOVA, O. A. Effects on fine slimes and sodium silicates on the flotation of apatite. *Chemical Industrial*, Moscow, 1978.

KNUBOVEC, R. G.; MASLENNIKOV, B. M. Infrared spectroscopy studies of the adsorption of flotation reagents on mineral surfaces. *Soviet Mining Science*, Mar./Apr. 1970.

KULKARNI, R. D.; SOMASUNDARAN, P. Mineralogical heterogeneity of ore particles and its effects on their interfacial characteristics. *Powder Tech*, v. 14, n. 2, 1976.

LEAL FILHO, L. S. *Contribuição ao estudo de depressores para a flotação aniônica direta do fosfato de Jacupiranga*. 1998. Dissertação (Mestrado) – Escola de Engenharia da UFMG, Belo Horizonte, 1998.

LEAL FILHO, L. S. *Flotação de oximinerais*: teoria e prática voltada à solução de problemas brasileiros. São Paulo: Epusp, 2000. (Concurso para professor titular da área de Tratamento de Minérios).

LEAL FILHO, L. S. Estudos de mecanismos geradores de seletividade na separação apatita/silicatos e apatitas/óxidos por flotação aniônica. Relatório final apresentado à Fapesp, São Paulo, 2002.

LEJA, J. Surface chemistry of froth flotation. New York: Plennum Press, 1983.

LENHARO, S. L. R. Caracterização mineralógica/tecnológica das apatitas de alguns depósitos brasileiros de fosfato. Dissertação (Mestrado) – Escola Politécnica da Universidade de São Paulo, São Paulo, 1994.

MANSER, R. M. Handbook of silicate flotation. Stevenage: Warren Spring Laboratory, 1975.

MARKLEY, K. S. Salts of fatty acids. In: _____. Fatty acids. New York: InterScience Publishers, 1961. p. 715-756.

MILLER, J. D.; WANG, X.; LI, M. A selective collector for phosphate flotation: final report. USA: Florida Institute of Phosphate Research, 2002.

MISHRA, R. K.; CHANDER, S.; FUERSTENAU, D. W. Effect of ionic surfactants on the eletrophoretic mobility of hidroxyapatite. Colloids and Surfaces, v. 1, p. 105-119, 1980.

MISHRA, S. K. Electrokinetic properties and flotation behaviour of apatite and calcite in the presence of sodium oleate and sodium metasilicate. International Journal of Mineral Processing, v. 9, p. 59-73, 1982.

ORPHY, M. K.; YOUSEF, A. A.; HANNA, H. S. Beneficiation of low grade phosphate ore, Part I. Mining and Mineral Engineering, London, v. 4, p. 44-50, 1968.

PARKS, G. A. Adsorption in the marine environment. Chemical Oceanography, p. 241-308, 1975.

PARSONAGE, P.; WATSON, D. Surface texture, slime coatings and flotation of some industrial minerals. Proceedings of the 14th International Mineral Processing Congress, Toronto, v. 5.1/5.8, 1982.

PECK, A. S.; RABY, L. H.; WADSWORTH, M. E. An infrared study of the flotation of hematite with oleic acid and sodium. Transactions SME/AIME, v. 235, p. 301-306, 1966.

PUGH, R.; STENIUS, P. Solution chemistry studies and flotation behaviour of apatite, calcite and fluorite minerals with sodium oleate collector. International Journal of Mineral Processing, v. 15, p. 193-218, 1985.

RAO, K. H.; ANTTI, B. M.; FORSSBERG, E. Flotation of phosphatic material containing carbonate gangue using sodium oleate as collector and sodium silicate as modifier. International Journal of Mineral Processing, v. 26, p. 123-140, 1989.

RAO, K. H.; ANTTI, B. M.; FORSSBERG, E. Mechanism of oleate interaction on salt-type minerals, part II. Adsorption and electrokinetic studies of apatite in presence of sodium silicate and sodium metassilicate. *International Journal of Mineral Processing*, v. 28, p. 59-79, 1990.

RODRIGUES, A. J.; BRANDÃO, P. R. G. The influence of chemistry properties on the flotability of apatites with sodium oleate. *Minerals Engineering*, v. 6, n. 6, p. 643-653, 1993.

SALUM, M. J. G. et al. Microflotação, constituição e potencial zeta de fases minerais de um fosfato alterado de Tapira - MG. *Anais do XIV Encontro Nacional de Tratamento de Minérios e Hidrometalurgia*, Salvador, p. 148-160, 1990.

SANTOS, P. S. *Tecnologia das argilas* - aplicada às argilas brasileiras. São Paulo: Edgar Blucher, 1975.

SCHNEIDER, V. L. et al. A monolayer study of the isomerism of unsaturated and oxy fatty acids. *Journal of Phys. Colloids Chemical*, v. 53, p. 1016-1029, 1949.

SCHULTZ, N. F.; COOK, S. R. B. Froth flotation of iron ores. *Ind. Eng. Chemical*, v. 45, p. 2767-2772, 1953.

SILVA, J. M. *Efeito de alguns aspectos mineralógicos na flotação de fosfatos*. 1983. Dissertação (Mestrado) – Escola de Engenharia da UFMG, Belo Horizonte, 1983.

U.S. PATENT 3917601. *Sulfossuccinate derivates*. Lever Brothers Company. Nov. 4, 1975.

U.S. PATENT 3936498. *-a-Amino-ß-Sulfossuccinates*. Lever Brothers Company. Feb. 3, 1976.

Flotação de ouro 6

Fernando Antônio Freitas Lins
Marisa Bezerra de Mello Monte

6.1 Classificação dos minérios de ouro

Em 2007, o Brasil produziu 49,6 t de ouro (2% da produção mundial), sendo 44,4 t originadas de empresas (89,5%) e 5,2 t (10,5%), de garimpos. Três importantes produtores de ouro utilizam a flotação em seus processos: a AngloGold Ashanti Mineração, a São Bento Mineração (adquirida em agosto de 2008 pela primeira) e a Rio Paracatu Mineração (RPM), todas no Estado de Minas Gerais. Em conjunto, elas produziram cerca de 15 t em 2007 (a São Bento, paralisada para manutenção, não operou nesse ano).

Estima-se que aproximadamente 30% da produção industrial de ouro no Brasil se origine do tratamento de minérios auríferos via espumas da flotação, evidenciando a relevância desse processo centenário (cinquentenário no Brasil) para o segmento do ouro. Outra parte da produção de ouro no país, associada a concentrados de flotação, provém de usinas que concentram sulfetos de cobre por flotação, como a Vale (mina do Sossego, no Pará) e a Yamana (Chapada, em Goiás), mas elas não serão abordadas neste capítulo.

Na primeira edição deste livro, chamava-se a atenção para o fato de que a elevação da cotação internacional do ouro acima do patamar de US$ 400,00/oz havia promovido, no Brasil, um interesse renovado na expansão das operações existentes, a reativação de minas e a implantação de novas unidades produtivas. Na revisão deste capítulo, feita em novembro de 2008, a cotação oscilava em torno dos US$ 800,00/oz, após ter atingido US$ 1.000,00/oz no início daquele ano. O Departamento Nacional de Produção Mineral (DNPM) estimou, antes da crise financeira internacional de outubro de 2008, que a mineração de ouro receberia investimentos de US$ 2 bilhões nos 5-6 anos subsequentes, elevando a produção nacional de ouro a 100 t até 2015. Nesse cenário, como no anterior (da primeira edição), é requerido o emprego das tecnologias mais apropriadas a cada minério. A flotação de ouro, objeto deste capítulo, terá certamente sua aplicação expandida.

É comum a classificação de minérios de ouro por meio da vinculação da mineralogia com o processamento adotado nas operações industriais. Embora seja frequente um minério enquadrar-se em mais de uma categoria, é conveniente, a título de apresentação, agrupá-lo em três tipos: *placers*, ouro livre e complexos (Lins, 1987).

6.1.1 Minérios de *placers*

Os minérios de *placers* são explotados principalmente de depósitos aluvionares e, algumas vezes, de elúvios. Apresentam como característica marcante a liberação dos minerais constituintes, inclusive das partículas de ouro, e teor de ouro relativamente baixo (< 1 g/t). Esses minérios são tratados em peneira ou em *trommel*, com o objetivo de desagregação, eliminação de estéreis grosseiros e lavagem. A lama em suspensão é eliminada em tanques deslamadores ou hidrociclones. A seguir, o minério é submetido a etapas sequenciais de concentração por gravidade. Calhas simples ou rifladas são frequentemente empregadas. Concentradores centrífugos, como o Knelson e o Falcon, tornaram-se crescentemente comuns a partir do final da década de 1980, muitas vezes substituindo equipamentos convencionais. O concentrado final geralmente é amalgamado (no caso de garimpos), obtendo-se ouro ainda impuro ("esponja de ouro"), ou encaminhado diretamente à fusão, quando se requer pelo menos 20% Au no concentrado.

6.1.2 Minérios de ouro livre

Esses minérios são frequentemente oxidados, mas também podem ser primários. A expressão "minério de ouro livre" (*free gold ore* ou *free milling ore*) significa que o ouro nativo está livre de sulfetos – não está associado ou incluso nestes, mas pode apresentar-se em grãos mistos com o quartzo e silicatos, ou nas fraturas das rochas, o que requer a cominuição do minério antes do seu processamento, para a liberação ou a exposição superficial das partículas de ouro. Outras características dos minérios de ouro livre são: os sulfetos ocorrem em pequena proporção (geralmente < 2%) e são comumente limitados à pirita; não contêm uma quantidade excessiva de elementos nocivos a processos posteriores (amalgamação e cianetação); e seus teores de ouro estão normalmente entre 10 g/t e 20 g/t.

O processamento consta, simplificadamente, de três alternativas, conforme a granulometria do ouro. Quando a maior parte do ouro se distribui acima de 0,10 mm, geralmente o minério é concentrado por gravidade. Se houver predomínio de ouro com granulometria mais fina, é prática usual a moagem e a cianetação do minério. Nessa situação, não há necessidade de liberação completa das partículas de ouro; basta que elas estejam expostas ou acessíveis ao ataque do cianeto para que se solubilizem.

Quando o ouro no minério se distribui nas faixas grosseira e fina, a concentração gravítica e a cianetação podem ser aplicadas por meio da inserção do equipamento gravítico no circuito de cominuição, a fim de recuperar as partículas já liberadas que saem do moinho. O concentrado gravítico, após etapas de limpeza, é amalgamado ou submetido à fusão direta. A lixiviação em pilha (*heap leaching*) estabeleceu-se há três décadas como uma alternativa para minérios auríferos de baixo teor (< 10 g/t) e/ou para jazidas de pequeno porte. O ouro solubilizado pela cianetação é recuperado por precipitação com zinco ou por adsorção com carvão ativado.

6.1.3 Minérios complexos

Nos minérios complexos, o ouro nativo ocorre incluso ou finamente disseminado em minerais como os sulfetos. Alguns dos minerais portadores de ouro não se ajustam ao processo de cianetação, razão pela qual necessitam de um tratamento prévio. Há também a possibilidade de o ouro se apresentar em solução sólida com os minerais sulfetados.

Os minérios complexos podem ser classificados da seguinte maneira: piríticos, com minerais de arsênio e/ou antimônio, com sulfetos de cobre, com teluretos e com carbonáceos.

Comumente, alguma proporção de ouro nos minérios complexos não está associada aos minerais sulfetados, apresentando-se livre (no sentido explicado anteriormente). Vale ressaltar que não há uma separação rígida entre minérios de ouro livre e minérios complexos. Em grande número de minerações, há uma mudança gradual do primeiro para o segundo à medida que a explotação da jazida atinge maior profundidade, requerendo-se, com o tempo, adaptações no processo. Também é frequente a existência de minérios complexos com características dos dois ou três tipos citados anteriormente (*placers*, ouro livre e complexos).

A concentração dos minérios complexos pode incluir a concentração por gravidade no circuito de cominuição (para remover os minerais e as partículas de ouro liberados) e a flotação. A flotação nesses minérios geralmente visa recuperar os minerais aos quais o ouro está associado, conjuntamente com ouro nativo liberado não recuperado pela concentração por gravidade. Esses concentrados são cianetados ou previamente submetidos a um tratamento para torná-los adequados ao processo de cianetação, tratamento este que pode ser ustulação, oxidação sob pressão ou oxidação biológica. Nos concentrados em que o ouro é subproduto, como é comum nos minérios de cobre, o ouro acompanha o concentrado no processo de fusão e é recuperado, separadamente, na fase de refino eletrolítico do cobre, onde permanece nas lamas anódicas.

6.2 A flotação no processamento de minérios de ouro

Abordaremos a seguir o papel que o processo de flotação desempenha ou pode desempenhar na concentração de minérios, para cada tipo (Lins, 1987).

6.2.1 Minérios de *placers*

O processo de flotação aplicada a minérios de *placers* não é uma prática tradicional. Desconhece-se sua utilização regular na indústria em décadas recentes, embora haja registro de tentativas nesse sentido na primeira metade do século XX. Por exemplo, foram feitas experiências de flotação com rejeitos gravíticos e frações finas de aluviões em vários países, visando ao aproveitamento dos finos de ouro não recuperados em operações gravíticas, e obtiveram-se recuperações maiores que 70%. Em resumo, há um potencial de aplicação do ponto de vista técnico, com emprego de coletores sulfidrílicos. Do ponto de vista econômico, no entanto, em razão dos baixos teores desses minérios, a flotação dificilmente seria recomendável.

6.2.2 Minérios de ouro livre

A concentração gravítica e/ou a cianetação são os processos mais empregados. A flotação é menos frequente, sendo geralmente aplicada aos minérios em que a maioria do ouro se distribui em tamanhos considerados finos demais para uma concentração por gravidade eficiente, e grossos demais para uma rápida dissolução em cianeto (de modo aproximado, essa faixa situa-se entre 0,05 mm e 0,15 mm).

Ademais, emprega-se a flotação nesses minérios quando suas características particulares recomendam. Uma possível aplicação seria a um minério com ouro fino e baixo teor, para o qual a cianetação direta é menos atraente em termos econômicos do que fazer a flotação previamente e submeter o concentrado à cianetação. Um exemplo seria a unidade industrial da Rio Paracatu Mineração, em Paracatu (MG).

6.2.3 Minérios complexos

Para os minérios nos quais o ouro ocorre associado a sulfetos, a flotação é o método de concentração tradicionalmente empregado. Os reagentes usados visam normalmente à flotação de sulfetos (pirita, pirrotita, arsenopirita, calcopirita etc.). Como as partículas de ouro eventualmente liberadas também respondem à ação dos coletores de sulfetos, em geral não se dá um tratamento diferenciado para o ouro e os sulfetos.

Os teluretos não ocorrem nas minerações de ouro no Brasil. De qualquer modo, são coletados também com coletores sulfidrílicos.

A presença de carbono na forma de grafita no minério é prejudicial ao processo posterior de cianetação, pois pode adsorver o ouro em solução. A flotação da grafita antes da flotação dos sulfetos e do ouro livre leva a perdas de ouro nas espumas. O concentrado de grafita deve ser tratado separadamente para permitir a recuperação do ouro nele carreado.

6.3 Flotação de ouro

Segundo o princípio de afinidade entre espécies polares ou apolares, numa máquina de flotação as entidades hidrofílicas seguem o fluxo de água e as hidrofóbicas aderem às bolhas de ar. Superfícies de ouro puras e limpas são naturalmente hidrofílicas; porém, menos de uma monocamada de contaminante carbonáceo, depositado a partir do ar ou da solução, é suficiente para tornar a superfície hidrofóbica. O resultado prático é que o ouro pode ser considerado um dos melhores exemplos de hidrofobicidade natural entre os sistemas de extração industrial (Peres et al., 2002). Na maioria dos casos, as partículas de ouro encontram-se, na natureza, intimamente associadas a alguns minerais, especialmente da família dos sulfetos. É o caso das empresas brasileiras que praticam flotação de ouro, que pode ser tratada como flotação de sulfetos, como veremos adiante (Peres et al., 2002).

A flotabilidade do ouro em relação a outros minerais pode ser apreciada na classificação de Wrobel (1970), que considerou as características superficiais dos minerais, as quais são dependentes da natureza e da força de ligação entre os átomos, íons e moléculas constituintes. A classificação divide os minerais em polares e não polares. Entre os não polares, indiferentes à água, estão a grafita e o talco, por exemplo. Os minerais polares são divididos em cinco subgrupos, em ordem crescente de polaridade ou decrescente de hidrofobicidade:

(P1) sulfetos e metálicos (Au, Ag, Cu e Pt);
(P2) sulfatos;
(P3) carbonatos, fosfatos etc.;
(P4) óxidos e hidróxidos;
(P5) silicatos e quartzo.

De certo modo, a evolução da prática do processo de flotação seguiu a ordem de polaridade apresentada anteriormente. Com efeito, ainda hoje a flotação seletiva de minerais dos subgrupos (P4) e (P5) é considerada mais difícil. O ouro, classificado em equivalência de polaridade com os sulfetos, não deve, em princípio, apresentar maiores dificuldades de ser recuperado seletivamente nas espumas pelo processo de flotação, no caso de uma ganga silicática.

6.3.1 Mecanismos de flotação de ouro

Há muitas décadas, Gaudin fez o seguinte comentário com relação à flotação de partículas de ouro: "para recuperação de ouro por flotação, devem-se usar os princípios enunciados em conexão com a flotação de pirita" (Gaudin, 1957). A apresentação do mecanismo prevalecente na flotação de pirita torna-se, portanto, conveniente.

É normalmente aceito que o *modus* de adsorção de um coletor sulfidrílico na superfície da pirita é caracterizado como um "mecanismo de oxidação eletroquímica" (Fuerstenau, 1982; Kelly; Spottiswood, 1982). Em solução aquosa, a pirita, sendo um mineral condutor, desenvolve um potencial denominado "potencial de repouso". Na superfície da pirita, ocorrem duas reações eletroquímicas: a oxidação anódica do íon do coletor, resultando na formação de um ditiolato, e a redução catódica do oxigênio adsorvido na superfície da pirita. Por exemplo, se considerarmos a interação da pirita com um xantato, teremos as seguintes reações:

- no anodo, $2X^- \rightleftarrows X_2 + 2e$;
- no catodo, $1/2\,O_2(ads) + H_2O + 2 \rightleftarrows 2OH^-$;

onde X^- é o ânion xantato; e, o elétron envolvido; e X_2, dixantógeno, o produto da oxidação de X^-.

Pelo fato de a pirita ser condutora, dá-se a transferência de elétrons através do sólido. A reação completa, cujo "potencial reversível" pode ser determinado, seria:

$$2X^- + 1/2\,O_2(ads) + H_2O + 2 \rightleftarrows X_2 + 2OH^-$$

Glembotsky et al. (1972) sugeriram que a interação do ânion xantato com a superfície de ouro ocorre por meio de reações eletroquímicas, indicando também a formação de xantato metálico na superfície. Eles relataram experiências que mostraram a possibilidade de aparecimento de camada de dixantógeno na superfície do ouro previamente recoberta de xantato. O coletor sulfidrílico reagiria melhor com o ouro no caso de superfície levemente oxidada.

Gardner e Woods (1974), por meio de estudos eletroquímicos, determinaram a quantidade de dixantógeno requerida para a flotação de partículas esféricas de ouro. A quantidade variou de multicamadas para uma solução de metilxantato e uma monocamada para o etilxantato a apenas 10% a 20% de recobrimento para o amilxantato. Os autores explicaram os resultados com dois argumentos que se reforçam: o aumento do comprimento da cadeia orgânica do coletor resultou no aumento da hidrofobicidade das espécies adsorvidas na superfície do ouro (dixantógeno), e a maior facilidade de oxidação anódica do xantato a dixantógeno com o crescimento da cadeia orgânica, verificada pelo menor potencial aplicado requerido para o início da oxidação do xantato. Segundo os autores, a formação do dixantógeno sobre o ouro é necessária para tornar as partículas hidrofóbicas.

Do exposto, pode-se considerar aceitável para a interação entre o ouro e o xantato (ou coletores sulfidrílicos) o mecanismo indicado para a pirita, qual seja, a espécie química atuante do coletor é o dixantógeno, produzido pela oxidação anódica do íon xantato conjuntamente com a redução catódica do oxigênio adsorvido na superfície do ouro. Não obstante, a possibilidade da formação do xantato metálico na superfície do ouro não deve ser desconsiderada (Lins, 1987).

Em pesquisa mais recente, Monte, Lins e Oliveira (2000) analisaram, pela técnica de espectrometria por infravermelho, os principais produtos adsorvidos em superfícies de ouro. Os resultados tornaram evidente que tanto o dixantógeno como o íon amilxantato (OCS_2^-) são adsorvidos na superfície do ouro metálico. Com relação ao coletor mercaptobenzatiazol (MBT), suas moléculas foram adsorvidas na superfície de ouro somente em meio ácido, apresentando picos no espectro de infravermelho similares aos correspondentes do espectro do composto MBT. Já a afinidade entre o ditiofosfato (DTF) e o ouro foi considerada fraca, exceto para maiores concentrações desse composto.

O mecanismo de flotação de sulfetos contendo ouro associado pode ser explicado, de modo simplificado, a partir da formação de pontos de "ancoragem" constituídos por um sal cujo cátion pertence ao retículo cristalino do mineral e o ânion é proveniente do tiocomposto empregado como coletor (Peres et al., 2002). A baixa solubilidade desse sal é imprescindível, sendo essencial que sua solubilidade seja inferior à do respectivo hidróxido. A ação ativadora dos cátions cúpricos fica explicada pela substituição parcial do cátion superficial do retículo cristalino por Cu^{2+}, capaz de formar tiolatos de baixíssima solubilidade. Esses pontos de ancoragem, pouco significativos em termos de porcentagem de cobertura superficial, são suficientes para nuclear a adsorção do produto de oxidação do tiolato. No caso do tiolato mais investigado – o xantato –, o produto de oxidação – o dixantógeno – é um óleo extremamente hidrofóbico, que estabelece ligações de van der Waals inicialmente com as cadeias hidrocarbônicas dos pontos de ancoragem e, posteriormente, entre si, formando multicamadas de alta estabilidade. A reação anódica de oxidação do ânion tiolato é equilibrada eletroquimicamente pela reação catódica de redução do oxigênio dissolvido.

No caso de partículas de ouro livre, inexoravelmente contaminadas no ambiente natural, o produto de oxidação do tiolato se adsorve diretamente na superfície por forças de van der Waals.

6.3.2 Coletores utilizados na flotação de minérios de ouro

Os coletores empregados na flotação de sulfetos contendo ouro associado pertencem à família dos tiocompostos ou compostos sulfidrílicos (Peres et al., 2002). Os grupos polares dos tiocompostos contêm pelo menos um átomo de enxofre não ligado a oxigênio. Eles são, em geral, derivados de um "composto de origem" oxigenado, por meio da substituição de um ou mais átomos de oxigênio por enxofre. Partindo-se de compostos de origem da química inorgânica, a transição para tiocomposto requer a substituição de um ou mais hidrogênios por radicais de hidrocarboneto. Os tiocompostos normalmente são comercializados sob a forma de sais de sódio ou potássio.

As principais propriedades dos tiocompostos são (Peres et al., 2002):

i baixa ou nenhuma atividade na interface líquido/ar (caracterizando ação exclusivamente coletora e ausência de ação espumante);

ii alta atividade química em relação a ácidos, agentes oxidantes e íons metálicos;

iii diminuição da solubilidade com o aumento da cadeia hidrocarbônica.

Os coletores mais comumente empregados na flotação de minérios de ouro associado a sulfetos são os xantatos, os ditiofosfatos e os mercaptobenzotiazóis, que coletam de forma não seletiva tanto as partículas de ouro como os sulfetos (Lins, 1987). O produto de solubilidade do xantato de ouro é da ordem de 10-30, bem menor, por exemplo, que os produtos de solubilidade dos xantatos de cobre e de zinco, que são da ordem de 10-20 e 10-10, respectivamente (Fuerstenau, 1982). Esses valores indicam a maior estabilidade em meio aquoso do xantato de ouro em comparação àqueles outros xantatos metálicos. A solubilidade dos xantatos metálicos também decresce com o aumento do tamanho da cadeia hidrocarbônica (Lins, 1987).

Entre os sulfidrílicos, o xantato é considerado um dos mais fortes coletores. Quando comparado ao ditiofosfato, por exemplo, os produtos de solubilidade do etilxantato de zinco e cobre são, respectivamente, 10^{-9} e 10^{-20}, contra 10^{-2} e 10^{-6} para os correspondentes ditiofosfatos metálicos, estes últimos sendo mais facilmente afetados por depressores (Fuerstenau, 1982).

Se, por um lado, o uso de um tipo de coletor mais forte (ou de cadeia mais longa para um mesmo tipo) implica uma ação coletora mais poderosa, por outro a seletividade com o uso de coletores mais fracos é favorecida. A "fraqueza", nesse sentido, pode ser um benefício, particularmente na flotação seletiva entre sulfetos.

A experiência tem mostrado que a combinação de dois coletores, um mais forte e um mais fraco, frequentemente resulta em flotação mais eficiente em comparação com os resultados obtidos com o uso dos mesmos coletores separadamente (Glembotsky et al., 1972). A razão para isso é creditada à falta de uniformidade na superfície do mineral, que apresenta regiões diferenciadas quanto à atividade de adsorção.

Com relação à flotação de ouro metálico, Glembotsky et al. (1972) fizeram as seguintes considerações: o ouro é mais difícil de flotar que os sulfetos, em razão da densidade maior e do menor número de partículas na polpa; requer coletores mais fortes e maior consumo de espumantes; requer maiores tempos de condicionamento e flotação se a superfície apresentar-se recoberta com um filme de óxidos; ouro nativo com maior proporção de metais que se oxidam mais facilmente, como o cobre, tem sua flotabilidade reduzida; a obtenção de espumas estáveis é mais difícil na ausência de sulfetos; a combinação de coletores em proporções definidas usualmente possibilita melhores resultados na flotação de ouro nativo e prata nativa que os obtidos com o uso de cada um individualmente.

Prática comum é a utilização de um xantato forte ou o uso combinado de xantato e ditiofosfato. Quando a flotação é feita em meio ácido, faz-se uso, preferencialmente, do mercaptobenzotiazol (Bushell, 1970; Allison et al., 1982), às vezes combinado com o ditiofosfato em razão da instabilidade do xantato nessa faixa de pH. O xantato é estável em solução de pH 7 a 13; o ditiofosfato, de 4 a 12; e o mercaptobenzotiazol, de 4 a 9 (Fuerstenau, 1982).

A utilização de amina (coletor catiônico) foi testada e introduzida em algumas operações industriais na África do Sul para a recuperação de piritas auríferas em meio muito alcalino (Glembotsky et al., 1972; Allison et al., 1982; Fuerstenau, 1982; Lins, 1987). Uma motivação para a adoção desse procedimento foi a constatação de que a cianetação de produtos flotados com xantato era inibida em algum grau. O uso de amina Aeromine 3037 (50 g/t), óleo de pinho como espumante e pH entre 10 e 11 proporcionou recuperação de pirita aurífera comparável à obtida com xantato em pH ~7.

6.3.3 Influência da adição de reagentes inorgânicos
Sulfato de cobre

A ativação de ouro pela adição de Cu^{2+} é citada na literatura (Lins, 1987). Taggart (1945), comentando essa prática de adição de sulfato de cobre aos minérios de ouro, presumiu que o efeito seria a ativação de sulfetos presentes, uma vez que não há reação com a superfície do ouro.

A ativação da pirita pelo íon cobre ocorre por uma reação semelhante à de ativação da esfalerita ($FeS_2 + Cu^{2+} \rightleftarrows Cu^{2+} + S^0 + Fe^{2+}$). Como a pirita aurífera é geralmente encontrada nos minérios de ouro, é pertinente discorrer um pouco sobre sua ativação pelo Cu^{2+}. Bushell (1970), numa descrição de oito usinas da África do Sul, registrou cinco operando em meio básico (pH 8,5 a 11), utilizando xantato e Aerofloat 25 como coletores e $CuSO_4$ como ativador da pirita aurífera. O fato de a pirita perder sua flotabilidade em pH elevado, com xantato ou ditiofosfato, já é estabelecido há muito tempo (Gaudin, 1957). Sua ativação com Cu^{2+} torna sua superfície similar à da calcopirita, que flota bem até pH 12.

A adição excessiva de $CuSO_4$ (> 150 g/t), porém, resulta em depressão da pirita (Bushell, 1970; Allison et al., 1982), explicada pela indisponibilidade de coletor na solução, que, por sua vez, é causada pela formação de um complexo de xantato de cobre (Bushell, 1970) e pela precipitação de Cu^{2+} na pirita, como hidróxido, em meio muito básico (Allison et al., 1982). Uma indicação do efeito de Cu^{2+} na pirita e no ouro foi apresentada por Duchen e Carter (1986). Os resultados mostraram que a adição de Cu^{2+} em uma polpa com pH 11,3 ajustado com cal possibilitou recuperar mais de 90% da pirita, ao passo que, sem adição de Cu^{2+} (na forma de $CuSO_4$), a recuperação foi praticamente nula. A recuperação do ouro metálico liberado, porém, manteve-se alta (~85%), com ou sem adição de $CuSO_4$. Lins e Adamian (1993a, 1993b), em estudos de flotação utilizando partículas de ouro, confirmaram que a adição de $CuSO_4$ não funciona como ativador do ouro.

Cianeto

Na flotação de minérios sulfetados é comum utilizar cianeto de sódio ou de potássio na separação seletiva entre os sulfetos. A eventual presença de ouro nativo liberado justifica a abordagem do efeito do CN^- na flotação de partículas de ouro. A comparação com a pirita pode ser novamente interessante.

A experiência mostra que a adição do CN^- deprime a flotação da pirita com xantato, diminuindo o valor limite de pH em que é possível a flotação. A depressão é explicada pela adsorção química do ferrocianeto férrico, $Fe(CN)_6^{-4}$, na superfície da pirita, por meio de reação eletroquímica, reação esta favorecida em pH > 6,4 (Fuerstenau, 1982).

Estudos feitos por pesquisadores russos e reportados por Klassen e Mokrousov (1963) indicaram que a depressão pelo CN^-

se faz pelo aumento da solubilidade do xantato metálico, prevenindo sua adsorção e mesmo solubilizando o coletor já adsorvido no mineral.

Uma classificação dos xantatos metálicos em ordem crescente de solubilidade em solução de cianeto foi apresentada:

a] Pb, Tl, Bi, Sb, As e Sn;
b] Pt, Hg, Ag, Cd e Cu;
c] Fe, Au, Ni, Pd e Zn.

Essa classificação estaria coerente com a prática de flotação: a flotação seletiva entre a galena e a esfalerita, por exemplo, é mais fácil que a separação entre a calcopirita e a esfalerita. A depressão dos metais e minerais da classe (c) é marcante, com pequena quantidade de CN^-.

Na opinião de Klassen e Mokrousov (1963), "na flotação de minérios com o uso de cianeto, o ouro e a pirita são drasticamente deprimidos". Todavia, resultados de ensaios de flotação em laboratório (Lins; Adamian, 1993a, 1993b) mostraram que, utilizando-se amilxantato, a flotabilidade das partículas de ouro não é afetada pela adição de até 200 g/t de NaCN; com etilxantato, no entanto, o efeito depressor se manifestou com a adição de apenas 50 g/t.

A solubilidade dos xantatos metálicos em solução de CN^- depende do comprimento da cadeia de hidrocarbonetos do coletor (Klassen; Mokrousov, 1963). Quanto mais longa, menos solúvel é o xantato e menos pronunciadas são as diferenças entre os vários xantatos metálicos. O efeito depressor do cianeto seria menos seletivo, portanto, na separação de minerais por flotação, quando se usa coletor de cadeia longa.

Sulfito e sulfeto de sódio

No caso da flotação de pirita, aceita-se que a espécie responsável pela flotação é o dixantógeno (X_2). Os reagentes mais redutores que o par dixantógeno/xantato, como Na_2SO_3 e Na_2S, apresentam efeito depressor sobre a pirita (Fuerstenau, 1982), conforme indicam os potenciais-padrão abaixo:

$X_2 + 2e \rightarrow 2X^-$ $\quad\quad\quad\quad$ E0 = – 0,06 V

$SO + H_2O + 2e \rightarrow SO + 2OH^-$ $\quad$ E0 = – 0,93 V

$S + 2e \rightarrow 2S_2^-$ $\quad\quad\quad\quad\quad$ E0 = – 0,48 V

A par do efeito redutor sobre o dixantógeno, os íons SO_3^{2-} se adsorvem quimicamente na pirita (Fuerstenau, 1982), o que também contribui para a depressão quando se usa xantato como coletor. O íon S^{2-} forma sulfetos metálicos bem estáveis, de modo que é provável a adsorção química desse íon.

No caso de ouro, as experiências relatadas por Taggart (1945) indicaram que a adição de Na_2S foi geralmente prejudicial à flotação de ouro metálico limpo, não ajudou na flotação de ouro recoberto e foi ruim para a flotação de sulfetos com ouro. A adição de Na_2SO_3 a um minério sulfetado aurífero afetou negativamente a recuperação de ouro (De Cuyper; Oudene, 1985). Como parte do ouro estava associado à arsenopirita, a interpretação do efeito depressor sobre o ouro ficou mascarada.

Reguladores de pH

Os reagentes normalmente empregados para manter a polpa de flotação em meio básico são a cal, o carbonato de sódio e o hidróxido de sódio. Para a pirita, o ânion OH^- atua como depressor. Uma razão é que, em pH > 11, não há a oxidação do xantato a dixantógeno. (No caso de ditiofosfato como coletor, não ocorre a formação de seu ditiolato – especificamente o ditiofosfatógeno – em pH > 6.) Outra razão é que, em pH muito alto, forma-se hidróxido férrico na superfície da pirita (Fuerstenau, 1982).

Glembotsky et al. (1972) recomendaram – e é o que geralmente ocorre na prática industrial – o controle do pH entre 7 e 9 para a flotação de minérios de ouro. Se considerarmos que apenas o dixantógeno é a espécie responsável pela flotação das partículas de ouro, pode-se inferir que, em pH elevado, sua flotação não seria favorecida. No entanto, a flotação eficiente do ouro com xantato, em pH muito alto, também é registrada na literatura. Estudos de laboratório com ouro aluvionar em pH > 10, regulado com hidróxido de sódio; com minério contendo 85% do ouro livre em pH > 11, regulado com cal (Duchen; Carter, 1986); e em operações industriais com minérios contendo ouro livre e pirita aurífera em pH 11 e em pH 10, ajustados com cal (Bushell, 1970; Allison et al., 1982). Nessas operações industriais, adiciona-se $CuSO_4$ para ativar a pirita.

A experiência descrita por De Kok (1975) sobre a flotação seletiva do ouro em relação à pirita em pH elevado, com ditiofosfato como coletor, caracteriza bem a diferença desses dois minerais quanto à influência do pH. Mais ainda, indica que também o íon ditiofosfato atua na flotação do ouro, pois, em pH > 6, não há formação de ditiofosfatógeno.

Frequentemente se atribui à cal um efeito depressor sobre a flotação de ouro (Glembotsky et al., 1972; De Cuyper; Oudene, 1985), razão pela qual se recomenda o uso de outros reguladores. Como visto anteriormente, nem sempre ocorre a depressão do ouro com o uso de cal. O efeito do cátion Ca^{2+} sobre a pirita é reduzir o pH limite de flotação (xantato como coletor), quando comparado aos carbonatos e hidróxidos. A explicação seria a adsorção física do íon Ca^{2+} por atração eletrostática na pirita, uma vez que esta apresenta uma superfície negativa em solução básica, dificultando a reação de oxidação superficial (Fuerstenau, 1982). O efeito da cal de diminuir a adsorção do xantato na pirita é menos pronunciado quando a cadeia hidrocarbônica é maior, e a adsorção é menor quando a cal é adicionada antes do xantato, e não após este (Klassen; Mokrousov, 1963). Experiências em bancada com partículas de ouro mostraram que, com o uso de amilxantato, não houve efeito depressor com a adição de até 2.000 g/t de CaO (Lins; Adamian, 1993a, 1993b).

Em geral, recomenda-se a utilização de carbonato de sódio como regulador de pH para minérios de ouro (Glembotsky et al., 1972).

6.4 A prática de flotação de minérios auríferos no Brasil

A aplicação da flotação como uma etapa no processamento de minérios de ouro, considerando a mineralogia prevalecente no minério, foi classificada da seguinte maneira por Peres et al. (2002):

- flotação de minérios com partículas de ouro nativo;
- flotação de ouro associado com sulfetos:
  - ouro associado com pirita, pirrotita e arsenopirita;
  - ouro associado a minerais como calcopirita e bornita em minérios de cobre;
  - ouro associado com sulfetos de Cu, Pb, Ag, Zn;
- flotação de ouro em sistemas mistos:
  - parte do ouro ocorre como partículas de ouro nativo e parte associada a sulfetos.

Em geral, o esquema de flotação aplicado a minérios de ouro, com ouro associado a sulfetos ou não, visa à flotação conjunta (bulk) de ouro e sulfetos. Essa prática se justifica, em parte, pela dificuldade de separação seletiva entre partículas de ouro livre e sulfetos (mais adiante, abordaremos essa questão em detalhes).

No caso específico de flotação de sulfetos contendo ouro associado, a principal ação modificadora é a ativação por cátion cúprico (geralmente adicionado sob a forma de sulfato), importante particularmente no caso de o sulfeto associado a ouro ser a pirita, apesar de ser empregado com sucesso em outros sistemas. A escolha de depressores de ganga depende dos minerais presentes e de outras condições, como granulometria etc. Combinações e dosagens adequadas de coletores, ativadores e depressores são essenciais. Além de atuar diretamente na modulação da ação do coletor, os modificadores podem também afetar as características da espuma. Por exemplo, a dosagem excessiva de $CuSO_4$ pode acarretar instabilidade na espuma.

O panorama da flotação no Brasil foi descrito por Araújo e Peres (1995). Há registro de uma primeira operação industrial nos anos iniciais da década de 1950, com minérios de chumbo, na fronteira SP/PR.

Com relação ao ouro, na década de 1980 a Mineração Manati, em Mato Grosso, utilizava a flotação para obter concentrado de calcopirita e ouro, que era destinado à exportação. Embora de pequena capacidade, foi um marco pelo emprego industrial de flotação em coluna no Brasil. Essa operação foi fechada em 1991, com a exaustão da jazida.

Atualmente, três empresas de mineração de ouro no país utilizam a flotação como principal processo de concentração e contribuem significativamente para a produção brasileira. Os três importantes produtores, todos localizados em Minas Gerais, são a AngloGold Ashanti Mineração (antiga Mineração Morro Velho), a Rio Paracatu Mineração (RPM) e a São Bento Mineração (adquirida em agosto de 2008 pela primeira empresa), que produziram, em conjunto, 15 t de ouro em 2007. A São Bento não operou nesse ano, e tendo em conta que 80% da produção de 2007 das outras duas empresas foi processada via flotação (20% por concentração gravítica), estima-se que 12 t, cerca de 27% da produção industrial brasileira de ouro (44 t), se originem da técnica de flotação.

Nas três usinas citadas são empregadas células mecânicas de subaeração. Não se usa flotação em coluna. A RPM e a São Bento também empregam a *flash flotation* ou *unit flotation*. A célula de flotação comumente utilizada foi desenvolvida na Finlândia pela Outokumpu Oy, com o objetivo de separar mais rapidamente minerais e metais valiosos. A célula é instalada no circuito de moagem, sendo alimentada pelo *underflow* do ciclone de fechamento do circuito, evitando a sobremoagem de partículas já liberadas (Peres et al., 2002). (Vale ressaltar que o *underflow* é diluído para alimentar a célula, diferentemente do conceito antigo de *unit flotation*, nos anos de 1930, em que a descarga do moinho alimentava a célula sem diluição.) A concentração gravítica também pode ser usada com o mesmo propósito, em circuito fechado com a moagem e a classificação. A AngloGold utiliza mesa estática (*plane table*), alimentada pela descarga do moinho; a RPM, jigue, pelo *underflow*; e a São Bento, concentrador centrífugo, também pelo *underflow*.

A seguir, apresentam-se as informações que estão disponíveis sobre cada uma das três empresas, com ênfase no processo de flotação (Monte et al., 2001; Peres et al., 2002; Santos; Araújo, s.d.; Esper et al., 2005; Lima; Guimarães, s.d.; Brasil Mineral, 2007, 2008; Minérios & Minerales, 2008; Heider; Andrade; Silva, 2008).

6.4.1 AngloGold Ashanti Mineração

A ex-Mineração Morro Velho, sediada em Nova Lima (MG), é a mais antiga mineração de ouro no país, em atividade desde o século XIX. Sua principal mina em atividade é a Mina Cuiabá, localizada em Sabará (MG), com produção, em 2007, de aproximadamente 10 t de ouro. A recuperação total de ouro fica em torno de 90%.

Caracterização do minério

O minério contém parte do ouro livre e parte associado a sulfetos, principalmente pirita. Teores médios: 7,0 g Au/t e 5,0% S. Mineralogia básica: quartzo (49%), pirita (15%), arsenopirita (2%), pirrotita (1%) e outros (33%: hematita, calcita, feldspato etc.).

Processamento geral

A lavra é subterrânea, alcançando a profundidade de cerca de 800 m. O ROM aproxima-se de 1,1 Mt/ano. O minério extraído do subsolo é submetido a três estágios de britagem: primário (britador de mandíbulas), secundário e terciário (britadores cônicos), com peneiramentos intermediários, resultando em produto com P_{80} = 9,5 mm.

Um teleférico com comprimento de 16 km transporta o minério britado até a planta industrial do Queiroz, em Nova Lima, para alimentar a estação de moagem. A estação de moagem opera com três moinhos de bolas, em paralelo, em circuito fechado com ciclones e mesas estáticas. A descarga do moinho, ajustada para 55% de sólidos em peso, alimenta a mesa estática, cujo concentrado é tratado em mesa vibratória, sendo o concentrado purificado submetido à fusão. (A etapa gravítica recupera cerca de 25%

do ouro alimentado na usina.) Todos os rejeitos gravíticos vão alimentar o ciclone. O produto gerado (*overflow*) apresenta P_{80} = 0,075 mm e segue, após espessamento, para a etapa de flotação.

O concentrado proveniente da flotação, após espessamento e filtragem, é encaminhado à ustulação, obtendo-se um produto calcinado, material sólido rico em ouro, e um gás rico em SO_2, a partir do qual são produzidas e comercializadas 130 mil t/ano de ácido sulfúrico. O material calcinado é lixiviado em tanques (pachucas). Após filtragem, o filtrado é clarificado e precipitado com zinco para obtenção de ouro, enquanto o *cake* segue a rota CIP (*carbon in pulp*)/eluição/eletrodeposição.

Flotação

A partir de um tanque pulmão, alimenta-se um condicionador, onde é adicionado o espumante. Inicialmente se faz a pré-flotação de grafite (2 Wemco de 14 m³ (500 ft³)). Esse concentrado pode se juntar ao concentrado final de pirita (Fig. 6.1) ou ao concentrado *rougher*, em dependência da obtenção de um teor mínimo de 30% S no concentrado final.

O rejeito alimenta a etapa *rougher*, constituída de sete células de 14 m³, agrupadas em uma bancada de três e outra de quatro células. O espumante e o sulfato de cobre (ativador da pirita) são adicionados em condicionador, enquanto o coletor é adicionado tanto na primeira como na segunda bancada. O rejeito final da flotação corresponde a cerca de 80% da alimentação e sai da segunda bancada com teor de ouro de 0,25 g/t, sendo então classificado em ciclones, com o *underflow* usado para enchimento hidráulico (*back fill*) das frentes de lavra (de outras minas já desativadas) e o *overflow* encaminhado para a barragem de rejeitos.

O concentrado *rougher* segue para a etapa de limpeza em bancada de seis células de 2,8 m³ (100 ft³), obtendo-se um concentrado com 35-40 g Au/t e 30-33% S para alimentar o ustulador. (O concentrado *rougher* pode prescindir da etapa de limpeza se o teor de enxofre for suficiente.) O rejeito do *cleaner* é tratado na etapa de flotação *scavenger*, com o concentrado dessa etapa retornando à flotação *cleaner* e o rejeito, à flotação *rougher*.

Os coletores utilizados são mercaptobenzotiazol de sódio (NaMBT, da Bayer) e alquilsulfonato de sódio (Hoescht). Os espumantes são metilisobutilcarbinol (MIBC, da Rhodia) e Flotanol D14 (Hoescht). O pH de flotação é neutro. Os dois concentrados são combinados e, após espessamento, encaminhados ao ustulador. A recuperação de ouro e de enxofre na flotação alcança 95-96% e a recuperação em massa, 20%. A Fig 6.1 apresenta um esquema simplificado das operações da AngloGold.

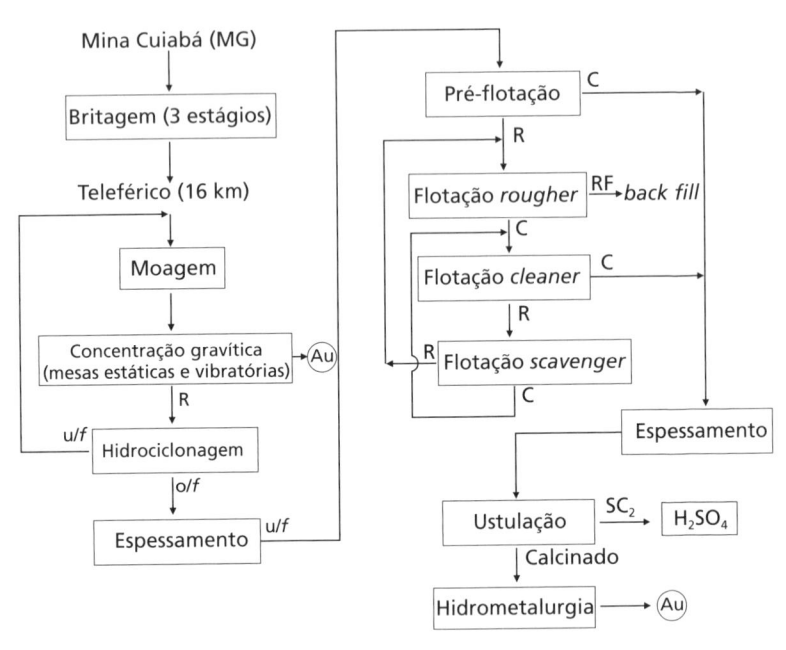

Fig. 6.1 Esquema simplificado de processamento da AngloGold Ashanti (antes da expansão concluída em 2008)

Plano de expansão

Em 2008, a AngloGold Ashanti concluiu a expansão da capacidade da Mina Cuiabá de 5,8 t/ano para 9,3 t/ano de ouro. O investimento somou US$ 190 milhões. Houve o aprofundamento da mina subterrânea e a construção de uma nova estação de moagem e uma nova usina de flotação e concentração gravítica nas proximidades da mina, desativando-se as instalações de beneficiamento da planta do Queiroz, em Nova Lima. Nesta, houve a expansão das operações de lixiviação e a abertura de uma nova fábrica de ácido sulfúrico, dobrando a sua capacidade para 160 mil t/ano.

A AngloGold desenvolveu, ainda, dois projetos de expansão em Minas Gerais: o da mina Lamego já consumiu US$ 30 milhões de investimentos, com reserva lavrável de 37 t de ouro, e o minério será encaminhado para a nova usina de tratamento de Cuiabá; e o da mina Córrego do Sítio, em Santa Bárbara (MG), está na fase de projeto, com expectativa de reserva lavrável de 120 t de ouro. O minério, a partir de lavra subterrânea, será encaminhado para tratamento na usina da vizinha São Bento Mineração, adquirida recentemente pela AngloGold.

6.4.2 Rio Paracatu Mineração (RPM)

A RPM, anteriormente uma parceria entre a Rio Tinto (51%) e a canadense Kinross Gold Corporation (49%), passou ao controle total desta no final de 2004. Em 2007, a produção de ouro superou a capacidade nominal de 5 t/ano. O início das operações da RPM deu-se em 1987, em Paracatu (MG). Nos primeiros anos, na denominada Fase I, processava-se um minério superficial macio de ouro livre de teor muito baixo (< 0,7 g/t). Anos depois, com o avanço na explotação da mina Morro do Ouro (Paracatu, MG), iniciou-se a chamada Fase II. A RPM passou a processar um minério também de baixíssimo teor, porém mais duro, contendo ouro livre e ouro associado a sulfetos (pirita e arsenopirita). A recuperação total de ouro é da ordem de 78%. A expansão (Fase III), com *start-up* previsto para o segundo semestre de 2008, será abordada ao final desta seção.

Caracterização do minério

O minério apresenta o mais baixo teor de ouro no mundo (0,44 g/t). A mineralogia básica consta de quartzo, moscovita e illita (85%); minerais acessórios, como clorita, siderita, albita e outros; e sulfetos, principalmente pirita e arsenopirita. A matéria carbonosa pode alcançar até 1%.

Processamento geral

A mina Morro do Ouro (MG) é lavrada a céu aberto, sem remoção significativa de estéril. O desenvolvimento da lavra e a ordem de exploração dos blocos (50 m x 50 m x 8 m) seguem o critério econômico, procurando-se maximizar o NPV (*net present value*) da jazida. O desmonte é mecânico e também com explosivos para a rocha mais dura. São operadas duas faces, uma oxidada e outra sulfetada, blendando teor e dureza.

O ROM em 2007 alcançou 17 Mt (a capacidade atual é de 20 Mt/ano), obtendo-se 226.000 t de concentrado. A britagem é feita em três linhas, em paralelo, de 800 t/h cada uma (com uma linha extra em *stand-by*). A alimentação apresenta F_{80} = 70 mm. A britagem consta de um britador de impacto e um britador cônico, com peneiramentos intermediários. O produto final da britagem apresenta P_{80} entre 7,0 mm e 8,0 mm.

O sistema de moagem primária é composto por quatro linhas de moinhos de bolas, em paralelo, de 600 t/h cada uma, mais um moinho maior para remoagem de parte da carga circulante. A carga circulante passa por jigagem (quatro jigues por linha), tratando 10-12% do *underflow* do ciclone, e pela flotação unitária, alimentada por 88-90% do *underflow*. A carga circulante da moagem primária, composta pelo rejeito da flotação unitária, é parcialmente (40-50%) desviada para a remoagem, sendo o fluxo controlado por uma válvula automática, conforme o WI do minério e a taxa de alimentação da usina. A remoagem trabalha em circuito fechado com ciclones e jigues secundários. O *overflow* da etapa de moagem primária alcança um P_{80} = 0,075 mm, que alimenta a flotação *scavenger*.

O concentrado final, composto pelos dois concentrados de jigagem e pelos dois concentrados de flotação, representa 1,3-1,5% em massa do ROM, com teor de ouro entre 20 g/t e 30 g/t. Antes do processamento hidrometalúrgico, esse concentrado é submetido a uma moagem final, operando em circuito fechado com ciclones. Parte do *underflow* passa por concentradores centrífugos (Knelson). (A fração removida pelo Knelson segue para a fusão direta.) O *overflow*, com P_{90} = 0,045 mm, é espessado e encaminhado para a etapa de extração do ouro, com o emprego da rota CIL (*carbon in leach*)/eluição/ eletrodeposição. A recuperação de ouro nessa etapa metalúrgica é de 92%, com o rejeito apresentando teor de ouro de 1,0 g/t. O *bullion* produzido apresenta 70-75% de ouro e o restante, de prata. O refino do ouro é efetuado por terceiros.

Flotação

Há uma linha de flotação para cada linha de moagem primária. O esquema de flotação trata separadamente o *overflow* e o *underflow* dos ciclones. Aproximadamente 90% do *underflow* (75% > 0,147 mm) é concentrado na flotação unitária *rougher* com a adição de coletor NaMBT (30 g/t) e espumante MIBC (25 g/t) em pH 6-6,5, controlado com CaO (220 g/t). A flotação unitária *rougher* emprega, em cada linha, quatro células unitárias Outokumpu de 8 m³ (300 ft³). A porcentagem de sólidos em peso nessa etapa da flotação é ajustada para 25%, e a recuperação de ouro no concentrado é de 30%, que representa 2% da massa do ROM.

Os concentrados das quatro linhas seguem para a etapa *cleaner* sem adição de reagentes, constando de duas baterias de oito células unitárias de 8 m³. O produto flotado nessa etapa de limpeza compõe o concentrado final, enquanto o rejeito retorna à etapa anterior.

O *overflow* (90% < 0,147 mm) é encaminhado para a flotação *scavenger*, que opera com 30% de sólidos, cada linha com capacidade de 500 t/h. Adiciona-se também NaMBT (10 g/t) e os espumantes MIBC (10 g/t) e polipropilenoglicol (Dowfroth, 5 g/t), com o mesmo pH. Os equipamentos nessa etapa constam, em cada linha, de duas células cilíndricas Wemco de 127 m^3, cinco células Wemco retangulares de 42,5 m^3 e duas células Outokumpu de 16 m^3. O rejeito dessa etapa é o rejeito final da concentração, com 0,11 g/t de ouro.

Os concentrados das quatro linhas da flotação *scavenger*, que recupera 40% de ouro do ROM em 7% da massa, seguem para a etapa de limpeza sem adição de reagentes, em uma bateria de dez células Wemco de 16 m^3. O produto flotado nessa etapa também vai compor o concentrado final.

Com a flotação unitária *rougher* recuperando 30% do ouro, a flotação *scavenger*, 40%, e mais 15% recuperados nas etapas de jigagem, a recuperação de ouro no concentrado final alcança 85%. A Fig. 6.2 mostra um esquema simplificado do processamento da RPM.

Plano de expansão

O plano original de expansão da denominada Fase III da RPM, citado na primeira edição deste livro, contemplava aumentar a capacidade para cerca de 10 t/ano em 2008. Todavia, a Fase III foi estendida para atingir a capacidade de 15 t/ano, mantendo-se o ano de 2008 para o *start-up*. Esta tornou-se a unidade produtiva de ouro com maior capacidade no Brasil, com investimentos que somam US$ 470 milhões. O ROM aumentou de 20 Mt/ano para 60 Mt/ano.

A atual usina de tratamento passou a ser utilizada para processar uma mistura do minério de transição (T) e do sulfetado (B1), este com característica mais branda, operando a 20 Mt/ano, sem mudanças significativas.

A nova usina de beneficiamento, por sua vez, com capacidade nominal de 40 Mt/ano, processa material mais duro (B1 e B2), originário das cotas mais profundas. A Fase III inclui a expansão e o aprofundamento da mina (da cota máxima atual de 100 m para, progressivamente, 300 m em dez anos); a instalação de um britador

6 Flotação de ouro

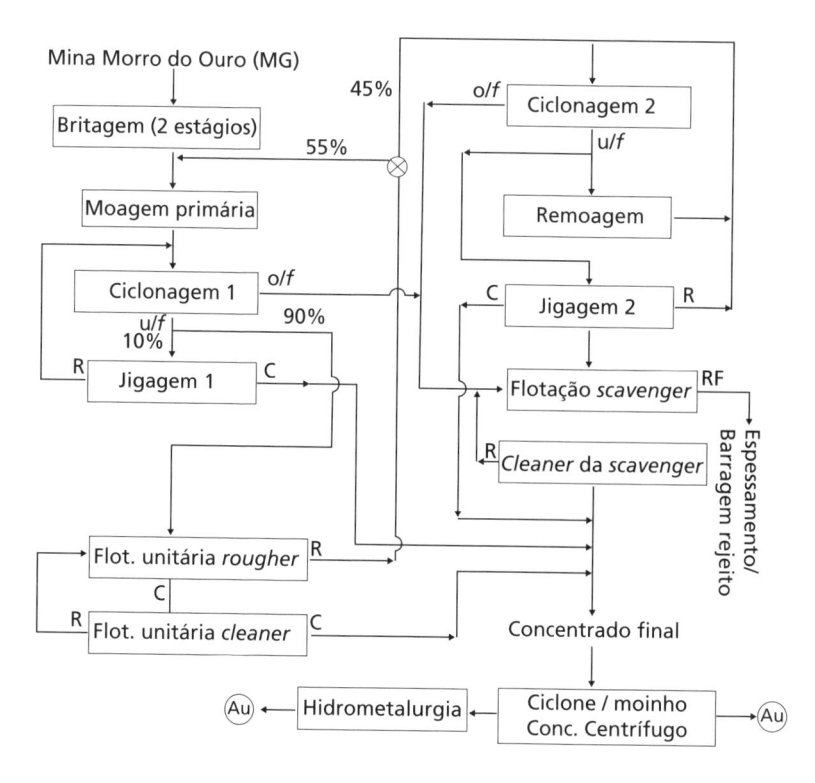

Fig. 6.2 Esquema simplificado de processamento (da Fase II) da RPM

de mina (*in-pit crusher*) da MMD, de rolo dentado, com P_{80} = 200 mm e capacidade de 6.800 t/h; um transportador de correia de longa distância (1,3 km), com capacidade de 6.300 t/h; e um moinho SAG, o maior instalado no país (38 ft de diâmetro por 24,8 ft de comprimento), à frente do circuito de moagem, constituído por dois moinhos de bolas (24 ft x 40 ft), com previsão de um terceiro moinho no futuro.

A nova usina de concentração é composta por quatro linhas com seis células (FLSmidth) cada uma, duas linhas operando na etapa *rougher* e duas, na etapa *cleaner*. A nova usina hidrometalúrgica é também um circuito CIL, como o que opera hoje. A Fase III contempla também a construção de uma nova barragem de rejeitos, muito maior que a atual.

6.4.3 São Bento Mineração

A São Bento Mineração localiza-se em Santa Bárbara (MG). Sua operação teve início em 1987 e foi suspensa no começo de 2007. Era uma empresa subsidiária da canadense Eldorado até agosto de 2008, quando foi anunciada sua aquisição por US$ 70 milhões pela AngloGold Ashanti. A recuperação total de ouro estava em torno de 85% nos últimos anos, e a produção atingiu 2,0 t em 2006. A unidade produtiva localiza-se próximo à mina Córrego de Sítio (MG), da AngloGold Ashanti. A previsão é que o minério dessa mina, também de lavra subterrânea, será tratado na usina de beneficiamento da São Bento Mineração, utilizando um circuito renovado e modificado de moagem e flotação, com o concentrado transportado para a Planta do Queiroz (MG), da AngloGold Ashanti. As informações que se seguem, portanto, referem-se às condições operacionais da São Bento antes da sua paralisação.

Caracterização do minério

O minério, de natureza refratária, apresenta teor de ouro em torno de 7,0 g/t, bem como teores de 3,2% As e 6,2% S. Os sulfetos são arsenopirita (13%) e pirrotita mais pirita (8%). O ouro se distribui da seguinte forma: inclusões nos sulfetos (52%), principalmente na arsenopirita; intersticiais aos sulfetos (33%); ligados aos sulfetos (13%); ouro livre em matriz de silicato/carbonato (2%). O xisto grafitoso das rochas encaixantes contamina o minério.

Processamento geral

A lavra é subterrânea. O ROM era da ordem de 0,40 Mt/ano. O minério extraído do subsolo era conduzido ao moinho autógeno, que operava em circuito fechado com peneira. O produto (< 4 mm) era encaminhado para um sistema de moagem com bolas operando em circuito fechado com hidrociclones e concentrador centrífugo/mesa vibratória (de onde já se recuperavam

30% do ouro, encaminhados à fundição). O *overflow* seguia para o circuito de flotação. O rejeito final da flotação, após adensamento em hidrociclones, retornava para a mina (*back fill*).

O concentrado final, após espessamento, era encaminhado para as etapas de oxidação. Parte do concentrado era submetida a oxidação bacteriana seguida de oxidação sob pressão. Uma fração maior do concentrado era tratada apenas por oxidação sob pressão. O material oxidado seguia para a extração do ouro pela rota CIL/eluição/eletrodeposição.

Flotação

O circuito de flotação era composto de 14 células Wemco de 8,4 m^3 (300 ft^3), uma célula unitária e mais duas células Wemco convencionais na etapa *cleaner*, obtendo-se um concentrado sulfetado aurífero, encaminhado à etapa metalúrgica. A Fig. 6.3 mostra um esquema simplificado de processamento da São Bento.

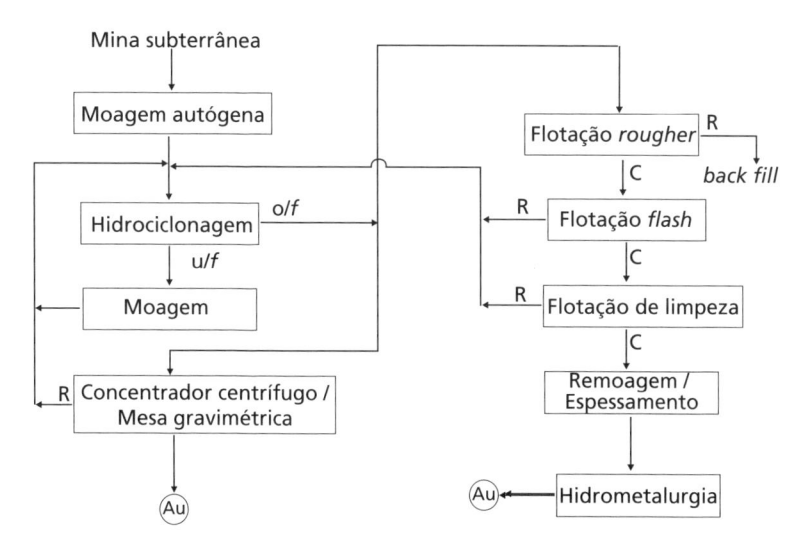

Fig. 6.3 Esquema simplificado de processamento da São Bento Mineração

6.5 Alguns desafios na flotação de minérios auríferos

Nos casos em que o ouro está liberado dos sulfetos (pelo menos parcialmente e constituindo uma fração significativa do ouro total do minério), a despeito da dificuldade inerente de separação, a flotação seletiva poderá ser vantajosa do ponto de vista econômico e/ou ambiental, embora tal prática ainda não seja empregada industrialmente (Monte; Lins; Oliveira, 2000).

A separação prévia entre ouro livre e pirita aurífera (com a recuperação desta em outra etapa de flotação), por exemplo, pode resultar em menor custo total de reagentes de flotação e em menor tempo de residência, em comparação com uma única etapa, ou seja, a flotação conjunta de ouro livre e de pirita. Ademais, a cianetação separada dos dois concentrados (requerendo condições diferentes) também pode ser interessante do ponto de vista econômico. Se for um minério de ouro livre, quando não há ouro associado à pirita, a vantagem de flotar o ouro liberado fica ainda mais evidente. Nesse caso, a flotação pode ser uma etapa a ser considerada se uma fração significativa do ouro liberado se apresentar em tamanho considerado fino demais para que haja uma concentração gravítica eficiente, ou demasiadamente grosseiro, a ponto de prejudicar a cianetação (elevando o tempo de residência requerido para a dissolução das partículas de ouro).

Outro exemplo, desta vez com uma perspectiva ambiental, é o de um minério contendo ouro livre e arsenopirita, além da ganga. Uma separação seletiva entre o ouro liberado e esse sulfeto pode resultar em opções diferenciadas de tratamento e de disposição para a arsenopirita, havendo ou não ouro associado a ela, pela necessidade de cuidar dos problemas ambientais decorrentes, como drenagem ácida e liberação de espécies de arsênio nos efluentes.

O sulfeto mais comum em minérios de ouro é a pirita. A literatura clássica, desde Gaudin, considera que o ouro e a pirita interagem com os xantatos do mesmo modo, com o mesmo mecanismo, e atribui-se ao dixantógeno formado em ambas as superfícies a flotabilidade que passam a apresentar e, em decorrência, a impossibilidade de separação seletiva entre ouro livre e pirita (Lins, 1987; Peres et al., 2002).

Pesquisas mais recentes, porém, têm sido dedicadas à flotação diferencial dos minerais que compõem o minério de ouro (La Broy; Linge; Walker, 1994; Yan; Haryasa, 1997). Parte dos esforços está sendo dirigida para o estudo da flotação seletiva de um sulfeto em relação a outros existentes no minério de ouro (O'Connor; Dunne, 1994). Como exemplo, pode-se citar a flotação seletiva da arsenopirita em relação à pirita, principalmente quando existe uma correlação direta entre os teores de ouro e de arsênio presentes no minério (Li; Zhang; Usui, 1992; Matis; Kydros; Gallios, 1992; Kidros; Matis; Stalidis, 1993; Kidros et al., 1993; Li; Qian; Shinnosuke, 1993; Mavros; Kydros; Matis, 1993; Diaz; Gochin, 1995). Nesse caso, obtém-se um concentrado de arsenopirita enriquecido em ouro, que poderá, ainda, ser submetido (caso seja refratário) a uma oxidação prévia, permitindo a exposição do ouro ao cianeto.

Um exemplo de flotação seletiva de ouro em relação à pirita foi reportado no passado (De Kok, 1975), com base em experiência bem-sucedida em operações industriais da África do Sul. Essa experiência mostrou o potencial de aplicação da flotação seletiva do ouro em relação à pirita e à ganga na limpeza de concentrados gravíticos obtidos no circuito de moagem. O uso de um ditiosfato como coletor e a polpa em pH elevado propiciaram a flotação seletiva do ouro liberado com relação à pirita e à ganga quartzosa.

Em estudos sobre flotação seletiva de ouro e pirita realizados por Monte e colaboradores (Monte; Lins; Oliveira, 1997; Monte, 1998; Monte et al., 2002), constatou-se que a adsorção de amilxantato de potássio no minério previamente oxidado com peróxido de hidrogênio torna a superfície de ouro hidrofóbica e, ao mesmo tempo, mantém a pirita hidrofílica em meio alcalino. Além disso, o aumento do valor de pH não alterou significativamente a flotabilidade das partículas de ouro, que se manteve elevada (99%) na faixa de pH entre 4 e 13. Esses resultados estão de acordo com os obtidos por Yan e Haryasa (1997), que testaram o desempenho de vários coletores sulfidrílicos (etilxantato de potássio, amilxantato de potássio e mercaptobenzotiazol) e o efeito do pH na flotação de um minério contendo ouro livre e teluretos. Seus melhores resultados de flotação de partículas de ouro foram obtidos na presença de amilxantato de potássio, na faixa de pH entre 4 e 11.

À medida que a explotação das jazidas de ouro atingem maior profundidade, bem como na descoberta de novos jazimentos, há uma tendência gradual da ocorrência do metal em minérios mais complexos. Novas descobertas revelam, também, minérios contendo teores mais baixos de ouro (Slater; Ward, 1994a, 1994b, 1994c). Quando o teor do ouro no minério diminui, quantidades cada vez maiores de minério devem ser processadas para manter os níveis de produção de ouro. Em decorrência, a avaliação e a seleção do processo deverão basear-se, como regra geral, no método de tratamento que ofereça rentabilidade econômica máxima, bem como menor dano ao meio ambiente. Um dos aspectos a serem considerados é, sem dúvida, a possibilidade de concentração prévia do ouro, em geral por flotação, desde que ocorram inovações no uso da técnica.

A eficiência desse método de flotação depende, no entanto, de uma interação ótima de todos os componentes do processo, principalmente do coletor. Para satisfazer às exigências do bom funcionamento, novos reagentes foram desenvolvidos recentemente, visando a uma melhor seletividade de sulfetos e metais nobres (Brewis, 1996). Por exemplo, o processamento de minérios refratários de uma mina em Nevada (EUA) com moagem em granulometria ultrafina seguida por flotação das partículas de ouro (Chadwick, 1996) está em fase de patenteamento, e seus detalhes ainda não foram publicados.

Tem havido um interesse emergente em estudos voltados para a recuperação de partículas mais grossas, tanto pelo aspecto químico, investigando-se espumante, misturas de coletores e potencial de oxirredução, como pelo aspecto hidrodinâmico, assim como em estudos voltados para o aumento de seletividade por meio da diminuição da turbulência com o uso de placas ou lamelas em células convencionais.

A recuperação de ouro no concentrado é afetada a partir de certa magnitude pelo aumento da agitação e da aeração, sendo essa magnitude dependente da granulometria do ouro (o mais grosso mostra-se mais sensível). Uma maior recuperação da ganga, inclusive, pode ocorrer, devido ao arraste induzido por crescente fluxo de ar, conforme os resultados obtidos por Lins e Adamian (1991, 1993a, 1993b).

As operações industriais de flotação em células convencionais podem estar trabalhando com excesso de turbulência: uma agitação muito maior do que a necessária para manter a polpa em suspensão e uma aeração muito superior à requerida para flotar os minerais hidrofobizados, o que poderia prejudicar a recuperação de sulfetos e partículas de ouro relativamente mais grossas, ou a seletividade, quando esta for importante.

Vale ressaltar que a flotação em coluna, que opera com menos turbulência, tem alcançado um crescente sucesso. Inicialmente seu uso era considerado apenas nas etapas de limpeza, dada a sua eficiência na obtenção de concentrados com maiores teores, isto é, sua maior seletividade. Atualmente, porém, ela já é empregada em etapas primárias de flotação, e já se verificou, inclusive, sua eficiência na flotação de partículas mais grossas.

Referências bibliográficas

ALLISON, S. A. et al. The flotation of gold and pyrite from South African gold--mine residues. In: INTERNATIONAL MINERAL PROCESSING COUNCIL, 14., 1982, Toronto. *Preprint*, p. II.9.1-9.18, 1982.

ARAÚJO, A. C.; PERES, A. E. C. *Froth flotation*: relevant facts and the Brazilian case. Rio de Janeiro: Cetem/MCT, 1995. (Série Tecnologia Mineral, 70).

BRASIL MINERAL. São Paulo: Signus, nov./dez. 2007. p. 80-91.

BRASIL MINERAL. *As maiores empresas do setor mineral*. São Paulo: Signus, jun. 2008.

BREWIS, T. Suministradores de reactivos para a flotación. *Mining*, p. 22-25, nov. 1996.

BUSHELL, L. A. The flotation plants of the Anglo-Transval group. *J. S. Afr. Inst. Min. Metall.*, p. 213-228, jan. 1970.

CHADWICK, J. Tecnologia de los minerales de oro refractarios. *Mining*, p. 33-35, nov. 1996.

DE CUYPER, J.; OUDENE, P. D. Experience in the treatment of sulphide ores containing precious metals. In: FORSSBERG, K. S. (Ed.). *Flotation of sulphide minerals*. Amsterdam: Elsevier Science Publ., 1985. p. 239-254.

DE KOK, S. K. Gold concentration by flotation. *J. S. Afr. Inst. Min. Metallurgy*, p. 139-141, Oct. 1975. (Edição especial).

DIAZ, M. A.; GOCHIN, R. J. Flotation of pyrite and arsenopyrite at alkaline pH. *Mineral Processing and Extractive Metallurgy*, v. 104, p. C45-C49, 1995.

DUCHEN, R. B.; CARTER, L. A. E. An investigation into the effects of various flotation parameters on the flotation behavior of pyrites... In: INTERNATIONAL CONFERENCE ON GOLD, 1986, Johannesburg. *Proceedings...* Johannesburg: SAIMM, 1986. p. 505-525.

ESPER, J. A. M. M. et al. Água na mineração, beneficiamento e hidrometalurgia do ouro. Os desafios e conquistas na gestão de recursos hídricos no complexo industrial da mina Morro do Ouro, Paracatu, Minas Gerais. *Metalurgia e Materiais*, p. 456-460, ago. 2005.

FUERSTENAU, M. C. Sulphide mineral flotation. In: KING, R. (Ed.). *Principles of flotation*. Johannesburg: SAIMM, 1982. caps. 1 e 8.

GARDNER, J. R.; WOODS, R. An electrochemical investigation of contact angle and flotation in the presence of alkyl xanthates. I - Platinum and gold surfaces. *Aust. J. Chem.*, v. 27, p. 2139-2148, 1974.

GAUDIN, A. M. *Flotation*. New York: McGraw-Hill, 1957. p. 453-454 e cap. 10.

GLEMBOTSKY, V. A. et al. *Flotation*. New York: Primary Sources, 1972. parte 2, cap. 3; parte 6, cap. 2.

HEIDER, M.; ANDRADE, R. P.; SILVA, E. Ouro. *Sumário mineral*, Departamento Nacional de Produção Mineral/DNPM, 2008.

KELLY, E.; SPOTTISWOOD, D. J. Introduction to mineral processing. New York: John Wiley & Sons, 1982. cap. 16.

KIDROS, K. A.; MATIS, K. A.; STALIDIS, G. Cationic flotation of pyrite. *Journal of Colloid and Interface Science*, v. 155, p. 400-414, 1993.

KIDROS, K. A.; MATIS, K. A.; PAPADOYANNIS, I. N.; MAVROS, P. Selective separation of arsenopyrite from an auriferous pyrite concentrate by sulphonate flotation. *International Journal of Mineral Processing*, v. 38, p. 141-151, 1993.

KLASSEN, V. I.; MOKROUSOV, V. A. *An introduction to the theory of flotation*. London: Butterworths, 1963. cap. 15.

LA BROY, S. R.; LINGE, H. G; WALKER, G. S. Review of gold extraction from ores. *Minerals Engineering*, v. 7, n. 10, p. 1213-1241, 1994.

LI, G. M.; ZHANG, H. F.; USUI, S. Depression of arsenopyrite in alkaline medium. *International Journal of Mineral Processing*, v. 34, p. 253-257, 1992.

LI, G. M.; QIAN, X.; SHINNOSUKE, U. Depression of arsenopyrite flotation and its separation from pyrite in Guangxi Tin Mine. *Proceedings of the 17th International Mineral Processing Congress*, Sydney, p. 679-684, 1993.

LIMA, M. V.; GUIMARÃES, R. M. S. São Bento Mineração: usina hidrometalúrgica. In: SANTOS, R. L.; SOBRAL, L. G. (Ed.). *Usinas metalúrgicas de não ferrosos no Brasil*. Rio de Janeiro: Cetem/MCT, [s.d.]. (No prelo).

LINS, F. F. *Aspectos químicos, físicos e cinéticos da flotação de partículas de ouro.* 1987. Dissertação (Mestrado) – Coppe/UFRJ, Rio de Janeiro, 1987.

LINS, F. F.; ADAMIAN, R. *Influência de algumas variáveis físicas na flotação de partículas de ouro*. Rio de Janeiro: Cetem/MCT, 1991. (Série Tecnologia Mineral, 47).

LINS, F. F.; ADAMIAN, R. Some chemical aspects of gold particles flotation. *Proceedings of the 18th International Mineral Processing Council*, Sydney, p. 445-456, 1993a.

LINS, F. F.; ADAMIAN, R. The influence of some physical variables on gold particles flotation. *Minerals Engineering*, v. 6, n. 3, p. 267-277, 1993b.

MATIS, K. A.; KYDROS, K. A.; GALLIOS, G. P. Processing a bulk pyrite concentration by flotation reagents. *Minerals Engineering*, v. 5, n. 3-5, p. 331-342, 1992.

MAVROS, P.; KYDROS, K. A.; MATIS, K. A. Arsenopyrite enrichment by column flotation. *Minerals Engineering*, v. 6, n. 12, p. 1265-1277, 1993.

MINÉRIOS & MINERALES, p. 72, set. 2008.

MONTE, M. B. M. *Propriedades de superfície do ouro e da pirita e sua separação por flotação*. 1998. Tese (Doutorado) – Coppe/UFRJ, Rio de Janeiro, 1998.

MONTE, M. B. M.; LINS, F. F.; OLIVEIRA, J. F. Flotation of gold from pyrite under oxidizing conditions. *International Journal of Mineral Processing*, v. 51, p. 255-267, 1997.

MONTE, M. B. M.; LINS, F. F.; OLIVEIRA, J. F. Adsorption of the thiol compound on gold and pyrite and its influence on their selective flotation. In: MASSACCI, P. (Ed.). *Proceedings of the XXI International Mineral Processing Congress*. Rome, Italy, 23-27 July 2000. v. B8b. p. 131-137.

MONTE, M. B. M.; SAMPAIO, J. A.; GONTIJO, P. F.; TONDO, L. A. Rio Paracatu Mineração. In: SAMPAIO, J. A.; LUZ, A. B.; LINS, F. F. (Ed.). *Usinas de beneficiamento de minérios do Brasil*. Rio de Janeiro: Cetem/MCT, 2001. p. 317-325.

MONTE, M. B. M.; DUTRA, A. J. B.; FALCÃO, C. R. A.; LINS, F. F. The influence of the oxidation state of pyrite and arsenopyrite on the flotation of auriferous sulfide ore. *Minerals Engineering*, v. 15, n. 12, p. 1113-1120, 2002.

O'CONNOR, C. T.; DUNNE, R. C. The flotation of gold bearing ores: a review. *Minerals Engineering*, v. 7, n. 7, p. 839-849, 1994.

PERES, A. E. C.; CHAVES, A. P.; LINS, F. F.; TOREM, M. L. Beneficiamento de minérios de ouro. In: TRINDADE, R. B. E.; BARBOSA FILHO, O. (Ed.). *Extração de ouro*: princípios, tecnologia e meio ambiente. Rio de Janeiro: Cetem/MCT, 2002. cap. 2.

SANTOS, R. L.; ARAÚJO, R. V. V. Mineração Morro Velho. In: SANTOS, R. L.; SOBRAL, L. G. (Ed.). *Usinas metalúrgicas de não ferrosos no Brasil*. Rio de Janeiro: Cetem/MCT, [s.d.]. (No prelo).

SLATER, C. I.; WARD, D. A. Gold in Latin America. New projects in Peru, Mexico and Chile. *Engineering and Mining Journal*, p. 26-29, Jun. 1994a.

SLATER, C. I.; WARD, D. A. The gold industry of China. *Engineering and Mining Journal*, p. 22-25, Jun. 1994b.

SLATER, C. I.; WARD, D. A. Trends in the U. S. gold reserves, production, and grade. *Engineering and Mining Journal*, p. 17-21, Jun. 1994c.

TAGGART, A. F. *Handbook of mineral dressing*. New York: John Wiley & Sons, 1945. sec. 12, p. 10-11; sec. 26, p. 117-118.

WROBEL, S. A. Economic flotation of minerals. *Mining Magazine*, v. 122, p. 281-282, 1970.

YAN, D. S.; HARYASA, H. Selective flotation of pyrite and gold tellurides. *Minerals Engineering*, v. 10, n. 3, p. 327-337, 1997.

Flotação de cobre na mineração Caraíba

7

Frank Edward de Oliveira Rezende

7.1 Características gerais da Mineração Caraíba

A Mineração Caraíba S.A. (MCSA) lavra e beneficia minério de cobre no município de Jaguarari (BA) (ver localização na Fig. 7.1). O projeto Caraíba foi projetado e montado entre 1976 e 1980, e a produção de concentrado começou em dezembro de 1980. Na época, a então Caraíba Metais S.A. era uma empresa estatal e suas atividades produtivas incluíam mina e metalurgia. A metalurgia foi privatizada em 1988 e a mina, em 1994, mas o relacionamento comercial entre as empresas continua, pois o concentrado de cobre produzido na MCSA é, via de regra, vendido para a atual Caraíba Metais S.A., que tem sua planta metalúrgica localizada em Camaçari, próximo à capital Salvador.

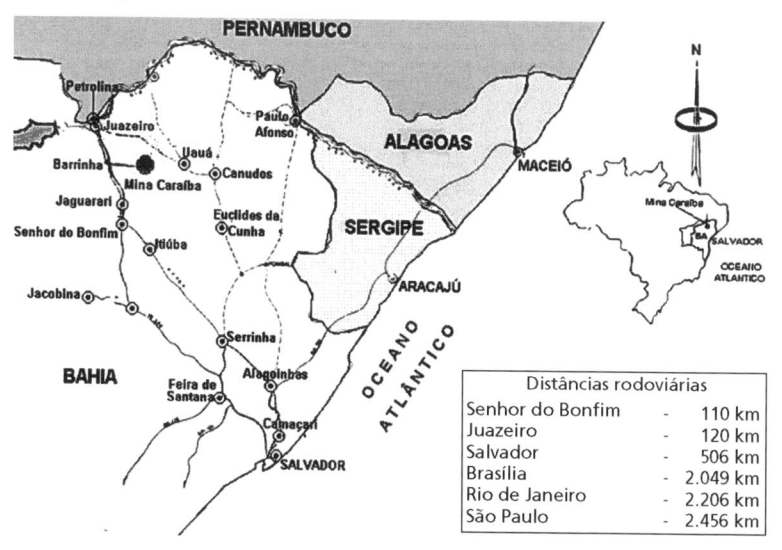

Distâncias rodoviárias	
Senhor do Bonfim	- 110 km
Juazeiro	- 120 km
Salvador	- 506 km
Brasília	- 2.049 km
Rio de Janeiro	- 2.206 km
São Paulo	- 2.456 km

Fig. 7.1 Mapa de localização da mina Caraíba

A jazida da Caraíba encontra-se numa sequência de rochas básicas/ultrabásicas composta de noritos, gabronoritos e piroxenitos, encaixada basicamente em gnaisses e granitos, correspondendo a uma faixa de terreno pré-cambriano do vale do rio Curaçá, a nordeste do cráton São Francisco. O vale do Curaçá constitui-se de terrenos de alto grau metamórfico polideformados, compondo uma faixa orientada segundo o *trend* N-S.

Estruturalmente, a jazida da Caraíba é representada por um sinforme com eixo que mergulha 10° a 30° para N-NW, e é caracterizada por zonas de cisalhamento, dobras e falhas que condicionam a segmentação de primeira grandeza. As zonas de falhas são marcadas por grandes falhas longitudinais, entre as quais estão presentes falhas menores e juntas de orientações diversas. Além dessas feições, aparecem famílias de juntas e falhas menores de atitudes variadas, impondo uma segmentação de segunda grandeza no maciço.

A lavra a céu aberto operou entre 1979 e 1998 com a utilização de equipamentos convencionais: perfuratrizes rotativas, escavadeiras mecânicas e caminhões fora de estrada. Nos primeiros dois anos, lavrou-se o capeamento da mina e o minério de cobre oxidado foi estocado em pilha separada das pilhas de estéril. Durante toda a lavra a céu aberto, estocou-se, em pilha localizada próximo do britador primário, minério marginal sulfetado de baixo teor.

O desenvolvimento preparatório da mina subterrânea foi iniciado em 1979, com abertura do poço de produção (*shaft*), rampa, galerias de desenvolvimento dos subníveis e instalações de britagem primária e de transporte de minério por correias transportadoras e elevador de minério (*skip*). A produção deveria ter sido iniciada em 1981/82, logo após a posta em marcha da usina de beneficiamento, porém teve início só em 1986. Esse descompasso causou uma queda na taxa de alimentação prevista à planta nos primeiros cinco anos. O método de lavra adotado para os painéis I e II da mina subterrânea foi o *sublevel stoping*, com painéis de 95 m de altura.

O minério lavrado somente na mina a céu aberto possibilitava alimentar três dos quatro moinhos instalados, criando uma condição indesejável do ponto de vista econômico-financeiro, porém invejável do ponto de vista de manutenção e garantia de produção, por se ter um sistema de moagem sobressalente.

Outro problema era o teor do minério alimentado à usina, de 0,8% a 1,1% Cu, bem menor que o 1,2% Cu previsto no projeto. Essa queda de teor foi, em parte, decorrente da diluição com estéril na lavra a céu aberto acima da esperada, consequência direta da complexidade e das pequenas dimensões dos corpos de minério, quando comparadas ao porte dos equipamentos de perfuração e desmonte adotados, que exigiam uma malha de perfuração tal que impossibilitava uma maior seletividade de lavra. A queda de teor foi, todavia, decorrente sobretudo da não produção do minério de teor mais alto da mina subterrânea.

A entrada da mina subterrânea, em 1986, aumentou o teor médio do minério, mas mudou pouco a produção global de ROM, pois, a essa altura, havia uma queda normal de disponibilidade mecânica dos equipamentos da mina a céu aberto, então com mais de oito anos de uso, e não havia, na época, previsão de investimentos em novos equipamentos, mas sim de privatização da empresa. Assim, a produção continuou sendo suficiente para alimentar só três moinhos.

Em 1995, após a privatização ocorrida em 1994, foi renovada a frota de caminhões na lavra a céu aberto. Em 1996, dois anos antes da então prevista exaustão da jazida, a menor produtividade de lavra – que ocorre naturalmente com a aproximação do limite final da cava em uma mina a céu aberto – e a menor disponibilidade de frentes de lavra em realces produtivos na mina subterrânea provocaram nova queda de produção, e somente dois dos quatro moinhos passaram a ser alimentados. Um deles foi vendido.

A partir de 1996, houve o aprofundamento da mina, e, em 1998, mudou-se o método de lavra para VRM (*vertical retreat mining*) e se introduziu a tecnologia de *pastefill* para enchimento dos realces lavrados com pasta de rejeito e cimento. Um segundo moinho foi vendido em 1999.

De 1998 a 2004, dos dois moinhos remanescentes, operou-se somente um, quando então, aproveitando-se o alto preço do cobre, voltou-se a usar dois moinhos para tratar o minério marginal estocado junto com o minério corrente da mina subterrânea.

Esses dois minérios juntam-se na pilha intermediária e seguem para a planta de rebritagem. Usam-se britadores secundários e terciários cônicos, com peneiras primárias antes dos britadores secundários e peneiras secundárias operando em circuito fechado com os britadores terciários. A brita é estocada e homogeneizada em duas pilhas alongadas e retomada para alimentar a moagem, que é feita em moinhos de bolas em estágio único.

Após campanhas de testes-piloto com e sem flotação *flash*, em 1999/2000 decidiu-se instalar uma célula de flotação unitária/*flash* no circuito de moagem, com o objetivo principal de engrossar a granulometria do concentrado e auxiliar a etapa final de filtragem. Os testes também indicaram um pequeno aumento de recuperação de cobre.

A flotação é feita com células mecânicas em circuito simples contracorrente, faz-se desaguamento de concentrado e de rejeito em espessadores e o concentrado é filtrado a vácuo. O forno rotativo, inicialmente instalado para a secagem de concentrado, não chegou a ser utilizado, e foi vendido.

Nos primeiros 19 anos, a umidade de concentrado na torta de filtragem foi adequada (~11%), até se passar a produzir concentrado apenas da mina subterrânea, onde o minério apresentava maior proporção de bornita e calcosina. O concentrado obtido era mais fino e provocava aumento excessivo de umidade da torta de filtragem (> 15%), além de extrema dificuldade de manuseio e transporte. Esse problema foi reduzido com a introdução da flotação *flash* na moagem.

A umidade do concentrado, de 14%, no máximo, é corrigida para cerca de 9% durante o manuseio com pá-carregadeira e a estocagem em pilhas em pátios abertos. As pilhas são protegidas de chuva por uma lona plástica. O minério é transportado por caminhão, por 50 km, até uma estação de transbordo de carregamento de vagões, e por ferrovia da CVRD, por 450 km, até a metalurgia da Caraíba Metais, em Camaçari, ou o porto de Aratu, em Salvador, para ser exportado.

Ocorreram várias mudanças na lavra e no beneficiamento do minério desde o início da operação, geralmente envolvendo melhorias, implantação de novas tecnologias e otimizações no uso de pessoal e equipamentos.

A previsão inicial era que a empresa cessaria a produção em 1998, com a exaustão da jazida. As reservas de minério, inicialmente estimadas em 120 milhões de toneladas, foram revistas e caíram consideravelmente após o conhecimento mais detalhado da jazida a céu aberto. Com o aprofundamento da mina, novas reservas foram agregadas nos últimos dez anos.

O total de minério lavrado até 31 de julho de 2005 somou 16,8 milhões de toneladas na mina subterrânea, com teor médio de 2,20% Cu, e 51,4 milhões de toneladas na mina a céu aberto, com teor médio de 0,96% Cu, o que proporcionou uma produção de 2.174.583 t de concentrado com 756.864 t de cobre contido. A vida da mina estava prevista até 2008.

As reservas limitadas de minério motivaram a MCSA a procurar parcerias com outras empresas de mineração, no sentido de incrementar pesquisas na região. Em 2004, iniciou-se uma sociedade com a Codelco (empresa estatal chilena de mineração), e os trabalhos de pesquisa foram iniciados em um grande quadrilátero situado entre Jaguarari e Juazeiro, criando novas expectativas quanto à continuidade da operação.

A disponibilidade local de laboratório de processos e planta-piloto, fato pouco comum em minerações na época, viabilizou a procura contínua por melhorias no processo e o desenvolvimento de pessoal.

O autor teve a fortuna de colaborar em várias fases do empreendimento e trabalhar com inúmeros profissionais altamente qualificados na MCSA desde o projeto básico, em 1978, e, logo depois, com pesquisa tecnológica do minério da Caraíba, durante tese de mestrado no Imperial College - London University, em 1979/80, e, na sequência, com consultoria técnica em várias ocasiões, principalmente durante o início da operação, de dezembro de 1980 até janeiro de 1982, e depois no período de agosto de 1998 a maio de 2005.

7.2 Descrição do processo produtivo

7.2.1 Lavra

Descrição geral

Depois da exaustão do minério lavrado a céu aberto, em 1998, a mina passou a lavrar minério somente na mina subterrânea. Desde 2004, em razão dos bons preços do cobre, passou-se a retomar e tratar o minério marginal de baixo teor estocado próximo ao britador primário.

Lavra subterrânea

A lavra subterrânea teve início de operação em 1986 pelo método *sublevel stoping*, adotado nos painéis I e II da mina. A operação atual adota o método de lavra VRM (*vertical retreat mining*) com uso de *pastefill* (uso de pasta de rejeito com cimento para preencher os realces lavrados). A previsão de se chegar até o painel VI foi alterada pelo alto preço do cobre vigente desde 2004, que permitiu novo aprofundamento de rampa em 2005 e viabiliza a lavra até o painel VIII.

A produção programada para 2005 era de 900 mil toneladas de minério, e o teor do minério lavrado até julho daquele ano foi igual a 2,6% Cu.

O minério é britado na mina em britador de mandíbulas, vai por correias transportadoras até dois silos dosadores, onde é alimentado ao *skip* para elevação pelo *shaft* até a superfície e estocagem em pilha intermediária. Em caso de necessidade, o minério é transportado pela rampa, assim como a rocha estéril.

A pasta de rejeito com cimento é preparada em uma planta em superfície e flui por gravidade até os realces lavrados, através de furos revestidos ou sem revestimento, caso a rocha seja competente, e por tubulação suspensa em galerias. A distribuição da pasta é monitorada da superfície por meio de informações de pressão na tubulação e de imagem da descarga de pasta nos realces.

Minério marginal

Faz-se a retomada de minério marginal que foi estocado durante a operação de lavra a céu aberto. Esse minério tem teor da ordem de 0,3%-0,4% Cu e tem sido tratado desde que o preço do cobre aumentou sensivelmente em 2004, aproveitando-se a disponibilidade de capacidade instalada na planta de beneficiamento. Em 2005, tratou-se mais minério marginal do que minério da mina subterrânea.

O minério é retomado e transportado até o britador giratório por uma empresa terceirizada, de onde segue por correia transportadora até a mesma pilha intermediária que precede a rebritagem, juntando-se ao minério da mina subterrânea.

7.2.2 Beneficiamento

Descrição geral

A Fig. 7.2 ilustra as atividades na usina de beneficiamento da MCSA, a planta de pasta e o transporte de concentrado até a metalurgia.

Caracterização do minério e do concentrado

A jazida da mina Caraíba é constituída por um conjunto de rochas máfico-ultramáficas associadas a um conjunto de rochas de natureza infra e supracrustal de alto grau metamórfico, que vão desde gnaisses migmatíticos até rochas calcissilicáticas, granitos e pegmatoides, atribuindo ao corpo uma geometria com lentes irregulares.

As rochas mineralizadas são constituídas principalmente por piroxenitos e melanoritos, e os minerais de cobre associados são calcopirita ($CuFeS_2$), com 4% a 6%; bornita (Cu_5FeS_4), com 4% a 6%; e

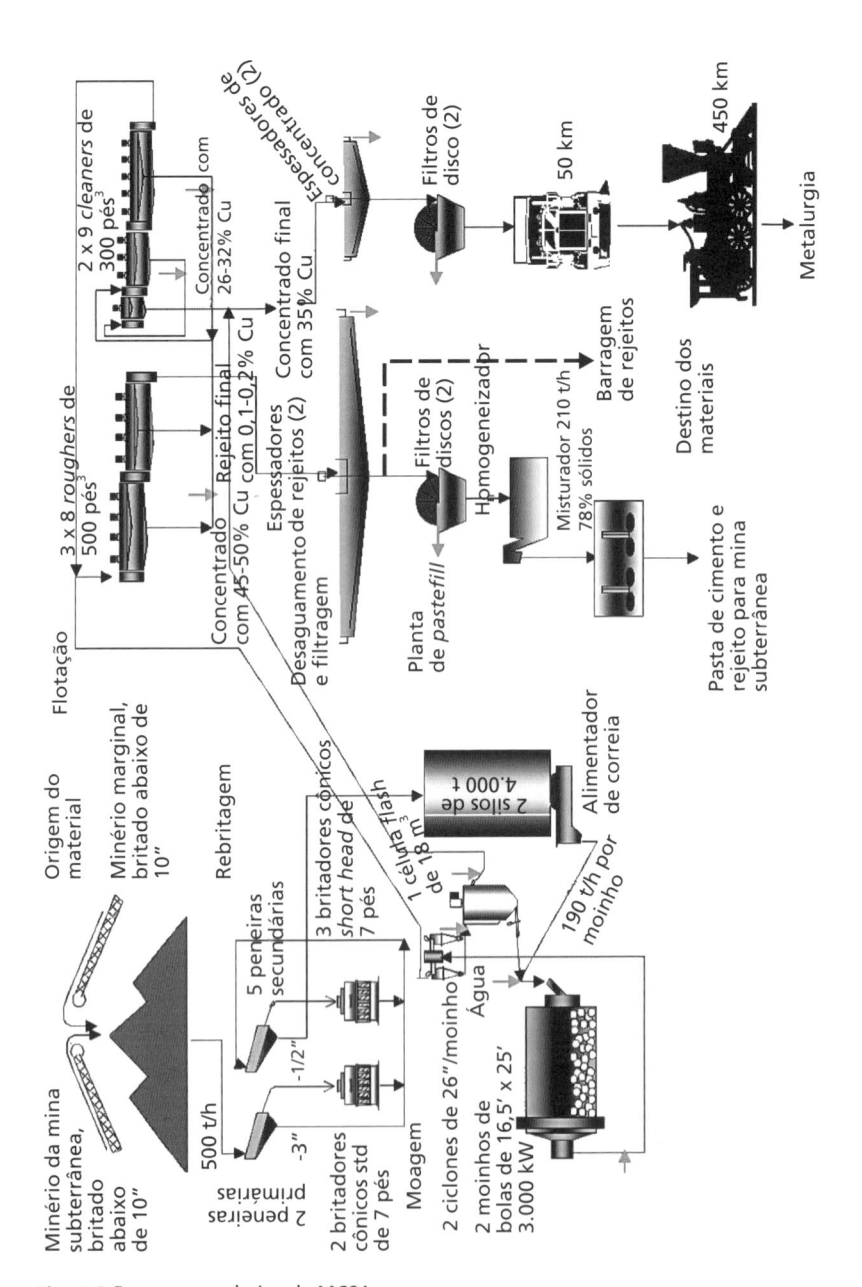

Fig. 7.2 Processo produtivo da MCSA

calcosina, com até 1%. Os minerais de ganga são silicatos: piroxênio, hiperstênio, feldspato, olivina, granada, hornblenda, anfibolitos e biotita, algum carbonato (calcita), mais o óxido de ferro magnetita, com cerca de 4%. Certos locais da jazida foram afetados por uma falha geológica que provocou alguma alteração de silicatos para talco, atingindo até 5% da massa. A alteração dos sulfetos nesses locais é sentida na flotação em decorrência da oxidação superficial dos grãos de sulfetos.

Observações microscópicas em seções polidas de partículas de rejeito da usina de concentração, embutidas em resina plástica, mostraram grande número de partículas de sulfeto liberadas e com formas poligonais na seção, sugerindo que a forma original do cristal havia sido preservada e que o grão fora destacado dos grãos vizinhos durante a moagem (Rezende, 1995). Na ocasião, sugeriu-se que a superfície desses grãos de cristais poderia estar oxidada, o que teria provocado a baixa flotabilidade e a presença desses sulfetos liberados no rejeito.

Análises microscópicas eletrônicas de varredura e fotomicrografias realizadas no laboratório da CVRD do "Km 14", em Santa Luzia (MG), em amostras de concentrado e rejeito de minério que apresentava baixa recuperação na flotação, mostraram, pela forma cristalina dos grãos, que a maior parte (cerca de 2/3) das partículas de sulfeto do minério possuía "superfícies antigas" ou superfícies originadas por destacamento na cominuição, ao passo que superfícies frescas geradas durante a cominuição eram responsáveis por 1/3 das partículas de sulfeto. Observou-se também maior proporção de superfícies antigas no rejeito (cerca de 80%) do que no concentrado (cerca de 50%). Reforçou-se a hipótese de que as "superfícies antigas" podem ter sido sujeitas a alteração e/ou estarem menos aptas a adsorver coletor para a posterior aderência às bolhas na flotação.

O grau de liberação dos sulfetos de cobre em amostras de rejeito da usina coletadas entre 1995 e 2000 variou entre 32% e 85% (Rezende, 2001a).

A confirmação definitiva da ocorrência de oxidação superficial veio em 2002, quando foram feitas análises de superfície em partículas de concentrados *rougher* e de rejeito de flotação no laboratório do Ian Wark Research Institute (IWRI), em Adelaide, Austrália (Janesiak; Smart; Grano, 2002). Fez-se a análise superficial de partículas por meio de microssonda eletrônica analítica (SEM), espectroscopia de energia dispersiva de raios X (EDXS) e espectrometria de massa de íon secundário (ToF-SIMS), em conjunto, para identificar e quantificar as espécies minerais responsáveis pelas diferenças no comportamento observado na flotação de diferentes fases minerais e entre partículas de mesma fase mineral. O IWRI fez as comparações entre os vários concentrados de flotação e rejeito, tratando as informações analíticas com métodos estatísticos. Cuidados especiais foram necessários com as amostras coletadas na flotação para preservar as espécies aderidas à superfície das partículas.

No caso da Caraíba, verificou-se uma diminuição da espécie enxofre e aumento de espécies oxidadas na superfície nos produtos de flotação *rougher* gerados após maior tempo de retenção nas células. Enquanto partículas de sulfeto do concentrado apresentavam a espécie enxofre e espécies derivadas de coletor na superfície (Fig. 7.3), o mesmo não ocorria com partículas de sulfeto (mistas ou liberadas) no rejeito (Fig. 7.4), sendo estas dominadas por produtos oxidados e espécies hidrofílicas adsorvidas. As conclusões desse estudo foram utilizadas no planejamento de experimentos que visavam minimizar a perda de sulfetos liberados pelo uso de sulfetização controlada, para tentar recuperar as partículas oxidadas superficialmente.

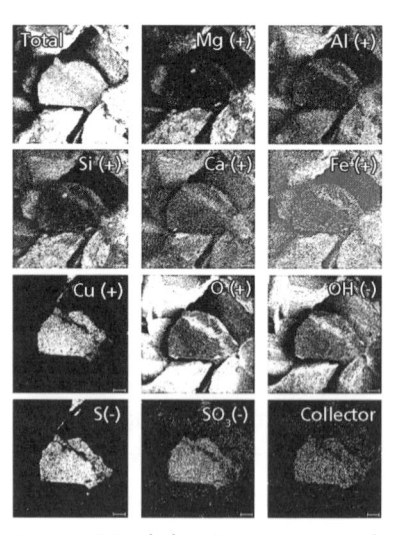

Fig. 7.3 Grão de bornita em concentrado *rougher* entre partículas de silicatos

A partir de 1998, foram realizados vários estudos geometalúrgicos com amostras representativas de blocos da jazida. Os resultados dos estudos permitiram estimar recuperações na usina com base nas informações fornecidas pelo planejamento da lavra, com erro máximo de 1% de recuperação, e identificar regiões da jazida que apresentam problemas de flotabilidade. Também permitiram correlacionar a flotabilidade com o grau de liberação dos sulfetos e com o nível de alteração, identificado por meio de análise química de cobre solúvel em ácido fosfórico (Rezende, 1999).

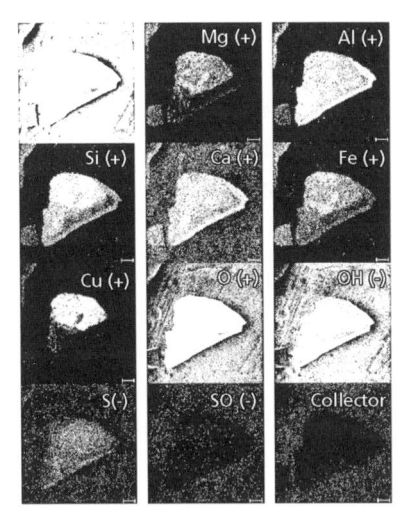

Fig. 7.4 Grão misto de calcopirita no rejeito

Quando predomina sulfeto maciço no minério, ou seja, quando grande proporção dos sulfetos ocorre com dimensões centimétricas, a liberação, claro, ocorre mais facilmente (maior grau de liberação para um grau de moagem fixo), com parte essencial da quebra ocorrendo por destacamento das partículas, preservando a forma original dos grãos de cristais e a alteração superficial a que eventualmente estiveram sujeitos. O rejeito gerado ao se tratar esse minério contém grande parte das perdas de cobre na forma de partículas liberadas. Por exemplo, é possível notar uma forma cristalina aproximadamente hexagonal no grão de calcopirita da Fig. 7.4. Parte do grão de sulfeto teria sido liberada por destacamento e ficou exposta fora da partícula; outra parte ainda está associada e fazendo interface com o silicato. Como não há enxofre na superfície, a partícula se comporta na flotação como se não tivesse sulfeto nela.

Por sua vez, os minérios com granulometria natural dos sulfetos mais fina e grau de liberação mais baixo com a moagem adotada apresentam pouco cobre liberado no rejeito de sua flotação. Uma explicação proposta para a melhor flotabilidade das partículas liberadas e mistas é que a maior parte dos sulfetos encontra-se disseminada em grãos originalmente milimétricos ou micrométricos, estando, dessa maneira, envoltos ou encapsulados em silicatos e, portanto, mais protegidos contra a alteração oxidante a que os sulfetos maciços estiveram sujeitos. Esses grãos menores, ao serem total ou parcialmente liberados, gerariam partículas com sulfetos não alterados superficialmente, sejam elas superfícies frescas geradas por quebra dos cristais originais ou superfícies de grãos geradas por destacamento.

Outra explicação é que sulfetos de minérios com liberação mais baixa podem ter sido gerados por meio de remobilização dos sulfetos maciços e recristalização em outra área da jazida, sendo, portanto, mais novos e não alterados. Observações de seções polidas de minério da Caraíba ao microscópio ótico sugerem esse fenômeno de remobilização e recristalização. Os sulfetos alteram-se para magnetita e o cobre liberado migra para outros locais, formando calcopirita ou transformando calcopirita em bornita.

Apesar de não serem detectados no minério da mina subterrânea os minerais oxidados de cobre malaquita ou azurita, comuns no minério oxidado de superfície, as análises de cobre solúvel em ácido fosfórico no painel III da mina indicaram que entre 1,7% e 5,4% do cobre presente no minério era solúvel (Rezende, 1999). A flotabilidade das amostras mostrou ser inversamente proporcional à porcentagem de cobre solúvel. Aparentemente, os sulfetos que passaram por alteração oxidante, detectada por análise só em superfície (no IWRI) e inferida por meio do comportamento nos testes de flotação, têm menor resistência ao ataque do fraco ácido fosfórico.

Em resumo, as perdas de cobre na mina Caraíba ocorrem na forma de partículas liberadas e mistas, por falta de adsorção de coletor, e também na forma de partículas mistas pouco liberadas, onde não há superfície fresca de sulfetos suficiente para atuação do coletor no sentido de tornar a partícula suficientemente hidrofóbica para flotar.

Em amostras coletadas na alimentação da moagem em 2002, quando se alimentou somente minério da mina subterrânea, o WI de Bond do minério da Caraíba variou entre 14,2 kWh/tc e 15,0 kWh/tc. O minério marginal, atualmente consumido em conjunto com o minério de alto teor (2,6% Cu), deve ter um WI próximo a 16,0 kWh/tc, valor adotado no projeto original da Caraíba e que foi determinado em amostra composta de testemunhos de sondagem que correspondiam somente a minério da mina a céu aberto, origem do minério marginal.

Tendo em vista a necessidade da metalurgia de cobre da Caraíba de promover uma mistura adequada de vários concentrados para atender às especificações da alimentação do forno *flash*, o concentrado da MCSA apresenta um conveniente baixo teor de arsênio, impureza comum e alta nos concentrados produzidos no Chile e de outras fontes e consumidos pela metalurgia da Caraíba. O preço de venda de concentrado é penalizado por teores altos de SiO_2, MgO e Al_2O_3, e são recebidos créditos para ouro e prata.

A proporção de calcopirita e bornita no minério varia dentro da jazida. A calcopirita predomina em corpos mais próximos da superfície e a bornita, em maior profundidade. Assim, até 1999 produziu-se concentrado com ligeira predominância de calcopirita e teor médio da ordem de 33% Cu, e se passou, com a extração de minério somente na mina subterrânea, a produzir concentrados mais borníticos e com teores acima de 37% Cu. Mais recentemente, vem-se tratando minério marginal em tonelagem bem maior que a de minério da mina subterrânea. Como o minério marginal contém maior proporção de calcopirita, os teores de concentrado comercializados em 2005 caíram para 36,5% Cu e, em julho de 2005, para 34% Cu.

Dada a variabilidade da proporção de calcopirita (34,6% Cu) e bornita (63,3% Cu) no minério, fica a questão de definir qual o teor ideal de concentrado. A prática inicialmente adotada na mina Caraíba consistia em controlar diariamente os teores de MgO, SiO_2 e Al_2O_3 para compor lotes de concentrados e atender à especificação de venda de concentrado, evitando o pagamento de multas.

Isso evoluiu para uma relativa flexibilização no teor de concentrado e impurezas, ao se tentar produzir concentrado com um teor que maximiza a receita líquida de venda para a MCSA. Para tanto, elaborou-se uma planilha Excel que calcula, para diferentes teores e recuperações de cobre na usina, receitas de venda, multas e taxas de tratamento definidas no contrato de venda de concentrado para a metalurgia, custos de transporte etc. (Rezende, 1998).

Implantou-se esse conceito de maximização de receitas diretamente no controle da operação de flotação (Rezende, 2001b). Uma fórmula simples, derivada da análise do contrato de venda, do preço de venda do cobre e do comportamento recente da flotação, orienta os operadores acerca de como regular a flotação. A fórmula é simples:

$$IEE = \text{teor concentrado} + N \cdot \text{recuperação} - 200$$

Na fórmula, a recuperação tem peso N vezes maior na geração de receita líquida do que o teor de concentrado. A constante 200 serve somente para facilitar a visualização dos resultados (um ganho de 20 sobre 18 é mais fácil de visualizar do que o mesmo ganho de 220 sobre 218). Periodicamente, N = peso da recuperação em relação ao teor de concentrado é atualizado. N tem valor próximo de 2,0 e é proporcional ao preço do cobre no mercado.

Cominuição

O minério da mina subterrânea passa por um britador primário de mandíbulas tipo Blake (dois eixos) da Faço-Metso, modelo 12090B (150 cv, APF de 6" a 7", movimento do queixo de 1½"), e é transportado para a superfície por meio de transportadores de correia e *skip* (elevador de minério). Eventualmente, é transportado por caminhões pela rampa e britado no britador primário giratório Dedini/Kawazaki, modelo KG13519 (abertura de 1,35 m e diâmetro de cabeça de 1,9 m). Esse britador brita o minério marginal.

A previsão em 2005 era alimentar 900 mil toneladas de minério da mina subterrânea, com teor médio da ordem de 2,6% Cu e cerca de 1,7 milhão de toneladas de minério sulfetado marginal, com teor de 0,26% Cu. Esse minério marginal é retomado da pilha e transportado ao britador primário por equipamentos de terceiros.

Os minérios das minas subterrânea e marginal juntam-se na pilha intermediária, de onde são retomados por dois de três alimentadores vibratórios localizados sob a pilha para alimentar a planta de rebritagem. Essa planta foi originalmente montada com dois britadores secundários e quatro terciários. Com a queda na produção de minério ao final da mina a céu aberto, a necessidade de rebritagem diminuiu, e o circuito passou a operar com dois britadores secundários e três terciários. O número de peneiras em operação também diminuiu, de sete para cinco.

A Fig. 7.2 mostrou, esquematicamente, como se opera a rebritagem. O minério retomado da pilha intermediária é alimentado a uma peneira vibratória inclinada primária de 2,2 m x 6,0 m, onde o retido em três polegadas é descarregado em um britador cônico Symons *standard* de 7 pés (300 cv - Nordberg-Metso). O passante na peneira junta-se ao britado e é direcionado para as cinco peneiras vibratórias inclinadas secundárias de 2,2 m x 6,0 m de dois pisos, que produzem o produto final abaixo de ~1/2 polegada (as telas do segundo piso têm aberturas de 16 mm e 18 mm). O retido nas peneiras secundárias é rebritado em três britadores cônicos Symons cabeça curta de 7 pés (300 cv - Nordberg-Metso) e fecha circuito com as peneiras. Existem silos, descarregados por alimentadores vibratórios, na alimentação das peneiras e britadores.

Há uma torre de amostragem para se fazer composição de amostra representativa de cada pilha de homogeneização ou composição da produção diária, no caso de se alimentar diretamente o silo de moagem. As amostras de pilhas são testadas no laboratório de processo para determinar as dosagens ideais de coletor de flotação usando um procedimento padronizado de laboratório (Rezende, 1984).

A brita é estocada em duas pilhas alongadas de até 100.000 t cada uma por empilhadeira móvel de lança basculável, não giratória, e retomada por retomadora/raspadora do tipo ponte, com ancinho simples, sendo alimentada aos silos de brita que alimentam a moagem.

A capacidade máxima de britagem varia com a dureza do minério e gira em torno de 700 t/h.

A moagem é feita em estágio único, em dois moinhos de bolas (5,02 m Ø x 7,6 m, 4.150 cv, 72% v.c., alimentação do tipo *spout*, descarga do tipo *overflow*, com cone retentor de bolas). Cada moinho opera em circuito fechado com dois ciclones Krebs de 26" (seis ciclones instalados por bateria). O *overflow* dos ciclones alimenta a flotação.

Um analisador de partículas modelo PSI-200 (Outokumpu) monitora a granulometria do produto, mantida pelos operadores em 70% passantes em 150 *mesh* por meio da taxa de alimentação ao moinho. A capacidade de tratamento varia em função da dureza do minério, da carga de bolas e do estado do revestimento do moinho, ficando entre 190 t/h e 210 t/h. Em agosto de 2005, um dos moinhos estava produzindo 198 t/h e o outro, 205 t/h.

Existe uma célula unitária de flotação Dorr Oliver de 18 m^3 para produzir um concentrado grosso com alto teor de cobre dentro de um dos circuitos de moagem e classificação (detalhes sobre a flotação *flash* em Andrade, Rezende e Medeiros, 2002). Instalou-se essa flotação no *underflow* dos ciclones com o objetivo principal de engrossar o concentrado global de flotação e diminuir a umidade da torta de filtração ao se tratar minério com alta proporção de bornita.

Flotação

A flotação é relativamente simples e o fluxograma é apresentado resumidamente na Fig. 7.5. Usam-se células mecânicas convencionais Wemco em circuito do tipo contracorrente com quatro etapas: *rougher*, *scavenger* da *rougher*, *cleaner* e *scavenger* da *cleaner*. Na etapa *rougher*, utilizam-se 3 x 8 células de

500 pés cúbicos, e nas limpezas, entre 1 e 3 bancos de 9 células de 300 pés cúbicos, dependendo do teor de minério e da consequente quantidade de concentrado *rougher* a ser tratado.

A Fig. 7.5 e a Tab. 7.1 apresentam, respectivamente, o fluxograma e o balanço de massas de amostragem realizada na flotação em julho de 2004.

Legenda	
Massa seca (t/h)	Teor de CuT (%)
Massa de polpa (t/h)	% de sólidos
Massa de CuT (t/h)	Recuperação banco (%)

Alimentação nova	
195	0,53
475,15	41,04
1,03	---

Caixa do rejeito *scavenger*	
14,31	3,49
0,50	---

Alimentação *rougher*	
209,31	0,94
595,94	30,81
1,97	---

Rejeito final	
191,52	0,080
513,49	35,26
0,15	---

Concentrado *rougher* 1	
17,01	10,2
82,44	20,63
1,73	88,17

Concentrado *rougher* 2	
0,78	10,20
0,08	34,15

Rejeito da *rougher* 1	
192,30	0,12
	38,35
0,23	---

Alimentação *cleaner*	
24,17	6,60
105,89	21,45
1,60	---

Alimentação total *cleaner*	
27,97	6,64
130,98	21,35
1,86	---

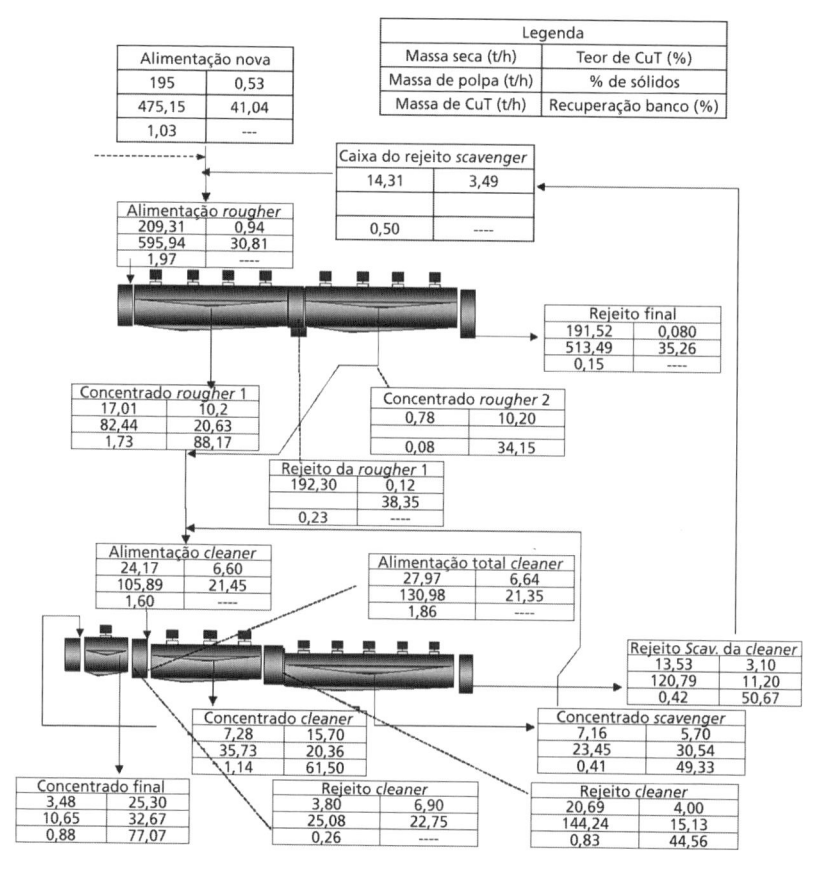

Rejeito *Scav.* da *cleaner*	
13,53	3,10
120,79	11,20
0,42	50,67

Concentrado *cleaner*	
7,28	15,70
35,73	20,36
1,14	61,50

Concentrado *scavenger*	
7,16	5,70
23,45	30,54
0,41	49,33

Concentrado final	
3,48	25,30
10,65	32,67
0,88	77,07

Rejeito *cleaner*	
3,80	6,90
25,08	22,75
0,26	---

Rejeito *cleaner*	
20,69	4,00
144,24	15,13
0,83	44,56

Fig. 7.5 Teores e recuperações por etapas na flotação da Caraíba - julho de 2004

O rejeito final da flotação é bombeado para um de dois espessadores de rejeito de 90 m de diâmetro, de onde o rejeito espessado é bombeado para a planta de produção de pasta com cimento. O concentrado é enviado para um de dois espessadores de concen-

Tab. 7.1 Balanço de massas consolidado - julho de 2004

Banco	Alimentação			Concentrado			Rejeito			Recup. (%)
	aliment. (t/h)	cobre total (t/h)	teor da alim. (%)	concentr. (t/h)	cobre total (t/h)	teor do conc. (%)	rejeito (t/h)	cobre total (t/h)	teor do rejeito (%)	
rougher I	209,31	1,97	0,94	17,01	1,73	10,20	192,30	0,23	0,12	88,17
rougher II	192,30	0,23	0,12	0,78	0,08	10,20	191,52	0,15	0,08	34,15
RG I e II	209,31	1,97	0,94	17,79	1,81	10,20	191,52	0,15	0,08	92,21
cleaner	27,97	1,86	6,64	7,28	1,14	15,70	20,69	0,83	4,00	61,50
recleaner	7,28	1,14	15,7	3,48	0,88	25,30	3,80	0,26	6,90	77,07
scavenger	20,69	0,83	4,00	7,16	0,41	5,70	13,53	0,42	3,10	49,33
recuperação global										85,17

trado de 24,4 m de diâmetro e filtrado em um de dois filtros de discos a vácuo Agidisc existentes, da GL&V-Dorr-Oliver Eimco, com seis discos de diâmetro 8'10" (2,7 m).

O consumo de reagentes é apresentado na Tab. 7.2.

Tab. 7.2 Consumo de reagentes na flotação de cobre - julho de 2005

Reagente	g/t
cal virgem (pH 10,5 na rougher)	400
coletor ditiofosfato di-isobutílico de sódio	25
MIBC - metilisobutilcarbinol	16

Produziu-se, em julho de 2005, a partir de uma alimentação com 1,2% de cobre, concentrado com teor médio de 34% Cu e recuperação média de 86,5%.

A planta de flotação da Caraíba possui um sistema de amostragem com amostradores automáticos tipos vai-vem e Vezin, para geração de amostras compostas e análises químicas em frequências desde bi-horária até composições de turno e por dia, para fechamento de balanço. Existe também amostragem contínua em tubulações de polpa em seis fluxos da usina e análise *on-line* por raios X (XRA-1600 Autometrics), para o controle operacional da flotação.

O circuito de flotação foi montado com a opção de operar em circuito aberto, produzindo dois rejeitos (*rougher* e *scavenger* da *cleaner*), ou em circuito fechado, produzindo somente rejeito *rougher* ao se recircular o rejeito *scavenger* da *cleaner* para a flotação *rougher*. O projeto considerava uma porcentagem de sólidos de 25% na flotação *rougher*. Com poucos meses de operação, conseguiu-se operar a moagem produzindo polpa com maior densidade de sólidos, de modo a operar a flotação *rougher* com cerca de 30% de sólidos, aumentando consideravelmente o tempo de residência. A opção de operar em circuito fechado mostrou-se vantajosa por aproveitar melhor a etapa *rougher* e proporcionar maior estabilidade na flotação. As eventuais instabilidades que ocorriam nas limpezas eram sanadas ao se recircular o rejeito à etapa *rougher*.

O laboratório de processo e a planta-piloto da Caraíba são constantemente utilizados para o desenvolvimento tecnológico do processo de flotação. Testes já foram realizados para terceiros, a exemplo de campanhas-piloto realizadas com minérios de cobre das jazidas de Salobo, Sossego e Alemão, da CVRD.

Alguns exemplos de desenvolvimento experimental na Caraíba:

- ◆ Colunas de flotação: testes em planta-piloto produziram os mesmos resultados metalúrgicos obtidos no circuito industrial com células mecânicas. Uma análise econômica mostrou que seria vantajoso substituir as células mecânicas da etapa de limpeza por colunas, em razão da economia de energia. Na época do racionamento de energia, era muito atrativo.

- ◆ Estudou-se a modificação de um dos moinhos de bolas para operar como semiautógeno. Foi testado minério da Caraíba na planta-piloto do CIMM T&S S.A., no Chile, e foram determinados os consumos específicos de energia em várias configurações de moagem autógena e SAG. A proposta técnica de modificação foi supervisionada pelo consultor especialista em moagem autógena Derek Barrat. A análise econômica indicou retorno positivo com a troca do sistema de moagem, porém se concluiu que não compensava o risco com a mudança e deixar de ter um moinho como sobressalente. O uso atual dos dois moinhos, aproveitando o alto preço do cobre, premiou a manutenção do sistema de moagem com bolas.

- As alternativas de processo que indicaram ganho de recuperação em escala de laboratório, mas que ainda carecem de comprovação em escala industrial, são: dosagem estagiada; sulfetização controlada; moagem separada de grossos e finos (etapa *scavenger* da *rougher*). Também o uso combinado de dois espumantes (Flotanol D14 e MIBC), que dá maior recuperação do que os reagentes isolados. Testes de bancada com pré-agitação com aeração indicaram ganho de seletividade sem perda de recuperação.
- A remoagem não resultou em ganho significativo de recuperação; o mesmo ocorreu com a moagem mais fina, quando o aumento da receita de venda foi cancelado pelo maior custo de moagem e flotação.
- Entre mais de 30 diferentes coletores testados, cerca de seis produziram resultados máximos, incluindo coletores dos tipos tionocarbamatos, xantatos e ditiofosfatos. Utiliza-se, entre esses, o de menor custo para a empresa, considerando consumo e preço.
- O uso de flotação *flash* na etapa de moagem indicou um pequeno ganho de recuperação (~0,5%).
- Uso de centrífuga no rejeito para recuperação de ouro: recuperou-se ouro metálico, porém se verificou que cerca de 80% do ouro contido no minério flota com os sulfetos de cobre. A quantidade de ouro recuperada no rejeito não compensa financeiramente a operação.
- Planta-piloto para tratamento de rejeito por espirais: não se alcançou sucesso na obtenção de um concentrado de cobre de baixo teor.
- Separação magnética no concentrado final de flotação: a eliminação parcial de magnetita presente no concentrado é atrativa financeiramente, já que diminui a despesa

de tratamento na metalurgia e o custo de transporte, com pequena perda de cobre.

♦ Testes/estudos na cominuição: classificação em hidrociclones em dois estágios; uso de ciclone Krebs gMAX e ciclones de fundo chato; uso de britagem quaternária; diminuição no tamanho de bolas de reposição de 90 mm para 80 mm e 60 mm.

♦ Depressão de talco na flotação: carboximetilcelulose (CMC) é utilizado esporadicamente, quando o minério tem muito talco.

Agradecimentos

Aos engenheiros de minas Darlylson G. Andrade, Alline Simões e Maurício Alves, pelo fornecimento de dados solicitados, e ao diretor de operações e engenheiro de minas Paulo Henrique Paiva de Almeida, pela autorização para a elaboração deste trabalho.

Referências bibliográficas

ANDRADE, D. G.; REZENDE, F. E. O.; MEDEIROS, P. A. Instalação da célula flash na Mineração Caraíba. *Anais do XIX Encontro Nacional de Tratamento de Minérios e Hidrometalurgia*, p. 259-265, 2002.

JANESIAK, M.; SMART, R. S. C.; GRANO, S. *Surface analysis of copper sulphide particles*. Relatório Ian Wark Research Institute, jun. 2002.

REZENDE, F. E. O. Método para determinação de dosagem ótima de coletor em flotação. *Anais do X Encontro Nacional de Tratamento de Minérios e Hidrometalurgia*, maio 1984.

REZENDE, F. E. O. *Otimização da flotação do minério da pilha 565*. Relatório interno MCSA, nov. 1995.

REZENDE, F. E. O. *Teor ótimo econômico*. Relatório interno MCSA, jun. 1998.

REZENDE, F. E. O. *Estudo geometalúrgico painel III*. Relatório interno MCSA, fev. 1999.

REZENDE, F. E. O. *A perda de sulfetos liberados no rejeito*. Relatório interno MCSA, abr. 2001a.

REZENDE, F. E. O. *Índice de eficiência econômica - IEE - uma oportunidade de melhoria*. Relatório interno MCSA, nov. 2001b.

8 Flotação de cobre em Sossego e Salobo

Marco Antônio Nankran Rosa
Wendel Johnson Rodrigues

8.1 Características gerais da usina do Sossego

A Companhia Vale do Rio Doce (CVRD) realizou seu primeiro embarque de concentrado de cobre em junho de 2004, completando, assim, o início do ciclo de produção da mina do Sossego e abrangendo também o minério de cobre como um de seus produtos de exportação.

A usina do Sossego está localizada na região denominada Sossego, a cerca de 37 km do município de Canaã dos Carajás, no Estado do Pará. O Sossego tem dois depósitos principais: Sequeirinho e Morro do Sossego, que estão situados na porção sul de Carajás, ao longo de uma estrutura de cisalhamento regional. O depósito do Sequeirinho consiste de uma única zona mineralizada contínua, de aproximadamente 2.000 m ao longo de sua direção, com mineralização adicional, de menor teor, estendendo-se por mais de 1.000 m em direção oeste. Por sua vez, o Morro do Sossego é parte de uma grande estrutura circular com cerca de 600 m de diâmetro.

O minério de cobre é basicamente calcopirítico, com pequena presença de bornita e calcocita, e a ganga compreende silicatos e magnetita, além de óxidos e carbonatos em quantidades menores. A mineralização com maiores teores de cobre é encontrada preferencialmente na zona brechada, além de sua disseminação, principalmente em granitos, gabros, biotitaxisto, metavulcânica ácida, actinolititos e magnetitos. As composições mineralógica e química médias do minério sulfetado processado na usina do Sossego são apresentadas nas Tabs. 8.1 e 8.2, respectivamente.

A lavra do minério de cobre, tanto no Sequeirinho como no Sossego, é realizada a céu aberto, com desmonte feito por explo-

Tab. 8.1 COMPOSIÇÃO MINERALÓGICA (% EM MASSA) A PARTIR DE AMOSTRAS DE TESTEMUNHOS DE SONDAGEM

Minerais	Sequeirinho	Morro do Sossego
quartzo	23	26
feldspato	24	27
clorita	2	14
biotita	5	10
magnetita	8	9
calcopirita	2	3
bornita	< 1	< 1
calcocita	< 1	< 1
hematita	1	1
anfibólio	24	2
carbonatos	< 1	6
epídoto	10	2

Tab. 8.2 COMPOSIÇÃO QUÍMICA MÉDIA DO MINÉRIO DO SOSSEGO NO PERÍODO DE LAVRA INICIAL

Elemento	Sequeirinho	Morro do Sossego
Cu (%)	1,37	1,00
Fe (%)	12,5	6,41
S (%)	1,46	0,89
Au (g/t)	0,37	0,30

sivos. Nessa fase inicial, a usina é alimentada somente com minério do Sequeirinho; posteriormente a proporção será de 85% do Sequeirinho e 15% do Sossego. A usina produz concentrado calcopirítico com teor médio de 30% de cobre, a partir do processamento de 15 milhões t/ano de minério com teor médio de 1% de cobre.

Com sua operação iniciada em março de 2004, a usina do Sossego processa 41.000 t de minério de cobre por dia e está projetada para uma produção superior a 470.000 t de concentrado de cobre por ano. O fluxograma de processo é apresentado na Fig. 8.1.

8.1.1 Cominuição e classificação

O ROM é transportado por caminhões de capacidade de 240 t e alimenta a britagem num tamanho máximo de aproxima-

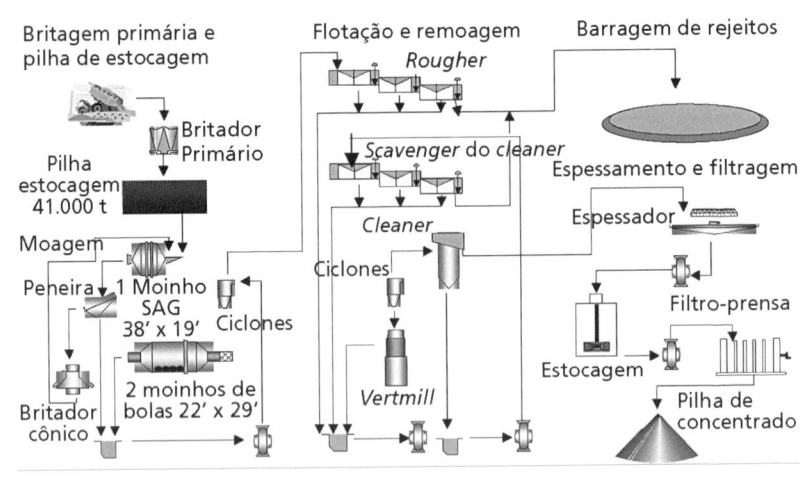

Fig. 8.1 Fluxograma da usina do Sossego

damente 1,2 m. Trata-se de um britador giratório 60 x 89" com abertura de 167 mm na posição aberta, e que atualmente processa 3.000 t/h. O produto britado, com 80% passantes em 6", é transportado por um transportador de correia de longa distância (4.045 m) e alimenta uma pilha-pulmão cônica de 41.000 t de capacidade útil.

O minério é retomado da pilha-pulmão por três alimentadores em linha, com velocidade variável, e alimenta a moagem semiautógena (SAG). O SAG opera em circuito fechado com rebritagem dos *pebbles* numa carga circulante média de 25%. A produtividade do SAG é da ordem de 1.841 t/h e a sua descarga é realizada por grelhas (3¼") que alimentam um peneiramento em 13 mm. O produto da moagem SAG é bombeado para o circuito de classificação, constituído por duas baterias de ciclones de 33", as quais operam em circuito fechado reverso com dois moinhos de bolas, com uma carga circulante na faixa de 300%.

As baterias da ciclonagem são constituídas por oito ciclones cada uma; o *underflow* da ciclonagem alimenta a moagem de bolas com uma porcentagem de sólidos de aproximadamente 75%. Os moinhos têm o F_{80} na faixa de 2,5 mm e operam com até 30% de enchimento; seu P_{80} está na faixa de 0,21 mm.

Por sua vez, o *overflow* da ciclonagem constitui a alimentação *rougher*, caracterizada atualmente por um P_{80} médio de 0,210 mm e 40% de sólidos.

8.2 A flotação de cobre do Sossego

8.2.1 Parâmetros de processo

Os *overflows* da ciclonagem alimentam o circuito de flotação, com capacidade para processar 1.840 t/h de minério, com teor médio de cobre da ordem de 1% e densidade de aproximadamente 3,0 g/cm³.

A flotação é composta por três etapas: *rougher*, *cleaner* e *scavenger-cleaner*. A distribuição granulométrica da alimentação *rougher* é apresentada na Fig. 8.2.

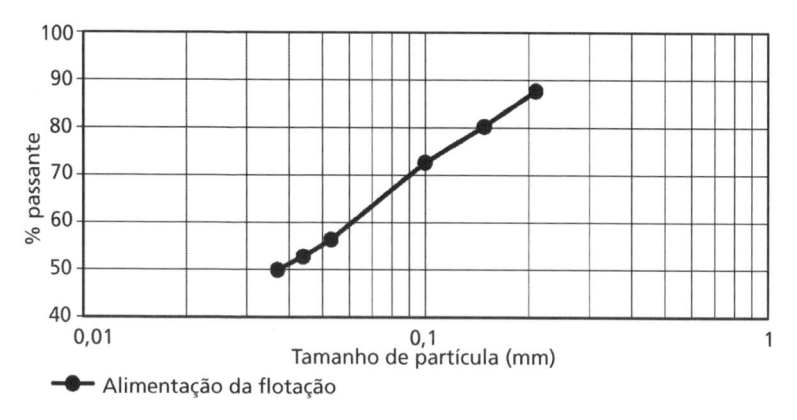

Fig. 8.2 Distribuição granulométrica da alimentação da flotação

A etapa de flotação *rougher* consiste em duas linhas paralelas e independentes, constituídas por sete células Outokumpu, com capacidade de 160 m³ cada uma, e aeração forçada. As células de flotação operam com vazão média de ar de 35 m³/min.

Outras características hidrodinâmicas das células mecânicas que operam no Sossego são apresentadas na Tab. 8.3.

O rejeito *rougher* corresponde a 95% do rejeito final, sendo direcionado à barragem de rejeitos com vazão média de 1.740 t/h. O pH médio da alimentação está em torno de 8,7.

Tab. 8.3 CARACTERÍSTICAS DAS CÉLULAS
MECÂNICAS DE FLOTAÇÃO DO SOSSEGO

Parâmetro	Valores
diâmetro do rotor (m)	1,30
rotação (rpm)	75
número de Reynolds	1.824
número de Froude	0,21
número de potência	0,3
número de fluxo de ar	0,21

As características dos produtos *rougher* são mostradas na Tab. 8.4, e a Tab. 8.5 apresenta a distribuição granulométrica do rejeito.

Tab. 8.4 VALORES TÍPICOS DOS PRODUTOS DA ETAPA ROUGHER

Produto	% Cu	% sólidos
alimentação	0,9-1,3	33-45
concentrado	13-17	20-25
rejeito	0,05-0,07	33-38

Tab. 8.5 DISTRIBUIÇÃO GRANULOMÉTRICA DO REJEITO

Malha (µm)	% passante
450	93,4
210	78,4
150	62,7
106	47,3
74	39,4

O concentrado *rougher* tem teor de cobre entre 13% e 17%, com recuperação metalúrgica de 94% a 98%. Vale registrar que o circuito *rougher* dispõe da alternativa de os concentrados *rougher* das três primeiras células de cada linha alimentarem diretamente o espessador, caso elas estejam com teor de cobre entre 28% e 30%.

Os concentrados *rougher* e *scavenger-cleaner* alimentam duas baterias de sete ciclones de 15" cada uma por meio de bombas de velocidade variável. O *underflow* da ciclonagem é direcionado, por gravidade, para dois moinhos verticais de 1.500 hp, que operam em circuito fechado com a ciclonagem.

O produto da remoagem (*overflow* dos ciclones), P_{80}, da ordem de 0,044 mm, é submetido à flotação *cleaner* em seis colunas de flotação de 4,27 m de diâmetro e 14 m de altura. As colunas trabalham com as seguintes variações de características operacionais:
- nível de espuma: 400-1.300 mm;
- vazão de ar: 80-150 m³/h;
- água de *bias*: 50-120 m³/h.

Os valores típicos de teores de cobre e a porcentagem de sólidos dos produtos da etapa *cleaner* são apresentados na Tab. 8.6.

A flotação opera com recuperação mássica entre 3,5% e 4,0%, com a recuperação de cobre em torno de 93%. O concentrado final é transportado para o espessador e posteriormente filtrado.

Tab. 8.6 VALORES TÍPICOS DOS PRODUTOS DA ETAPA CLEANER

Produto	% Cu	% sólidos
Alimentação	10-15	12-15
Concentrado	28-32	20-25
Rejeito	2-4	12-15

8.2.2 Reagentes

Tradicionalmente os coletores aniônicos sulfídricos são aplicados na flotação dos sulfetos, em virtude de sua afinidade química com esses minerais. Trata-se de reagentes que têm superfície ativa fraca na interface ar/líquido, o que exige espumantes para estabilizar o processo. Além disso, os minerais sulfetados possuem um grau de hidrofobicidade que é inferior somente aos naturalmente hidrofóbicos (por exemplo, talco e molibdenita) e aos metais nativos. Em virtude dessas características físico-químicas, os reagentes utilizados como coletores de sulfetos possuem cadeia hidrocarbônica relativamente curta, com no máximo cinco carbonos, mas há tiocompostos com até oito carbonos. Os principais são apresentados no Quadro 8.1.

Xantatos alcalinos e alcalinoterrosos são solúveis em água, ao passo que os xantatos de metais pesados possuem solubili-

Quadro 8.1 Exemplos de coletores aniônicos sulfídricos para a flotação de sulfetos

Composto	Fórmula
Alquilditiocarbamatos	$R_1-N(R_2)-C(=S)(S^-M^+)$
Mercaptanas	$R-SH$
Mercaptobenzotiazol	$R-C_6H_4-SH$
xantatos	$R-O-C(=S)(S^-M^+)$
ditiofosfatos	$(R_1-O)(R_2-O)P(=S)(S^-M^+)$
éster xântico	$R_1-O-C(=S)(S-R_2)$

Fonte: Fuerstenau (1982) e Monte et al. (2002).

dade limitada em água. Além disso, vale lembrar que os produtos de solubilidade dos ditiofosfatos dos metais pesados são também bastante baixos (Leja, 1982; Monte et al., 2002).

Na precipitação do xantato metálico em solução, a estequiometria do sal metálico é geralmente 2 para 1 para um cátion divalente, como o xantato etílico de chumbo ($Pb(EX)_{2(S)}$). No caso do íon cúprico (Cu^{2+}), a oxidação do xantato a dixantógeno pelo Cu^{2+} ocorre durante sua redução a íon cuproso (Cu^+). Uma vez que o xantato cuproso é muito insolúvel, ocorre sua precipitação (Fuerstenau, 1982; Monte et al., 2002).

$$Cu^{2+} + 2EX^- \rightarrow CuEX_{(S)} + 1/2(EX)_2$$

onde EX^- e $(EX)_2$ representam o etilxantato e o dietilxantógeno, respectivamente.

Embora o xantato cúprico seja, inicialmente, formado nesse sistema, ele não é uma espécie estável. Além da oxidação por Cu^{2+} e Fe^{3+}, o xantato também pode ser oxidado ao dímero, o dixantógeno, pelo oxigênio dissolvido. A reação de oxidação é dada por:

$$2X^- + 1/2O_2 + H_2O \rightarrow X_2 + 2OH^-$$
$$2X^- + Cu^{2+} \rightarrow CuX_{(S)} + 1/2(X_2)$$

Do ponto de vista cinético, a reação do Cu^{2+} com X^- é relativamente rápida. Vale lembrar que a oxidação completa do xantato é efetuada até pH 10, e nenhuma reação ocorre acima de pH 11 (Gaudin, 1975; Fuerstenau, 1982).

No Sossego, a exemplo da grande maioria dos concentradores de calcopirita, reagentes mais seletivos são requeridos, em virtude da qualidade desejada para o produto. Além do amilxantato de potássio, o ditiofosfato de sódio também é utilizado como coletor no circuito industrial.

Os tiocoletores, em virtude de sua curta cadeia (geralmente cinco carbonos), não possuem superfície ativa suficiente para propiciar a adesão seletiva da calcopirita à bolha. Assim, é comum a adição de espumante na flotação de sulfetos (Harris, 1982). No Sossego são utilizados como espumante o metilisobutilcarbinol (MIBC) e o polipropilenoglicol.

As dosagens típicas dos reagentes de processo são apresentadas na Tab. 8.7. Vale lembrar, ainda, que os reagentes são dosados *in natura*, exceto o xantato, que precisa ser diluído a 20% antes de ser dosado.

Tab. 8.7 Dosagens típicas de reagentes na flotação do Sossego

Reagente	Dosagem (g/t)
ditiofosfato de sódio	5
amilxantato	5
MIBC	10
polipropilenoglicol	10

8.2.3 Desaguamento do concentrado

O concentrado final obtido na etapa *cleaner* é direcionado ao espessador, que opera com alimentação em torno de 15,5% de sólidos. A floculação é realizada com o auxílio de poliacrilamida aniônica na dosagem de 30 g/t de concentrado.

O *underflow* do espessador, com porcentagem de sólidos de 60%-65%, seguirá para o tanque de alimentação da filtragem através de bombas com velocidade variável. O tanque possui 720 m^3, é dotado de agitador e tem capacidade para mais de 5,5 horas de operação. Posteriormente o concentrado é transferido para a filtragem, que consiste de dois filtros-prensa com capacidade de produção da ordem de 54 t/h. A umidade do concentrado final apresenta variação entre 9,0% e 9,5%.

8.3 Características gerais da usina do Salobo

O projeto Salobo, de propriedade da Vale, está localizado a cerca de 100 km a noroeste do complexo de minério de ferro de Carajás, no município de Marabá (PA). Esse projeto tem por objetivo a produção de concentrado de cobre contendo ouro por meio do beneficiamento de 12 Mtpa de minério numa primeira fase, e de 24 Mtpa numa segunda fase.

A jazida terá vida útil de 33 anos, e o teor médio do concentrado nos primeiros dez anos será de 37,8% de cobre (na alimentação, 1,11% de cobre e 0,68 g/t de ouro), gerando 19,8 g/t de ouro no concentrado final da usina. Nos dez anos seguintes, o teor de cobre no concentrado será de 37,5%, com o teor de cobre na alimentação chegando a 0,91% e o de ouro, a 0,5 g/t, gerando 10,6 g/t de ouro no concentrado final. Após 20 anos, o teor de cobre cairá a 0,54% na alimentação e o de ouro permanecerá em 0,5 g/t.

A recuperação metalúrgica média de cobre para os primeiros 20 anos será de 87,7%, caindo a 86% nos anos seguintes, até a exaustão da reserva.

O projeto prevê as unidades necessárias para a produção do concentrado, desde a recepção de ROM na britagem primária até o embarque de concentrado na ferrovia Ferro Carajás, em Parauapebas (PA).

As Tabs. 8.8 a 8.11 apresentam as características do ROM e as Tabs. 8.12 e 8.13, as características do concentrado.

Tab. 8.8 Peso específico do minério (t/m^3) - Usina do Salobo

Mínimo	Médio	Alto
3,37	3,46	3,53

Tab. 8.9 Parâmetros de moabilidade do minério - Usina do Salobo

Parâmetro	Inferior	Valor típico	Superior
WI de Bond (kWh/t)	17,7	19,0	21,3
índice de quebra (IQ) – A*b	27,7	29,5	33,0
índice de abrasão (ta)	0,26	0,29	0,32

Tab. 8.10 Composição química do minério (valores previstos para a reserva até a sua exaustão) - Usina do Salobo

Elemento/substância	Limite inferior	Valor típico	Limite superior
Cu (%)	0,47	0,91	1,45
Au (ppm)	0,20	0,50	0,71
Ag (ppm)	1,51	2,57	3,13
magnetita (%)	3,96	5,93	8,50
C (%)	0,09	0,12	0,18
S (%)	0,13	0,33	0,43
Mo (ppm)	27,77	48,09	65,63
F (%)	0,23	0,39	0,59
Cu eq (%)	0,58	1,11	1,42

Tab. 8.11 Assembleia mineralógica (%) - Usina do Salobo

Mineral	XMT	BDX	DGRX	ML/HD/QML
biotita	20,0	30,0	20,0	0,0
clorita	9,0	15,0	3,0	25,0
granada	18,0	30,0	35,0	3,0
grunerita	14,0	8,8	30,0	0,0
magnetita	25,0	3,65	4,3	0,0
quartzo	5,0	12,0	7,2	35,0
olivina	6,0	0,0	0,0	0,0
K-feldspato	0,0	0,0	0,0	35,0
calcopirita	0,70	0,15	0,14	0,50
bornita	0,71	0,40	0,40	0,20
calcosita	1,1	0,65	0,66	0,20

litologia: XMT = xisto magnético; BDX = biotita granada xisto; DGRX = granada grunerita xisto, HD e misto.

Tab. 8.12 MINERALOGIA - USINA DO SALOBO

Mineral	Composição	%	Faixa (%)
bornita	Cu_5FeS_4	20	15-25
calcocita	Cu_2S	17	14-21
calcopirita	$CuFeS_2$	15	10-20
covelita	CuS	12	10-15
molibdenita	MoS_2	< 0,5	< 0,5
grafita	C	3,5	1,5-4,5
magnetita	Fe_3O_4	4,8	2-8
clorita	$(Mg,Al,Fe)_{12}(Si,Al)_8O_{20}(OH)_{16}$	15	12-19
biotita	$K(Mg,Fe)_3(OH)_2(AlSi_3O_{10})$	1,8	1-4
outros silicatos	–	10	7-16

Tab. 8.13 COMPOSIÇÃO QUÍMICA (VALORES PREVISTOS PARA A RESERVA ATÉ A SUA EXAUSTÃO) - USINA DO SALOBO

Elemento	Unidade	Teor médio
Cu	%	37,5
Fe	%	19,3
C	%	4,0
S	%	13,6
Al_2O_3	%	3,4
CaO	%	0,5
MgO	%	0,5
SiO_2	%	13,1
Au	ppm	15,0
F	ppm	1.700
As	ppm	186
Mo	%	0,15
Co	ppm	162
Zn	ppm	41
Se	ppm	< 100
Cd	ppm	10
Ti	%	0,08
Ba	ppm	61
Mn	%	0,24
Ag	ppm	75
Cl	ppm	450
Bi	ppm	< 20
Ni	ppm	82
Cr	ppm	103
Pb	ppm	95
Te	ppm	30
Sb	ppm	< 1
Sn	ppm	< 100

8.3.1 Rota de processo

A rota de processo do projeto Salobo conta com operações unitárias diferenciadas das rotas clássicas para beneficiamento de minerais de cobre. Uma descrição desta rota é feita a seguir.

Cominuição

A cominuição compreende operações unitárias de britagem primária, peneiramento primário e britagem secundária, em circuito fechado, em tela de 55 mm. Prensagem em prensa de rolos, em circuito fechado, com peneiramento na malha de 8 mm (alternativamente em 6,3 mm) e moagem de bolas em circuito fechado e reverso com classificação em ciclone de 26". O produto final da cominuição gerará o P_{80} de 0,105 mm, que será a alimentação da flotação.

Britagem primária

Essa operação é feita por um britador 60 x 89" para 12 Mtpa e dois britadores para 24 Mtpa. O *top size* previsto pelo desmonte de rocha é de 1.500 mm e o F_{80}, de 500 mm. Espera-se que o P_{80} do produto britado seja de 150 mm. Esses valores sugerem um trabalho com excentricidade entre 1¼" e 1½", e APF entre 125 mm e 150 mm. Serão utilizados caminhões de 240 t, com vazão de alimentação de projeto de 2.100 t/h (nominal de 1.826 t/h).

Britagem secundária e peneiramento primário

Esse circuito será fechado na malha de 55 mm, com carga circulante de 105%. Serão utilizadas peneiras banana para melhor eficiência do peneiramento, de vital importância para a alimentação da prensa de rolos, sensível ao *top size*.

Pilhas de regularização

Serão formadas duas pilhas de regularização da produção, tanto para 12 Mtpa quanto para 24 Mtpa: uma após a britagem primária, com capacidade útil para 4 horas de operação e capacidade total de 20 horas de operação, e a outra, anterior à alimentação da prensa de rolos, ou seja, após a britagem secundária, com capacidade útil para 12 horas de operação da usina e capacidade total de cinco dias de operação.

A formação da pilha-pulmão da britagem primária contará com um transportador *wide belt*, com alta capacidade de transporte (foi dimensionado com fator de projeto de 450%). Esse transportador elimina o uso de alimentador abaixo do silo do britador. A descarga do silo do britador é feita diretamente no transportador.

Prensa de rolos (HPGR) e peneiramento secundário

Serão montadas duas prensas de rolos para 12 Mt/a, formando-se duas linhas de produção na usina, e quatro prensas para 24 Mt/a, em quatro linhas de produção. As prensas foram dimensionadas com diâmetro de 2 m e comprimento de 1,5 m, operando com velocidade máxima de 2,5 m/s. A alimentação nova de projeto será de 971 t/h/prensa e 761 t/h nominal.

O *top size* da alimentação é 55 mm para um F_{80} de 32 mm e um P_{80} de 17 mm. A potência instalada por prensa é 3.600 kW.

O HPGR vem substituindo a moagem SAG em projetos de cobre como Serro Verde, no Peru, e minas na Austrália e Indonésia. No Brasil, será a primeira prensa implantada para rocha com alta dureza. A viabilidade desse equipamento se fez ao longo dos anos com melhoria do seu revestimento, aumentando a sua durabilidade: está prevista a durabilidade de 7.000 horas no revestimento das prensas do Salobo. O ganho em relação à moagem SAG pode ser visto principalmente no consumo de materiais (bolas e revestimento) e no rendimento operacional. As prensas trabalharão em circuito fechado na malha de 8 mm (alternativamente, 6,3 mm). A capacidade nominal desse equipamento é 761 t/h, ou 1.522 t/h para as duas prensas, que é a alimentação da usina do Salobo para 12 Mt/a.

Moagem de bolas, classificação e remoagem

Foram dimensionados, para 12 Mt/a, dois moinhos de bolas

de 26 ft x 39 ft, 15.500 kW/moinho, operando com 30%-35% de bolas de tamanho máximo de 76 mm. O F_{80} é de 6 mm e o P_{80}, de 0,105 mm. O circuito é reverso, fechado com ciclones de 26". A remoagem será feita, alternativamente, por moinhos verticais em circuito fechado com ciclonagem, remoendo concentrados rougher II e scavenger para P_{80} de 0,023 mm.

Flotação

O processo de concentração do Salobo passou por longo estudo em escalas de bancada e piloto, e, mais recentemente, em miniplanta-piloto e LCT. Os estudos levaram à definição de dois circuitos diferenciados: o Simplex e o SMM. Ambos têm em comum a flotação conjunta de grossos e finos, alimentando o rougher I com o produto (overflow da classificação) da moagem de bolas. Os dois circuitos trabalham com as mesmas etapas de flotação: roughers I e II; cleaners I, II, III; e scavenger do cleaner.

O fluxograma mostrado na Fig. 8.3 considera a aplicação do circuito SMM.

Em relação ao circuito SMM, o circuito Simplex teria as seguintes alterações de fluxo:

1   o rejeito do scavenger do cleaner é remoído e retorna ao rougher I, juntamente com o concentrado do rougher II;
2   o concentrado desse scavenger retorna ao cleaner I sem remoagem;
3   o rejeito final é apenas o rejeito rougher II.

Pela recirculação do rejeito scavenger, conceitualmente há ganho em recuperação. Por outro lado, no Simplex, a recirculação do concentrado scavenger no cleaner I, sem remoer, juntamente com o concentrado rougher I, foi uma alternativa utilizada para enriquecer a alimentação do cleaner I, possibilitando o aumento do teor de concentrado final, uma vez que o circuito SMM prevê a alimentação do cleaner I com os concentrados rougher I e II, e o teor de concentrado do rougher II é baixo. No Simplex, o concentrado rougher II retorna ao rougher I.

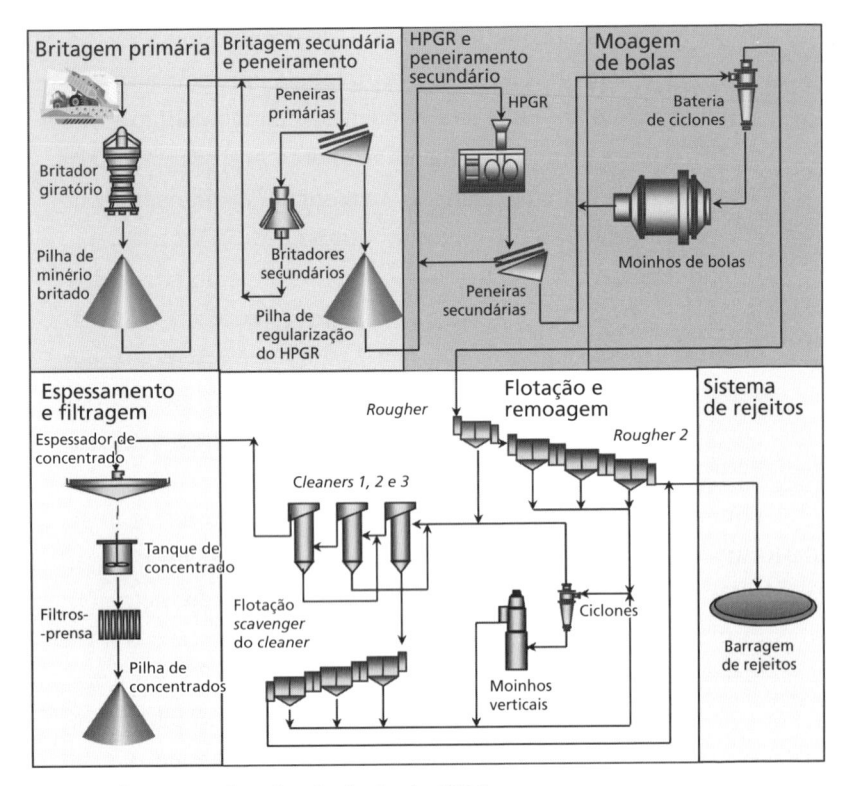

Fig. 8.3 Fluxograma da aplicação do circuito SMM

No entanto, para o Simplex, estaremos trabalhando com a alimentação do *cleaner* I como o *overflow* da remoagem, com P_{80} de 0,023 mm e concentrado do *rougher* I com P_{80} de 0,105 mm. A alimentação do *scavenger* do *cleaner* é o rejeito do *cleaner* I, que, em parte, foi remoído (fração correspondente ao concentrado *rougher* II e rejeito do *scavenger*). Portanto, o concentrado do *scavenger*, retornando ao *cleaner* I sem remoer, poderá levar partículas mistas em carga circulante no *cleaner*, sobrecarregando-o.

Todavia, os principais fatos que levaram à eliminação do circuito Simplex foram:

- ♦ A recirculação do concentrado *rougher* II e do rejeito *scavenger* no *rougher* I reduz o tempo de residência do *rougher* I pela metade. Operacionalmente será um complicador em termos de estabilidade do *rougher* I, uma vez que o tempo de residência para esse *rougher*, projetado para seis minutos no circuito SMM, passaria para três minutos no Simplex.

♦ Além disso, as vazões de bombeamento e alimentação da ciclonagem da remoagem praticamente dobram quando se passa do circuito SMM para o Simplex. O controle operacional desse sistema fica vulnerável pela instabilidade dos bombeamentos trabalhando com amplas faixas de vazões. Isso também leva a um maior número de bombas e ciclones.

Pelos resultados experimentais, o circuito SMM atende ao esperado em recuperação e teor de concentrado, o que, por fim, levou à implementação desse circuito.

A flotação do Salobo vai operar com um volume total de 10.340 m³/h para 12 Mt/a de ROM. O minério tem cinética lenta, caracterizada pela predominância de bornita e calcocita, e menor proporção de calcopirita e covelita. É de mineralogia complexa para a concentração por flotação. A moagem fina na alimentação do *cleaner* é feita para promover maior liberação de sulfeto fino incluso em silicatos ou magnetita. A presença de minerais de ganga, que afetam diretamente o processo, é grande, bem como dos filossilicatos biotita e clorita. A presença de grafita também é um complicador.

Quanto a reagentes, estão sendo avaliados como coletores o amilxantato de potássio e o ditiofosfato e, como espumantes, o metilisobutilcarbinol e o propilenoglicol. Já foram feitos ensaios com o uso de dois poliglicóis, a fim de conferir maior estabilidade à espuma e, com isso, aumentar a aeração, melhorando a cinética.

Foi testado no CDM (Vale) um agente sulfetante para aumentar a recuperação. Aprovou-se o uso do sulfidrato de sódio (NaSH). Também foi avaliada, em laboratório, a utilização de leite de cal. Os testes levaram a um ganho de recuperação e, assim, o leite de cal também será utilizado no processo.

O uso desses dois ativadores proporcionará aumento de recuperação; no entanto, é fundamental controlar a dosagem desses ativadores, pois o NaSH poderá sulfetar também minerais de ganga, comprometendo o concentrado, e a cal, pelo aumento do pH, poderá ativar silicatos, baixando o teor do concentrado.

O circuito de flotação será composto de:
- duas linhas de *rougher* I, com uma célula de 200 m^3 por linha;
- duas linhas de *rougher* II, com seis células de 200 m^3 por linha;
- duas linhas de *scavenger*, com cinco células de 200 m^3 por linha;
- duas linhas de *cleaner* I, com oito colunas de 14 m de altura por 6 m de diâmetro;
- duas linhas de *cleaner* II, com quatro colunas de 14 m de comprimento e 4,3 m de diâmetro;
- *cleaner* III, com duas colunas nas mesmas dimensões do *cleaner* II.

Desaguamento

O desaguamento será composto por espessamento e filtragem em filtros-prensa. A filtragem contará com um clarificador para recuperar finos do filtrado e finos da água de lavagem dos caminhões após carregamento no galpão. A água de lavagem da área (poeiras e derramamentos) também é clarificada para recuperação dos finos careados por ela.

A captação de água recirculada será feita pelo método convencional em balsa.

Referências bibliográficas

FUERSTENAU, M. C. Sulphide mineral flotation. In: KING, R. P. (Ed.). *Principles of flotation*. Johannesburg: SAIMM, 1982.

GAUDIN, A. M. *Principles of mineral dressing*. New Delhi: Tata McGraw-Hill, 1975.

HARRIS, P. J. Frothing phenomena and frothers. In: KING, R. P. (Ed.). *Principles of flotation*. Johannesburg: SAIMM, 1982.

LEJA, J. *Surface chemistry of froth flotation*. New York: Plenum Press, 1982.

MONTE, M. B. M.; DUTRA, A. J. B.; ALBUQUERQUE Jr., C. R. F.; TONDO, L. A.; LINS, F. F. The influence of the oxidation state of pyrite and arsenopyrite on the flotation of an auriferous sulphides ore. *Minerals Engineering*, v. 15, n. 12, p. 1113-1120, 2002.

Flotação de chumbo e zinco na Votorantim Metais

9

Alberto Augusto Rebelo Biava
Frank Edward de Oliveira Rezende

Em 2004, a Votorantim Metais Zinco S.A. (VM-Zn) passou a ser a quinta maior produtora mundial de zinco. Possui e opera duas minas no Brasil (ver localização na Fig. 9.1), no Estado de Minas Gerais (Cia. Mineira de Metais - Unidade Vazante, em Vazante, e Unidade Morro Agudo, em Paracatu), e três usinas metalúrgicas, sendo duas no Brasil, em Minas Gerais (Cia. Mineira de Metais - Unidade Três Marias, em Três Marias, e Unidade Juiz de Fora, em Juiz de Fora), e uma no Peru (Unidade Cajamarquilla, em Lima).

Os primeiros embarques de concentrados produzidos por flotação ocorreram em 1984 (Vazante) e 1988 (Morro Agudo). Enquanto em Vazante são produzidos concentrados de calamina e willemita (silicatos de zinco), em Morro Agudo produzem-se concentrados de galena (sulfeto de chumbo) e de esfalerita (sulfeto de zinco).

Os concentrados de zinco das duas minas são tratados na usina de Três Marias (na Fig. 9.1, Três Marias está localizada entre as minas e Belo Horizonte), e o concentrado de chumbo é exportado. A usina de Juiz de Fora trata concentrados de zinco sulfetado importados.

Os concentrados produzidos localmente passam por tratamentos distintos antes do processamento metalúrgico:
- ♦ cerca de 70% do concentrado silicatado é calcinado em forno rotativo;
- ♦ o concentrado sulfetado de zinco de Morro Agudo é pré-lixiviado com ácido sulfúrico e a polpa resultante é tratada para reflotar os sulfetos e eliminar as impurezas precipitadas.

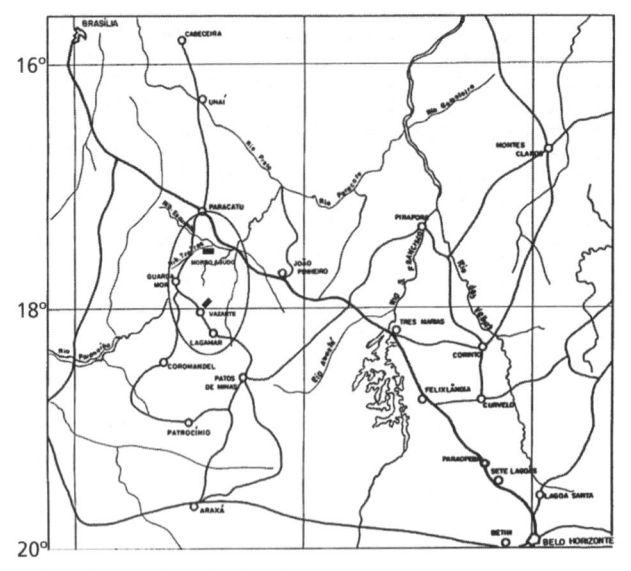

Fig. 9.1 Localização das minas da VM-Zn

O diagrama de blocos da Fig. 9.2 ilustra o fluxo de materiais entre as várias unidades da VM-Zn.

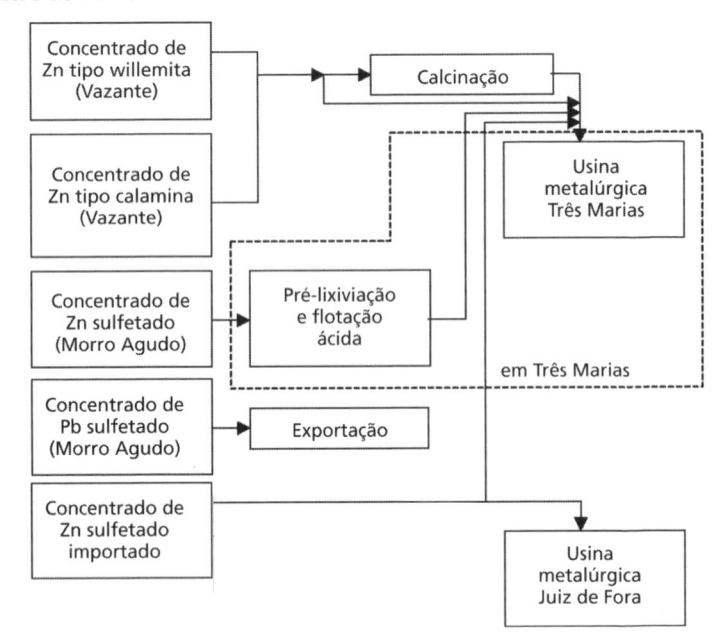

Fig. 9.2 Fluxo de materiais entre as unidades da VM-Zn

9.1 Unidade Vazante - minérios silicatados de zinco
9.1.1 Calamina
Descrição geral

O minério de calamina originou-se da intemperização de minério de willemita. O corpo de minério original de willemita é estreito, alongado na direção NE-SW e formado de lentes inclinadas a subverticais. O corpo de minério de calamina segue essas feições principais, porém, em razão do hidrotermalismo a que foi sujeito, parte do minério foi remobilizada em fraturas com direção NW.

A maior parte da calamina é lavrada em bancadas a céu aberto, simplesmente por escavação mecânica, e uma pequena porção é submetida a desmonte por meio de explosivos. Faz-se o carregamento de caminhões com retroescavadeiras, e o beneficiamento consiste em britagem, moagem, deslamagem, flotação, espessamento e filtragem de concentrado, e disposição de rejeito em barragem. A jazida de calamina era lavrada ao ritmo de 412.000 t/ano em 2005; teve teor médio, até o final de julho daquele ano, de 12,3% Zn, e a previsão era exaurir-se até 2006, quando a planta de beneficiamento de calamina passaria a tratar willemita.

Caracterização do minério e do concentrado de calamina

O mineral silicatado de zinco hemimorfita [$Zn_4Si_2O_7(OH)_2 \cdot H_2O$] origina-se da alteração do mineral willemita (Zn_2SiO_4). O nome calamina é utilizado na literatura para denominar tanto a hemimorfita como o mineral carbonatado de zinco smithsonita ($ZnCO_3$).

O mineral de zinco que predomina na jazida superficial de Vazante, lavrada a céu aberto, é a hemimorfita, e na jazida subterrânea ocorre somente a willemita. A smithsonita aparece como mineral acessório (<< 1%) no minério de calamina. Raros e pequenos corpos de minério de willemita, que afloram em superfície, são lavrados a céu aberto e tratados junto com o minério da mina subterrânea.

O minério contém os seguintes minerais de ganga: quartzo (SiO_2), dolomita [$CaMg(CO_3)_2$], um grupo de argilominerais (ilita, clorita e micas) e óxidos de ferro hematita (Fe_2O_3) e goethita ($Fe_2O_3 \cdot H_2O$). Os minerais acessórios (somam menos de 1%) são: ilmenita, barita, galena, esfalerita, piromorfita, apatita e smithsonita. Os argilominerais podem conter algum zinco na rede cristalina (LCT-Fusp, 2002).

Os tipos de minério são: calamina fina (cerca de 85% em massa), com maiores proporções de material argiloso/terroso (WI de Bond para bolas de 7 kWh/tc a 8 kWh/tc), e calamina maciça/cristalizada (WI de Bond para bolas de 15 kWh/tc).

As Tabs. 9.1 e 9.2 apresentam as composições granuloquímica e mineralógica, a partição do zinco e estimativas do grau de liberação para uma amostra típica de minério, coletada na alimentação da flotação de calamina, depois da etapa de deslamagem, em 2002.

O grau de liberação médio do minério moído é de 95%, e cerca de 15% do zinco encontra-se associado a outros minerais que não a calamina, limitando a recuperação máxima teórica de calamina por flotação a 85%.

As composições mineralógicas das diferentes frações de tamanho são relativamente similares. O menor teor de quartzo nos finos sugere que esse mineral gera menos finos na moagem que os outros minerais. A fração grosseira apresenta menor teor de calamina e maiores teores de minerais de ganga.

As Tabs. 9.3 e 9.4 apresentam as composições granuloquímica e mineralógica, a partição do zinco e estimativas do grau de liberação para uma amostra típica de concentrado, coletada na flotação de calamina em 2002. Nota-se que a granulometria é mais fina (5,7% +149 µm contra 15% +149 µm) e o grau de liberação é maior (97% contra 95%) no concentrado do que no minério alimentado à flotação. A calamina corresponde a 68% do concentrado e os minerais de ganga, a 32%.

Ao comparar-se os teores de minerais nas frações de tamanho, o teor de calamina cai de 79%-84% nas frações −149 +37 µm para

9 Flotação de chumbo e zinco na Votorantim Metais 235

Tab. 9.1 ANÁLISE GRANULOQUÍMICA DA ALIMENTAÇÃO DA FLOTAÇÃO DE CALAMINA - VAZANTE

Fração (mm)	% massa		Teores						
	retida	acum.	Zn	SiO_2	Fe_2O_3	Al_2O_3	CaO	MgO	PF
+0,149	15,0	15,0	10,1	40,2	4,23	1,63	9,96	3,94	15,7
-0,149 +0,074	24,8	39,8	16,6	36,8	2,30	0,61	8,97	4,27	15,9
-0,074 +0,037	23,2	62,9	16,4	37,0	5,10	0,41	9,15	3,87	13,3
-0,037 +0,020	14,0	77,0	16,6	36,6	4,60	1,02	8,91	4,40	12,8
-0,020	23,1	100,0	14,8	34,0	6,41	1,22	9,09	4,58	16,5
total calc.	100	–	15,1	36,7	4,51	0,9	9,18	4,22	14,9

Fonte: LCT-Fusp (2002).

Tab. 9.2 COMPOSIÇÃO MINERALÓGICA, PARTIÇÃO DE ZINCO E GRAU DE LIBERAÇÃO DA ALIMENTAÇÃO DA FLOTAÇÃO DE CALAMINA - VAZANTE

Fração (mm)	Minerais (%)						Partição de Zn (%)		Grau de liberação
	calamina	quartzo	carbonatos	óx. ferro	argilom.	outros	calamina	outros	
+0,149	13	24	23	4	34	< 1	80	20	84
-0,149 +0,074	25	21	21	4	28	< 1	88	12	95
-0,74 +0,037	26	26	19	4	24	< 1	87	13	96
-0,037 +0,020	24	23	20	5	27	< 1	84	16	96
-0,020	24	12	21	6	35	< 1	82	18	97
total calc.	23	212	21	5	30	< 1	85	15	95

Fonte: LCT-Fusp (2002).

Tab. 9.3 ANÁLISE GRANULOQUÍMICA DO CONCENTRADO DA FLOTAÇÃO DE CALAMINA - VAZANTE

Fração (mm)	% massa		Teores (%)						
	retida	acum.	Zn	SiO_2	Fe_2O_3	Al_2O_3	CaO	MgO	PF
+0,149	5,7	5,7	46,0	29,2	1,67	1,02	0,34	0,91	8,2
-0,149 +0,074	25,0	30,7	46,5	28,1	1,67	–	0,40	0,94	–
-0,74 +0,037	22,5	53,3	43,8	30,1	2,14	–	0,69	0,94	10,9
-0,037 +0,020	16,7	70,0	37,0	34,1	3,53	0,61	1,72	1,20	10,4
-0,020	30,0	100,0	27,9	35,3	3,39	1,43	3,66	2,32	12,8
total calc.	100	–	38,7	31,8	2,60	–	1,66	1,4	–

Fonte: LCT-Fusp (2002).

Tab. 9.4 Composição mineralógica, partição de zinco e grau de liberação do concentrado da flotação de calamina - Vazante

Fração (mm)	Minerais (%)						Partição de Zn (%)		Grau de liberação
	calamina	quartzo	carbonatos	óx. ferro	argilom.	outros	calamina	outros	
+0,149	82	8	<1	2	8	<1	97	3	>97
−0,149 +0,074	84	5	<1	2	8	<1	97	3	>97
−0,74 +0,037	79	8	1	2	10	<1	97	3	>97
−0,037 +0,020	61	11	5	3	19	<1	93	7	>97
−0,020	47	12	9	3	28	<1	89	11	>97
total calc.	68	9	4	3	16	<1	95	5	>97

Fonte: LCT-Fusp (2002).

47% na fração −20 μm. Inversamente, os teores de contaminantes aumentam nos finos, e as maiores diferenças de teores ocorrem com os argilominerais (mais de três vezes) e carbonatos (mais de nove vezes).

Essa diferença de comportamento de minerais de ganga presentes no concentrado é creditada, em parte, à maior resistência à moagem do quartzo e da hematita e à menor resistência dos outros minerais. Aqueles que moem mais facilmente geram mais finos e são, portanto, mais suscetíveis ao arraste físico pela água que vai para o concentrado final. Isso poderia ser corrigido com novas etapas de limpeza, mas, provavelmente, com perdas de recuperação.

Medições feitas na usina industrial mostraram que as proporções concentrado/alimentação são ~1/3 na etapa *rougher* e ~4/5 na etapa *cleaner*. Os altos fluxos de concentrado descarregados nos lábios das células acarretam altas velocidades superficiais de descarga, tornando o arraste físico uma causa significativa na contaminação de concentrado durante a flotação de silicatos de zinco em Vazante.

Outras causas significativas de contaminação são a coflotação de argilominerais, que aderem às partículas de silicato de zinco, e a flotação de partículas mistas de silicato de zinco/minerais de ganga.

A aderência de argilominerais às partículas de silicato de zinco diminui o teor de concentrado e, por dificultar a ação do coletor, diminui também a recuperação. Essa aderência e coflotação podem ser controladas com a adição de dispersantes e depressores químicos, e a dosagem ótima desses reagentes depende da relação custo-benefício do seu uso e das limitações das etapas industriais de espessamento e filtragem de concentrado.

Os cerca de 3% de calamina do concentrado que ocorrem na forma de mistos (a liberação é > 97% pela Tab. 9.4) são responsáveis por outra parte da contaminação com minerais de ganga. Essas partículas mistas tiveram flotabilidade suficiente para resultar no concentrado final.

Cominuição e deslamagem de calamina

A britagem é feita em dois estágios, com uma taxa de alimentação de 101,3 t/h. O minério ROM é alimentado por alimentador de placas em grelha fixa de 1,0 m x 2,0 m. O retido na grelha (+100 mm) alimenta um britador de mandíbulas primário 9060 Atlas, enquanto o passante se junta ao britado e alimenta uma peneira vibratória inclinada de 2,4 m x 6,0 m, dotada de tela de 1¾". O retido na peneira é alimentado a dois britadores de mandíbulas secundários 9025 Atlas, e o produto britado fecha circuito com a peneira. O passante na peneira alimenta a moagem.

A moagem primária é feita em dois estágios. O primeiro moinho de bolas (2,0 m ø x 2,4 m, 150 cv, alimentação do tipo caneca, descarga do tipo *overflow*) opera em circuito aberto e tem a função de, além de moer, desagregar torrões que frequentemente se formam em razão da umidade do minério, da ação aglomerante dos argilominerais e do manuseio com ressecamento parcial que ocorre durante a estocagem e retomada do minério britado. A desagregação desses torrões libera os finos naturais para que possam ser separados, na classificação por ciclones, sem passar no segundo moinho. A descarga do moinho tem um *trommel*, e o material grosso, refugado, é alimentado ao segundo moinho. O passante no *trommel* junta-se à descarga do segundo moinho na caixa de bomba que alimenta a bateria de ciclones.

O segundo moinho de bolas (2,4 m ø x 11,0 m, 935 cv, 18 rpm, alimentação do tipo *spout*, descarga do tipo *overflow*) é, portanto, alimentado com os grossos refugados no *trommel* da descarga do primeiro moinho e com o *underflow* dos ciclones, operando em circuito fechado com três ciclones de 15 polegadas (dois em operação e um em *stand-by*). O *overflow* dos ciclones é a alimentação da etapa de deslamagem.

A deslamagem tinha quatro estágios de ciclonagem até o final de 2004, quando se agregaram três novos estágios para tratar a lama gerada nos quatro estágios iniciais e aumentar a recuperação de calamina fina. O circuito completo é ilustrado na Fig. 9.3. As duas primeiras etapas de ciclonagem são feitas em baterias de ciclones com diâmetros de 6" e 4", e as últimas, em arranjos do tipo *canister* que acomodam grande número de ciclones de 2". Uma peneira vibratória horizontal, localizada antes dos ciclones de 2", refuga materiais grosseiros (pedaços de madeira, de plástico etc.) que poderiam entupir os ápices dos ciclones.

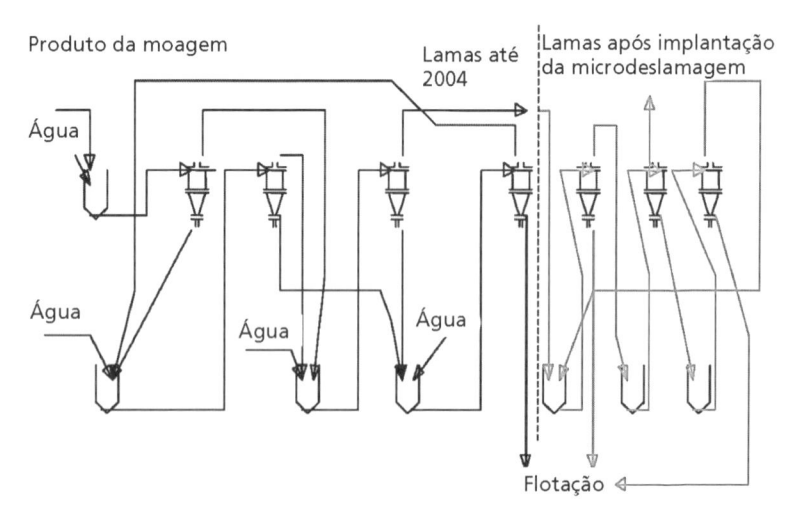

Fig. 9.3 Fluxograma atual de deslamagem de calamina - Vazante

O teor de zinco nas lamas descartadas junto com o rejeito é muito alto. Entre janeiro e outubro de 2004, foram rejeitados 41% da massa alimentada, na forma de lamas, com teor de 9,9% Zn, correspondendo a uma perda de zinco, nessa etapa, de 32,3%. Com a implantação das três novas etapas de ciclonagem, o descarte de lamas caiu sensivelmente, bem como o teor de zinco nas lamas. Por exemplo, em julho de 2005 foram descartados 33% da massa moída, na forma de lamas, e o teor foi de 7,9% Zn, diminuindo a perda de zinco para 20%. O aumento na recuperação global na deslamagem e na flotação, considerando os períodos citados, foi de 9%. Além disso, da alimentação média da moagem, de 58,6 t/h, foram geradas, após deslamagem, 39,5 t/h de alimentação nova para a flotação.

Flotação de calamina

O circuito de beneficiamento é relativamente simples: uma etapa de condicionamento e flotação em células mecânicas convencionais, em circuito do tipo contracorrente, com quatro etapas: *rougher*, *scavenger* da *rougher*, *cleaner* e *scavenger* da *cleaner*, conforme fluxograma da Fig. 9.4. O rejeito final da flotação se junta às lamas e é descartado em uma canaleta, de onde vai por gravidade até a barragem de rejeitos. A Fig. 9.4 também apresenta os pontos de dosagem de reagentes e as células mecânicas utilizadas no circuito.

Reagentes:
A   Dispersante
B   Sulfeto de sódio + barrilha
C   Amina primária
D   MIBC

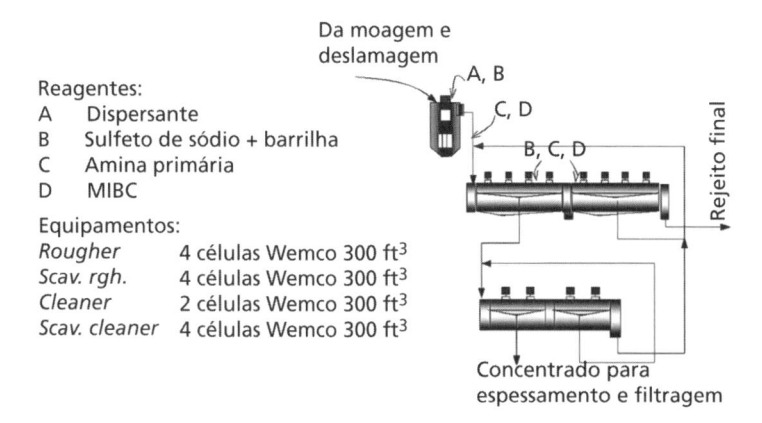

Equipamentos:
Rougher   4 células Wemco 300 ft^3
Scav. rgh.   4 células Wemco 300 ft^3
Cleaner   2 células Wemco 300 ft^3
Scav. cleaner   4 células Wemco 300 ft^3

Fig. 9.4 Fluxograma da flotação de calamina - Vazante

O consumo de reagentes é apresentado na Tab. 9.5. Em julho de 2005, produziu-se concentrado de zinco com teor médio de 39,3% Zn e recuperação média de 67,4%, conforme o balanço apresentado na Tab. 9.6.

Tab. 9.5 CONSUMO DE REAGENTES NA FLOTAÇÃO DE CALAMINA EM JULHO DE 2005 - VAZANTE

Reagente	g/t[1]
dispersante	795
sulfeto de sódio	4.258[2]
barrilha (carbonato de sódio)	720
amina primária	125
MIBC	102

(1) base: alimentação da moagem;
(2) a dosagem apresentada é de sulfeto de sódio comercial; contém cerca de 50% de sulfeto de sódio ativo.

Tab. 9.6 BALANÇO DE MASSAS E METALÚRGICO NA FLOTAÇÃO DE CALAMINA EM JULHO DE 2005 - VAZANTE

Produto	% massa	Teor Zn (%)	Distr. Zn (%)
lama	32,57	7,88	20,40
concentrado	21,61	39,25	67,42
rejeito	45,82	3,34	12,18
alimentação	100,00	12,58	100,00

A instalação, no final de 2004, de novas etapas de deslamagem teve excelente impacto em termos de produtividade e retorno financeiro, em razão do baixo custo de capital e operacional.

Foi testada em 2005, em escalas piloto e industrial, uma amina derivada de coco de carnaúba, que viabiliza a flotação em pH mais baixo e promove uma economia razoável em reagentes modificadores de pH.

A planta de calamina é relativamente nova e bem instrumentada, já que foi necessário fazer uma relocação de usina em 2004. A amostragem é feita com amostradores automáticos, e são feitas análises químicas com frequência bi-horária.

Faz-se uma monitoração diária do processo por meio de testes--padrão de flotação em laboratório. Desvios de comportamento na usina em relação ao resultado do teste-padrão indicam anomalias no processamento industrial e possibilitam ações corretivas.

Vazante conta com laboratório de processo e planta-piloto para o desenvolvimento tecnológico do beneficiamento de calamina e de willemita.

9.1.2 Willemita

Descrição geral

O corpo de minério de willemita de Vazante ocorre, via de regra, em profundidade, alterando-se em superfície para calamina. É estreito e alongado na direção NE-SW e formado de lentes inclinadas a subverticais. Esporadicamente, pequenos corpos de minério afloram em superfície e são lavrados a céu aberto.

O ritmo de produção de 740.000 t/ano em 2005 passou para cerca de 1,2 milhão de t/ano em 2007. As reservas cubadas de minério de willemita são suficientes para 22 anos. Os recursos minerais são bem maiores que as reservas atuais, porém, para aumentar as reservas, esbarra-se com as seguintes restrições/necessidades:

- em profundidade, a necessidade de investir em novas e mais profundas instalações subterrâneas de bombeamento de água. A atual tem capacidade instalada de 13.300 m^3/h de bombeamento;
- ao sul, a baixa qualidade da rocha em termos de excesso de infiltração de água e baixa resistência mecânica, que dificulta técnica e economicamente a lavra subterrânea;
- ao norte, o limite da área de concessão de lavra.

A lavra subterrânea de minério de willemita é feita pelos seguintes métodos:

- C&A - corte e aterro com abandono de pilares, aplicado acima do nível 500, onde o minério é muito irregular e tem baixo mergulho (30° a 40°);
- S&F - *sublevel and fill*, onde o mergulho é acima de 55°;
- VRM - *vertical retreat mining*.

O minério é carregado nas frentes de lavra por sete carregadeiras do tipo LHD, em 13 caminhões rebaixados com capacidades entre 18 t e 50 t, e transportado para a superfície através de rampa, onde é descarregado em pilhas de estocagem e triagem. A retomada por carregadeiras e caminhões, para transporte até a planta de britagem de willemita por estrada interna de terra, é feita por terceiros.

O beneficiamento consiste em britagem, moagem, flotação, espessamento e filtragem de concentrado, e disposição de rejeito em barragem.

Caracterização do minério e do concentrado de willemita

O minério de willemita de Vazante tem, como mineral de minério, a willemita (Zn_2SiO_4), que pode conter algum ferro na rede cristalina, e, como principais minerais de ganga, a dolomita [$CaMg(CO_3)_2$], que pode conter algum ferro e/ou zinco (máximo de 3%) na rede cristalina, e óxidos de ferro hematita (Fe_2O_3) e goethita ($Fe_2O_3 \cdot H_2O$). Apresenta pequena quantidade de quartzo (SiO_2) e argilominerais (ilita, clorita e micas), e, ainda, os minerais acessórios (somam menos de 1%): ilmenita, barita, galena, esfalerita e apatita. Os argilominerais podem conter algum zinco nas suas redes cristalinas. Mais de 97% do zinco encontra-se associado à willemita (LCT-Fusp, 2002).

As Tabs. 9.7 e 9.8 apresentam as composições granuloquímica e mineralógica, a partição do zinco e estimativas do grau de liberação para uma amostra típica de minério, coletada na alimentação da flotação de willemita em 2002.

O minério apresenta-se como rocha competente e tem WI de Bond para bolas variável de 16 kWh/tc a 22 kWh/tc.

As Tabs. 9.9 e 9.10 apresentam as composições granuloquímica e mineralógica, a partição do zinco e estimativas do grau de liberação para uma amostra típica de concentrado, coletada na flotação de willemita em 2002.

9 Flotação de chumbo e zinco na Votorantim Metais 243

Tab. 9.7 ANÁLISE GRANULOQUÍMICA DA ALIMENTAÇÃO DA FLOTAÇÃO DE WILLEMITA - VAZANTE

Fração (mm)	% massa		Teores (%)						
	retida	acum.	Zn	SiO$_2$	Fe$_2$O$_3$	Al$_2$O$_3$	CaO	MgO	PF
+0,149	17,8	17,8	7,9	8,2	4,72	0,61	23,6	14,1	37,0
-0,149 +0,074	20,5	38,3	14,5	9,1	9,71	0,41	20,4	11,9	27,3
-0,74 +0,037	16,5	54,8	18,2	10,0	13,9	1,22	17,5	10,5	24,5
-0,037 +0,020	8,9	63,7	19,0	10,2	13,0	0,20	17,5	10,9	24,6
-0,020 under	17,7	81,5	19,0	10,1	12,1	0,61	16,3	9,49	26,2
-0,020 over	18,5	100,0	11,3	10,2	15,1	1,02	16,9	9,90	30,1
total calc.	100	–	14,5	9,58	11,2	0,7	18,9	11,20	28,7

Fonte: LCT-Fusp (2002).

Tab. 9.8 COMPOSIÇÃO MINERALÓGICA, PARTIÇÃO DE ZINCO E GRAU DE LIBERAÇÃO DA ALIMENTAÇÃO DA FLOTAÇÃO DE WILLEMITA - VAZANTE

Fração (mm)	Minerais (%)						Partição de Zn (%)		Grau de liberação
	willemita	quartzo	carbonatos	óx. ferro	argilom.	outros	willemita	outros	
+0,149	13	2	77	6	2	< 1	> 97	< 3	84
-0,149 +0,074	25	1	58	13	2	< 1	> 97	< 3	90
-0,74 +0,037	29	1	52	16	1	< 1	> 97	< 3	93
-0,037 +0,020	33	1	51	13	1	< 1	> 97	< 3	> 97
-0,020 under	33	1	51	13	1	< 1	> 97	< 3	> 97
-0,020 over	21	4	55	16	3	< 1	> 97	< 3	> 97
total calc.	25	2	58	13	2	< 1	> 97	< 3	94

Fonte: LCT-Fusp (2002).

Tab. 9.9 ANÁLISE GRANULOQUÍMICA DO CONCENTRADO DA FLOTAÇÃO DE WILLEMITA - VAZANTE

Fração (mm)	% massa		Teores (%)						
	retida	acum.	Zn	SiO$_2$	Fe$_2$O$_3$	Al$_2$O$_3$	CaO	MgO	PF
+0,149	0,8	0,8	49,1	22,6	5,28	–	4,25	0,71	–
-0,149 +0,074	9,4	10,1	49,1	22,1	5,20	–	4,33	1,03	–
-0,74 +0,037	20,2	30,4	49,5	23,7	4,83	–	3,07	1,03	–
-0,037 +0,020	15,6	46,0	49,9	24,3	4,73	–	2,16	0,72	–
-0,020 under	28,1	74,1	49,6	25,1	4,72	1,22	1,87	0,55	2,35
-0,020 over	25,9	100,0	28,0	19,1	10,5	1,02	7,32	4,37	2,71
total calc.	100	–	44	22,8	6,28	–	3,82	1,71	–

Fonte: LCT-Fusp (2002).

Tab. 9.10 Composição mineralógica, partição de zinco e grau de liberação do concentrado da flotação de willemita - Vazante

Fração (mm)	Minerais (%)						Partição de Zn (%)		Grau de liberação
	willemita	quartzo	carbonatos	óx. ferro	argilom.	outros	willemita	outros	
+0,149	79	0	15	5	0	< 1	> 97	< 3	94
-0,149 +0,074	78	0	15	6	0	< 1	> 97	< 3	95
-0,74 +0,037	85	0	8	6	0	< 1	> 97	< 3	> 97
-0,037 +0,020	87	0	6	6	0	< 1	> 97	< 3	> 97
-0,020 under	86	2	5	5	1	< 1	> 97	< 3	> 97
-0,020 over	57	4	24	11	3	< 1	> 97	< 3	> 97
total calc.	78	2	11	7	1	< 1	> 97	< 3	> 97

Fonte: LCT-Fusp (2002).

Os principais minerais contaminantes do minério também o são no concentrado, ou seja, carbonatos e óxidos de ferro. A granulometria é mais fina (0,8% +149 μm contra 17,8% +149 μm) e o grau de liberação é maior (97% contra 94%) no concentrado do que no minério alimentado à flotação. A willemita corresponde a 78% do concentrado e os minerais de ganga, a 22%. Análises de recuperação por tamanho de partícula, feitas na época da amostragem, mostraram que a willemita grosseira e liberada nas frações grosseiras não flotava bem. Isso justificou afinar a moagem na usina industrial, passando para 5% a 10% +149 μm.

Ao comparar-se os teores de minerais nas frações de tamanho, o teor de willemita cai de 78%-87% nas frações -149 +37 μm para 77% na fração -20 μm *over*. Inversamente, os teores de contaminantes são maiores na fração -20 μm *over*. Os argilominerais estão presentes somente nas frações -20 μm.

Tal como citado para a calamina, os minerais que moem mais facilmente geram mais finos e são mais suscetíveis ao arraste físico pela água que vai para o produto concentrado final. Os altos fluxos de concentrados descarregados nos lábios das células acarretam altas velocidades superficiais de descarga, tornando o arraste físico uma causa significativa na contaminação de concentrado durante a flotação de silicatos de zinco em Vazante. Isso pode ser minimizado por meio de nova etapa de limpeza, porém com algum impacto na recuperação de zinco.

A presença de argilominerais na willemita é pequena e não têm sido utilizados depressores/dispersantes químicos. Testes realizados em 2005 demonstraram ser vantajoso o uso de dispersante, por promover aumento de teor de concentrado final e recuperação de zinco, resultando em ganho financeiro.

A parcela de 3% de willemita do concentrado que ocorre na forma de mistos (a liberação é > 97% pela Tab. 9.10) é responsável por outra parte da contaminação com minerais de ganga.

Cominuição de willemita

A britagem é feita em três estágios, com uma taxa de alimentação de 163,1 t/h, sendo que a primária é em circuito aberto e as britagens secundária e terciária operam em circuito fechado. O minério ROM é alimentado por alimentador de placas de 1,0 m x 5,0 m a um britador de mandíbulas primário C-100 Nordberg/Metso (abertura de alimentação 1.000 mm x 760 mm, 150 cv). O produto do britador primário é enviado para a peneira vibratória inclinada primária de 2,13 m x 4,87 m, com o passante em 30 mm sendo enviado à peneira secundária. O retido na peneira primária, acima de 30 mm, passa por um britador cônico secundário Omnicone 1352 Nordberg/Metso, com o produto rebritado sendo enviado de volta à peneira primária. O passante na peneira vibratória inclinada secundária de 2,44 m x 6,10 m, abaixo de 12,0 mm, é o produto final, e o retido passa por um rebritador cônico terciário HP-400 Nordberg/Metso (400 cv), que opera em circuito fechado com a peneira secundária.

O minério britado é empilhado em um pátio por empilhadeira móvel de lança basculável, não giratória, e retomado com retomadora/raspadora do tipo ponte, com ancinho duplo, sendo alimentado ao silo de brita que alimenta a moagem.

Um alimentador de correias extrai brita do silo da moagem e alimenta o moinho de bolas (4,4 m ø x 5,9 m, 2.450 cv, alimentação do tipo *spout*, descarga do tipo *overflow*, com *trommel* para refugos), de fabricação da Zanini/Humboldt Wedag. O moinho opera em circuito fechado com três ciclones de 15" (um quarto ciclone está sendo instalado para que sempre haja um como sobressalente). O *overflow* dos ciclones é a alimentação da flotação.

Flotação de willemita

O circuito de willemita foi originalmente montado com duas etapas de condicionamento e flotação em contracorrente com etapas de *rougher, scavenger* da *rougher, cleaner* e *scavenger* da *cleaner*. Em 2004, com o objetivo de aumentar a recuperação de zinco, fez-se uma modificação, e a alimentação nova da flotação passou a ser feita na etapa *scavenger* da *cleaner*, conforme fluxograma da Fig. 9.5. Isso foi motivado por se ter verificado, por amostragem no circuito original, que os teores de alimentação e rejeito eram muito semelhantes, ou seja, flotava-se muito pouco nessa etapa. Na nova configuração, o tempo de residência é pequeno na etapa *scavenger* da *cleaner*, a flotação *rougher* é rápida e a seletividade é alta, de modo que o concentrado obtido nesse banco de células também é

Reagentes:
A Dispersante
B Sulfeto de sódio + barrilha
C Amina
D MIBC

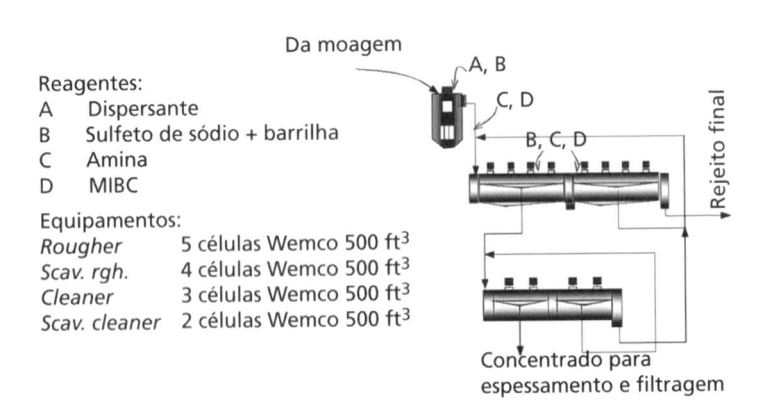

Equipamentos:
Rougher   5 células Wemco 500 ft³
Scav. rgh.   4 células Wemco 500 ft³
Cleaner   3 células Wemco 500 ft³
Scav. cleaner 2 células Wemco 500 ft³

Fig. 9.5 Fluxograma da flotação de willemita - Vazante

um produto de alto teor que se junta ao concentrado da etapa *cleaner* para compor o concentrado final.

O rejeito final da flotação é espessado para recuperar água de processo e descartado por gravidade até a barragem de rejeitos, separadamente das lamas e do rejeito de flotação de calamina, para uso como material para alteamento da barragem. A Fig. 9.5 apresenta também pontos de dosagem de reagentes e as células mecânicas usadas no circuito.

O consumo médio de reagentes é apresentado na Tab. 9.11. Em julho de 2005, produziu-se concentrado de zinco com teor médio de 43,7% Zn e recuperação média de 85,3%, conforme o balanço apresentado na Tab. 9.12.

No final de 2004, foram implantados sistemas especialistas para controlar e estabilizar a moagem e a flotação, com o uso da lógica *fuzzy*. As informações primordiais utilizadas pelos sistemas são: na moagem, resultados do medidor *on-line* de tamanho de partículas no *overflow* dos ciclones (PSI - Outokumpu), e, na flotação, imagens de espuma (todas as células de flotação têm câmaras de vídeo que monitoram a qualidade e a velocidade de descarga da espuma).

Tab. 9.11 CONSUMO DE REAGENTES NA FLOTAÇÃO DE WILLEMITA EM JULHO DE 2005 - VAZANTE

Reagente	g/t
sulfeto de sódio	2.562[1]
barrilha (carbonato de sódio)	433
amina primária	81
MIBC	59

(1) A dosagem apresentada é de sulfeto de sódio comercial; contém cerca de 50% de sulfeto de sódio ativo.

Tab. 9.12 BALANÇO DE MASSAS E METALÚRGICO NA FLOTAÇÃO DE WILLEMITA EM JULHO DE 2005 - VAZANTE

Produto	% massa	Teor Zn (%)	Distr. Zn (%)
concentrado	30,39	43,74	85,29
rejeito	69,61	3,18	14,71
alimentação	100,00	15,61	100,00

Trabalhos de pesquisa realizados no laboratório de processo e na planta-piloto de Vazante viabilizam melhorias contínuas no processo de flotação. Entre os exemplos de modificações em fase de implementação/teste industrial, estão:

- ♦ o uso de um coletor amina derivado de coco de carnaúba possibilita flotar em pH mais baixo, reduzindo o consumo de sulfeto de sódio e barrilha;
- ♦ a substituição parcial de sulfeto de sódio e barrilha por cal virgem e dispersante. Esse novo esquema aumenta o custo com reagentes; porém, os resultados metalúrgicos – maior teor de concentrado e maior recuperação de zinco – compensam financeiramente.

Faz-se uma monitoração diária do processo por meio de testes-padrão de flotação em laboratório. Desvios de comportamento na usina em relação aos resultados do teste-padrão indicam anomalias no processamento industrial e servem como alerta para que se façam correções no beneficiamento.

A planta de willemita está equipada com o que há de mais moderno no mercado em instrumentos e sistemas para controle de processo. A planta é relativamente nova, já que se fez uma relocação e ampliação da usina em 2002. A amostragem ainda é feita com amostradores automáticos e os resultados são monitorados com frequência bi-horária; porém, foi adquirido, no segundo semestre de 2005, um sistema de análise *on-line* na flotação, que proporciona um maior controle da flotação e a garantia de qualidade do produto.

9.2 Unidade Morro Agudo - minério sulfetado de chumbo e zinco

9.2.1 Descrição geral

O depósito de zinco e chumbo encontra-se associado a rochas carbonáticas de ambiente recifal, idade pré-cambriana superior, pertencentes à Formação Vazante, Grupo Bambuí.

As mineralizações estão contidas numa unidade dolomítica denominada dolarenito, rocha dolomítica com clastos milimétricos também de composição dolomítica, e já na capa do jazimento encontra-se a unidade denominada SAD, constituída de rocha rítmica composta por níveis milimétricos argilosos e dolomíticos, e, finalmente, na base, por uma unidade denominada brecha dolomítica, composta por brecha intraformacional.

A jazida é conturbada por um sistema de falhamento com direção NW e com basculamentos para oeste, constituindo-se em falhas normais, sendo que as maiores definem um zoneamento da jazida por blocos. Os corpos principais ou blocos, denominados por letras e números, são constituídos por camadas concordantes sequenciadas com espessuras que variam de 4 m a 15 m.

A jazida tem dimensões aproximadas de 2 km no sentido N-S, 0,7 km no sentido E-W e profundidade de 650 m. A direção dos minérios vai de N 20 a N 60 E e o mergulho médio é de 20° para NW.

O minério tem como principais componentes os minerais de esfalerita e galena. A presença reduzida de pirita e o baixo teor de ferro na esfalerita conferem aos concentrados produzidos baixos níveis de impurezas desse metal. O teor médio na jazida é da ordem de 5,0% de zinco e 2,2% de chumbo. Parte do rejeito do beneficiamento é vendida como calcário para corretivo agrícola e para a Rio Paracatu Mineração (RPM), para controle da geração de efluentes ácidos.

A infraestrutura da mina contempla os acessos básicos: um poço com profundidade de 320 m, com um *skip* para carga de 10 t de minério ou estéril e uma rampa para acesso de equipamentos e pessoal. Abaixo da estação de carga, o transporte ocorre por caminhões, através de uma rampa que atende aos níveis inferiores.

A mina tem um alto grau de mecanização, com frota de jumbos diesel e elétricos, carregadeiras do tipo LHD, caminhões próprios para transporte, além de equipamentos para apoio para saneamento de tetos, carregamento de frentes e outros.

O método de lavra é o de câmaras e pilares, com acesso por níveis que secionam a mina a cada 33 m. Através desses níveis desenvolvem-se rampas no mergulho aparente dos corpos, chegando no máximo a 18% para, a partir das rampas, proceder-

-se à abertura das câmaras ao longo do *strike*, configurando-se um *layout* final de câmaras com 10 m de largura, altura correspondente à espessura do corpo, e apresentando pilares, entre uma câmara e outra, de 5 m x 5 m, espaçados longitudinalmente 8 m entre si.

O minério, após ser desmontado, é transportado até o sistema de içamento, chega à superfície, passa por três etapas de britagem, vai para uma pilha de homogeneização e daí para a moagem e a flotação. A escala de produção é da ordem de 870.000 t/ano de ROM.

9.2.2 Caracterização do minério de Morro Agudo

A mineralogia é simples: esfalerita, galena, dolomita, pirita, *chert*, quartzo, pequena quantidade de barita e rara fluorita. A esfalerita e a galena são os minerais de minério. A Tab. 9.13 apresenta uma composição química típica do minério, e as Tabs. 9.14 e 9.15, composições mineralógicas de amostras de dois corpos de minério da jazida de Morro Agudo, que ilustram como varia a proporção de sulfetos de zinco e chumbo em diferentes blocos da jazida.

Tab. 9.13 Composição química média - minério de Morro Agudo

Elementos	CaO%	MgO%	Zn%	S%	Fe%	Pb%	Cd ppm	Ti ppm	In ppm	Cu ppm	Ga ppm	Ag ppm
Teores	20,82	16,21	5,06	3,74	3,19	1,56	360	20	20	13	4,37	1,58

Tab. 9.14 Composição mineralógica de minério de Morro Agudo (amostra 350 RJ-KC2)

Fração (mm)	% massa retida	Minerais (%)				
		esfalerita	galena	quartzo	carbonato	pirita
+0,044	16,3	8	5	5	75	8
−0,044 +0,037	8,6	8	5	12	68	7
−0,037 +0,020	19,9	6	4	13	70	8
−0,020 deslam.	41,7	7	5	9	70	7
lama	13,5	7	3	7	74	9
total calc.	100	7	5	9	71	8

Fonte: LCT-Fundespa (2004).

O grau de liberação do minério é relativamente baixo tanto para a galena como para a esfalerita, mesmo com o grau de moagem relativamente fino adotado (87% passantes em 325 *mesh*). O tamanho

Tab. 9.15 Composição mineralógica de minério de Morro Agudo (amostra 30 KC)

Fração (mm)	% massa retida	Minerais (%)				
		esfalerita	galena	quartzo	carbonato	pirita
+0,044	12	5	0,2	11	75	9
−0,044 +0,037	9,2	4	0,2	14	74	8
−0,037 +0,020	19,7	4	0,2	17	69	11
−0,020 deslam.	34,1	4	0,2	11	76	8
lama	24,9	5	0,2	19	66	10
total calc.	100	4	0,2	15	72	9

Fonte: LCT-Fundespa (2004).

natural dos sulfetos e, consequentemente, o grau de liberação também variam nos diferentes corpos de minério da jazida.

Observações feitas em frações granulométricas em amostra do corpo 350 RJ KC2 em 2004 (LCT-Fundespa, 2004) mostraram que, via de regra, os sulfetos de chumbo e de zinco ocorrem em grãos mistos com os carbonatos e entre si, e, em menor proporção, com a pirita. Também indicaram que existem duas gerações distintas tanto de esfalerita como de galena. Uma geração mais grosseira, que ocorre com grãos livres com dimensões entre 30 μm e 40 μm para a galena e entre 30 μm e 50 μm para a esfalerita, e outra de granulação mais fina, menor que 10 μm, para os dois sulfetos. A Fig. 9.6 apresenta uma fotomicrografia de fração granulométrica da amostra 30 KC que ilustra formas de grãos de produto de moagem.

O minério de Morro Agudo tem WI de Bond para bolas da ordem de 14 kWh/tc a 16 kWh/tc.

9.2.3 Cominuição do minério de Morro Agudo

A britagem é feita em três estágios, com uma taxa de alimentação de 140 t/h, e reduz o tamanho máximo do minério de 500 mm para 8 mm. Os equipamentos principais de britagem são: britador primário de mandíbulas 25" x 40" Nordberg/Metso; britador cônico secundário 1352 Nordberg/Metso; britador cônico terciário HP-400 Nordberg/Metso; e uma peneira vibratória inclinada, de dois pisos, de 2.200 mm x 6.500 mm, modelo D-2200 x 6500 mm da Haver & Boecker.

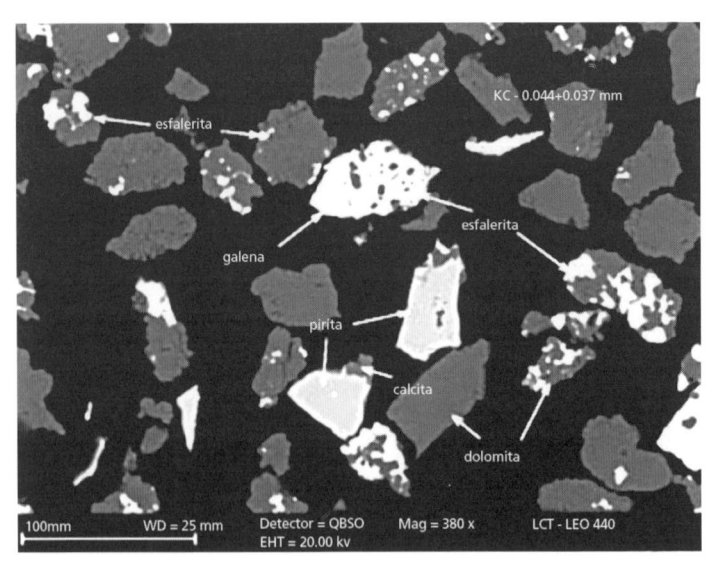

Fig. 9.6 Fração −0,044 mm +0,037mm − esfalerita em grãos mistos com carbonatos ou apresentando diminutas inclusões de galena
Fonte: LCT-Fundespa (2004).

O minério é alimentado por um alimentador vibratório ao britador primário. O produto do primário é estocado em uma pilha-pulmão, retomado com um alimentador de placas de 1 m x 3 m e alimentado ao britador secundário, que opera em circuito aberto. Os produtos dos britadores secundário e terciário são enviados à peneira. O passante na peneira é a brita final e o retido fecha circuito com o britador terciário, passando antes por uma pilha-pulmão, onde é retomado com alimentador vibratório. A brita produto final é estocada em pilha de estocagem de 5.000 t antes de ser retomada à moagem.

Cinco de correia retomam a brita de minério sob a pilha de estocagem e alimentam dois silos de 15 m^3 de capacidade dos moinhos de bolas. Alimentadores de correia sob os silos alimentam os moinhos.

O moinho de bolas 1 (4,1 m ø × 6,1 m, 2.000 cv, alimentação do tipo *spout*, descarga do tipo *overflow*, 14,9 rpm = 72% vc), de fabricação da Nordberg, opera em circuito fechado com 11 ciclones de 10". A alimentação nova é feita direto ao moinho e a descarga do moinho cai na caixa de bomba que alimenta os ciclones. O *underflow* dos ciclones retorna ao moinho e o *overflow* é a alimentação da flotação – circuito chumbo.

O moinho de bolas 2 (3,6 m ø × 5,4 m, 1.218 cv, alimentação do tipo *spout*, descarga do tipo *overflow*, 14,9 rpm = 67% vc), de fabricação da Zanini/Humboldt Wedag, opera de maneira idêntica ao moinho 1, em circuito fechado com oito ciclones de 10". Os produtos dos dois moinhos (cerca de 80 t/h do moinho 1 e cerca de 35 t/h do moinho 2, em julho de 2005) juntam-se na etapa de condicionamento do circuito chumbo, apresentando-se com 30% de sólidos e 87% passantes em 325 *mesh*.

Os dois sistemas de moagem são monitorados por analisador de partículas PSM-400 da Autometrics.

A Tab. 9.16 mostra resultados de amostragens realizadas em 2004 com os dois sistemas de moagem e classificação em ciclones.

9.2.4 Flotação do minério de Morro Agudo
Flotação de chumbo

O circuito consiste em condicionamento, flotação em colunas de flotação nas etapas *rougher* e *cleaner*, e um banco de células mecânicas convencionais operando como *scavenger* da *cleaner* e da *rougher*, conforme fluxograma da Fig. 9.7. O rejeito final da flotação é a alimentação do circuito zinco.

O consumo de reagentes é apresentado na Tab. 9.17. Em julho de 2005, produziu-se concentrado de chumbo com teor médio de 68,6% Pb e recuperação média de 84,7%.

O laboratório de processo e a planta-piloto locais permitem desenvolver tecnologicamente o processo de beneficiamento de chumbo e zinco. Exemplos de desenvolvimentos recentes na flotação de chumbo:

♦ testes de coletores alternativos para aumentar a recuperação de chumbo;

Tab. 9.16 TAXA DE ALIMENTAÇÃO, GRANULOMETRIAS, RELAÇÃO DE REDUÇÃO, CARGA CIRCULANTE, CONSUMO ESPECÍFICO DE ENERGIA E WI DE BOND PARA BOLAS

| | | Amostragens ||||||
| | | 1/4/2004 || 2/4/2004 || 12/5/2004 ||
		moinho 1	moinho 2	moinho 1	moinho 2	moinho 1	moinho 2
taxa de alimentação	(t/h)	75,5	29,4	75,5	32,3	70,6	32,3
alimentação nova	F_{80} (mm)	5,39	7,13	4,53	4,54	5,39	7,13
overflow do ciclone	P_{80} (mm)	0,049	0,029	0,041	0,030	0,017	0,034
relação de redução	–	110	245	110	151	317	210
carga circulante	(%)	432	747	287	974	697	627
potência do moinho	(kW)	1.300	665	1.300	655	1.330	660
cons. específico energia	(kWh/tc)	17,2	22,6	17,2	20,3	18,8	20,4
WI Bond para bolas	(kWh/tc)	16,1		15,9		14,9	

Fonte: Delboni Jr. (2004).

- ◆ aumento da rotação das células Wemco convencionais, possibilitando aumento de recuperação;
- ◆ uso de ácido acético para a limpeza de superfície de galena, visando à recuperação.

Flotação de zinco

O circuito é parecido com o de chumbo, com a adição de remoagem. O circuito consiste em condicionamento, flotação em colunas nas etapas rougher e cleaner, e três bancos de células mecânicas convencionais operando como scavenger da cleaner e da rougher, conforme fluxograma da Fig. 9.8. O rejeito cleaner e o concentrado scavenger são remoídos em dois moinhos de

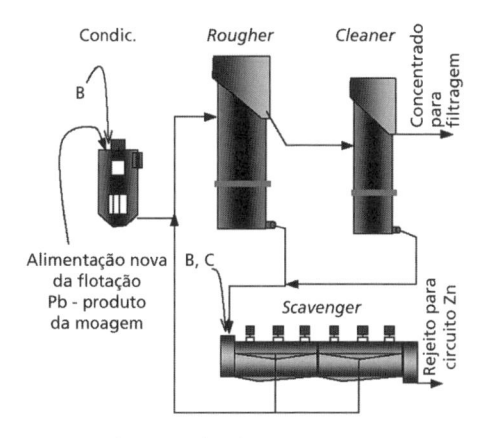

9 Flotação de chumbo e zinco na Votorantim Metais 255

Reagentes do circuito chumbo:
A Carbonato de sódio na moagem
B Coletor - isopropilxantato de sódio
C Espumante MIBC

Equipamentos do circuito chumbo:
Condicionador 35 m³ - 30 cv
Rougher coluna de 3,05 m de diâmetro x 13,0 m de altura
Cleaner coluna de 1,83 m de diâmetro x 10,0 m de altura
Scavenger 6 células Wemco 500 ft³

Fig. 9.7 Fluxograma da flotação de chumbo - Morro Agudo

bolas em série. Os fluxos enviados aos dois moinhos e o produto de moagem são previamente classificados/desaguados por bateria de oito ciclones de 6" de diâmetro. O *underflow* dos ciclones alimenta o primeiro moinho e o *overflow* é reciclado à flotação *rougher*. O rejeito final da flotação é disposto em barragem e parte dele é vendida como corretivo de solos e para correção de acidez de rejeitos de mineração.

O consumo de reagentes é apresentado na Tab. 9.18. Em julho de 2005, produziu-se concentrado de zinco com teor médio de 45,8% Zn e recuperação média de 87,5%. Na Tab. 9.19 é apresentado o balanço de massas e metalúrgico na flotação de chumbo e zinco em julho de 2005.

Tab. 9.17 Consumo de reagentes na flotação de chumbo em julho de 2005 - Morro Agudo

Reagente	g/t
carbonato de sódio	244
isopropilxantato de sódio	50
MIBC	29

Fig. 9.8 Fluxograma da flotação de zinco - Morro Agudo

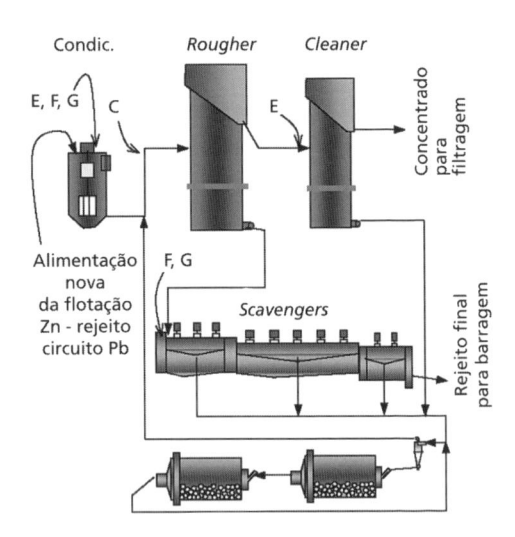

Reagentes do circuito zinco:
E Modificador de pH - cal virgem
F Ativador de esfalerita - sulfato de cobre
G Coletor - isobutilxantato de potássio
C Espumante MIBC

Equipamentos do circuito zinco:
Condicionador 20 cv
Rougher coluna de 4,0 m de diâmetro x 13,0 m de altura
Cleaner coluna de 3,35 m de diâmetro x 10,0 m de altura
Scavengers 3 + 5 + 2 células Wemco 500 ft^3
Moinhos 2,15 m de diâmetro x 1,52 m de comp. - 150 cv

Tab. 9.18 Consumo de reagentes na flotação de zinco em julho de 2005 - Morro Agudo

Reagente	g/t
cal virgem	1.955
sulfato de cobre	288
isobutilxantato de potássio	160
MIBC	13

Exemplos de desenvolvimentos recentes na flotação de zinco:

◆ teste de coletores alternativos para aumentar o teor e a recuperação de zinco. Um novo reagente tem indicado excelente seletividade, com o qual o teor de zinco pode aumentar de ~46% Zn para ~58% Zn, com pequena perda de recuperação de zinco;

◆ aumento de rotação das células mecânicas da etapa *scavenger*, promovendo aumento de recuperação;

♦ introdução de etapa *recleaner* com banco de células mecânicas permitiu manter a especificação do concentrado ao operar as células *rougher* e *cleaner* de coluna de maneira mais recuperadora, promovendo um aumento de recuperação de cerca de 2%.

Tab. 9.19 BALANÇO DE MASSAS E METALÚRGICO NA FLOTAÇÃO DE CHUMBO E ZINCO EM JULHO DE 2005 - MORRO AGUDO

	% massa	Teores (%)		Distribuições (%)	
		Pb	Zn	Pb	Zn
concentrado de Pb	2,85	68,63	5,09	84,69	3,09
concentrado de Zn	8,98	1,85	45,82	7,19	87,51
rejeito final	88,17	0,21	0,51	8,12	9,40
alimentação	100,0	2,31	4,70	100,00	100,00

Referências bibliográficas

DELBONI Jr., H. - HDA Serviços S/S Ltda. *Diagnóstico de desempenho da usina de Morro Agudo*. Relatório de processos, out. 2004.

LCT-FUNDESPA. *Caracterização de minério sulfetado de chumbo e zinco de Morro Agudo*. Amostras 350 RJ-KC2 e 30KC. Relatório 04/04, jan. 2004.

LCT-FUSP. *Caracterização de produtos de flotação - willemita e calamina*. Relatório LCT-FUSP 059, abr. 2002.

10 Flotação de níquel na Votorantim Metais

Geraldo Majela Silveira

O níquel é um importante metal que ocupa a vigésima posição entre os elementos abundantes na crosta terrestre, sendo utilizado em pelo menos 300 mil produtos para consumo, abrangendo vários segmentos da indústria, tanto na forma pura como na forma de liga com outros metais. Mais de 65% do níquel produzido é utilizado em ligas com ferro e aço; cerca de 15% é utilizado na produção, juntamente com cobre, de ligas resistentes à corrosão, e, juntamente com cromo, de ligas resistentes a altas temperaturas; cerca de 5% são utilizados em outros tipos de ligas com outros metais; 10% são utilizados na galvanoplastia; e 5% são utilizados em baterias, como catalisadores, ímãs e em cerâmicas.

Duas classes de materiais contendo níquel podem ser definidas:

a) Classe 1: derivados de alta pureza, com no mínimo 99% de níquel contido, representados basicamente pelo níquel eletrolítico, com 99,9% de pureza, e pelo *carbonyl pellets*, com 99,7%;

b) Classe 2: derivados com conteúdo entre 20% e 96%, representados basicamente pelas ligas de Fe-Ni, mates, óxidos e sínter de níquel, bastante utilizados na fabricação do aço inox e de ligas com aço.

Primariamente, o níquel pode ser obtido por meio da lavra tanto de minérios sulfetados como de minérios lateríticos, também conhecidos como minérios oxidados. Em geral, os minérios sulfetados são procedentes de rochas sãs e não superficiais, e geram cerca de 55% da produção mundial de níquel. Os minérios lateríticos, em função da sua gênese, apresentam-se mais superficialmente e são responsáveis pelo restante da produção de níquel.

Para os minérios sulfetados, a rota de beneficiamento, na grande maioria das vezes, é a da flotação; para os lateríticos, a aplicação de rotas piro e hidrometalúrgicas, e, mais recentemente, o processo da extração por solventes.

Foram identificadas reservas de minério de níquel em aproximadamente 20 países espalhados por todos os continentes, resultando em um teor global médio acima de 1%. Considerando a demanda atual de níquel, da ordem de 980 mil t/ano, as reservas de maior teor são estimadas em mais de 47 milhões de toneladas, suficientes para 45 anos. Se forem considerados todos os depósitos com reservas medidas e indicadas, esse montante atinge cerca de 130,6 milhões de toneladas. Estima-se que, segundo os teores médios praticados, a demanda atual e as reservas medidas e indicadas de níquel contido, dispõe-se de mais de cem anos para exploração (Brasil, 2000).

A Rússia é o maior produtor de concentrado de níquel, representando 29%, seguida de Canadá, com 20,7%, e Austrália, com 13,4%. O Brasil é o décimo maior produtor mundial. Segundo dados do Mineral Commodity Summaries (USGS, 1999), incluindo reservas medidas e indicadas, o panorama da distribuição dos depósitos no mundo é o que está sumarizado na Fig. 10.1. Cuba detém o primeiro lugar, seguida de Nova Caledônia, Canadá, Indonésia, África do Sul, Filipinas, China, Austrália, Rússia e Brasil.

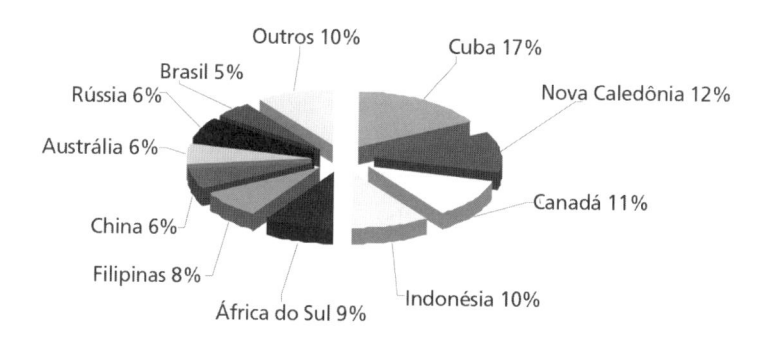

Fig. 10.1 Reservas mundiais de níquel estimadas em 1998, em níquel contido

O custo energético de produção de níquel a partir do minério sulfetado representa 15% do custo total da produção, ao passo que, a partir do minério laterítico, essa participação atinge 45%, segundo informações de um relatório do Banco Mundial, de 1995. Entretanto, a utilização do minério laterítico é reforçada em razão do custo mais elevado de extração dos minérios de níquel sulfetado – dada a sua localização profunda – e do rendimento (recuperação) superior dos minérios lateríticos.

Segundo estimativas do Departamento Nacional de Produção Mineral (Brasil, 2001), as reservas brasileiras alcançam seis milhões de toneladas de níquel contido, com teor no minério de 0,69% a 2,55%. No cenário mundial, cerca de 5% do níquel estaria no Brasil. Aproximadamente 75% das reservas brasileiras de níquel localizam-se no Estado de Goiás, onde estão as operações da Companhia de Níquel Tocantins (VM) e da Codemin (Anglo American).

10.1 Votorantim Metais Níquel - Unidade Fortaleza de Minas

A Mineração Serra da Fortaleza (MSF) é um complexo minerometalúrgico com produção de mate de níquel e ácido sulfúrico, que está localizado a 5 km da sede do município de Fortaleza de Minas, na região sudoeste de Minas Gerais, e a 360 km da capital do Estado, Belo Horizonte (Fig. 10.2).

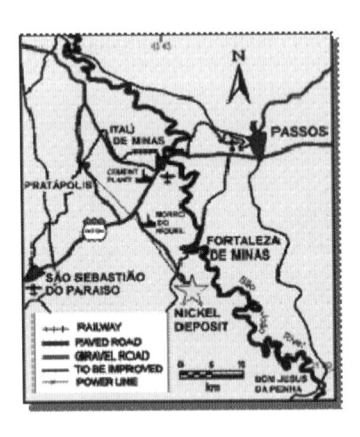

Fig. 10.2 Localização da Mineração Serra da Fortaleza

A história do empreendimento remonta ao ano de 1983, quando o depósito foi descoberto pela British Petroleum (BP), passando ao grupo Rio Tinto (RTZ) a partir do ano de 1990. Em razão do ambiente instável dos preços do níquel, somente em 1995 o projeto foi aprovado para a construção.

As fases de projeto, construção e comissionamento estenderam-se até dezembro de 1997. Em outubro daquele ano, ocorreu o *start-up* da planta de beneficiamento. As unidades de Fortaleza de Minas (MG) e Americano do Brasil, no Estado de Goiás, são os únicos empreendimentos de minério sulfetado de níquel em operação na América do Sul. Além destes, o empreendimento de Mirabela, no Estado da Bahia, iniciou sua produção em 2009.

No início de 2004, houve a aquisição da MSF pelo Grupo Votorantim - Votorantim Metais, fazendo parte do plano estratégico dessa empresa para a sua consolidação e expansão dentro do Negócio Níquel, juntamente com a unidade de Niquelândia (GO) e a refinaria de São Miguel Paulista (SP).

O complexo industrial da MSF é formado pela planta de beneficiamento, fundição em fornos *flash* e elétrico e planta de

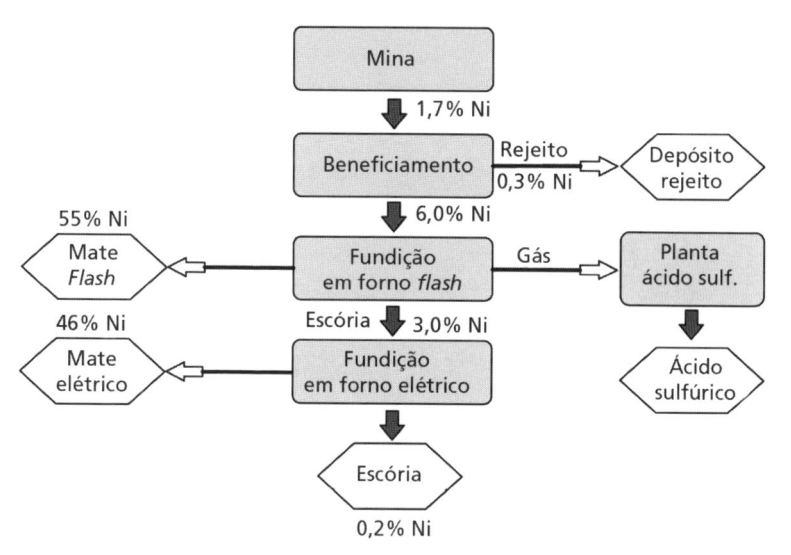

Fig. 10.3 Fluxograma geral da Mineração Serra da Fortaleza

ácido sulfúrico (Fig. 10.3), sendo a lavra do minério em subterrâneo (método *sublevel open stope*). De 1997 a 2000, o corpo foi lavrado a céu aberto.

A reserva total de minério na MSF foi estimada em 5,7 milhões de toneladas de minério sulfetado de níquel, e a capacidade instalada no beneficiamento é para processar 550 ktpa de ROM. A capacidade de produção é de 150 ktpa de um concentrado *bulk* sulfetado de Ni, Cu, Co e Fe, que alimenta a fundição, constituída de sistema DON (*direct Outokumpu nickel*) e de pirometalurgia para a produção de mate de níquel (liga contendo, em média, 50% de níquel, além de cobre e cobalto).

O concentrado da usina de concentração é todo consumido pela fundição, que possui capacidade nominal de produção de 20 ktpa de mate de níquel, que é totalmente exportado para a empresa Norilsk Nickel (Finlândia), que faz o refino para a produção de níquel eletrolítico, além de cobre e cobalto.

Como subproduto da fusão (oxidação dos sulfetos) do concentrado, também é produzido ácido sulfúrico. A planta tem capacidade instalada de 120 ktpa para a produção de ácido, que é vendido para indústrias de fertilizantes e de açúcar no interior do Estado de São Paulo.

10.1.1 Geologia

O corpo mineralizado está localizado na porção basal de uma sequência arqueana do tipo *greenstone belt*, onde rochas vulcânicas máficas e ultramáficas estão intercaladas com sedimentos químicos (Fig. 10.4).

A jazida apresenta forma tabular com *strike* N 40° W e mergulho subvertical (70° a 90° SW) estendendo-se por 1.700 m em comprimento, até 700 m em profundidade e com espessura variando de 1 m a 20 m, com valor médio de 5 m. A mineralização ocorre tipicamente entre o serpentinito na capa e uma formação ferrífera bandada (BIF) na lapa.

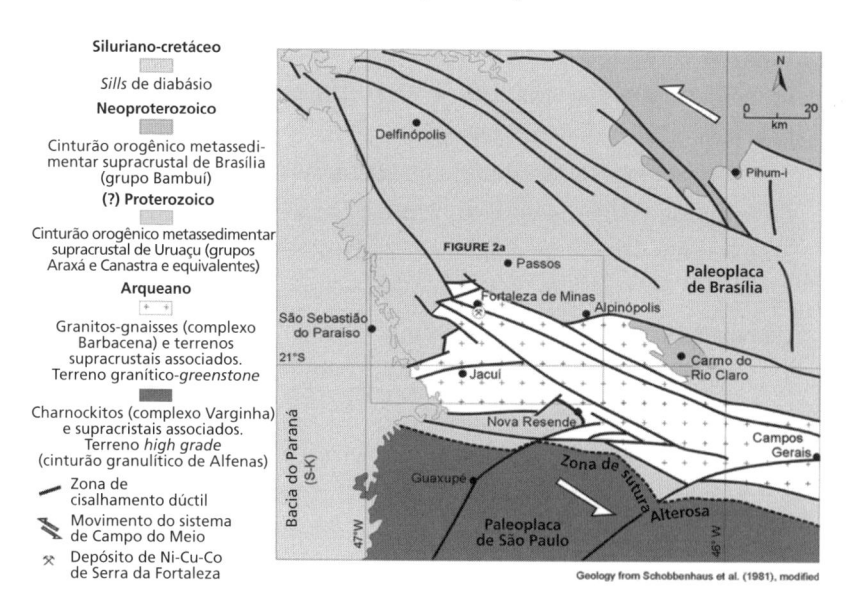

Fig. 10.4 Feições geológicas da Mineração Serra da Fortaleza

Os sulfetos representam, em média, 30% do minério. Neste, a pirrotita ocorre como matriz para a pentlandita e a calcopirita, minerais de níquel e cobre, respectivamente.

Na jazida ocorrem dois tipos de minério: de baixo teor (< 2% Ni) e alto teor (> 2% Ni). O primeiro está encaixado no serpentinito (capa) ou na formação ferrífera (BIF - *banded iron formation*, ou formação ferrífera bandada), apresentando, em média, teores entre 0,7% e 1,5% Ni. O segundo é tipicamente sulfeto maciço a semimaciço, com teores médios entre 3% e 6% Ni.

O minério de Fortaleza de Minas foi classificado, da lapa para a capa, nos seguintes tipos:

    i D - minério disseminado;
    ii U - minério cisalhado;
    iii I - minério intersticial;
    iv R - minério brechoide;
    v C - minério de BIF (*banded iron formation*).

Apesar de apresentarem propriedades físicas e químicas distintas, esses minérios podem ser divididos em duas categorias:

minério de alto teor (intersticial e brechoide) e minério de baixo teor (disseminado, cisalhado e BIF). O minério cisalhado é uma variação cisalhada do disseminado.

Essa classificação dos diversos tipos de minério permite a divisão das pilhas ROM para a mais conveniente blendagem na alimentação do beneficiamento, respeitando-se principalmente os limites de teores de níquel e a natureza dos contaminantes, de acordo com os teores de magnésio.

Minério de baixo teor

O minério de baixo teor pode ser dividido de acordo com a rocha encaixante. Quando ocorre no serpentinito da capa, encontram-se presentes os minérios disseminado (D) e cisalhado (U).

O minério tipo D, com teor médio de 1% de níquel, ocorre como fina disseminação de sulfeto no serpentinito e representa 7% do total do minério. Também se observa a presença de magnetita (7%) e da ganga silicática na forma de antigorita (86%).

O minério tipo U, rico em talco, é o equivalente cisalhado do tipo D, mais comum nas extensões laterais e profundas da jazida, ocorrendo no extremo sul desta.

O minério tipo C ocorre na formação ferrífera (BIF) da lapa e apresenta elevados teores de SiO_2 e baixos teores de MgO, contrastando com os tipos hospedados no serpentinito, embora apresente teores de níquel semelhantes. É formado por disseminações em bandas e vênulas de sulfeto variando de 5% a 20%, em média.

Minério de alto teor

O minério intersticial (I) apresenta textura homogênea, variando de uma espessura fina a grossa. É constituído tipicamente de sulfetos (30%), com teor médio de 3,5% Ni, 8% magnetita e 62% ganga silicática, esta dominantemente antigorita BIF.

O minério brechoide (R) é uma brecha com matriz de sulfeto maciço, com fragmentos de proporções e tamanhos variados de serpentinito e BIF. A composição desse tipo de minério é de 60%-70% sulfetos, 10% magnetita e 20%-30% ganga silicática.

Para fins de beneficiamento, os minérios de alto teor mostram um excelente desempenho na flotação, chegando a atingir recuperações de até 92% para níquel e 90% para enxofre, porém mostram problemas na etapa de cominuição, principalmente pela fragilidade da pentlandita e a maior tendência de geração de ultrafinos (< 10 µm) de sulfeto.

10.1.2 Mineralogia

Os principais minerais sulfetados da jazida são pirrotita, pentlandita e calcopirita na proporção 65:30:5. Cobaltita e minerais do grupo da platina e do ouro ocorrem em menores proporções em meio aos sulfetos.

A Tab. 10.1 apresenta a granulometria e o teor dos minerais sulfetados que ocorrem na jazida, e a Tab. 10.2, a participação de cada tipo litológico na área.

10.1.3 Beneficiamento

O principal objetivo do beneficiamento é o de suprir a etapa subsequente de metalurgia com um concentrado contendo proporções de sulfetos e silicatos que permitam a conveniente operação da fusão *flash*, baseada principalmente na oxidação dos sulfetos presentes no concentrado e na liberação de gases SO_x. Dessa forma, relações entre conteúdos de sulfetos e silicatos devem ser respeitadas no processo de beneficiamento, uma vez que o sistema metalúrgico corresponde a um balanço termodinâmico de reações entre oxigênio, sulfetos e silicatos.

Cominuição

O minério, em função de sua composição, é separado em cinco tipos, e, a partir deles, carregadeiras frontais retomam o minério no pátio de estocagem e realizam os trabalhos de homogeneização e alimentação da britagem primária em um

Tab. 10.1 Mineralogia da jazida de níquel da MSF

Minerais	Fórmula	Teor	Gran. (µm)	Observações
pirrotita (Po)	FeS	< 1% Ni	50-200	matriz para Pn, Cb
pentlandita (Pn)	(FeNi)$_9$S$_8$	33%-38% Ni	50-150	agregados, Cp como solução sólida
calcopirita (Cp)	CuFeS$_2$	35% Cu	40-120	associação com Pn
cobaltita (Cb)	NiCoAsS	17%-23% Co	–	–
		8%-13% Ni	15-50	inclusão na Po, Pn e silicatos (30%)	–	–
PGM+Au	vários	–	3-25	inclusões na Cb, Po e silicatos

PGM - metais preciosos como platina e paládio.
Antigorita, talco, magnetita e, em menor proporção, tremolita formam a ganga dos tipos de minério hospedados no serpentinito. Quartzo, actinolita, cummingtonita, magnetita e, em menor proporção, carbonato são encontrados na ganga do minério de BIF.

Tab. 10.2 Participação das diversas tipologias na MSF

Estéril	(%)	Minério	(%)
solo	4,5	disseminado	1,1
gossan[1]	0,6	intersticial	1,0
serpentinito	18,0	brechoide	2,1
anfibólio/piroxênio	64,0	minério de BIF	1,2
BIF	7,5	–	–
total de estéril	94,6	total de minério	5,4

(1) gossan: produto de intemperismo do minério sulfetado, composto principalmente por goethita e limonita.

britador de mandíbulas (Nordberg C-100) 800 mm x 1.000 mm. Em razão da alta suscetibilidade de oxidação da pirrotita e da pentlandita – o que prejudica sensivelmente a flotabilidade dos principais minerais do minério –, o estoque de minério nesse pátio não deve ultrapassar o período de 13 dias, sendo também evitados altos estoques em épocas de grande precipitação pluviométrica.

A alimentação do britador primário é feita com minério abaixo de 500 mm. Para tanto, uma grelha com abertura retangular 500 mm x 1.000 mm classifica a alimentação do britador abaixo dessa granulometria. A fração retida é fragmentada por meio de martelete mecanizado. O minério é britado a uma taxa de até 220 tph, e o produto com granulometria inferior a 120 mm segue, por meio de um transportador de correia, até uma pilha cônica com capacidade para 9.650 t, mas com utilização de somente 25%. Em virtude da oxidação dos principais sulfetos, o "morto" dessa pilha de britados é constituído de material estéril ou de mais baixo teor, servindo como proteção à não oxidação dos sulfetos.

Um alimentador de sapatas retoma o minério da pilha cônica e alimenta um transportador de correia com balança integrada, que conduz o minério até um circuito SABC, composto de um moinho semiautógeno (SAG - Svedala 18 ft x 6 ft - 900 kW) e britadores cônicos. A alimentação do circuito varia de 60 tph a 80 tph, em função, principalmente, do teor de níquel na alimentação da planta.

Um divisor de fluxo, que opera de acordo com a vazão de alimentação exigida de minério, pode desviar parte da alimentação para um transportador de correia, conduzindo o minério até uma britagem secundária, que opera em paralelo com a moagem SAG, permitindo, assim, maior flexibilidade ao sistema. Utiliza-se nessa etapa um britador cônico, tipo Nordberg, modelo Symmons Standard 3 ft, cuja vazão de alimentação pode variar entre 25 t/h e 55 t/h, CSS 37 mm. O moinho SAG opera em aberto com motor elétrico de corrente contínua e velocidade variável (máx. 72% vc), com britador de reciclos na carga circulante (HP-100SX) CSS 9 mm. Especificamente da moagem SAG, de 30% a 40% da alimentação da flotação convencional (P_{80} = 74 µm) já é obtida nessa etapa.

Na moagem a bolas (*ball mill* - Svedala 19 ft x 13 ft - 1.500 kW), a carga de bolas é de 20%, e a carga circulante média, em torno de 400%.

Flotação

A flotação é projetada para a obtenção de um concentrado *bulk* de sulfetos e silicatos e distribuída em flotação unitária na carga circulante da moagem de bolas e em flotação mecânica no *overflow* da classificação (Fig. 10.5). Desde o início da operação, oito combinações de circuito já foram operacionalizadas, inclusive com a flotação unitária prévia de talco, intercalada no *undersize* do peneiramento.

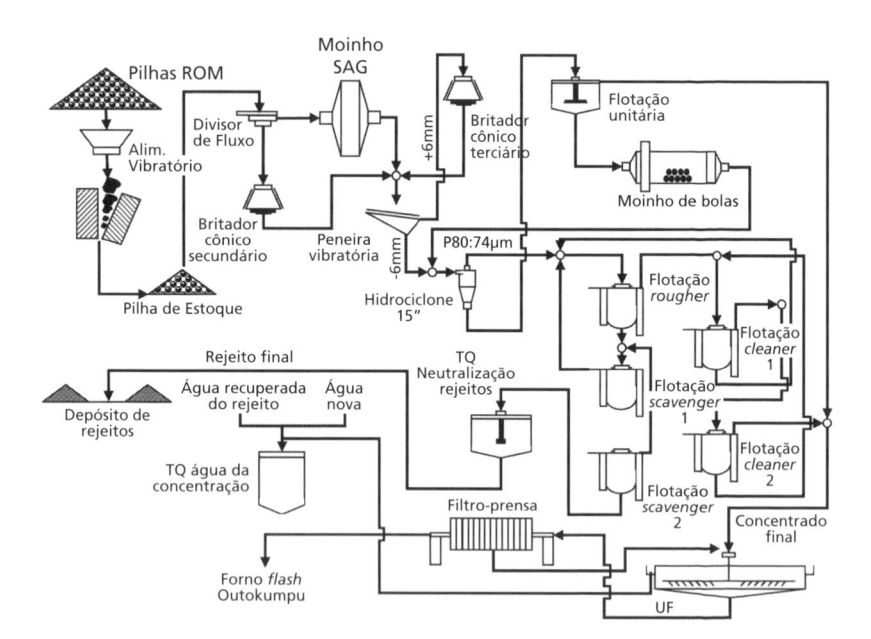

Fig. 10.5 Fluxograma de beneficiamento da MSF

Flotação unitária

Em razão de sua baixa tenacidade, a pentlandita (Fig. 10.6) é bastante suscetível à sobremoagem, com geração de partículas liberadas na fração abaixo de 10 μm, de difícil flotação. Como forma de recuperar os sulfetos já liberados e reduzir a sua sobremoagem, um circuito de flotação unitária (célula SK-240) foi inserido na carga circulante da moagem a bolas, tratando 100% desse fluxo. Nessa flotação, o principal parâmetro de controle é a densidade da polpa em flotação, sendo mantida a porcentagem de sólidos próxima de 65%, operando tempos de residência da ordem de 2 minutos.

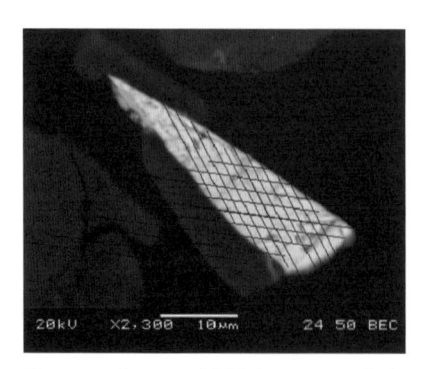

Fig. 10.6 Imagem MEV de uma partícula de pentlandita (notar planos de clivagem)

Para permitir uma melhor ativação das superfícies dos sulfetos, a moagem é operada em meio ácido, com pH entre 5 e 6. O ajuste de pH é feito segundo uma malha de controle que permite que a polpa que alimenta a flotação convencional esteja em pH de 6,5 a 7,0.

No circuito de moagem de bolas, na alimentação da classificação, é também adicionado sulfato de cobre penta-hidratado para a ativação das superfícies dos sulfetos, bem como amilxantato de potássio (PAX) e mercaptobenzotiazol de sódio (NaMbt) como coletores. Para a depressão dos silicatos de magnésio, principalmente talco e serpentina, é adicionado carboximetilcelulose (CMC), mais efetivo para o talco e menos para a serpentina.

A Tab. 10.3 mostra o regime de dosagens e as condições de operação das células unitárias.

Tab. 10.3 REGIME DE REAGENTES DA FLOTAÇÃO UNITÁRIA

Reagente	Função	Dosagem (g/t)	Local
ácido sulfúrico	modificador	5.000	moagem de bolas
amilxantato de potássio	coletor	50 - 100	alim. cél. unitária
mercaptobenzotiazol de sódio	coletor	50 - 100	alim. cél. unitária
sulfato de cobre	ativador	150 - 200	alim. classif.
carboximetilcelulose (CMC)	depressor	100 - 200	alim. classif.
metilisobutilcarbinol (MIBC)	espumante	20 - 30	alim. cél. unitária

A célula unitária opera com controle automático de nível via SDCD e dosagem automática de reagentes.

Flotação mecânica

O *overflow* da classificação via ciclones convencionais (Envirotech - 15") opera com uma pressão de 90 kPa, produzindo uma polpa com P_{80} em torno de 74 µm. O controle da granulometria é feito *on-line* com um analisador de partículas (PSM Autometrics). O *overflow* dos ciclones, com 38% de sólidos, segue para a flotação convencional.

A flotação convencional dos sulfetos de níquel, cobre e cobalto é feita utilizando-se um conjunto de 14 células (Dorr-Oliver) de 14 m³ cada (500 ft³), distribuídas nas etapas *rougher/scavenger* em arranjos 2-4-3 (no caso das etapas *cleaner*, esse arranjo é 2-3).

O circuito consiste em uma etapa *rougher* e duas etapas *scavenger* operando em contracorrente. Para as etapas *cleaner*, em dois estágios, é possível obter um concentrado *bulk* de sulfetos com teores de níquel da ordem de 5,5% a 6,5%. Esse concentrado *bulk* contém sulfetos de ferro (principalmente pirrotita) que, com os demais sulfetos metálicos de níquel, cobre e cobalto, irá compor a carga de enxofre necessária ao forno *flash* e à fábrica de ácido sulfúrico existentes no complexo industrial.

A manutenção do controle do pH na etapa *rougher* é de suma importância, e é função principalmente da relação entre pirrotita e pentlandita no concentrado. Nessa etapa são adicionados os mesmos reagentes da flotação unitária, porém sem a adição de sulfato de cobre.

A etapa *rougher* é realizada em duas células, cujo concentrado, com 23% de sólidos, segue para a etapa *cleaner* 1 a uma vazão de 23 tph. O rejeito do *rougher* 1 é processado em quatro células *scavenger* 1. O concentrado dessa etapa, com 22% de sólidos, retorna à alimentação do *rougher* ou, dependendo da maior presença de minérios ricos, alternativamente para o *cleaner* 1. O concentrado obtido no *scavenger* 2, com 20% de sólidos, retorna à alimentação da etapa *scavenger* 1, enquanto o rejeito, com 27% de sólidos, é descartado como rejeito final da flotação. Este segue, a uma vazão de 51 tph, para um tanque de neutralização, onde se eleva o pH para 9,0, favorecendo a precipitação dos metais solubilizados antes do descarte final à barragem de rejeitos.

Na etapa *cleaner* 1, realizada em três células, o concentrado, com 23% de sólidos, é bombeado à etapa *cleaner* 2. O rejeito, com 11% de sólidos, retorna às células da etapa *rougher* a uma vazão de 15 tph. Na etapa *cleaner* 2, realizada em duas células, obtém-se o concentrado final mecânico. O processo de flotação permite a obtenção de um concentrado final de sulfetos com 5% a 6,5% de Ni e recuperação global em torno de 86%. Não se controla o pH nas etapas de limpeza.

A Tab. 10.4 resume o regime de reagentes nas etapas *rougher*, *scavenger* e *cleaner*.

Tab. 10.4 REGIME DE REAGENTES DA FLOTAÇÃO CONVENCIONAL

Reagente	Função	Dosagem (gpt)	Local
amilxantato de potássio	coletor	100 - 200	*rougher*
mercaptobenzotiazol de sódio	coletor	100 - 200	*rougher*
carboximetilcelulose (CMC)	depressor	150 - 300	*cleaner* 1
metilisobutilcarbinol (MIBC)	espumante	20 - 40	*rougher*

A dosagem de reagentes é totalmente automatizada, e os controles de níveis das células são via SDCD.

Os tempos de residência médios são:
a) flotação unitária: 2 min;
b) flotação *rougher/scavenger*: 30 min;
c) flotação *cleaner*: 13 min.

Além de preservar a superfície dos sulfetos para a coleta do xantato e/ou mercapto, o controle de pH na flotação permite evitar a formação de agregados de silicatos ultrafinos com sulfetos, como uma espécie de *slimes coating*. Além disso, em situações de mais altas concentrações de talco na alimentação da flotação, permite um maior controle sobre a espumação excessiva – nesse caso, a operação em mais baixos patamares de pH permite que se tenha condições de manter uma dosagem mínima de espumante, imprescindível para a manutenção da estabilidade da espuma mineralizada.

O uso de uma mistura de xantato e mercapto (1:1) como coletor também favorece o maior controle na flotação, principalmente quando minérios mais oxidados são alimentados.

Além do enriquecimento dos sulfetos no concentrado, as relações entre contaminantes (Fe/SiO_2, Fe/MgO, $Fe/SiO^{2+}MgO$) são importantes para o equilíbrio termodinâmico da fusão *flash*. A granulometria do concentrado final é 80% passantes em 400 malhas (37 µm), e a composição mineralógica média dos fluxos da flotação é apresentada na Tab. 10.5, sendo os principais contaminantes os minerais portadores de magnésio, serpentina, talco e anfibólio, conhecidos pela alta tendência ao arraste mecânico e pela hidrofobicidade natural.

Tab. 10.5 DISTRIBUIÇÃO MINERALÓGICA DOS FLUXOS

Fluxos	Teores (%)			Recuperações			
	ALF	RF	CF	CU	CCL_2	CF	RF
pirrotita	11	2	35	20	39	83	17
pirita	tr	tr	< 0,5	1	1	52	48
calcopirita	1	tr	4	6	4	83	17
pentlandita	4	1	17	23	14	85	15
violarita	1	1	2	3	2	–	–
outros minerais da mesma natureza	–	< 2	< 2	–	–	–	–
sulfetos	17	4	58	53	60	76	24
óxidos ($Fe_3O_4 + Fe_yO_x$)	4	2	9	4	11	56	4
talco	8	9	7	11	10	17	83
serpentina	19	25	12	12	6	12	88
anfibólio	33	34	7	13	9	6	94
clorita/mica	8	13	4	5	1	8	92
outros óxidos e silicatos	11	13	3	2	3	–	–
silicatos	79	94	33	43	29	9	91

Obs.: CF = CCL_2 + CU; violarita: pentlandita oxidada.

10.1.4 Separação sólido-líquido

O concentrado final da flotação (22 t/h) segue para um espessador convencional Dorr-Oliver, de diâmetro igual a 19,8 m e área específica de sedimentação de 0,56 m²/t/dia. Nessa etapa adicionam-se 2,0 g/t de floculante. O *underflow* do espessador, com 60% de sólidos, é bombeado para um tanque-pulmão, seguido de filtragem em três filtros-prensa Miningtech, com 48 placas cada um, que operam em paralelo. A torta, com 90% de sólidos, é o produto final da usina de concentração, e segue por correia transportadora até a unidade de fundição, onde passará por secagem em secador de vapor até atingir, em média, 0,4% de umidade.

Por várias vezes, realizaram-se tentativas para a identificação de auxiliares (tensoativos) para a melhoria do desempenho de filtragem, porém interferências negativas se fizeram sentir nas etapas de flotação, em razão principalmente da recirculação da água recuperada no filtrado.

O *underflow* do espessador de concentrado também pode ser bombeado para uma bacia de estocagem, com capacidade de acumulação equivalente a 15 dias de operação, em condições normais. A bacia é revestida com lona de PEAD e dotada de dispositivos para desmonte hidráulico para repolpamento do concentrado adensado e bombeamento da polpa de volta ao circuito normal. A principal razão para a existência dessa bacia é dotar o sistema de uma estocagem intermediária de concentrado para permitir paradas independentes das plantas de concentração e fundição.

Transportadores de correias transportam o concentrado da usina de beneficiamento até a fundição. Após a fusão, o produto final (mate) é embarcado em contêineres e levado por caminhões até o porto de Santos, onde é remetido para a OMG OY, na Finlândia, que refina os mates para a produção dos metais.

O rejeito final da concentração é bombeado em polpa, após neutralização em pH 9, para um depósito do tipo anel de diques, recuperando nesse sistema um alto volume de água de processo (cerca de 90% da água é reutilizada no beneficiamento proveniente de águas recuperadas). Água bruta é utilizada somente para a preparação de reagentes como os coletores e CMC.

10.1.5 Principais parâmetros operacionais

A capacidade nominal de processamento da usina de beneficiamento da mina é de 550 kt/ano (70-80 tph) de minério ROM.

A usina apresenta uma recuperação global de níquel da ordem de 86%, com um concentrado de teores típicos de 6,0% Ni, 20% S e 9% MgO.

O consumo médio de água no processo é de cerca de 180 m^3/h, dos quais 160 m^3 (90%) provêm da água de recirculação. O consumo de água é de 0,32 m^3/t de minério ROM processado. A água nova é captada nas proximidades da empresa, a cerca de 1 km da mina, em uma barragem de água.

A moagem é responsável por cerca de 70% do consumo de energia da usina, onde 38% correspondem ao consumo do moinho

SAG. O maior consumo de energia (44%) está nas operações de moagem secundária, sendo o consumo total da usina da ordem de 38 kWh/t de minério tratado, ao passo que, na lavra (extração), o consumo de energia é de aproximadamente 10 kWh/t de minério lavrado. O WI de Bond médio é de 14 kWh/t.

O consumo de bolas (f 130 mm) na moagem SAG varia em torno de 100 gpt, e na moagem a bolas (f 60 mm), entre 600 gpt e 900 gpt. O consumo total de coletores varia entre 350 gpt e 500 gpt; do depressor (CMC), entre 400 gpt e 600 gpt; do ativador ($CuSO_4$), entre 100 gpt e 150 gpt; de ácido sulfúrico, entre 2.000 gpt e 5.000 gpt; de espumante (MIBC), entre 30 gpt e 50 gpt; de cal virgem micropulverizado, entre 4.000 gpt e 5.000 gpt.

Para níquel, cobre, cobalto e magnésio, a rotina de controle de processo é feita por análises químicas via fluorescência de raios X, e para enxofre, via LECO. A amostragem da usina é automática, sendo utilizados amostradores do tipo Vezin na alimentação do minério, no concentrado da célula unitária, no *overflow* dos ciclones, no rejeito *cleaner* 1, no concentrado final e no rejeito final. O fechamento diário é feito incrementalmente e analisado via absorção atômica. O balanço geral de produção é feito segundo a reconciliação entre teores de níquel, cobre e enxofre.

Todo o controle operacional da usina de beneficiamento é realizado via painel central, por meio do sistema SDCD da Foxboro. Um analisador (RX) *on-line* de níquel no rejeito permite o ajuste das condições operacionais para a maximização do rendimento da flotação.

A evolução da composição mineralógica da alimentação do beneficiamento é apresentada na Tab. 10.6.

Encontra-se também em estudo a recuperação dos sulfetos dispostos no rejeito do beneficiamento. Uma vez que estão bastante oxidados, eles dependem da reativação da superfície para reflotação.

Tab. 10.6 Evolução da composição mineralógica da alimentação do beneficiamento entre 2000 e 2005

Mineral	Distribuição percentual		
	2000	2004	2005
pentlandita	16,2	14,3	12,9
violarita (pentlandita oxidada)	1,0	0,9	1,0
Ni-sulfetos (outros)	0,4	0,4	0,4
pirita	2,3	2,0	1,8
pirrotita	39,5	40,0	36,7
calcopirita	2,9	2,7	2,6
serpentina	14,5	14,6	16,2
talco	3,5	5,7	10,1
anfibólio	7,8	6,2	4,5
clorita	1,0	1,3	1,6
piroxênios	1,5	1,8	1,6
quartzo	0,4	0,3	0,3
caulinita	0,7	1,0	1,1
carbonatos	2,7	2,7	3,8
óxidos de Fe	4,1	4,2	3,6
cromita	1,1	1,6	1,6
outros	0,4	0,3	0,2

Agradecimentos

Agradecemos à Votorantim Metais Níquel a oportunidade de divulgação dessas informações, e a João Batista Reis Junior e Thomas Brenner pelo descritivo inicial no qual este trabalho foi baseado.

Bibliografia consultada

ANAMET SERVICES. *Fortaleza nickel deposit*: general mineralogy with particular reference to the nature and distribution of magnesium-bearing phases. Final Report, p. 55-57, 1997.

AQUINO, J. A.; PAULA JUNIOR, W. E.; ALBUQUERQUE, R. O. *Estudo de flotação com minério de níquel de Fortaleza de Minas (MG)*. Relatório Final, p. 1-5, ago. 2005.

BRASIL. BNDES. Mineração e Metalurgia. *Níquel:* novos parâmetros para o desenvolvimento, p. 1-2, maio 2000.

BRASIL. Ministério de Minas e Energia. Departamento Nacional de Produção Mineral. *Balanço Mineral Brasileiro 2001*: níquel. Brasília: DNPM, 2001.

BROOK HUNT. *Nickel costs, mines and projects to 2018*, 2007.

CARVALHO, E. A.; SILVA, A. O.; REIS JUNIOR, J. B.; BRENNER, T. L. *Descritivo de processo da MSF*, 1999. Atualizado em 2007.

DANA, J. D. *Manual de mineralogia*. 10a. tiragem, 1969. p. 276-277.

DAVY-SETAL. MSF General and process design criteria. Rev. 03, p. 3-8, Apr. 1997.

DELBONI, H. *Caracterização do minério e estimativa do circuito de cominuição da MSF*, p. 7, set. 2001.

KHAN, H.; LCT-USP. *Estudo diagnóstico do processamento do minério de níquel-cobre*: MSF - Mineração Serra da Fortaleza, 1998.

NEW ZEALAND INSTITUTE OF GEOLOGICAL AND NUCLEAR SCIENCES. *Mineral Commodity Report 10*: nickel, Aug. 2001.

RIO TINTO TECHNICAL SERVICES MELBOURNE. *Characterization of selected products from Fortaleza*, p. 1-4, Oct. 30, 2001.

USGS - U.S. GEOLOGICAL SURVEY. *Mineral Commodity Summaries*, 1999.

Flotação de cloreto de potássio (silvita)

11

Laurindo de Salles Leal Filho
Eldon Azevedo Masini
Rogério Luiz Moura

Além do fósforo e do nitrogênio, o potássio também é um nutriente essencial para o desenvolvimento das plantas, razão pela qual constitui matéria-prima indispensável na composição de fertilizantes. Apesar de ser um elemento abundante na crosta terrestre e de grande distribuição entre os minerais da família dos silicatos (como ortoclásio, moscovita e flogopita), para que seja aplicado na formulação de fertilizantes o potássio é procurado na forma de sais solúveis, tais como os minerais silvita (KCl) e carnalita (KCl·MgCl$_2$·6H$_2$O). Tais minerais são encontrados em rochas denominadas evaporitos marinhos, onde a halita (NaCl) constitui o principal mineral de ganga. Outros minerais de potássio presentes em evaporitos marinhos são: kainita (KCl·MgSO$_4$·3H$_2$O), langbeinita (K$_2$SO$_4$·MgSO$_4$), polialita (K$_2$SO$_4$·MgSO$_4$·2CaSO$_4$·2HO) e leonita (K$_2$SO$_4$·MgSO$_4$·4H$_2$O). O nome silvinita é utilizado para denominar um tipo de minério de potássio predominantemente constituído por silvita (KCl) e halita (NaCl) (Skinner, 1996).

Atualmente, cerca de 75% do cloreto de potássio produzido em todo o mundo é oriundo da concentração por flotação (Titkov, 2004), e os 25% restantes são oriundos da precipitação seletiva a partir de salmouras.

No Brasil, as reservas de sais de potássio encontram-se em Sergipe e no Amazonas. No município de Rosário do Catete (SE), desde 1985 funciona o complexo industrial de Taquari-Vassouras, composto de mina subterrânea e usina de concentração de silvita, além de unidades de secagem e compactação do concentrado, preparação de salmoura e seu descarte no oceano. A empresa Petromisa (Petrobras Mineração S.A.) implantou e gerenciou tal projeto de 1985 até 1991, quando então ele passou ao controle da Companhia Vale do Rio Doce (Baltar et al., 2001). Pela sua importância e pioneirismo na flotação de sais de potássio no Brasil, o processo de concentração de silvita por flotação utilizado na usina de Taquari-Vassouras constituirá o foco deste capítulo.

11.1 Particularidades físico-químicas e tecnológicas da flotação de sais de potássio

A flotação de sais solúveis difere da flotação de outros minerais industriais (apatita, barita, fluorita, feldspato, quartzo, grafita, talco) pelo fato de a polpa ser constituída por partículas minerais suspensas em soluções saturadas (salmouras) pelos próprios íons que constituem tais minerais. Desse modo, salmouras contêm altíssima concentração de eletrólitos (de 7 mol/dm³ a 10 mol/dm³), como K^+, Na^+, Cl^- e SO_4^{2-}, e essa particularidade traz implicações tecnológicas muito importantes.

Para garantir um bom desempenho do processo de concentração e evitar problemas no fechamento de balanços de massa e/ou metalúrgicos, é necessário que a equipe de processo de uma usina de flotação de sais solúveis detenha estrito controle da composição química da salmoura utilizada em suas operações de processamento mineral, bem como de seu grau de saturação. Informações sobre a composição química e a massa específica da salmoura de Taquari-Vassouras são apresentadas na Tab. 11.1.

Tab. 11.1 CARACTERÍSTICAS DE UMA SALMOURA TÍPICA DE TAQUARI-VASSOURAS

Variáveis	Magnitude
massa específica	1.230 kg/m³
concentração de NaCl	19%
concentração de KCl	11,6%
concentração de $MgCl_2$	1,6%
viscosidade dinâmica	1,5 cP (a 40°C) 2,8 cP (a 23°C)

A alta concentração de eletrólitos na polpa favorece a formação de um ambiente químico muito propício à corrosão, causando limitações quanto à escolha de materiais que serão utilizados em estruturas, dutos e equipamentos, além de cuidados especiais de conservação e manutenção desses materiais, visando à preservação de sua vida útil.

A salmoura oferece limitação à solubilidade dos coletores, sendo necessário adaptar o tamanho da cadeia e sua saturação à temperatura da água do processo (Fuerstenau; Miller; Kuhn, 1985; Titkov, 2004). Nesse caso, em locais onde ocorrem bruscas variações de temperatura entre o dia e a noite, coletores devem ser especialmente formulados para cada situação em particular (Monteiro et al., 1990).

No que concerne à interface mineral/solução, em razão da altíssima força iônica presente na solução (~5 M), a dupla camada elétrica encontra-se tão comprimida que pode apresentar espessura de uma única monocamada, além de o potencial eletrocinético (potencial zeta) das partículas minerais suspensas na polpa apresentar magnitude muito próxima de zero (Leja, 1982; Fuerstenau; Miller; Kuhn, 1985; Hancer; Celik; Miller, 2001). Desse modo, não é realista esperar que uma interação de natureza eletrostática entre íon coletor e cargas de sinal oposto presentes na interface mineral/solução seja responsável pela adsorção do íon coletor nessa interface (Hancer; Celik; Miller, 2001; Titkov, 2004).

Salmouras apresentam viscosidade muito maior que a água comumente utilizada na flotação de outros tipos de minerais industriais. A 40°C, a água apresenta viscosidade dinâmica (η) de 0,7 cP, enquanto uma salmoura típica de Taquari-Vassouras apresenta η = 1,5 cP (Tab. 11.1). Aumento de viscosidade implica aumento do tempo de indução e, consequentemente, diminuição da eficiência de adesão bolha/partícula (Jowett, 1980). Tal situação fica ainda mais crítica quando a flotação de silvita é conduzida na presença de carnalita, visto que a viscosidade da solução aumenta à medida que cresce a concentração de Mg^{2+} na salmoura, conforme ilustra a Fig. 11.1.

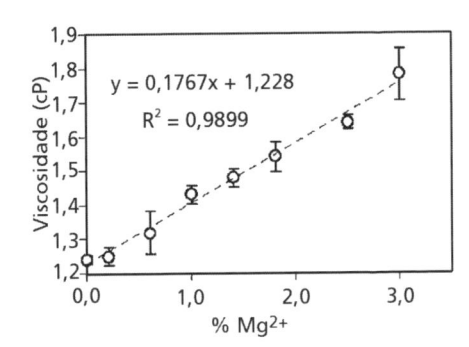

Fig. 11.1 Influência da concentração de Mg^{2+} na salmoura *versus* viscosidade dinâmica da solução a 40°C

[Gráfico: Viscosidade (cP) vs % Mg^{2+}; $y = 0{,}1767x + 1{,}228$; $R^2 = 0{,}9899$]

11.2 Fundamentos da seletividade da separação silvita (KCl) *versus* halita (NaCl) por flotação

Dentro do universo dos minerais que compõem o minério de Taquari-Vassouras, destacam-se duas espécies: silvita (KCl) e halita (NaCl), que, juntas, correspondem a aproximadamente 96% da massa do minério. Na ausência de agente coletor, partículas de silvita apresentam ângulo de contato (θ) que varia na faixa 7° < θ < 13°, ao passo que partículas de halita apresentam θ = 0° (Hancer; Celik; Miller, 2001). Em termos práticos, é possível dizer que o mineral halita é naturalmente hidrofílico, enquanto o mineral silvita apresenta hidrofobicidade natural muito pouco pronunciada, haja vista o seu baixo ângulo de contato. Desse modo, para que partículas de silvita interajam com bolhas de ar e se reportem ao produto flutuado, é necessário o uso de um agente coletor capaz de concentrar-se na interface silvita/solução. No caso de Taquari-Vassouras, o coletor utilizado é uma amina primária hidrogenada (Monteiro et al., 1990). Hancer, Celik e Miller (2001) postulam que aminas se adsorvem seletivamente na interface silvita/solução através de pontes de hidrogênio.

A literatura fornece evidências de que a alta concentração de íons em salmouras e a hidratação desses íons modificam a estrutura da água, tanto *bulk* como superficial (Hancer; Celik; Miller, 2001), e, por essa razão, influenciam o comportamento de sais solúveis no processo de flotação (Hancer; Miller, 2000;

Hancer; Celik; Miller, 2001; Titkov, 2004). Dependendo do tipo de sal presente no sistema de flotação, seus constituintes podem agir como formadores (*makers*) ou destruidores (*breakers*) da estrutura da água. *Structure makers*, como se comportam íons pequenos tais como Cl^-, Na^+ e Mg^{2+}, facilitam a formação de pontes de hidrogênio entre moléculas de água vizinhas, ao passo que *structure breakers*, tal como K^+, promovem sua quebra. De acordo com esse critério, o mineral silvita (KCl) poderia ser considerado como *structure breaker*, enquanto a halita (NaCl) poderia ser considerada como *structure maker* (Hancer; Celik; Miller, 2001).

Uma vez que a interface halita/solução possui uma camada de água bastante estruturada (a halita se comporta como *structure maker*), o contato de espécies coletoras com sítios da interface mineral/solução não é facilitado. A consequência disso é que as partículas desse mineral sofrem pouca adsorção de coletor e permanecem hidrofílicas. No caso da silvita, uma vez que se trata de um mineral que se comporta como *structure breaker*, a camada de água existente na interface mineral/solução não é estruturada, o que facilita a adsorção de espécies coletoras. Nessa diferença de comportamento reside a seletividade da separação halita/silvita por flotação (Hancer; Celik; Miller, 2001).

O desempenho da flotação de silvita fica bastante comprometido pela presença de carnalita no minério que alimenta a usina de concentração (Titkov, 2004). De fato, a presença de carnalita causa aumento na concentração de Mg^{2+} na salmoura e, assim, alteração das propriedades físico-químicas não somente da solução (Fig. 11.1), como também do mineral de minério (Fig. 11.2), e alteração do desempenho da flotação (Stechemesser; Volke; Jung, 1994; Titkov, 2004), como

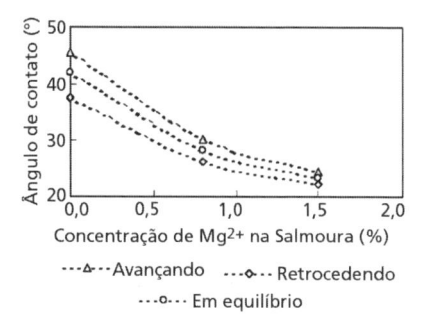

Fig. 11.2 Ângulo de contato da silvita na presença de amina *versus* concentração de Mg^{2+} na salmoura (29°C)

diminuição da recuperação de KCl no processo e também do teor de KCl no concentrado final.

11.3 O processo de concentração de silvita na usina de concentração de Taquari-Vassouras

A usina de concentração de Taquari-Vassouras pode ser dividida em três segmentos importantes: preparação do minério, flotação e desaguamento. Apresentaremos nesta seção uma descrição sucinta de cada um dos segmentos. Um fluxograma do processo é apresentado na Fig. 11.3.

11.3.1 Preparação do minério

O minério é empolpado com salmoura saturada em KCl e NaCl (12% KCl, 19% NaCl, 69% H_2O), alimentando uma peneira DSM primária (corte em 1,2 mm ou 14 mesh Tyler). O produto retido na peneira primária é submetido a moagem em moinho de barras que opera em circuito fechado com peneira DSM secundária de mesmas características que a primária. Os produtos passantes nas peneiras DSM (primária e secundária) apresentam porcentagem de sólidos de 25% (em peso) e alimentam um hidrosseparador de finos (Eimco, diâmetro de 15 m), onde então ocorre o descarte das lamas. O *overflow* do hidrosseparador contém 1% de sólidos em peso e é encaminhado para operações específicas de desaguamento (ver seção 11.3.3), ao passo que o *underflow* contém 32% de sólidos em peso e constitui a alimentação da flotação. Uma distribuição granulométrica típica da alimentação da flotação é apresentada na Tab. 11.2.

Tab. 11.2 Distribuição granulométrica típica da alimentação da flotação

Tamanho	% massa retida
+ 0,6 mm	19
−0,6 +0,2 mm	48
−0,2 mm	32
total	100

11 Flotação de cloreto de potássio (silvita) 283

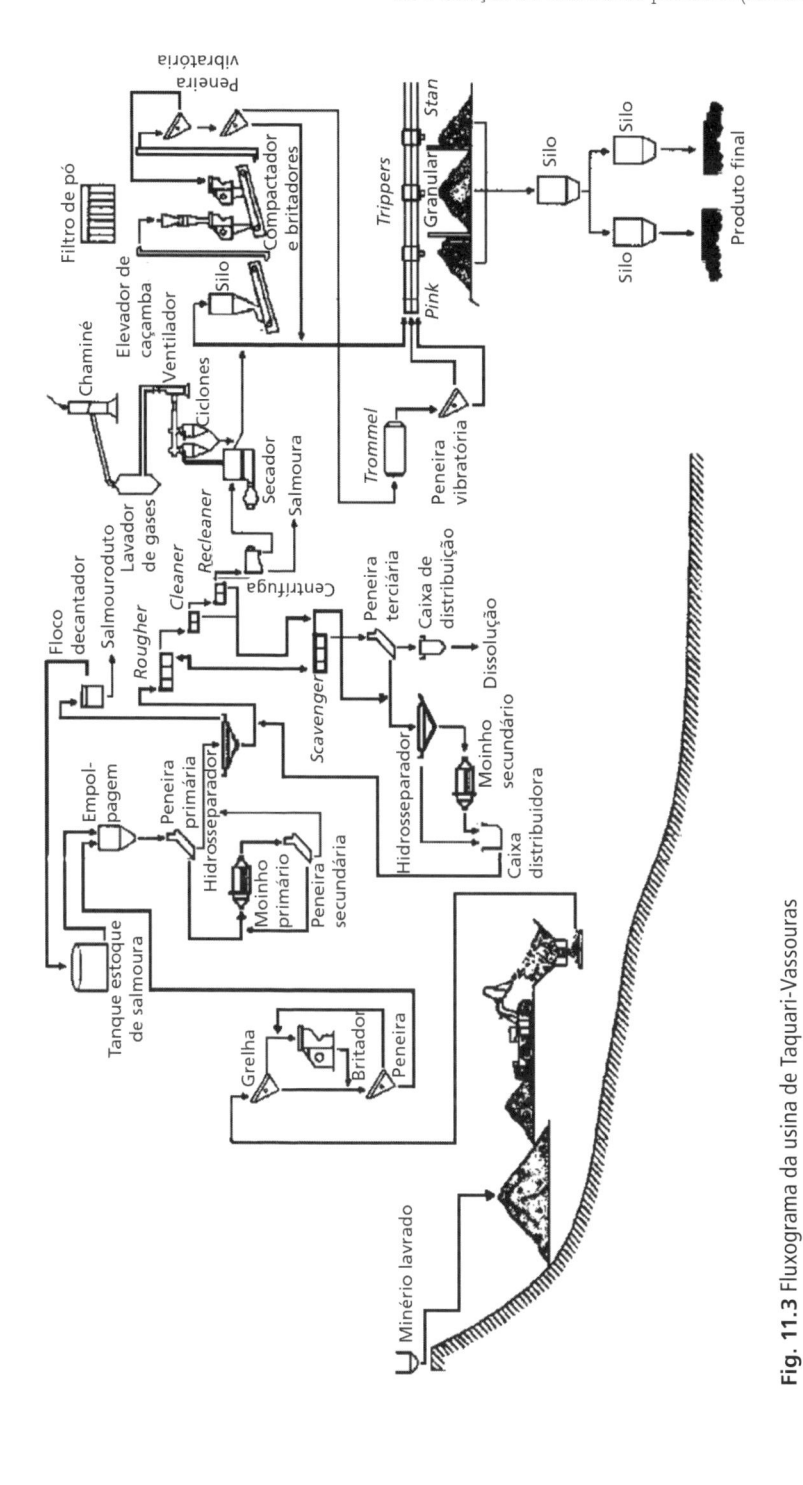

Fig. 11.3 Fluxograma da usina de Taquari-Vassouras
Fonte: Baltar et al. (2001).

11.3.2 Circuito de flotação

O *underflow* do hidrosseparador alimenta uma caixa receptora, onde são adicionados reagentes de flotação (Tab. 11.3). O fluxo de massa de sólidos que alimenta a flotação é da ordem de 400 t/h, e a temperatura da salmoura é de aproximadamente 40°C.

Tab. 11.3 REAGENTES DE FLOTAÇÃO UTILIZADOS NA USINA DE TAQUARI-VASSOURAS

Reagente	Função	Consumo típico (g/t)
amina primária de sebo hidrogenada, neutralizada com ácido acético	coletor	120-180
metilisobutilcarbinol	espumante	15-20
amido de milho	depressor	80-100

Após a adição dos reagentes, a polpa é bombeada para uma caixa distribuidora que alimenta quatro bancos de flotação *rougher+scavenger*, denominados Linha 1, Linha 2, Linha 3 e Linha 4, que operam em paralelo. As Linhas 1-3 são constituídas de oito células Denver subaeradas de 2,8 m^3 (seis células *rougher* + duas células *scavenger*), e a Linha 4 é constituída de cinco células Wemco 1+1 de 14 m^3 (cinco células *rougher* e uma célula *scavenger*) (Wemco, s.n.t.).

A distribuição dos tempos de residência DTR das Linhas 3 e 4 é apresentada na Fig. 11.4, da qual podemos retirar os parâmetros apresentados na Tab. 11.4. O número de bombeamento (NQ) do impelidor das células de flotação Wemco 1+1 foi determinado com base no tempo de mistura do traçador no primeiro tanque do banco *rougher*, obtendo-se NQ = 0,57, o que está bastante coerente com o manual do fabricante (Wemco). O *hold-up* do ar nas células é inferior a 10%,

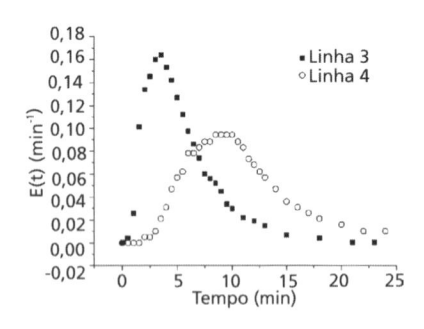

Fig. 11.4 Distribuição de tempos de residência (DTR) para as Linhas 3 e 4 do circuito industrial de Taquari-Vassouras

valor bastante baixo se comparado ao de células que executam a flotação de outros bens minerais (óxidos e silicatos, sulfetos, minerais semissolúveis). O concentrado da etapa *rougher* de cada uma das quatro linhas é submetido a duas etapas consecutivas de limpeza (*cleaner* e *recleaner*), e o concentrado *cleaner* alimenta o circuito *recleaner*. O produto flutuado na etapa *recleaner* é denominado concentrado final. Tal concentrado contém 48%-50% de sólidos e apresenta teor de KCl entre 93% e 96%. O rejeito *scavenger* é submetido a um conjunto de três peneiras estáticas (1,83 m x 1,63 m), que fazem um corte em 0,6 mm (28 *mesh Tyler*). O produto passante é recolhido numa caixa de distribuição e conduzido a uma operação unitária de dissolução, retornando à flotação como salmoura saturada. O *oversize* da peneira de 28 *mesh Tyler*, por conter muitas partículas grossas de KCl que não foram capazes de flotar no circuito *rougher+scavenger*, mistura-se aos rejeitos *recleaner* e *cleaner* e também ao concentrado *scavenger*, sendo submetido a moagem secundária. O produto da moagem retorna à alimentação da flotação, fechando o circuito.

Tab. 11.4 Parâmetros de DTR relativos ao circuito rougher+scavenger das Linhas 3 e 4 (NaOH utilizado como traçador)

Parâmetros		Linha 3	Linha 4
tempo de residência médio: ($\tau \pm \sigma$)		(5,5 ± 3,4) min	(11,0 ± 4,9) min
número de tanques ideais operando em série (n):	$n = \dfrac{\tau^2}{\sigma^2}$	n = 3,5	n = 4,2
tempo de residência calculado (τ):	$\tau = \dfrac{V^{(*)}}{Q}$	τ = 6,5 min	τ = 10,0 min
número de tanques reais em série		8	5

(*) V = volume total do banco de células ocupado pela polpa; Q = vazão de polpa.

11.3.3 Circuitos de desaguamento

Dois circuitos de desaguamento merecem destaque dentro do fluxograma de processo da usina de Taquari-Vassouras:

o desaguamento das lamas, efetuado ainda na preparação do minério (seção 11.3.1), e o desaguamento do concentrado da flotação.

O *overflow* do hidrosseparador mencionado na seção 11.3.1 contém 1% de sólidos em peso e alimenta por gravidade um decantador Eimco de 25 m de diâmetro. Um floculante (poliacrilamida, dosagem = 15-20 g/t) é adicionado à polpa para melhorar o desempenho da decantação. O *overflow* do decantador é denominado "salmoura purificada". Tal produto é bombeado para tanques de estocagem e, posteriormente, reintroduzido no processo. O *underflow* do decantador, com 60% de sólidos em peso, constitui parte do rejeito do processo e é descartado no mar.

O concentrado *scavenger* e os rejeitos das etapas *cleaner* e *recleaner* contêm apenas 5% de sólidos em peso. Por essa razão, eles são submetidos à operação unitária de espessamento em dois espessadores Eimco de 9,3 m de diâmetro. O *underflow* dos espessadores, com 25% de sólidos em peso, alimenta um circuito de moagem secundária. O *overflow* dos espessadores reúne-se ao produto de tal moagem secundária e retorna à alimentação da flotação.

Os concentrados de cada uma das quatro linhas são recolhidos numa caixa de distribuição de polpa que alimenta um conjunto de três centrífugas do tipo *solid bowl screening basket*, que operam com rotação de 600 rpm. O produto desaguado é secado em secador de leito fluidizado com capacidade para secar 120 t/h de concentrado úmido.

Após a secagem, o concentrado é dividido em dois fluxos: o primeiro, com 40% da produção da usina de concentração, recebe a adição de um *anti-caking* e é encaminhado a um galpão de estocagem; o segundo, que representa 60% da produção, constitui a alimentação de uma unidade de granulação.

Agradecimentos

Os autores desejam agradecer a Companhia Vale do Rio Doce pela cessão de informações relevantes.

Referências bibliográficas

BALTAR, C. A. M.; MONTE, M. B. M.; ANDRADE, M. C.; MOURA, R. L. Cloreto de potássio-CVRD, mina de Taquari. In: SAMPAIO, J. A.; LUZ, A. B.; LINS, F. F. Usinas de beneficiamento de minérios do Brasil. Rio de Janeiro: Cetem, 2001. p. 63-73.

FUERSTENAU, M. C.; MILLER, J. D.; KUHN, M. C. Chemistry of flotation. New York: SME, 1985. p. 145-149.

HANCER, M.; MILLER, J. D. The flotation chemistry of potassium double salts: schoenite, kainite and carnallite. Minerals Engineering, v. 13, p. 1483-1493, 2000.

HANCER, M.; CELIK, M. S.; MILLER, J. D. The significance of interfacial water structure in soluble salt flotation systems. Journal of Colloid and Interface Science, v. 235, p. 150-161, 2001.

JOWETT, A. Formation and disruption of particle-bubble aggregates in flotation. In: SOMASUNDARAN, P. (Ed.). Fine particles processing. New York: AIME, 1980. v. 1, p. 720-754.

LEJA, J. Surface chemistry of froth flotation. New York: Plenum Press, 1982. p. 40-42.

MONTEIRO, J. L. A.; BERALDO, J. L.; LIMA, M. S. S. A.; SANTOS FILHO, P. M. Influência de alguns parâmetros na flotação de cloreto de potássio. In: ENCONTRO NACIONAL DE TRATAMENTO DE MINÉRIOS E METALURGIA EXTRATIVA, 14., 1990, São Paulo. São Paulo: ABM, 1990. p. 137-147.

SKINNER, B. J. Recursos minerais da Terra. São Paulo: Edgard Blucher, 1996. p. 79-84.

STECHEMESSER, H.; VOLKE, K.; JUNG, T. Crystallization phenomena and the floatability of sylvine and hard salt. Colloids and Surfaces, A: physicochemical and engineering aspects, v. 88, p. 91-101, 1994.

TITKOV, S. Flotation of water-soluble mineral resources. International Journal of Mineral Processing, v. 74, p. 107-113, 2004.

WEMCO. Wemco 1+1 mechanical cells. Equipment handbook. [s.n.t.].

12 Flotação de silicatos

Paulo Roberto de Magalhães Viana
Armando Corrêa de Araujo
Antônio Eduardo Clark Peres

A flotação de silicatos representa, sem dúvida, um dos mais vastos campos abertos para pesquisa e desenvolvimento em flotação, por diversos fatores. Entre estes, destacam-se a complexidade das separações por vezes necessárias, como, por exemplo, a separação entre dois minerais muito similares, como os feldspatos albita e microclina, e a enorme diversidade dos minerais pertencentes à classe dos silicatos. Além disso, por serem os minerais mais abundantes da crosta terrestre, a variedade composicional dos silicatos adiciona um fator a mais aos desafios relacionados à aplicação da flotação a esses minerais.

Entre os diversos recursos minerais direta ou indiretamente associados aos silicatos, destacam-se rochas da classe geral dos pegmatitos, incluídas nessa categoria outras rochas de composição similar, como os alasquitos.

12.1 Minerais da classe dos silicatos

Oito elementos químicos respondem por mais de 98% da composição da crosta terrestre: oxigênio, silício, alumínio, ferro, magnésio, cálcio, sódio e potássio. Destes, somente o oxigênio e o silício são responsáveis por cerca de 70% da massa da crosta. Isso explica por que os minerais que contêm silício e oxigênio, denominados silicatos, são os mais abundantes na crosta terrestre. A estrutura cristalina dos silicatos e a sua influência nas propriedades de superfície desses minerais serão brevemente revistas neste capítulo. Uma descrição mais detalhada da estrutura dos silicatos pode ser encontrada em Klein (2002).

12.1.1 Estrutura cristalina dos silicatos

Os silicatos são formados por grupos aniônicos $[SiO_4]^{4-}$, que constituem a unidade básica de todos os arranjos de estruturas dos silicatos. O silício ocupa o espaço central de um tetraedro formado pelos átomos de oxigênio, o que é possibilitado pela relação r entre os raios do cátion (rc) e os raios do ânion (ra), sendo rc = 0,42 Å para Si^{4+} e ra = 1,40 Å para O^{2-}. Essa relação r = 0,30 está dentro da faixa de 0,414 a 0,255 na qual r leva a um número de coordenação 4, correspondente à estrutura tridimensional do tetraedro onde os íons estão o mais próximos possível, como é mostrado nas Figs. 12.1 e 12.2.

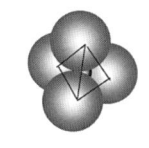

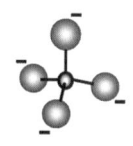

Fig. 12.1 Tetraedro de SiO_4 (uma carga negativa para cada oxigênio)

Número de coordenação (NC)	Relação dos raios mínima	Arranjo	Forma
NC = 4	0,225	Tetraédrico	
NC = 6	0,414	Octaédrico	
NC = 8	0,732	Cúbico	

Fig. 12.2 Número de coordenação, relação rc/ra e arranjo tridimensional dos íons

Da mesma maneira que a relação entre os raios iônicos condiciona a estrutura dos grupos aniônicos, fazendo com que a estabilidade geométrica resulte no melhor empacotamento dos íons (íons o mais próximos possível), o equilíbrio das cargas iônicas também é um fator determinante, significando que as cargas positivas e negativas devem estar balanceadas. Assim, os fatores condicionadores dos diferentes arranjos possíveis de estruturas dos silicatos demandam sempre a estabilidade geométrica e eletrostática. Quando, na estrutura cristalina, os oxigênios formadores dos silicatos estão dispostos em camadas, dois tipos de espaços intersticiais são possíveis: um é aquele ocupado pelo cátion Si^{4+}, que gera os tetraedros $[SiO_4]^{4-}$, e outro, maior, é formado pelo espaço entre seis oxigênios adjacentes, três em cada camada, gerando um octaedro (Fig. 12.3). Um cátion ocupando essa posição estará em contato com seis oxigênios, tendo, portanto, um número de coordenação 6, que corresponde à relação rc/ra na faixa de 0,414 a 0,732.

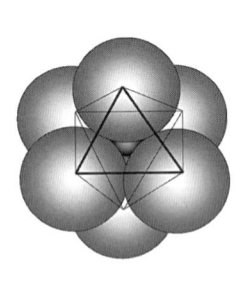

Fig. 12.3 Octaedro com seis oxigênios, três em cada camada

Os diferentes grupos de silicatos podem existir como tetraedros isolados, podem estar unidos por cátions ou unidos em estruturas mais complexas, sob a forma de polímeros, por meio do compartilhamento dos oxigênios localizados nos vértices dos tetraedros. Em seus estudos sobre a coordenação de poliedros, Linus Pauling estabeleceu que o compartilhamento de arestas e faces diminuiria a distância entre os cátions coordenadores dos poliedros, aumentando as forças repulsivas entre os cátions e diminuindo a estabilidade da estrutura cristalina. Em um cristal com diferentes tipos de cátions, aqueles com maior carga e menor número de coordenação tendem a não compartilhar arestas e faces, e a ficar o mais afastados possível uns dos outros. Não se encontra na natureza, entre centenas de silicatos existentes, um único exemplo de silicato em que exista o compartilhamento de aresta ou de face do tetraedro SiO_4.

A classificação dos silicatos em grupos distintos é tradicionalmente feita em função das diversas possibilidades de compartilhamento dos íons de oxigênio e dos diferentes arranjos de estruturas resultantes desse compartilhamento:

- nesossilicatos ou ortossilicatos: tetraedros individuais ligados por cátions sem compartilhar oxigênio, como a forsterita, Mg_2SiO_4;
- sorossilicatos: dois tetraedros compartilhando um oxigênio, levando à formação do grupo Si_2O_7, como a hemimorfita, $Zn_4Si_2O_7(OH) \cdot H_2O$;
- ciclossilicatos: mais de dois tetraedros ligados, compartilhando um oxigênio e gerando uma estrutura em anel, como o berilo, $Be_3Al_2Si_6O_{18}$ (fórmula genérica $[Si_xO_{3x}]^{2x}$);
- inossilicatos: tetraedros ligados, compartilhando dois ou três oxigênios e formando cadeias "infinitas". As cadeias são ligadas umas às outras por cátions. Os inossilicatos são classificados em inossilicatos de cadeias simples ou duplas:
  - cadeias simples: cada tetraedro compartilha dois oxigênios, formando uma cadeia, como a enstatita, $MgSiO_3$. A unidade básica é $[SiO_3]^{2-}$ e as cadeias são ligadas umas às outras por cátions. Em decorrência dessa cadeia, os inossilicatos tendem a formar cristais de forma alongada, como no caso do espodumênio;
  - cadeias duplas: cada tetraedro compartilha dois ou três oxigênios, como a antofilita, $Mg_7Si_8O_{22}(OH)_2$. A composição unitária é $[Si_4O_{11}]^{6-}$ e as cadeias são interligadas por cátions;
  - filossilicatos: tetraedros compartilham três oxigênios entre os tetraedros vizinhos, formando estruturas planares "infinitas", como as micas e argilominerais. O argilomineral caulinita, $Al_2Si_2O_5(OH)_4$, é um exemplo de filossilicato. A composição unitária é $[Si_2O_5]^{2-}$. Na maioria dos filossilicatos, a formação e a união de camadas são viabilizadas por cátions e grupos OH;
  - tectossilicatos: cada tetraedro compartilha os quatro oxigênios, gerando estruturas tridimensionais de

composição unitária $[SiO_2]_0$, como no quartzo e nos feldspatos. Um exemplo de tectossilicato é a albita, $NaAlSi_3O_8$.

Alguns cátions participam ativamente na composição da estrutura cristalina dos silicatos, seja substituindo o silício, seja agindo como elementos de ligação entre as unidades de tetraedros e octaedros. Entre esses cátions, o Al^{3+} se destaca pelo fato de ser o terceiro elemento em abundância na natureza e poder coordenar tanto quatro como seis oxigênios. Isso é possível porque a relação entre raios do Al^{3+} e O^{2-} está próxima de 0,414, valor mínimo para o número de coordenação 6.

Mg^{2+}, Fe^{2+}, Fe^{3+}, Mn^{2+}, Ti^{4+} e Li^+ têm coordenação 6 com o oxigênio e formam soluções sólidas, equilibrando as cargas elétricas, quando necessário, por meio de substituições conjugadas. O mesmo mecanismo de substituição conjugada ocorre com os cátions Na^+ e Ca^{2+}, que têm maior raio iônico e número de coordenação 8 com o oxigênio. Os cátions K^+, Ba^{2+}, e Rb^+, com coordenação 8 ou 12, são também íons encontrados nos silicatos.

12.1.2 Principais silicatos em pegmatitos

Pegmatitos são rochas de origem ígnea com granulação grossa ou mesmo gigantesca, tendo como minerais comuns os feldspatos, quartzo e micas. Os pegmatitos ocorrem sob a forma de diques, veios ou lentes presentes em rochas ígneas intrusivas ou em rochas metamórficas, podendo alcançar de alguns metros de extensão até quilômetros, com potência que varia de menos de um metro a centenas de metros. A formação da maioria dos pegmatitos está associada ao resfriamento lento e tardio de fluidos aquosos de alta densidade que se separam de magma granítico na sua fase final de cristalização (Bétekhtine, 1968). Esse processo permite o crescimento de cristais de diversos minerais portadores de elementos como o Li, Cs, Rb, Be, Nb, Ta e B, que estão presentes nesse fluido do magma e que, em razão das suas combinações específicas de cargas e raios iônicos, não se adaptam aos minerais comuns formadores de rochas (*rock forming minerals*), sendo então esses minerais ocasionalmente chamados de pegmatofílicos. Alguns desses minerais, portadores de elementos raros na natureza, fazem com que os pegmatitos sejam objeto de elevado interesse comercial no mercado de gemas e em indústrias estratégicas, como a aeronáutica, a eletrônica e a nuclear. Os minerais que se destacam nos pegmatitos (e, no caso dos tectossilicatos, nos alasquitos) são:

♦ Feldspatos: são tectossilicatos que ocorrem comumente nos pegmatitos, incluindo os feldspatos potássicos, os plagioclásios e os membros das suas respectivas séries entre o ortoclásio ($KAlSi_3O_8$) e a albita ($NaAlSi_3O_8$), e entre a albita e a anortita ($CaAl_2Si_2O_8$). O ortoclásio corresponde a um polimorfismo entre a sanidina e a microclina. Como pode ser visto na Fig. 12.4, os feldspatos são compostos por tetraedros coordenados por Si e Al e interligados pelos oxigênios dos vértices. Nos tetraedros com Si, a carga do cátion é dividida por quatro átomos de oxigênio, o que leva a força eletrostática de cada ligação a ser igual a 1. Nos tetraedros com Al, a força da ligação eletrostática é 3/4. Assim, o oxigênio, compartilhado pelos dois tetraedros de Si e Al, tem uma valência eletrostática insatisfeita de $-1/4$ ($-2 + 1¾$). Esse 1/4 de unidade de carga pode ser balanceado por cátions monovalentes, como o K^+ ou o Na^+, ou bivalentes, como o Ca^{2+}, com número de coordenação 8. Ao contrário, cátions como o Mg^{2+} ou o Fe^{2+}, com número de coordenação 6, teriam contribuição de carga de

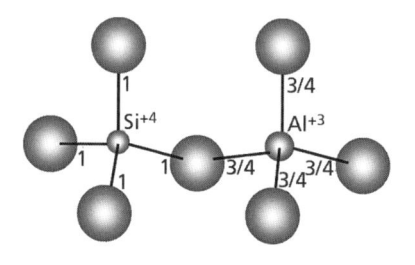

Fig. 12.4 Balanceamento de cargas nos feldspatos

1/3, sem possibilidade de balanceamento. Em razão disso, os feldspatos formam compostos com Ca, Na e K, e não contêm Mg ou Fe.

- Feldspatoides: os feldspatoides também são tectossilicatos com composição química parecida com a dos feldspatos, tendo como principal diferença o menor teor de sílica. Entre os feldspatoides, encontra-se um mineral de grande interesse comercial, pela presença do elemento lítio, e que ocorre com frequência em pegmatitos: a petalita, Li(AlSi$_4$O$_{10}$). Na estrutura da petalita, os cátions Li$^+$ e Al^{3+} ocupam sítios octaédricos (Fig. 12.5).

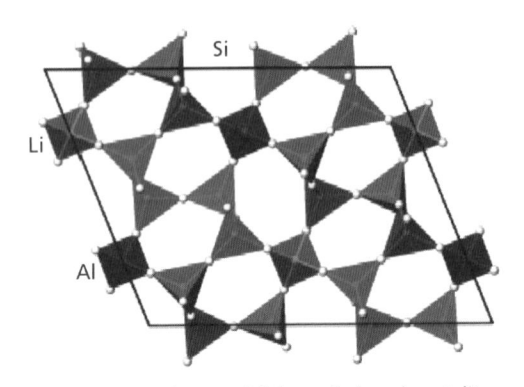

Fig. 12.5 Arranjo espacial dos poliedros da petalita

- Quartzo: nos pegmatitos, o quartzo é um mineral indicador da própria ocorrência dos pegmatitos. Pelo fato de sua cristalização ocorrer em temperaturas mais baixas, durante a fase final de resfriamento do magma, e de esse resfriamento ocorrer no sentido dos contatos com as rochas encaixantes para o centro, uma grande quantidade de quartzo é formada na região central do veio. Esse quartzo, após o processo de intemperização, gera um lineamento de cascalho que indica, em superfície, a ocorrência do pegmatito. Por ser um tectossilicato, os quatro oxigênios do tetraedro são compartilhados, como é mostrado na Fig. 12.6.

- Micas: pertencentes aos filossilicatos, o grupo das micas é representado nos pegmatitos principalmente pela moscovita, $KAl_2(AlSi_3O_{10})(OH)_2$, pela biotita, $K(Mg,Fe)_3(AlSi_3O_{10})(OH)_2$, e pela lepidolita, $K(Li,Al)_2^{-3}(AlSi_3O_{10})(OH)_2$. Todas com estrutura t-o-t (tetraedro-octaedro-tetraedro) e camadas mantidas unidas por cátions monovalentes, como o potássio (K) com coordenação 12 (Fig. 12.7).

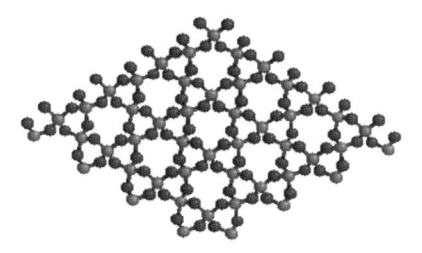

Fig. 12.6 Estrutura cristalina do quartzo (cátions Si^{4+} mais claros)

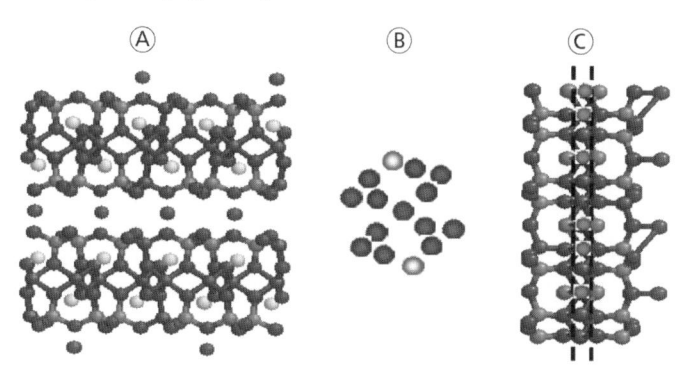

Fig. 12.7 Estrutura das micas: (A) cátions de potássio, tom intermediário, unindo camadas t-o-t na moscovita; (B) cátion K^+ com coordenação 12 e íons OH^-, cor cinza-claro; (C) cátions de lítio (Li^+), mais escuros, e Al^{3+}, cor cinza, com coordenação octaédrica na lepidolita

- Argilominerais: a caulinita, $Al_2Si_2O_5(OH)_4$, produto da alteração de aluminossilicatos, principalmente feldspatos, por intemperismo, é comum em vários pegmatitos. A estrutura da caulinita é do tipo t-o (tetraedro-octaedro) e resulta em camadas eletricamente neutras. Assim, a união entre as camadas é feita via ligações de hidrogênio (HO...H) entre os grupos OH da camada de alumínio e o O da camada de silício (Fig. 12.8).

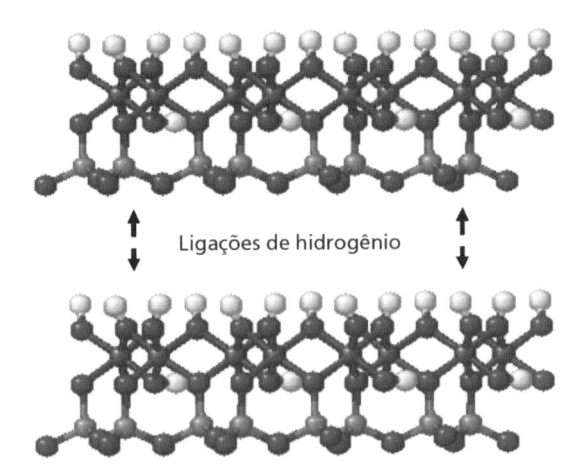

Fig. 12.8. Mecanismo de união das camadas t-o da caulinita: cátions de alumínio, cor cinza, com coordenação octaédrica, e íons hidroxila, cor cinza-claro

- Espodumênio: pertencente ao grupo dos piroxênios (inossilicato), o espodumênio, $LiAlSi_2O_6$, é um dos minerais mais importantes que ocorrem em pegmatitos, por ser um dos principais minerais para a produção industrial de lítio. Os íons Li^+ e Al^{3+} ocupam sítios de coordenação octaédrica na cadeia (Fig. 12.9). O alumínio pode também estar substituindo o Si^{4+} nos tetraedros.
- Berilo: frequente nos pegmatitos, o berilo, $Be_3Al_2(Si_6O_{18})$, é um ciclossilicato que apresenta o Be^{2+} em coordenação 4 e o Al^{3+} nos octaedros. O cátion Li^+ pode substituir o Be^{2+}. Nos canais formados pela superposição dos anéis de tetraedros de Si^{4+}, podem estar presentes ânions, moléculas e átomos neutros, como Na, K, Rb, Cs, H_2O, $(OH)^-$, F e, eventualmente, o gás He. Na Fig. 12.10 destacam-se os anéis preenchidos por Na^+. O berilo tem o seu principal uso

Fig. 12.9 Cátions de lítio, claros, na estrutura do espodumênio

como "pedra preciosa", sendo classificado, nesse caso, em função da sua coloração, como esmeralda, água-marinha ou morganita.

- Cordierita: a cordierita, $(Mg,Fe)_2Al_4Si_5O_{18} \cdot nH_2O$, é outro ciclossilicato encontrado tanto em pegmatitos como em metamorfismos de contato, tendo sido constatada sua presença nos pegmatitos do norte de Minas Gerais. Na forma comum da cordierita, o Al^{3+} substitui o Si^{4+} em dois dos tetraedros de cada anel, como ilustrado na Fig. 12.11.
- Turmalina: a turmalina, $(Na,Ca)(Li,Mg,Al)_3(Al,Fe,n)_6(BO_3)_3$ $(Si_6O_{18})(OH)_4$, é um dos minerais que mais comumente ocorrem nos pegmatitos e apresenta estrutura mais complexa, como é mostrado na Fig. 12.12. Dependendo da sua cor, que varia em função das várias possibilidades de substituição dos seus cátions na sua estrutura, assume diferentes nomes, sendo a schorlita, também denominada de afrisita, a espécie mais frequente.
- Fenacita: a fenacita (um nesossilicato), Be_2SiO_4, é um mineral raro em pegmatitos, mas está sempre associada a eles. Foi identificada pela primeira vez em pegmatitos existentes em Rio Piracicaba (MG). Estruturalmente, é

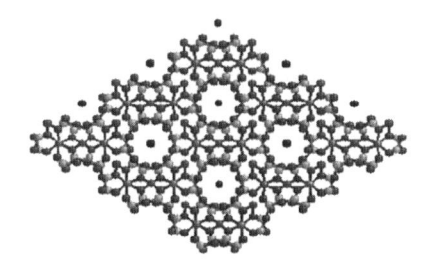

Fig. 12.10 Estrutura em anéis do berilo. Os cátions Al^{3+} (ao centro dos "asteriscos"), com coordenação 6, e Be^{2+} (ao centro dos "círculos"), com coordenação 4, fazem a união dos anéis de tetraedros coordenados pelo Si^{4+}

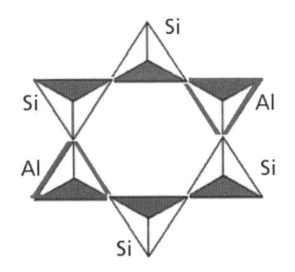

Fig. 12.11 Cátions Al^{3+} no anel de tetraedros

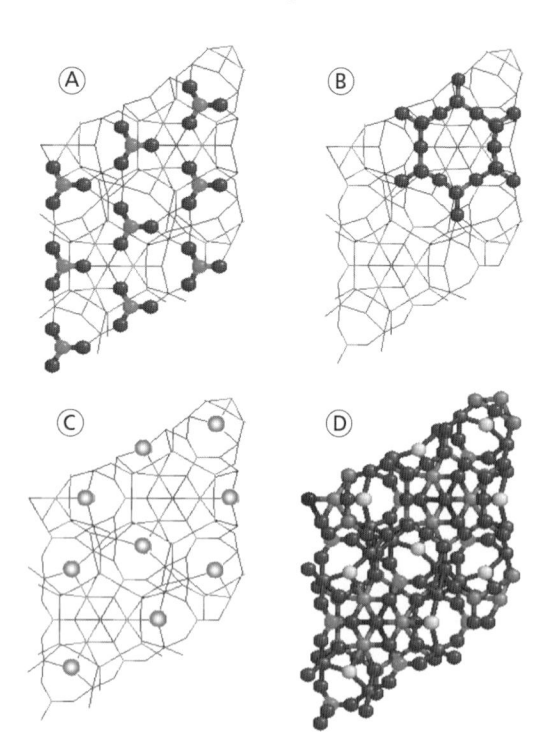

Fig. 12.12 Estrutura da turmalina: grupos boratos (BO$_3$), com coordenação 3 planar (A); anel de ciclossilicato com seis tetraedros (B); átomos de hidrogênio (C); estrutura completa (D)

composta por tetraedros de SiO$_4$ e BeO$_4$, de tal maneira que cada oxigênio está ligado a dois Be^{2+} e um Si^{4-}.

◆ Granadas: as granadas fazem também parte de um grupo de nesossilicatos denominado "grupo da granada", que tem a fórmula geral A$_3$B$_2$(SiO$_4$)$_3$, onde os sítios A são ocupados por Ca, Mg, Fe^{2+} ou Mn^{2+}, enquanto os sítios B hospedam Al^{3+}, Fe^{3+} e Cr^{3+} (Fig. 12.13). A sua estrutura é composta por tetraedros isolados de silício e o balanceamento de sua carga é feito pelos cátions A com coordenação 8 e cátions B com coordenação 6.

◆ Topázio: na estrutura do topázio, Al$_2$SiO$_4$(F,OH)$_2$, os tetraedros individuais de sílica estão ligados a octaedros que têm o cátion alumínio coordenando quatro oxigênios e dois íons flúor. O grupo (OH)$^-$ é geralmente substituído pelo íon flúor, F$^-$.

12.2 Estrutura e carga superficial dos silicatos

A carga superficial dos silicatos tem sua origem primária nas ligações químicas não totalmente satisfeitas eletricamente, e a posição relativa dessas ligações, na estrutura cristalina, que é determinada pela superfície de quebra associada ou não a planos de clivagem (Manser, 1975).

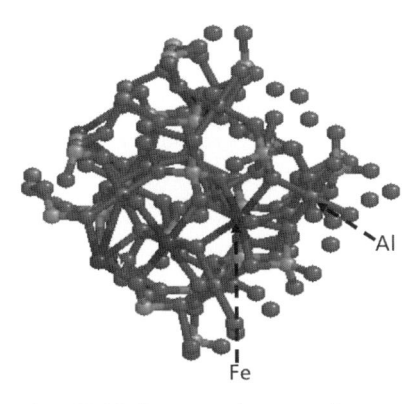

Fig. 12.13 Estrutura das granadas com Al^{3+}, cor cinza, com coordenação 6, e Fe^{2+}, tons mais escuros, com coordenação 8

Durante sua formação, o balanceamento elétrico da estrutura cristalina é completo. Substituições iônicas como a substituição de cátions com relações de raios rc/ra semelhantes e com cargas diferentes, exemplificadas aqui pela substituição de Si^{4+} por Al^{3+} nos sítios tetraédricos, e de Al^{3+} por Mg^{2+} ou Fe^{2+} em sítios de coordenação octaédrica que ocorrem na estrutura cristalina de vários silicatos, são seguidas de outras substituições iônicas simples de cátions e ânions, substituições em interstícios ou substituições por omissão (deixando sítios vazios na estrutura), de tal maneira que a totalidade da estrutura cristalina permanece eletricamente neutra. Assim, a geração de carga superficial pode ser atribuída primordialmente às superfícies quebradas, ou não completadas, onde as ligações estão eletricamente insatisfeitas (Sposito, 1992). Essas superfícies com ligações incompletas e, portanto, com sítios de cargas tanto negativas quanto positivas, tendem a reagir fortemente com a água, em razão da polaridade das moléculas da água. Na ausência de outros íons, sítios positivos e negativos da superfície reagem com íons OH^- e H^+, fazendo com que a carga superficial seja dependente do pH. A Fig. 12.14 ilustra esque-

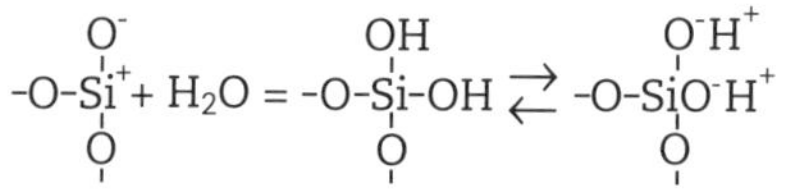

$$-O-\underset{O}{\overset{O^-}{Si^+}} + H_2O = -O-\underset{O}{\overset{OH}{Si}-OH} \rightleftarrows -O-\underset{O}{\overset{O^-H^+}{Si}O^-H^+}$$

Fig. 12.14 Reação reversível na interface quartzo/água
Fonte: Cases (1967).

maticamente essa reação reversível, tomando como exemplo o quartzo.

Fuerstenau e Raghavan (1977) sugerem que a reação geral que estabelece o aparecimento de cargas em óxidos pode ser descrita pelas Eqs. 12.1 e 12.2:

$$MOH^{2+}(\text{superfície}) \to MOH(\text{superfície}) + H + (aq) \qquad (12.1)$$

$$MOH(\text{superfície}) \to MO^-(\text{superfície}) + H + (aq) \qquad (12.2)$$

onde M é o cátion; MOH(superfície) representa sítios hidroxilados superficiais neutros; MOH^{2+} são os sítios positivos, e MO^-, os sítios negativos. Quando os números de sítios positivos e negativos se igualam, em um valor específico de pH, tem-se a superfície "descarregada", e essa condição é definida como o ponto de carga zero (PCZ).

As constantes de equilíbrio para as reações descritas pelas Eqs. 12.1 e 12.2 na superfície são:

$$K_1 = \frac{[a_{MOH}][a_{H^+}]}{[a_{MOH_2^+}]} \qquad (12.3)$$

$$K_2 = \frac{[a_{MO^-}][a_{H^+}]}{[a_{MOH}]} \qquad (12.4)$$

Considerando-se as atividades das espécies de superfície equivalentes às frações de superfície (θ) em que elas se adsorvem, tem-se, idealmente:

$$a_{MOH} = \theta_0, \, a_{MOH^{2+}} = \theta_+, \, a_{MO^-} = \theta_-, \text{ e}$$
$$a_{H^+} = \text{atividade dos íons H}^+ \text{ na solução} \qquad (12.5)$$
$$(a_{MOH}) + (a_{MOH^{2+}}) + (a_{MO^-}) = \theta_0 + \theta_+ + \theta_- = 1$$

Com base nas Eqs. 12.3, 12.4 e 12.5, Fuerstenau e Raghavan (1977) estabelecem relações que indicam a fração da superfície ocupada por cada tipo de sítio neutro, positivo e negativo. No ponto de carga zero, as atividades dos sítios negativos e positivos são iguais e, portanto, a a_{H+} é determinada pelo pH do PCZ. A razão K_1/K_2 corresponde à fração de sítios neutros no PCZ. Esse modelo foi testado para o rutilo, comparando-se o seu comportamento na flotação com a distribuição teórica de sítios neutros, positivos e negativos. A escolha do rutilo se deu pela sua total insolubilidade e seu valor de PCZ próximo de pH neutro (pHPCZ = 6,7). Como coletores, foram usados cloreto de dodecilamina (CDA) e dodecilsulfato de sódio (DSS), que adsorvem sem interação química com a superfície, e oleato de sódio (OS), cuja interação é química. Foram utilizadas baixas concentrações dos coletores nos testes (5 x 10^{-5} M) para evitar qualquer efeito de ligações hidrofóbicas. Os resultados são ilustrados na Fig. 12.15, que mostra uma boa correlação entre a recuperação na flotação para OS, SDS e DAC e a respectiva distribuição de sítios θ_0, θ_+ e θ_-.

Em pH 3 → θ_+ = 100%
$\theta_0 = \theta_- = 0\%$
Recuperação com SDS é 100%

Em pH 9 → θ_- = 100%
$\theta_0 = \theta_+ = 0\%$
Recuperação com DAC é 100%

△ DAC (cloreto de dodecilamina)
□ SDS (dodecilsulfato de sódio)
○ OS (Oleato de sódio)
— Distribuição de sítios calculada, $K_1/K_2 = 4$

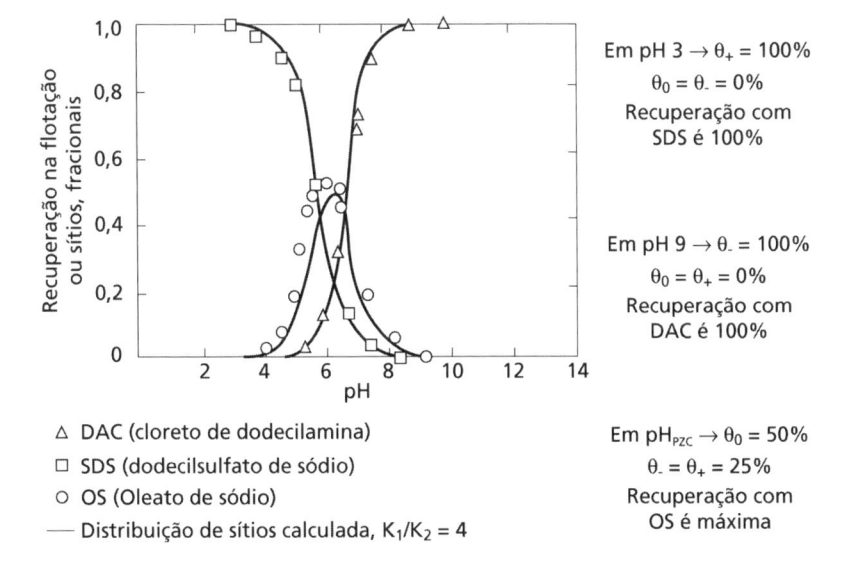

Em pH_{PZC} → θ_0 = 50%
$\theta_- = \theta_+ = 25\%$
Recuperação com OS é máxima

Fig. 12.15 Correlação entre recuperação na flotação e distribuição de sítios para o rutilo

Para os silicatos, considera-se que a sua superfície se comporta como se fosse a superfície de um óxido composto e constituída de SiO_2 e M_xO_y, com os íons H^+ e OH^- sendo os íons determinadores de potencial, como ilustrado na Eq. 12.6.

$$\begin{array}{c} -Si-OH_2^+ \\ | \\ O \\ | \\ -M-OH_2^+ \end{array} \quad \begin{array}{c} H^+ \\ \rightleftarrows \\ H^+ \end{array} \quad \begin{array}{c} -Si-OH \\ | \\ O \\ | \\ -M-OH \end{array} \quad \begin{array}{c} OH^- \\ \rightleftarrows \\ OH^- \end{array} \quad \begin{array}{c} -Si-O^- \\ | \\ O \\ | \\ -M-O^- \end{array} \qquad (12.6)$$

Em um aluminossilicato, com a premissa de que os sítios Si-O e Al-O reagem de modo independente com íons hidrogênio na superfície, calculou-se a distribuição de sítios carregados da superfície para uma relação $SiO_2/Al_2O_3 = 1$ e também 2. O PCZ para SiO_2 e Al_2O_3 foi assumido como pH 3 e 9, respectivamente, e a fração de sítios neutros no PCZ, como sendo 0,67. A Fig. 12.16 mostra essa distribuição, com o PCZ de um desses minerais teóricos ocorrendo em pH 3,9 para uma relação $SiO_2/Al_2O_3 = 2$. A forma das curvas mostra que a distribuição de sítios negativos e positivos estende-se por uma faixa de pH muito mais ampla do que seria para o caso de óxidos simples. Para os silicatos que têm cátions que podem ser dissolvidos prontamente quando a superfície é exposta, como os íons alcalinos nos feldspatos e micas, a carga de superfície deverá ser controlada por ligações de silício-oxigênio quebradas ou pela carga estrutural na cadeia ou placa do mineral. Quando o cátion é parcialmente solúvel e sujeito a hidrólise, é possível a sua readsorção, sendo a densidade de adsorção uma função da concentração da espécie dissolvida, que, por sua vez, é função do pH (Fuerstenau; Raghavan, 1977).

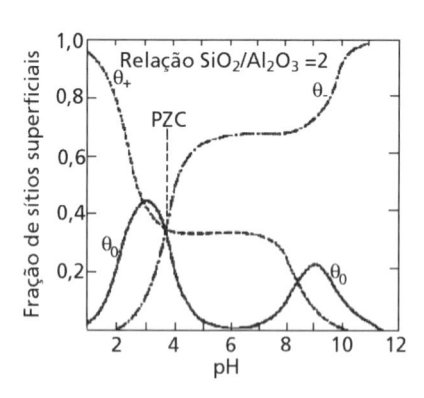

Fig. 12.16 Distribuição de sítios: aluminossilicato com relação $SiO_2/Al_2O_3 = 2$

Deju e Bhappu (1965, 1966, 1967, 1968) mostram que, à medida que a relação oxigênio/silício cresce nos silicatos, amostras de minerais puros, o PCZ também cresce, e, como a relação oxigênio/silício mostra aproximadamente uma relação direta com a densidade desses minerais, é sugerido que o PCZ é diretamente proporcional à densidade. A hipótese proposta para explicar essa situação é a quebra preferencial de ligações oxigênio-metal, que cresce com a relação oxigênio/silício, em vez da quebra da ligação oxigênio/silício, que é mais forte, resultando em um maior número de sítios de cátions.

Como afirmado no início deste capítulo, a superfície dos silicatos é condicionada diretamente pela sua estrutura cristalina, que determinará a natureza e a quantidade de ligações quebradas, "dependuradas", na superfície, e, portanto, a estrutura cristalina influenciará marcadamente a carga de superfície desses minerais, como descrito a seguir para cada classe de silicato.

12.2.1 O caso dos nesossilicatos

A superfície de quebra dos cristais dos nesossilicatos deve gerar superfícies onde predominam os cátions que interligam os tetraedros de sílica, como Al^{3+}, Mn^{2+}, Fe^{2+}, Mg^{2+}, Cr^{3+} e outros, levando à geração de superfícies hidrofílicas. A quebra dos tetraedros de silício será praticamente inexistente nos minerais desse grupo, e, em razão do grande número de sítios de cátions metálicos, seria de esperar que o PCZ desses minerais fosse mais elevado que o dos minerais de outros grupos de silicatos, o que realmente acontece. Os dados da Tab. 12.1 mostram que o PCZ dos nesossilicatos encontra-se na faixa de pH de 4 a 8 (Fuerstenau; Raghavan, 1977). Adicionalmente, Manser (1975) verificou que os nesossilicatos flotam moderadamente bem com coletor catiônico (dodecilamina) e são sensíveis a mudanças no pH na flotação com coletor catiônico. Ao comparar-se todos os grupos de silicatos investigados, os nesossilicatos demonstraram maior tendência de flotar com o uso do coletor aniônico oleato de sódio, bem como o fato de não serem tão sensíveis ao pH como no caso do coletor catiônico. Talvez uma possível explicação para esse fato seja a maior presença de cátions metálicos na superfície desses minerais, levando à formação de sais estáveis do coletor com esses cátions metálicos (Peck; Raby; Wadsworth, 1966; Fuerstenau; Raghavan, 1977; Kwang; Fuerstenau, 2003).

12.2.2 O caso dos sorossilicatos e ciclossilicatos

A situação da superfície é semelhante aos nesossilicatos, porém algumas ligações silício-oxigênio serão quebradas nos tetraedros de sílica. A superfície de quebra dos ciclossilicatos deve apresentar cátions metálicos em conjunto com os anéis de silicatos com carga. A Tab. 12.1 mostra que o PCZ dos minerais desses grupos está na faixa de pH 3 a 4.

12.2.3 O caso dos inossilicatos

Ao contrário dos grupos de silicatos anteriores, os inossilicatos de cadeia simples ou dupla, ao serem fragmentados, tendem a ter um grande número de ligações silício-oxigênio quebradas, em conjunto com as ligações cátion-oxigênio que ocupam os sítios M2 (sítios de cátions maiores), onde as ligações são mais fracas. Isso dá origem às superfícies de clivagem características desse grupo de minerais. As superfícies geradas são, portanto, hidrofílicas, e, dependendo da relação entre planos de faces e basal, também anisotrópicas. De maneira geral, ao longo das cadeias a sílica é portadora de uma carga negativa de forma constante, e a parte terminal das cadeias, basal, consiste essencialmente de ligações silício-oxigênio quebradas. Em razão disso, o PCZ dos inossilicatos deve ser menor que o PCZ dos grupos de silicatos anteriormente descritos. Os dados da Tab. 12.1 indicam que o PCZ da grande maioria dos inossilicatos situa-se em torno de pH 3 (Fuerstenau; Raghavan, 1977; Klein, 2002; Kwang; Fuerstenau, 2003). A sensibilidade ao pH na flotação dos inossilicatos, com o uso de dodecilamina, é maior que aquela descrita para os nesossilicatos, porém grande parte dos inossilicatos não flutua bem com o coletor aniônico típico, como o oleato de sódio.

12.2.4 O caso dos filossilicatos

Filossilicatos como a caulinita, que apresentam estrutura t-o (tetraedro-octaedro), geram, ao serem quebrados, superfícies hidrofílicas tanto nas faces das placas que são geradas, as quais estavam conectadas via ligação de hidrogênio, quanto nas bordas dessas placas, onde são quebradas ligações sílicio--oxigênio. Apesar dessas superfícies hidrofílicas, Manser (1975) mostra que a serpentina, estrutura t-o, somente flota em uma faixa estreita de pH (9-11) com o uso de oleato de sódio. Ao contrário, a caulinita mostra boa flotabilidade em praticamente toda a faixa de pH acima do seu PCZ (pH 2 a 3), seja com coletor aniônico ou catiônico. Esse fato é atribuído por Smith e Narimatsu (1993) aos sítios negativos das faces das placas e aos sítios positivos nas bordas das placas, além de interação específica entre o coletor aniônico e sítios de alumínio.

No caso de filossilicatos como o talco e a pirofilita, com camadas t-o-t que são unidas por ligações de van der Waals, eles mostram a quebra preferencial dessas fracas ligações residuais e, portanto, permanecem eletricamente neutros após a quebra. Isso faz com que esses minerais sejam naturalmente hidrofóbicos, sendo necessário apenas o uso de um espumante para a sua flotação. O PCZ do talco (pH 3,6) é condicionado pela carga existente nas bordas das camadas após fragmentação.

Filossilicatos como a moscovita e a flogopita (micas) têm estrutura t-o-t, e a união das camadas é feita por cátions como Fe^{2+}, Mg^{2+}, Al^{3+} e outros. Havendo substituição do Si^{4+} por Al^{3+} nos tetraedros de sílica, aparece uma carga negativa fixa, que é compensada por cátions monovalentes como o K^+, no caso da moscovita e da biotita.

Isso faz com que, após a quebra, a superfície das micas carregue uma carga negativa constante, independentemente do pH (Fuerstenau; Raghavan, 1977). Essa carga é função do grau de substituição e, provavelmente, justifica o fato de o PCZ das micas ocorrer em baixos valores de pH (≤ 1). A flotação de micas pode ser feita em uma faixa ampla de pH com coletores catiônicos. Na flotação com coletores aniônicos, as referências mostram resultados muito diferentes, porém concordantes no sentido de que a flotação sem ativação catiônica prévia da superfície é, em geral, incipiente (Silva, 1983; Valadão, 1983; Sposito, 1992).

12.2.5 O caso dos tectossilicatos

A fragmentação dos tectossilicatos sempre implicará a quebra de tetraedros de sílica ou alumínio, tanto para o quartzo quanto para os feldspatos. No caso dos feldspatos, os cátions Na^+ e K^+ são solúveis, aumentando a carga negativa na estrutura. Dessa maneira, as superfícies geradas após quebras são hidrofílicas, e o PCZ dos tectossilicatos ocorre, em geral, na faixa de pH de 1,5 a 2,5, conforme pode ser visto na Tab. 12.1.

12.3 Química dos reagentes em solução

As aminas e os ácidos carboxílicos são usados em diversos sistemas de flotação e são os principais reagentes utilizados na flotação de silicatos. O estudo da química desses reagentes em solução é de fundamental importância, pois a natureza e a forma do reagente em solução, em função do pH, podem influenciar diretamente a adsorção do reagente nas superfícies dos minerais. O Quadro 12.1 mostra alguns minerais de acordo com o grupo mineralógico a que pertencem e os reagentes coletores mais comuns usados para a sua flotação. Constata-se que, com exceção dos sulfetos e dos elementos nativos, as aminas e/ou os ácidos carboxílicos estão presentes na flotação de inúmeros minerais de todos os demais grupos mineralógicos.

Tab. 12.1 Ponto de carga zero (PCZ) de alguns silicatos

Grupo de silicato	Mineral	Fórmula química	pH do PCZ
Nesossilicatos	forsterita	Mg_2SiO_4	4,1
	faialita	Fe_2SiO_4	5,7
	olivina	$(Mg,Fe)_2SiO_4$	4,1
	tefroíta	Mn_2SiO_4	6,0; 5,7
	grossularita	$Ca_3Al_2(SiO_4)_3$	4,7
	almandina	$Fe_3Al_2(SiO_4)_3$	5,8
	andradita	$Ca_3(Fe,Ti)_2(SiO_4)_3$	3,5; 4,4; <2
	zirconita	$ZrSiO_4$	5,8
	topázio	$Al_2(SiO_4)(OH,F)_2$	3,5
	andaluzita	Al_2SiO_5	7,2; 5,2; 7,8; 6,2
	sillimanita	Al_2SiO_5	6,8; 5,6; 8,0
	cianita	Al_2SiO_5	7,8; 6,2; 5,2
	distênio	Al_2SiO_5	7,9; 6,2
	granada	$A_3B_2(SiO_4)_3$	4,4
Ciclossilicatos	berilo	$Be_3Al_2(Si_6O_{18})$	3,2; 3,4; 3,0; 2,7
	cordierita	$Al_3(Mg,Fe)_2(Si_5AlO_{18})$	3,5
Inossilicatos cadeia simples	enstatita	$(Mg,Fe)SiO_3$	3,8
	diopsídio	$CaMg(SiO_3)_2$	2,8
	espodumênio	$LiAl(SiO_3)_2$	2,6; 2,3
	jadeíta	$NaAl(SiO_3)_2$	2,2
	rondonita	$MnSiO_3$	2,8
	augita	$[Ca,Na,Mg,Fe^{++},Mn,Fe^{+++}, Al,Ti\,][(Si,Al)_2O_6]$	2,7; 3,8; 4,5
Inossilicatos cadeia dupla	amosita	$(Fe,Mg)_7(Si_8O_{22})(OH)_2$	3,0
	cummingtonita	$(Mg,Fe)_7(Si_8O_{22})(OH)_2$	5,2
	crocidelita	$Na_2Fe^{++}{}_3Fe^{+++}{}_2(Si_8O_{22})(OH)_2$	3,3
Filossilicatos	caulinita	$Al_4(Si_4O_{10})(OH)_8$	3,4
	talco	$Mg_6(Si_8O_{20})(OH)_4$	3,6
	moscovita	$K_2Al_4(Al_2Si_6O_{20})(OH,F)_4$	1,0; 3,2; 0,95
	biotita	$K(Mg,Fe,Mn)_3[(OH,F)_2AlSi_3O_{10}$	0,4; 0,41
	montmorillonita	$(Al_{1,67}Mg_{0,33})[(OH)_2(Si_4O_{10})]Na_{0,33}(H_2O)_4$	2; <1
	crisotila	$Mg_6(Si_4O_{10})(OH)_8$	12,4
	lepidolita	$K(Li,Al)_{2-3}(AlSi_3O_{10})(OH)_2$	1,6; 2,3; 2,6

Tab. 12.1 PONTO DE CARGA ZERO (PCZ) DE ALGUNS SILICATOS (CONT.)

Grupo de silicato	Mineral	Fórmula química	pH do PCZ
	microclina	K(AlSi$_3$O$_8$)	1,7; 1,8; 1,9; 2,4
	ortoclásio	K(AlSi$_3$O$_8$)	1,4; 1,7
	sanidina	K(AlSi$_3$O$_8$)	1,7
Tectossilicatos	albita	Na(AlSi$_3$O$_8$)	1,9; 2,3; 2,0
	anortita	Ca(Al$_2$Si$_2$O$_8$)	2,0; 2,4; 3,6
	oligoclásio	(Na,Ca)(AlSi$_3$O$_8$)	1,5
	anortoclásio	(K,Na)(AlSi$_3$O$_8$)	1,6
	quartzo	SiO$_2$	1,4; 1,8; 2,2; 2,3

12.3.1 Ácidos carboxílicos

Os ácidos carboxílicos apresentam propriedades de eletrólitos fracos que se dissociam em solução aquosa, e essa dissociação leva à predominância da forma molecular ou iônica em função do pH da solução. Em faixa de pH ácida predomina a espécie molecular, enquanto em faixa de pH mais alcalina predomina a espécie iônica, conforme ilustrado pela Fig. 12.17. As constantes de dissociação dos ácidos carboxílicos indicam, portanto, a proporção de cada espécie, iônica ou molecular.

A extensão da ionização dos ácidos carboxílicos, conhecido o pKa, pode ser calculada em qualquer pH usando-se a Eq. 12.10, construída a partir das reações de equilíbrio, e a constante de dissociação, dadas a seguir:

$$RCOOH_{(aq)} \rightarrow RCOO^- + H^+ \qquad (12.7)$$

$$RCOOH_{(s)} \rightarrow RCOOH_{(aq)} \qquad (12.8)$$

$$K_a = \frac{[RCOO^-][H^+]}{[RCOOH_{(aq)}]} \qquad (12.9)$$

$$pH = pKa + \log \frac{[RCOO^-]}{[RCOOH_{(aq)}]} \qquad (12.10)$$

Quadro. 12.1 Minerais e reagentes coletores mais comuns

Classificação mineralógica				Exemplos de minerais	Exemplos de reagentes coletores
sulfetos				calcocita, bornita, galena, esfalerita, calcopirita, molibdenita, pentlandita	xantatos, tiofosfatos e tiocarbamatos
não sulfetos	elementos nativos	metálicos		ouro, prata, platinoides	ditiofosfatos, monotiofosfatos e xantatos
		não metálicos		carvão, enxofre, grafita	cresóis, querosene e óleo de pinho
	baixa solubilidade	óxidos	óxidos	hematita, ilmenita, cromita	aminas e ácidos carboxílicos
			hidróxidos	brucita, goethita	aminas e ácidos carboxílicos
		silicatos		willemita, quartzo, fedspatos, espodumênio	aminas e ácidos carboxílicos
	levemente solúveis	carbonatos		calcita, dolomita, cerussita	aminas, ácidos carboxílicos e ácido fosfórico (derivados orgânicos)
		boratos		boracita	ácidos carboxílicos
		sulfatos/cromatos		anglesita, barita, celestita	ácidos carboxílicos
		tungstatos/molibdatos		scheelita, wolframita	aminas e ácidos carboxílicos
		fosfatos/arseniatos/vanadatos		apatita, monazita, vivianita, eritrina	ácidos carboxílicos, hidroxamatos e sarcosina
		haletos		fluorita	ácidos carboxílicos
	sais solúveis	haletos		silvita	aminas
				halita	ácidos carboxílicos

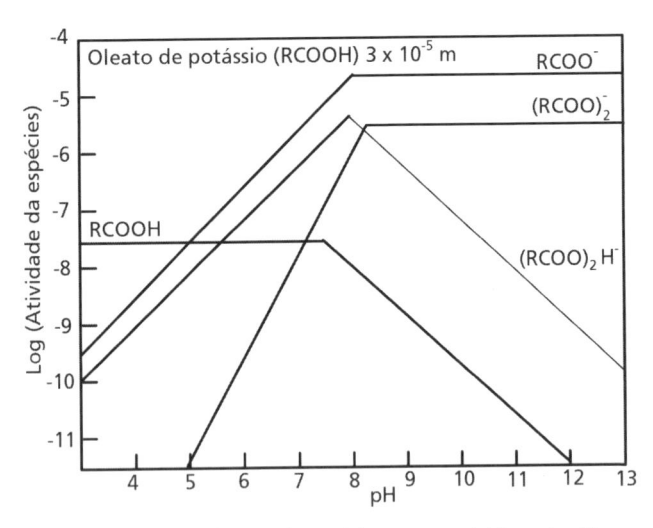

Fig. 12.17 Diagrama de distribuição de espécies para um ácido carboxílico

Valores usuais de pKa dos ácidos carboxílicos estão na faixa de 4 a 5. Para um ácido carboxílico cujo pKa é 4 em uma solução cujo pH é 7, tem-se:

$$7 = 4 + \log \frac{[RCOO^-]}{[RCOOH_{(aq)}]}$$

$$\log [RCOO^-] = 3 \rightarrow [RCOO^-] = 1.000 \, [RCOOH_{(aq)}]$$

O logaritmo da razão entre espécie ionizada e espécie molecular é de 3 para 1, o que significa que a razão real entre as espécies é de 1.000 para 1 e, portanto, em pH 7, a porcentagem da espécie ionizada (RCOO$^-$) = (1.000/1.001) × 100 = 99,90% (DeRuiter, 2002).

Denominando-se o pH onde ocorre a precipitação do ácido por pH$_s$ e o limite de solubilidade, que é a concentração de espécies neutras RCOOH nesse pH, por Cs, e considerando-se que a concentração da espécie iônica RCOO$^-$ é igual à diferença entre o total de ácido adicionado inicialmente (CT) e o limite de solubilidade (Cs), a Eq. 12.11 é deduzida com base na Eq. 12.9 (Leja; Ramachandra, 2004):

$$pH_s = pKa - \log Cs + \log(CT - Cs) \qquad \textbf{(12.11)}$$

Com base na Eq. 12.11, pode-se calcular o pH de precipitação para uma dada concentração de ácido em solução ou a concentração de precipitação para um dado valor de pH. Em condições adequadas, as espécies monoméricas, molecular e iônica, podem sofrer interações associativas, gerando dímeros e espécies ionomoleculares. As reações de equilíbrio para as diversas espécies são:

$$RCOOH_{(líq)} \rightarrow RCOOH_{(aq)} \quad pK_{(sol)} = 7,6 \quad \textbf{(12.12)}$$
(Peck; Wadsworth, 1967b)

$$RCOOH_{(aq)} \rightarrow RCOO^- + H^+ \quad pKa = 4,95 \quad \textbf{(12.13)}$$
(Kwang; Fuerstenau, 2003)

$$2RCOO^- \rightarrow (RCOO)_2^{2-} \quad pK_D = -4,0 \quad \textbf{(12.14)}$$
(Smith; Narimatsu, 1993)

$$RCOO^- + RCOOH \rightarrow (RCOO)2H^- \quad pK_{AD} = -4,95 \quad \textbf{(12.15)}$$
(Valadão, 1983)

Além das espécies já descritas, Laskowski e Vurdela (1987) mostram a formação de um precipitado coloidal quando é excedido o limite de solubilidade do ácido láurico (LA) (Fig. 12.18), e que esse precipitado, para o ácido estudado, corresponde a um IEP (ponto isoelétrico) em torno de pH 3 a 3,5. Dessa maneira, essa espécie coloidal teria carga positiva em valores de pH abaixo do pH IEP, como mostrado na Fig. 12.19.

Ácidos carboxílicos reagem tanto com bases inorgânicas quanto com bases orgânicas, formando sais (Fig. 12.20), sendo que os sais de sódio e potássio aumentam significativamente a solubilidade desses ácidos.

12.3.2 Aminas

As aminas também apresentam propriedades de eletrólitos fracos, dissociando-se em solução aquosa, com a predomi-

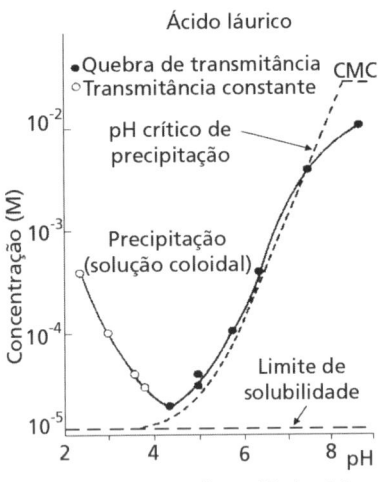

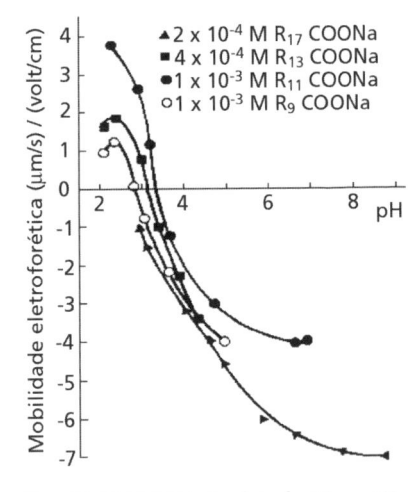

Fig. 12.18 Diagrama de equilíbrio - LA

Fig. 12.19 Mobilidade eletroforética x pH

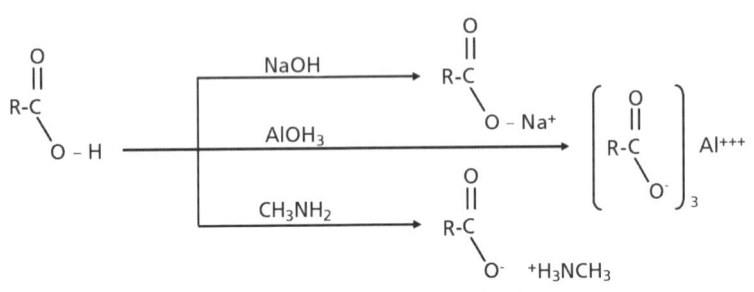

Fig. 12.20 Reações de formação de sais de ácido carboxílico

nância da forma molecular ou iônica em função do pH da solução. Em faixa de pH ácida ou pouco alcalina predomina a espécie iônica, ao passo que em faixa de pH mais alcalina predomina a espécie molecular, como mostra a Fig. 12.21.

As reações mostradas a seguir são um exemplo de ionização de uma alquildodecilamina (DA) em meio aquoso (Vidyadhar, 2001):

$$RNH_{2(aq)} + H_2O \rightarrow RNH_3^+ + OH^- \qquad (12.16)$$

$$Kb = [RNH_3^+][OH^-]$$
$$Kb = 4{,}3 \times 10^{-4} \text{ e } pKb = 3{,}37 \rightarrow pKa \qquad (12.17)$$
$$= 10{,}63 \; [RNH_{2(aq)}]$$

Em sistemas saturados, tem-se:

$$RNH_{2(s)} \rightarrow RNH_{2(aq)} \quad K = 2,0 \times 10^{-5} \qquad (12.18)$$

Em pH 10,63, tem-se a mesma quantidade de $RNH_{2(aq)}$ e RNH_3^+ em solução. Ao combinar-se as Eqs. 12.17 e 12.18, obtém-se:

$$\log C_{saturação} = 14 - pKb - pH + \log C_{solubilidade} \qquad (12.19)$$

Com a Eq. 12.19 pode-se calcular o pH de precipitação para uma dada concentração de amina em solução ou a concentração de precipitação para um dado valor de pH. Adicionalmente à reação de hidrólise, podem ocorrer associações entre moléculas neutras e íons, gerando dímeros e espécies ionomoleculares, conforme as reações mostradas a seguir:

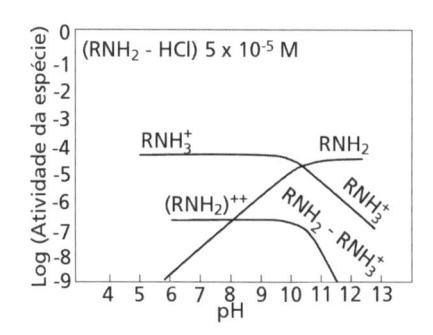

Fig. 12.21 Características de solução de dodecilamina (5×10^{-5} M)

$$RNH_3^+ \rightarrow RNH_2 + H^+ \quad pKa = 10,63 \qquad (12.20)$$

$$2RNH_3^+ \rightarrow (RNH_3)_2^{2+} \quad pK_D = -2,08 \qquad (12.21)$$

$$RNH_3^+ + RNH_2 \rightarrow (RNH_2\,RNH_3)^+ \quad pK_{AD} = -3,12 \qquad (12.22)$$

$$RNH_{2(s)} \rightarrow RNH_{2(aq)} \quad pK_{ps} = 4,69 \qquad (12.23)$$

Quando é excedido o limite de solubilidade de uma amina, a precipitação de uma espécie molecular sob a forma coloidal leva à formação de um sistema coloidal típico (Fig. 12.22). O precipitado coloidal obtido no estudo de Laskowski, Vurdela e Castro (1986), com

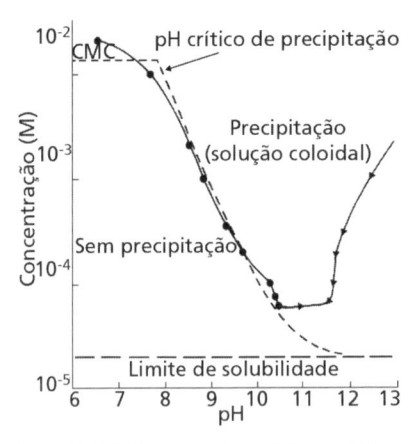

Fig. 12.22 Diagrama de equilíbrio - DAC

uso de cloreto de dodecilamina (DAC), mostrou que sua carga positiva era revertida em valor de pH acima de pH 11 (Fig. 12.23). É importante também considerar a química do reagente em solução sob o ponto de vista da estrutura da molécula, bem como a conformação e organização de suas cadeias e grupos polares na solução. A interação das cadeias hidrocarbônicas tem um papel importante nas diversas formas geradas pela associação de moléculas e grupos de moléculas. Na Fig. 12.24A, a curva de solubilidade em função da temperatura mostra duas regiões distintas. Em temperaturas abaixo do ponto Krafft (TK), a curva descreve a concentração de saturação de um cristal hidratado em equilíbrio com monômeros em solução. Na fase sólida, a entropia de conformação das cadeias é mínima, uma vez que as cadeias estão estendidas na forma "trans"

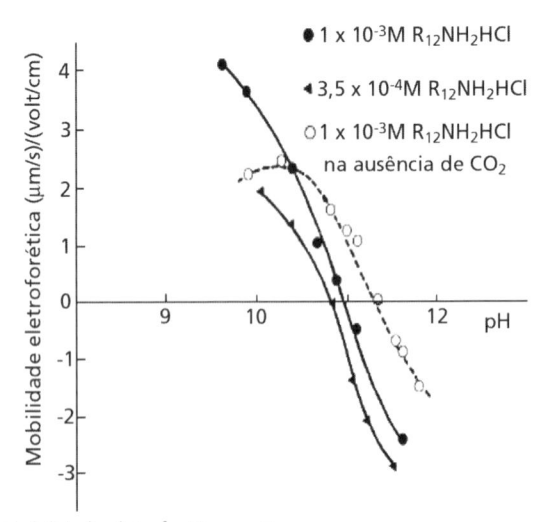

Fig. 12.23 Mobilidade eletroforética x pH

e são paralelas umas às outras. A distância entre as cadeias é de 4,9 Å, que corresponde a uma área de seção transversal de 20,5 Å. Essa fase tem estrutura lamelar, com os grupos polares orientados ao longo da interface com a água. O arranjo é tal que as cadeias hidrocarbônicas estão perpendiculares à interface e cada camada tem a espessura aproximada de duas cadeias hidrocarbônicas, com o espaço entre camadas ocupado principalmente por água e íons contrários (Fig. 12.24B).

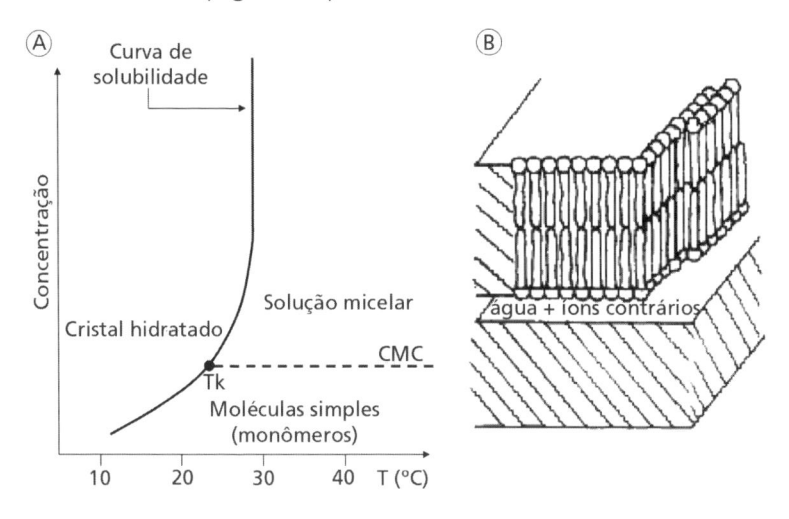

Fig. 12.24 (A) Solubilidade de surfatantes iônicos em função da temperatura; (B) representação do estado de cristal hidratado

Para uma série homóloga de surfatantes, a concentração de saturação decresce de modo logarítmico com o aumento do número de átomos de carbono. Em soluções muito diluídas, só o monômero ocorre; porém, à medida que a concentração aumenta, esses monômeros se associam para formar uma solução isotrópica de agregados micelares esféricos, elipsoidais e cilíndricos. A concentração em que ocorrem as primeiras micelas é denominada de concentração micelar crítica (CMC), e não deve ser confundida com a concentração de saturação Cs do cristal hidratado. Em concentrações ainda maiores, fases liotrópicas líquido-cristalinas são formadas.

Nos sistemas de flotação, normalmente existe uma forte afinidade entre a superfície e um surfatante específico. Nesses sistemas, presume-se que ocorre a formação de uma monocamada na superfície dos minerais, em valores de concentração do surfatante menores que a concentração de saturação ou a concentração micelar crítica em solução, fazendo com que as partículas minerais se tornem hidrofóbicas antes mesmo que a interface ar/solução esteja saturada com moléculas do surfatante.

12.4 Adsorção de reagentes

Em geral, os modelos de adsorção de reagentes são estruturados nas interações entre sítios superficiais, entre os próprios reagentes e entre outras espécies iônicas ou moleculares presentes no sistema que se estuda. Uma divisão simplificada dos modelos existentes que se aplicam aos silicatos é proposta no Quadro 12.2.

12.4.1 Adsorção de coletores aniônicos em silicatos

Os mecanismos de adsorção de coletores aniônicos em silicatos, particularmente os ácidos carboxílicos, não têm sido estudados tão intensamente se comparados com o grande número de estudos da adsorção de ácidos carboxílicos em minerais levemente solúveis, como apatita, fluorita, barita, calcita, dolomita e magnesita, e mesmo em minerais tipo sal e alguns óxidos. Talvez esse fato possa ser explicado pela importância comercial dos minérios portadores desses minerais, que têm os ácidos graxos como principais reagentes coletores.

12.4.2 Silicatos e óxidos

Os silicatos em geral, ao contrário dos minerais levemente solúveis, apresentam nenhuma ou muito pouca solubilidade e PCZ em faixa de pH muito ácida, com exceção dos nesossilicatos, não respondendo adequadamente, em muitas situações, à flotação com coletores aniônicos em faixa de pH acima do PCZ (Cases, 1967). A Fig. 12.25 mostra que a flotação de quartzo e microclina com oleato de sódio, ambos tectossilicatos, é incipiente em faixa de pH ácida, acima do PCZ, e

Quadro 12.2 DIVISÃO DE MODELOS DE ADSORÇÃO DE REAGENTES PARA ÓXIDOS E SILICATOS

Modelo	Forças/ ligações associadas ao modelo	Principais características	Principais sistemas
modelo eletrostático, que pode se dividir em: 1) modelo da hemimicela[1]; 2) modelo da condensação[2]; 3) modelo da admicela[3]	interações de natureza eletrostática	- separação dos minerais na flotação controlada pelo PCZ, pela intensidade da carga de superfície (pH) e/ ou pela adição de depressor; - reagentes dissociados em faixa ampla de pH e/ou sem formar sais estáveis; - relação direta entre densidade de adsorção, potencial zeta, ângulo de contato e flotabilidade; - forte influência do tamanho da cadeia hidrocarbônica; - coadsorção de moléculas neutras pode ocorrer via ligações hidrofóbicas, aumentando a flotabilidade; - pode ocorrer a adsorção de espécie coloidal precipitada em solução e que tem carga contrária à superfície; - a formação de complexos ionomoleculares, que aumentam a flotabilidade, pode ocorrer em valores de pH onde existem as duas espécies	aminas, sulfatos e sulfonatos em valor de pH onde a carga do grupo polar do reagente é contrária à carga de superfície
modelo químico, que pode se dividir em: 1) quimissorção: 1.1) quimis. simples (adsorção nos cátions metálicos da superfície); 1.2) quimis. autoativada (dissolução dos cátions, hidrólise em solução e readsorção); 1.3) quimis. induzida (introdução de cátions na solução); 2) quimissorção por ponte de hidrogênio	adsorção química, ligações químicas (em geral covalentes) e de ponte de hidrogênio	- forte controle do valor de pH onde ocorre a hidrólise dos cátions metálicos - reagentes formam sais insolúveis com cátions metálicos - moléculas neutras podem adsorver diretamente em conjunto com a espécie iônica	1) ácidos carboxílicos e hidroxâmicos em valor de pH onde a carga do grupo polar do reagente é de mesmo sinal que a carga de superfície; 2) aminas, ácidos carboxílicos, sulfatos e sulfonatos em qualquer valor de pH

(1) Modelo da hemimicela (HM): afirma que a adsorção está limitada a uma camada que se forma em sítios ou porções, em decorrência de interações eletrostáticas e ligações laterais, em superfícies homogêneas.
(2) Modelo da condensação bidimensional (CB): leva em conta tanto energias de interações normais quanto laterais e termos entrópicos para a camada adsorvida. Essas interações são usadas para prever a formação de porções cujo estado de agregação (tamanho) é controlado pela heterogeneidade da superfície, as condições necessárias para a formação de camadas de duas dimensões e o estado da camada adsorvida.
(3) Modelo da admicela (AD): assume que, quando uma concentração crítica é alcançada, o surfatante com os íons contrários se agregam na vizinhança da superfície em camadas duplas incompletas (micelas planas), que são denominadas admicelas.

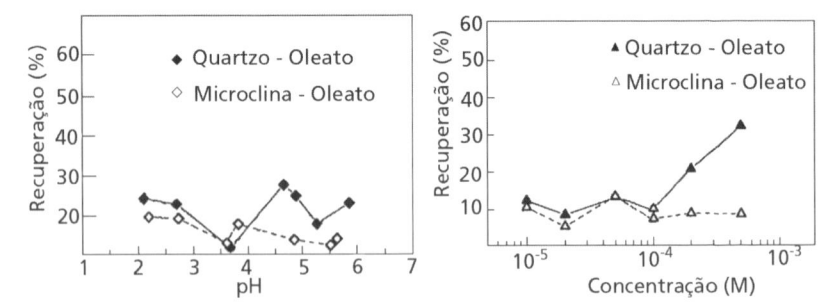

Fig. 12.25 Flotação de quartzo e microclina em pH > pH do PCZ e em pH 2 com diferentes concentrações de oleato

mesmo em altas concentrações de oleato em pH 2 (Vidyadhar; Hanumantha; Forssberg, 2002).

12.4.3 Modelo eletrostático

A adsorção por forças de natureza eletrostática de coletores aniônicos em silicatos e óxidos, como mecanismo principal de adsorção, ocorre em valores de pH menores que o pH do PCZ. Algumas referências na literatura mostram a flotação de silicatos com coletores aniônicos (dodecilsulfato de sódio - SDS e sulfonato de sódio - SPS) em valores de pH abaixo do pH do PCZ (Cases, 1967; Fuerstenau, 1976; Torem; Peres; Adamiani, 1992), sendo que três dos minerais são os nesossilicatos zirconita, granada e distênio, com PCZ em valores de pH 5,8, 4,4 e 6,2, respectivamente, e um dos minerais é o ciclossilicato berilo, com pH do PCZ entre 2,7 e 3,4. Não se observou flotação significativa desses minerais em valores de pH acima do PCZ com os coletores aniônicos, enquanto a adsorção e a flotação desses mesmos minerais são efetivas com coletor catiônico em pH acima do PCZ (Figs. 12.26 a 12.29), indicando que, nessa situação, a adsorção deve ser promovida essencialmente por interações eletrostáticas. A mesma situação foi verificada por Iwasaki, Cooke e Choi (1960) na flotação de hematita com dodecilsulfato de sódio (SDS) e cloreto de dodecilamina (DAC) (Fig. 12.30). Nessa figura, a diminuição da flotabilidade com SDS na faixa mais ácida de pH foi atribuída à competição, entre os ânions cloreto do HCl usado para ajuste do pH e os ânions sulfonato, pelos sítios positivos da superfície (Fuerstenau, 1976; Torem; Peres; Adamiani, 1992).

Deve-se lembrar que a dissociação de sulfatos e sulfonatos estende-se a valores extremamente baixos de pH, enquanto o pKa dos ácidos carboxílicos está na faixa de 4 a 5. A formação do precipitado coloidal dos ácidos carboxílicos em torno de pH 3 a 3,5, proposta por Laskowski e Vurdela (1987) e

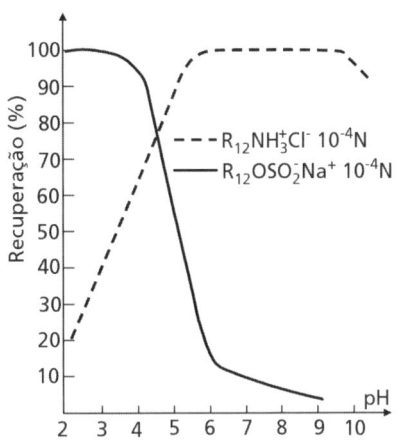

Fig. 12.26 Recuperação da granada em função do pH

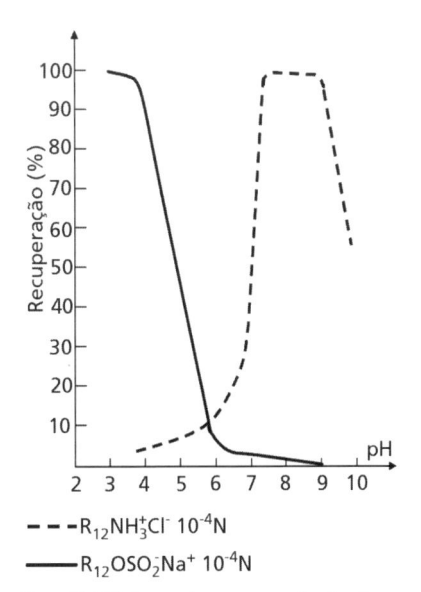

Fig. 12.27 Curva de recuperação de zirconita em função do pH

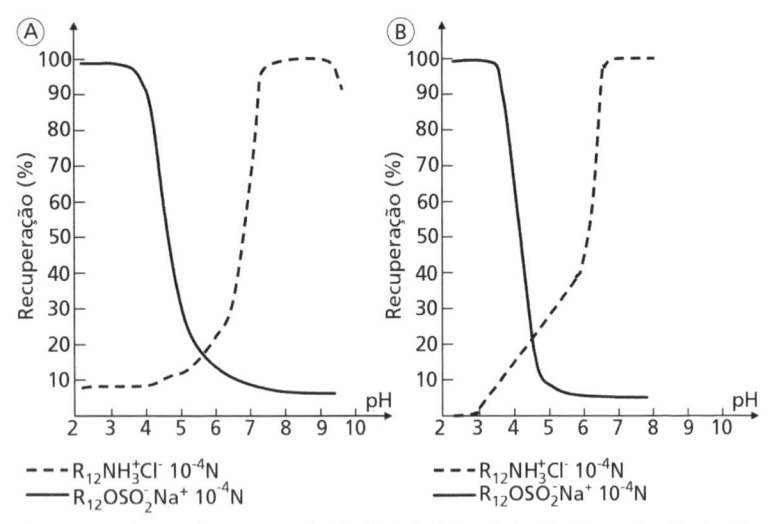

Fig. 12.28 Curvas de recuperação do distênio (A) e do berilo (B) em função do pH

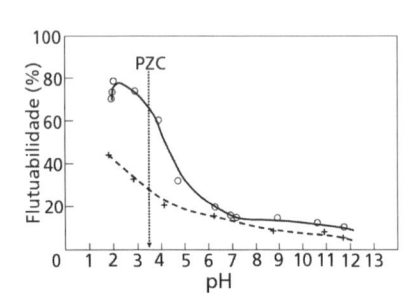

Fig. 12.29 Flotação do berilo com SDS (+) e SPS (o)

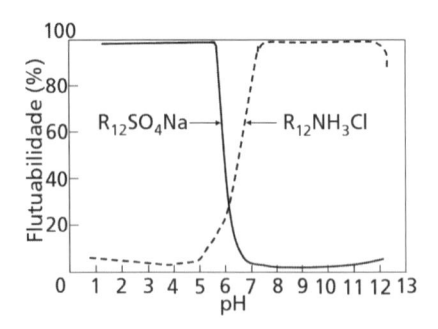

Fig. 12.30 Flotação da hematita com SDS e DAC

Laskowski, Vurdela e Liu (1988), provavelmente impede que haja adsorção por interação eletrostática em faixas de pH muito ácidas, uma vez que esse precipitado tem carga positiva nessa faixa de pH, onde vários silicatos e óxidos já apresentam carga de superfície também positiva. A formação do precipitado coloidal poderia contribuir, pelo menos parcialmente, para explicar o aumento na flotabilidade com o uso de oleato, verificado para o espodumênio (Fig. 12.31) na faixa de pH em torno de 4, uma vez que o PCZ do espodumênio situa-se em torno de pH 3, possibilitando, dessa maneira, a adsorção do oleato por forças eletrostáticas, independentemente de ativação por cátions metálicos. Para alguns silicatos e óxidos como a sillimanita, a zirconita, a cromita e a pirolusita, que também mostram um aumento na flotabilidade com oleato na faixa de pH em torno de 4, esse aumento tem sido eventualmente justificado pela formação de hidroxicomplexo de alumínio (pirolusita não tem alumínio), impurezas de ferro e formação de hidroxicomplexo de ferro, ou simplesmente adsorção física. Parece mais adequado atribuir tal fato simplesmente à adsorção de natureza eletrostática, uma vez que todos os minerais citados têm PCZ na faixa de 5,5 a 7,5.

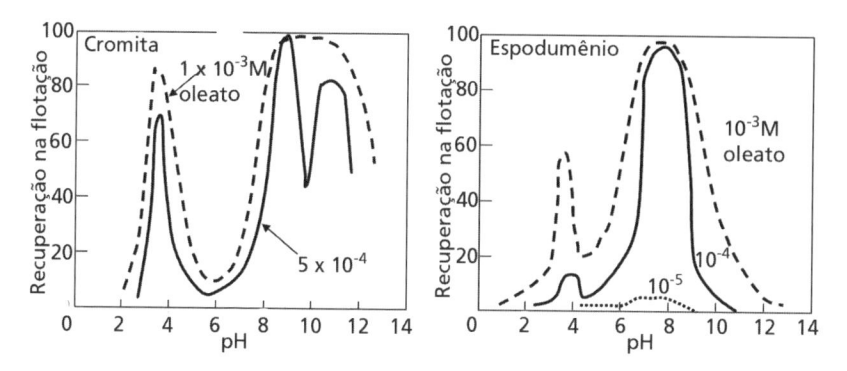

Fig. 12.31 Flotação de cromita e espodumênio com oleato

12.4.4 Adsorção química

A adsorção de coletores aniônicos em silicatos, quando ocorre em valores de pH maiores que o pH do PCZ, é explicada pela quimissorção de espécies iônicas ou moleculares do coletor por meio de uma ligação química geralmente covalente. A quimissorção pode ocorrer pela adsorção direta do coletor em sítios de cátions metálicos na estrutura cristalina do mineral ou pode ser promovida pela autoativação da superfície, na qual cátions metálicos deixam a superfície, são hidrolizados e readsorvem, ou mesmo por íons deliberadamente introduzidos no sistema para provocar a formação do hidroxicomplexo. No caso de um ácido carboxílico, o grupo funcional tem um grupo carbonila cujo carbono tem deficiência em elétrons, em razão da ligação dupla com um oxigênio mais eletronegativo. O grupo carbonila também está ligado diretamente a um segundo oxigênio que está conectado ao átomo de hidrogênio. O arranjo eletrônico resultante dessa configuração é tal que a densidade eletrônica é deslocada do hidrogênio do grupo hidroxila em direção ao grupo carbonila, levando à perda de um próton e à consequente ionização, que é estabilizada por ressonância, conforme mostra a Fig. 12.32.

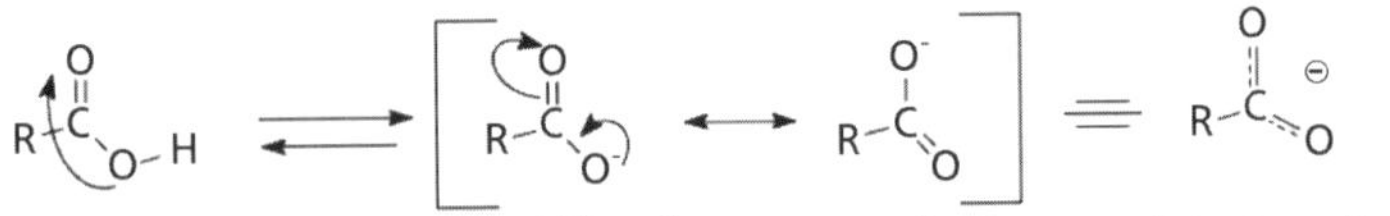

Retirada de elétron do grupo carboxílico — Estabilização por ressonância — Estrutura de ressonância

Fig. 12.32 Mecanismo de ionização de ácidos carboxílicos

Essa estabilização por ressonância é que gera o caráter de ácido fraco dos ácidos carboxílicos e possibilita a formação de sais insolúveis quando reagem com óxidos básicos de cátions como Fe^{2+}, Ca^{2+}, Cu^{2+}, Mg^{2+} e Al^{3+} (DeRuiter, 2002; Fuerstenau; Han, 2002). Um exemplo clássico de ativação da superfície de um mineral é a flotação de quartzo com coletores aniônicos, que é incipiente ou nula em toda a faixa de pH acima do pH do PCZ (1,4 a 2,3). Para a flotação de quartzo com coletores aniônicos, é necessária a ativação por íon metálico, porém os íons metálicos funcionam como ativadores somente na faixa de pH onde ocorre a sua hidrólise (Fuerstenau; Han, 2002), como mostrado na Fig. 12.33.

Outros exemplos de ativação tanto para óxido como para silicatos foram relatados por Palmer et al. (1975) em estudo com cromita/ácido oleico e crisocola/rodonita-hidroxamato. O mecanismo sugerido é a dissolução do mineral, a hidrólise do íon metálico em solução, a adsorção do hidroxicomplexo via ligações de hidrogênio com os grupos hidroxila da superfície ou a desprotonação do hidroxicomplexo pelos grupos OH da superfície, com formação de água, adsorção do íon hidroxamato no sítio do cátion

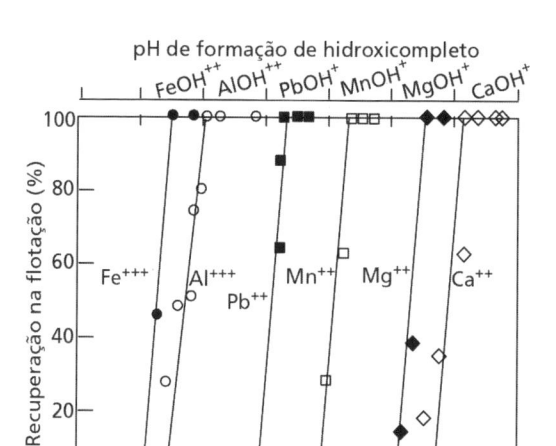

Fig. 12.33 Limites de flotação do quartzo com sulfonato e cátions metálicos

metálico e posterior adsorção de um precipitado metal-surfatante via associação de cadeias hidrocarbônicas.

Vijaya, Prabhakar e Bhaskar (2002) realizaram experimento que mostra claramente a necessidade de hidrólise do íon metálico na adsorção de oleato na superfície de sillimanita. O máximo de adsorção do oleato ocorreu em pH 7,5, e a reação de quimissorção proposta é representada por:

$$AlOH_{superfície} + RCOOH \leftrightarrow AlOOCR_{superfície} + H_2O \quad (12.24)$$

Os referidos autores consideraram que os prótons do ácido oleico se polarizavam em direção aos grupos hidroxila da superfície, com a formação de moléculas de água. Dessa maneira, os grupos superficiais OH facilitavam a desprotonação do ácido oleico, facilitando sua subsequente adsorção. Em um experimento separado, o ácido oleico foi adicionado em uma solução com íons Al^{3+}, e, mesmo após várias horas para alcançar o equilíbrio da reação, não foi encontrado oleato de alumínio precipitado. Como a diminuição do ácido oleico foi observada em um valor de pH onde o hidróxido de alumínio é formado, pode-se inferir que o ácido oleico só reage na presença do hidróxido do metal.

A investigação de Kwang e Fuerstenau (2003) no sistema espodumênio/oleato mostra dois picos na adsorção do oleato: em pH 8 e pH 4, respectivamente (Fig. 12.34). A quimissorção do oleato nos sítios superficiais de alumínio da estrutura cristalina do espodumênio foi tida como o mecanismo responsável pelo pico primário de recuperação na flotação em pH 8. A adição de íons alumínio na solução em pH 8 não modificou a flotação, ao passo que a lixiviação do espodumênio em pH 12 ampliou significativamente a faixa de flotação em torno de pH 8. Foi sugerido que, no caso da lixiviação, houve a quebra da estrutura cristalina, levando a um aumento da densidade de sítios de alumínio na superfície, e que a natureza dos novos sítios originados por lixiviação seria diferente daquela proveniente da adsorção de hidroxicomplexos a partir da solução. É provável que não tenha havido adsorção de íons alumínio em pH 8 pelo fato de que a espécie Al^{3+} não estaria hidrolisada nesse pH. A flotação ativada, Al^{3+}, de quartzo com sulfonato, cessa exatamente em pH 8,4. No pico em pH 4, a recuperação na flotação aumenta na presença de íons Fe^{3+} e Al^{3+}, e esse aumento foi atribuído à adsorção de hidroxicomplexos desses cátions.

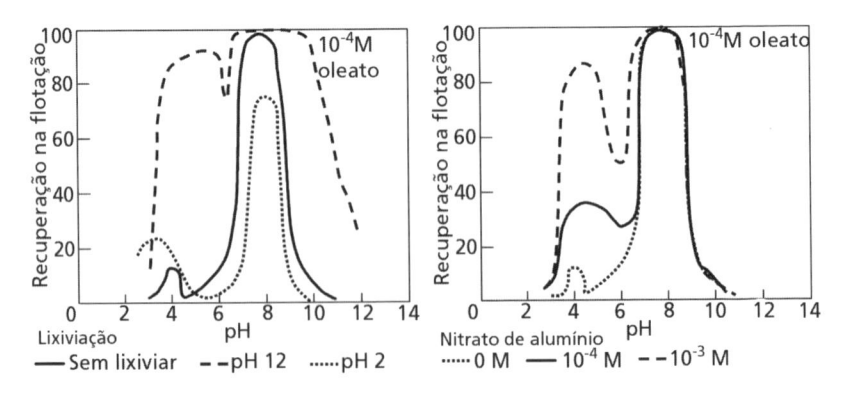

Fig. 12.34 Flotação de espodumênio após lixiviação em pH 12 e na presença de nitrato de alumínio

A seletividade na flotação do espodumênio em relação a outros aluminossilicatos comuns em pegmatitos, como moscovita, feldspatos e quartzo, foi atribuída à adsorção preferencial do oleato nos sítios de Al pertencentes ao plano de clivagem {110}, que estariam mais expostos na estrutura cristalina do espodumênio do que na estrutura cristalina dos minerais citados.

Em estudo sobre a adsorção de ácido oleico na superfície de fenacita, ativada por HF, e na superfície de berilo, Peck e Wadsworth (1967a, 1967b) indicam o mecanismo de quimissorção, em ambos os casos, como responsável pela adsorção. Para a fenacita, é indicado que a quimissorção ocorreu por meio da formação de um sal do ácido oleico no qual o cátion é o berílio, conforme ilustrado pela seguinte reação:

$$\underset{Be_2SiO_4}{\overset{OH}{|}} + HOOCR \rightarrow \underset{Be_2SiO_4}{\overset{OH.....HOOCR}{|}} \rightarrow \underset{Be_2SiO_4}{\overset{OOCR}{|}} + H_2O \quad (12.25)$$

No caso do berilo, o mecanismo proposto é a troca do grupo hidroxila da superfície pelo íon flúor e a formação de ponte de hidrogênio entre o íon flúor e o hidrogênio do grupo carboxila do ácido oleico, mostrada na reação a seguir:

$$\underset{Be_3Al_2Si_6O_{18}}{\overset{F}{\frown}} + HOOCR \rightarrow \underset{Be_3Al_2Si_6O_{18}}{\overset{F.....HOOCR}{\frown}} \quad (12.26)$$

A Tab. 12.2 apresenta um resumo do principal mecanismo de adsorção para vários minerais com coletores aniônicos. De um total de 29 minerais, 16 são silicatos, 7 são óxidos, 5 são minerais levemente solúveis e um é sulfato. Para melhor comparação, foi incluído o valor do pH do PCZ, o reagente utilizado, o pH ou faixa de pH onde ocorre o mecanismo de adsorção, a ocorrência de ativação por cátion ou ânion e os principais testes e recursos utilizados para a determinação do mecanismo proposto para cada par mineral/reagente. Algumas observações sobre a Tab. 12.2 são destacadas a seguir.

Tab. 12.2 Principal mecanismo de adsorção para 29 minerais e coletores aniônicos

Mineral	PCZ	Reagente	pH	Ativação	Mecanismo de adsorção	Testes e recursos utilizados				
						P.Z.	M.F.	I.V.	I.A.	D.E.
quartzo	1,4 a 2,3	ácido carboxílico	11	Ca^{2+}	quimissorção	–	sim	–	–	–
microclina	1,7 a 2,4	oleato Na	2 a 6	–	não flutua	sim	sim	sim	–	–
albita	1,9 a 2,3	oleato Na	2 a 6	–	não flutua	sim	sim	sim	–	–
moscovita	1,0 a 3,2	oleato Na	8	–	quimissorção	sim	sim	–	–	–
lepidolita	1,6 a 2,6	oleato Na	9	–	quimissorção	sim	sim	–	–	–
rodonita	2,8	hidroxamato K	8,5	$MnOH^+$	quimissorção	sim	sim	sim	–	sim
crisocola	2,0	hidroxamato K	6	$CuOH^+$	quimissorção	sim	sim	sim	–	sim
espodumênio	2,6	oleato Na	4* e 8	–	quimissorção/fisissorção*	sim	sim	sim	sim	–
augita	2,7 a 4,5	oleato	3, 8 e 11	$FeOH^+ \mid MgOH^+ \mid CaOH^+$	quimissorção	–	sim	–	–	–
fenacita	nesossilicato	ácido oleico	6,3	–	quimissorção	–	sim	sim	–	–
berilo	2,7 a 3,4	sulfonato Na	< 4	–	fisissorção	sim	sim	–	–	–
berilo	2,7 a 3,4	ácido oleico	> 4	–	não flutua	–	sim	–	–	–
berilo	2,7 a 3,4	ácido oleico	7	F^-	quimissorção	–	sim	sim	–	–
turmalina	3,9	di/tricarboxilato Na	5 a 10	–	quimissorção	–	sim	sim	–	–
granada	4,4	sulfonato Na	< 4	–	fisissorção	sim	sim	–	–	–
zirconita	5,8	sulfonato Na	< 3,5/4*	–	fisissorção*/quimissorção	sim	sim	–	–	–
distênio	6,2 a 7,9	sulfonato Na	< 4	–	fisissorção	sim	sim	–	–	–
sillimanita	5,6 a 8,0	ácido oleico	4* e 7,5	–	fisissorção*/quimissorção	sim	–	sim	sim	sim

Tab. 12.2 Principal mecanismo de adsorção para 29 minerais e coletores aniônicos (cont.)

Mineral	PCZ	Reagente	pH	Ativação	Mecanismo de adsorção	P.Z.	M.F.	I.V.	I.A.	D.E.
hematita	5,0 a 6,7	ácido oleico oleato Na	7,9 e 8,8 7,8 e 7,4	–	quimissorção	–	sim	sim	–	–
hematita	5,0 a 6,7	sulfato Na	< 7	–	fisissorção	sim	sim	sim	sim	–
goethita	6,7	oleato Na	> 7	–	quimissorção	–	sim	–	–	–
coríndon	6,6	carboxilato Na	4	–	fisissorção	–	sim	sim	sim	–
rutilo	6,7	oleato Na	> 7	–	quimissorção	sim	sim	–	–	–
pirolusita	5,6 a 7,4	oleato	4* e 8,5	MnOH$^+$	fisissorção*/quimissorção	–	sim	–	–	–
cromita	5,6 a 7,2	ácido oleico	4*, 8 e 11	FeOH$^+$ | MgOH$^+$	fisissorção*/quimissorção	sim	sim	sim	–	sim
cassiterita	2,9	carboxilato Na	6	–	quimissorção	–	sim	sim	sim	–
cassiterita	2,9	di/tricarboxilato Na	3 a 11	–	quimissorção	–	sim	sim	–	–
calcita	5,5 a 6,0	ácidos carboxílicos	9	–	quimissorção	–	sim	sim	–	sim
magnesita	6,0 a 6,5	oleato Na	6	–	quimissorção	sim	sim	sim	–	sim
apatita	3,8 a 5,6	ácido oleico oleato	<PCZ*>PCZ	–	fisissorção*/quimissorção	–	–	sim	–	–
barita	3,4	oleato	–	–	quimissorção	–	–	sim	–	–
fluorita	6,2	oleato Na	8	–	quimissorção	–	sim	sim	–	–
alunita	–	ácido oleico	6,2 e 9,6	–	quimissorção	–	–	–	–	–

*4, fisissorção e < PCZ: inferidos pelos autores desta tabela.

- Quando o principal mecanismo de adsorção é a quimissorção, ele sempre ocorre em faixa de pH acima do pH do PCZ, exceto no caso da magnesita.
- A adsorção por forças eletrostáticas ocorre, na grande maioria das vezes, em valores de pH abaixo do pH do PCZ.
- Um máximo na adsorção de oleato em pH 4 ocorre em cinco minerais, dois silicatos e três óxidos. O mecanismo para esse máximo de adsorção em pH 4 é justificado de formas diferentes por diferentes autores, existindo concordância de que existe pelo menos adsorção física.
- Segundo os autores, os principais recursos utilizados para os estudos foram, em ordem decrescente de uso: microflotação (M.F.), infravermelho (I.V.), medidas de potencial zeta (P.Z.), isotermas de adsorção (I.A.) e diagramas de equilíbrio (D.E.).

12.4.5 Adsorção de aminas em silicatos

Os mecanismos de adsorção das aminas em diversos sistemas de flotação têm sido objeto de inúmeras investigações por meio do uso de técnicas como microflotação, medidas de ângulo de contato, medidas de potencial zeta, isotermas de adsorção, espectroscopia infravermelha, XPS e outras. Um fator marcante em praticamente todas as investigações que se referem à flotação de silicatos com aminas é a concordância acerca da dependência do mecanismo de adsorção das aminas em relação ao pH. O clássico gráfico da Fig. 12.35, elaborado por Fuerstenau em 1957 para o sistema amina/quartzo e que mostra a correlação entre recuperação na flotação, ângulo de contato, potencial zeta e cobertura da superfície do quartzo em função do pH, ainda hoje é amplamente empregado para ilustrar a dependência do mecanismo de adsorção das aminas em relação ao pH.

Os estudos realizados por Gaudin e Fuerstenau na década de 1950 (Gaudin; Fuerstenau, 1955a, 1955b; Fuerstenau, 1957) levaram à formulação da teoria ou modelo da hemimicela (DeBruyn, 1955; Fuerstenau; Healy; Somasundaran, 1964; Somasundaran; Healy; Fuerstenau, 1964; Smith; Akhtar, 1976; Fuerstenau, 1984), em analogia com o processo de formação de micelas em solução:

- Com o aumento da concentração de íons ou moléculas de um surfatante em uma solução aquosa, ocorre a aglomeração do surfatante pela associação das cadeias hidrocarbônicas, formando-se agregados denominados micelas. Os grupos polares do surfatante orientam-se em direção à solução de tal maneira que as cadeias são removidas do contato com a água. A força responsável por esse

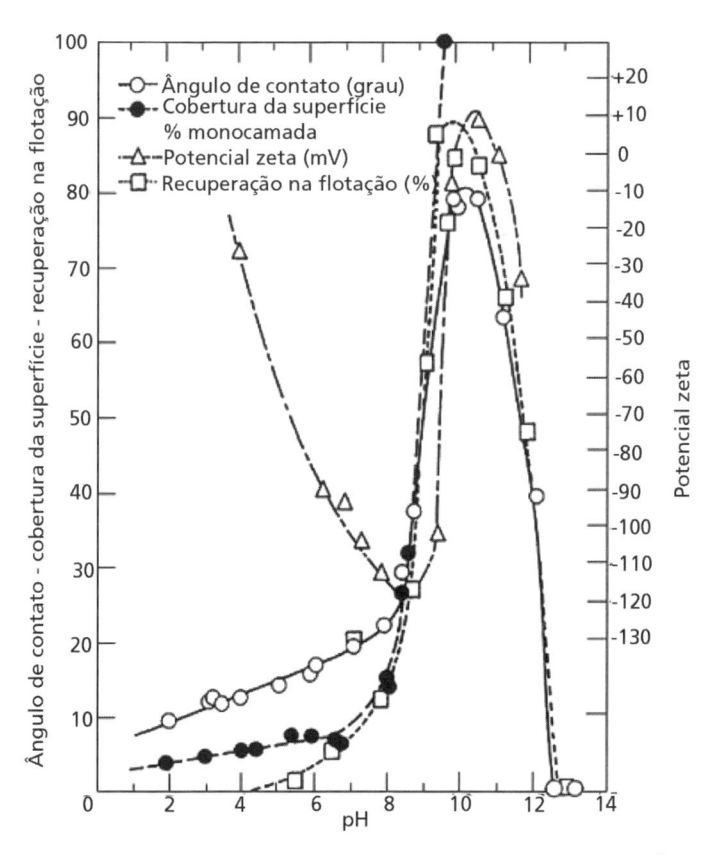

Fig. 12.35 Flotação de quartzo com acetato de dodecilamina (ADA), 4 x 10^{-5} M
Fonte: Fuerstenau (1957).

fenômeno é o decréscimo da energia livre (650-750 cal/mol de CH_2) (Novich; Ring, 1985) que ocorre com a retirada dos grupos CH_2 da água. Dessa maneira, o número de íons ou moléculas em uma micela ou a concentração em que a micela se forma depende diretamente do comprimento da cadeia hidrocarbônica do surfatante.

◆ As hemimicelas, em analogia com as micelas em solução, são os agregados bidimensionais que se formam na interface sólido/líquido quando ocorre a adsorção (concentração) de um surfatante nessa interface.

A Fig. 12.36, comentada a seguir, representa genericamente a adsorção de aminas em quartzo com base no modelo da hemimicela (Novich; Ring, 1985; Vidyadhar, 2001). O modelo estabelece que a adsorção é causada pela atração eletrostática entre os cátions de amina e a carga negativa contrária da superfície.

Região I da Fig. 12.36: caracteriza-se por adsorção individual de íons em baixa concentração de reagente. Em faixa de pH ácida, neutra e levemente básica, as aminas estão totalmente ionizadas, e a superfície da maioria dos silicatos apresenta carga negativa. A região I é caracterizada por baixa adsorção do reagente, potencial zeta praticamente inalterado, baixa flotabilidade e pequenos ângulos de contato. As cadeias hidrocarbônicas da amina apresentam orientação desordenada em decorrência da repulsão entre as cabeças polares e da atração entre as cadeias hidrocarbônicas.

Região II da Fig. 12.36: hemimicelas são formadas na superfície em concentrações intermediárias de reagente. Ao se aumentar a concentração de amina em solução, a partir de um determinado valor a adsorção aumenta rapidamente, gerando uma forte inflexão na curva de adsorção. A concentração de amina na superfície torna-se maior que a concentração micelar crítica (CMC) e ocorre um processo de formação de estruturas bidimensionais (2D). Esse processo ocorre pelo fato de o decréscimo da energia livre, originado da retirada das cadeias hidrocarbônicas da água, superar o aumento de energia decorrente da repulsão eletrostática entre as cabeças polares carregadas positivamente. O reagente agrega-se na superfície, aumentando sua adsorção, e essa concentração é denominada de concentração de hemimicelas crítica (CHC).

Região III da Fig. 12.36: atingindo-se altas concentrações de amina, em condições neutras ou levemente alcalinas, a hidrofobicidade diminui em decorrência da formação de uma segunda camada de amina com as cabeças polares orientadas em direção à solução.

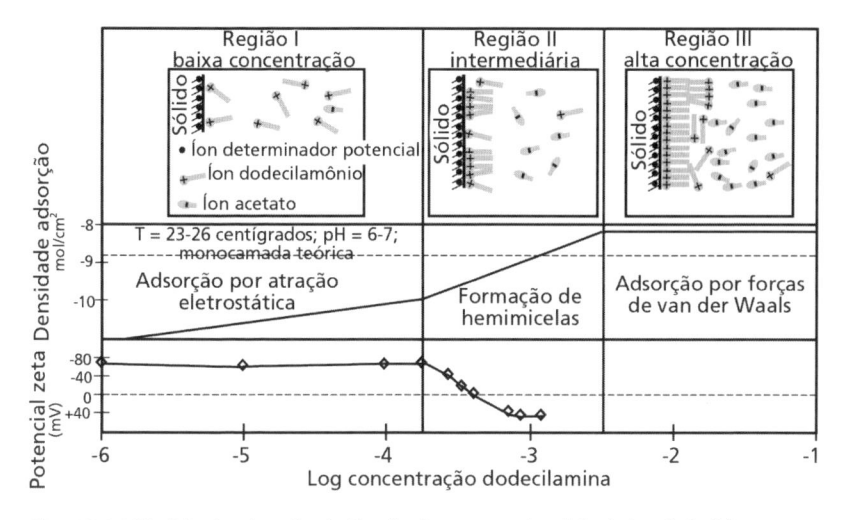

Fig. 12.36 Modelo de adsorção de Gaudin-Fuerstenau (modelo da hemimicela)

O resultado é uma função como a mostrada na Fig. 12.37. Em uma série homóloga de acetato de amina de C_{10} a C_{18}, encontra-se $\Delta\omega = 0{,}97$ kT. Esse valor é semelhante à energia coesiva calculada (1 a 1,1 kT) para um grupo CH_2 de micelas em solução e tem sido utilizado para confirmar a hipótese básica do modelo da hemimicela.

O modelo da hemimicela e alguns dados experimentais com que ele foi construído são questionados por alguns pesquisadores (Novich; Ring, 1985; Vidyadhar, 2001). Com base nos dados da Tab. 12.3, Hanumantha et al. (2001) questionam a validade do uso de $\Delta\omega$ para validar o modelo.

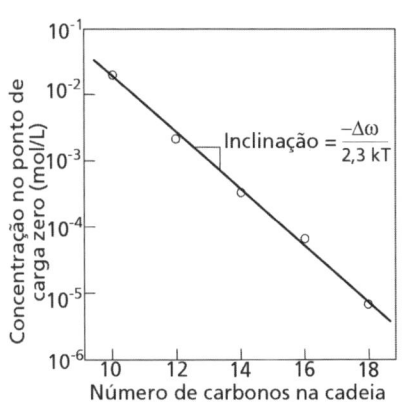

Fig. 12.37 Variação da concentração de alquilamina no PCZ em função do comprimento da cadeia hidrocarbônica
Fonte: Fuerstenau, Healy e Somasundaran (1964).

Inclinação = $\dfrac{-\Delta\omega}{2,3\,kT}$

Nessa tabela, verifica-se que, para aminas com cadeia maior que 10 grupos, CH_2 a $C_s^{pcr} > C_{sat}$, o que significa que essas aminas, nessa condição específica, estão na superfície do quartzo como uma fase precipitada. Assim, segundo Hanumantha et al. (2001), a coincidência no valor de $\Delta\omega$ para a formação de hemimicelas e micelas deveria ter algum outro significado físico.

O excelente trabalho de Novich e Ring (1985) procura mostrar que a principal deficiência do modelo de Gaudin-Fuerstenau é não especificar de forma adequada a sequência da formação da monocamada e da camada subsequente, pela falta de aderência estrita a evidências experimentais. Foram usados dados de adsorção normalizados em relação à CMC, a saber: (i) concentração reduzida, para cancelar os efeitos na densidade de adsorção relacionados ao tipo de surfatante; (ii) comprimento e ramificação da cadeia; (iii) pH da solução; e (iv) diferenças das superfícies. Dados de diferentes pesquisadores, como Cases e DeBruyn, foram plotados dessa maneira, e verificou-se que as diversas curvas convergem para valores comuns da concentração

Tab. 12.3 Concentrações críticas para soluções aquosas de DA em pH 6,5

Número de átomos de carbono na cadeia	log C_{sol}*	log C_{sat}	log C_{pcr}	log C_s^{pcr}
10	–3,3	0,83	–1,40	0,69
12	–4,7	–0,57	–1,89	0,20
14	–6,0	–1,87	–2,49	–0,40

*Dados de Smith e Narimatsu (1993).

reduzida para a formação da monocamada e o atingimento da CMC, 0,01 e 0,5-1,0, respectivamente. À formação da monocamada na concentração reduzida em 0,01 é atribuído o início da flotação; o término ocorre com a CMC.

A Fig. 12.38 mostra isotermas de adsorção em função da concentração reduzida para diferentes tipos de amina e valores de pH da solução, bem como resultados de testes de flotação para o quartzo.

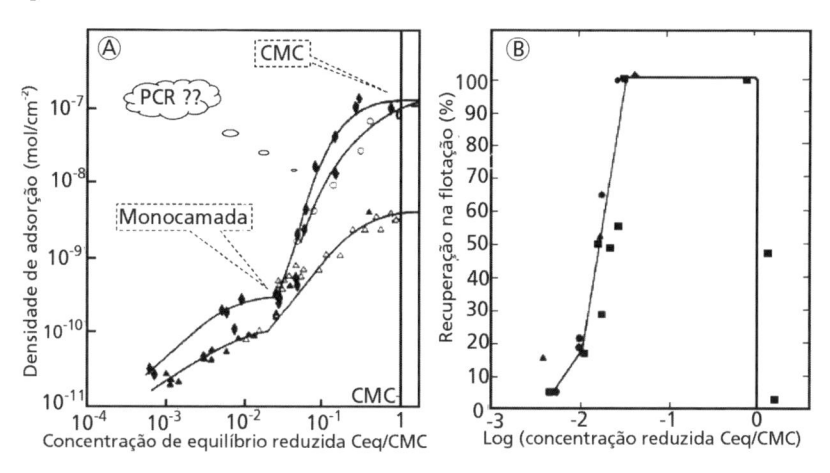

Fig. 12.38 (A) Isoterma de adsorção x concentração reduzida, propilamina - pH 11, hexilamina - pH 6,7/8/10, dodecilamina - pH 6,5/7, dodecilamina - pH 6/11; (B) flotação com dodecilamina - pH 6, pH 8, pH 10

As principais conclusões da investigação de Novich e Ring (1985) são:

- a adsorção na primeira camada foi de natureza essencialmente eletrostática, levando a uma população pouco densa ao se atingir a configuração de uma monocamada (1,34 nm^2/molécula contra 0,25 nm^2/molécula em uma monocamada teórica);
- a área de adsorção da monocamada foi diretamente proporcional ao comprimento e à forma da cadeia hidrocarbônica (1,28 nm^2/molécula para dodecilamina até 0,28 nm^2/molécula para propilamina);

- após a formação da monocamada, a adsorção foi realizada em multicamadas. A saturação da adsorção na "segunda camada" variou de 0,0419 nm^2/molécula, C12, para 0,0013 nm^2/molécula, C$_3$, contra área molecular de alquilaminas de 0,23 nm^2/molécula;
- a energia livre para a amina que está se adsorvendo é distribuída entre a neutralização da carga superficial, o impedimento estérico entre as cadeias hidrocarbônicas e a repulsão dos grupos polares. A condição de equilíbrio procura minimizar o impedimento estérico, aumentando a área de adsorção por molécula à medida que cresce o comprimento ou o número das cadeias hidrocarbônicas;
- o termo "hemimicela" pode não ser a melhor maneira de descrever o processo de adsorção, segundo Novich e Ring (1985), pois a estrutura da camada não é simplesmente uma bicamada. É sugerido somente o termo "micelização", que indicaria apenas agregação na superfície.

Smith (1963), em trabalho clássico, demonstra a dependência do ângulo de contato com relação à superfície do quartzo em diferentes concentrações de sal de DA. Os ângulos de contato são grandes (86°) em faixa de pH entre 7-8 até 11,5, e somente 36° em região de baixo pH, onde a amina existe apenas como espécie iônica. Esses estudos justificaram os altos ângulos de contato como produto da coadsorção de amina molecular entre os cátions de amina iônica, diminuindo a repulsão eletrostática entre as cabeças polares, facilitando o processo de formação de hemimicelas.

A hipótese de coadsorção de amina neutra na faixa de pH 7 a 10 é questionada por Novich e Ring (1985), pois em pH 8 tem-se menos de 0,2% de hidrólise da amina, e em pH 9,5, menos de 6%. A correlação entre a flotabilidade de quartzo e a formação de moléculas neutras de amina na região alcalina de pH foi observada por Laskowski, Vurdela e Castro (1986) por meio de investigações com potencial zeta. Segundo o estudo, a espécie molecular de amina precipita-se em pH alcalino quando o limite de solubilidade é excedido e forma uma dispersão coloidal típica. Essas espécies coloidais são caracterizadas por valores de IEP em torno de pH 10,6 a 11,0. Curvas de potencial zeta *versus* pH para minerais e bolhas na presença de aminas, na faixa de pH em que a amina forma um precipitado coloidal, foram diretamente correlacionadas às curvas de potencial zeta do precipitado, conforme já demonstrado nas Figs. 12.22 e 12.23. Li e DeBruyn (1966) mostraram que a reversão de carga do quartzo na presença de cloreto de DA ocorria em uma concentração de amina duas vezes menor em soluções básicas comparativamente com soluções ácidas, e coincidia com a precipitação de amina. É interessante notar que, no trabalho de Fuerstenau (1957), o potencial zeta do quartzo em solução 4×10^{-5} de dodecilamina foi revertido em torno do pH 10, tornando-se positivo, e retornou a valor negativo em pH 11, mesma faixa de pH em que Laskowski, Vurdela e Castro (1986) perceberam a formação do precipitado de amina.

Ao interpretar as isotermas de adsorção de íons alquilamônio em biotita, fosfato oolítico e calcita, Cases e Villieras (1992) e Cases et al. (2002a, 2002b) estabeleceram a teoria da condensação bidimensional (*condensation theory*, CT) em superfícies heterogêneas. As premissas da CT são:

♦ a adsorção do surfatante decorre da formação de uma ligação forte entre a parte polar da molécula e a superfície;
♦ a formação de regiões com lamelas, da mesma forma que o modelo das hemimicelas, é atribuída a ligações laterais na camada adsorvida;
♦ a formação das lamelas é delimitada pela heterogeneidade da superfície;
♦ o tamanho dos agregados lamelares aumenta à medida que a concentração aumenta. A adsorção ocorre primeiro em domínios homogêneos mais energéticos da superfície, seguindo sucessivas transições de fases nos domínios

menos energéticos. Quanto menor a área específica de um dado domínio homogêneo, mais energético ele é considerado;

◆ os sistemas onde ocorre a condensação bidimensional podem ser considerados sistemas com fortes ligações adsorvato-adsorvente.

A ideia principal da teoria da condensação é que a inflexão na isoterma de adsorção na concentração crítica de hemimicela (CHC) corresponde à condensação 2D do surfatante na interface. Essa fase 2D seria idêntica às micelas ou aos cristais hidratados 3D em $T > T_K$ ou $T < T_K$, respectivamente.

A CT é estendida para qualquer superfície real (heterogênea), assumindo que essa superfície pode ser representada como uma soma de domínios com diferentes valores específicos de concentração de saturação $2D(C_{2D})$. Em função da afinidade específica com o surfatante, esses domínios são sucessivamente preenchidos, gerando vários patamares na isoterma. Esses patamares foram observados por Cases nas isotermas de adsorção de cloreto de DA em biotita (Cases, 1967) (Fig. 12.39).

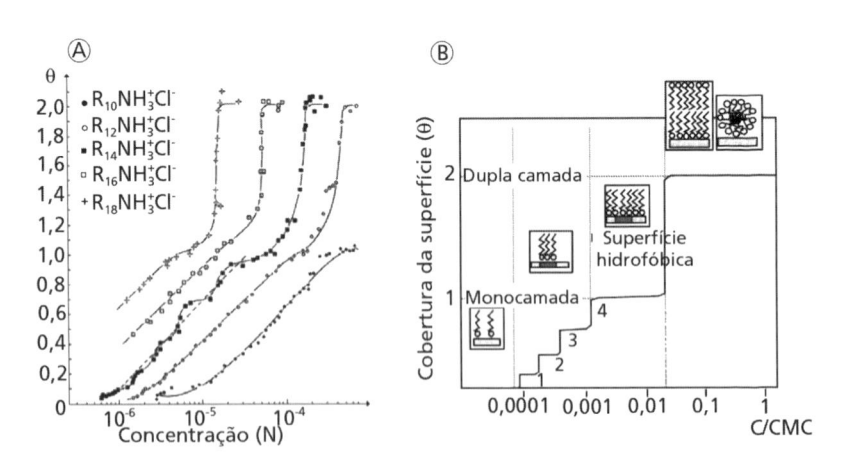

Fig. 12.39 (A) Isotermas de adsorção de cloretos de alquilamina de diferentes comprimentos de cadeia na biotita, em pH 5,5 e 25°C. Adsorção x log(concentração); (B) modelo de isoterma de adsorção na teoria da condensação

A teoria da condensação considera que um aumento na concentração da solução imediatamente posterior ao ponto de inflexão leva à formação da dupla camada por meio da interação cadeia-cadeia, gerando um degrau vertical na isoterma de adsorção. Depois desse passo, ocorre a saturação 3D na solução.

A vantagem da teoria da condensação é a sua generalidade. Ela diferencia os casos em que $T > T_K$ e $T < T_K$ e considera as interações adsorvente-adsorvato e adsorvato-adsorvato além da possibilidade de condensação na superfície. A CT inclui a HM como o caso específico de uma superfície homogênea para $T > T_K$ e considerando que as interações adsorvente-adsorvato sejam puramente eletrostáticas. A CT classifica a afinidade do surfatante iônico com a superfície como forte se uma cobertura em monocamada é alcançada em concentração muito menor que a CMC. Nesse caso, independentemente do ponto Krafft, é previsto que porções espessas de monocamada com empacotamento "tipo cristalino" sejam formadas primeiro, seguindo-se a possibilidade de formação de camadas duplas. Como as relações de concentração descritas são válidas para a adsorção de alquilaminas primárias no quartzo, pressupõe-se que as aminas são fortemente adsorvidas nos silicatos. Da mesma forma que a teoria HM, a CT não leva em conta a possibilidade de precipitação de amina molecular em solução e o efeito do íon contrário do surfatante.

Outro ponto que parece ser importante na adsorção de surfatantes catiônicos é a afinidade do íon contrário com o grupo polar da amina e a possibilidade de adsorção desses íons na superfície do mineral (Bitting; Harwell, 1987; Koglin et al., 1997). Estudo de adsorção de sais de elementos alógenos como Cl^-, Br^- e I^-, e de hexadeciltrimetilamina (CTA) na superfície de mica (Chen et al., 1992), indicou que a formação da primeira camada ocorre em dois passos distintos:

- ♦ uma adsorção inicial do dipolo "cátion-íon contrário negativo" na superfície negativa da mica até próximo à saturação de monocamada;

- a dessorção dos íons da superfície da mica (K^+, Cs^+ ou Ca^+) e de íons alógenos da superfície. Esses íons com carga oposta (metal e halogênio) formam pares iônicos que se difundem para fora da região dos grupos de cabeças polares e através da camada hidrofóbica até o interior da solução, deixando para trás os grupos de cabeças polares que agora estão ligados à superfície mais fortemente por ligações coulômbicas (iônicas) em vez de ligações dipolares.

No caso dos íons Br^- e I^-, maiores e menos hidratados, constatou-se que a adsorção de amina foi menor que no caso do íon Cl^-. Uma vez que a energia de ligação desses íons ao CTA^+ segue a ordem $I^- \gg Br^- \gg Cl^-$, pode-se concluir que, no caso em questão, a coadsorção do íon contrário afeta (diminui) a adsorção da amina na mica. A reação da Eq. 12.27 ilustra o papel desses íons contrários na adsorção:

$$[RNH_3{+}A^-]_{(solução)} + [C^+S^-]_{(superfície)} \rightarrow$$
$$RNH_3{+}S^-_{(superfície)} + C^+A^-_{solução} \qquad (12.27)$$

Estudos anteriores foram feitos tanto para sais halógenos quanto para acetato, sem distinguir o efeito do íon contrário. O efeito de íons contrários é levado em conta pela teoria da admicela (AT) (Harwell et al., 1985). A premissa básica da AT sugere que, ao se atingir uma concentração crítica, o surfatante e os íons contrários agregam-se em porções específicas da superfície, em razão da heterogeneidade da superfície, em camadas duplas incompletas (micelas planas), que são denominadas admicelas. Chen et al. (1992) mostram a formação de agregados de forma de camada dupla em solução de CTA^+Br; porém, um estudo de Hayes e Schwartz (1998) demonstra que a adsorção de $C18TA^+Br$ na mica ocorre predominantemente sob a forma de monômeros.

Hanumantha et al. (2001), Chernyshova e Hanumantha (2001) e Chernyshova, Hanumantha e Vidyadhar (2000, 2001) realizaram extenso estudo com testes de microflotação, determinação de potencial zeta, espectroscopia infravermelha, XPS e outros para o sistema quartzo e albita, e sugerem um novo mecanismo para a adsorção de amina em silicatos. Esse mecanismo, em pH 6 a 7, propõe que a amina é inicialmente ligada por ponte de hidrogênio aos grupos silanol na superfície, seguindo-se a condensação 2D e, posteriormente, um precipitado 3D é formado (Fig. 12.40). A influência do íon contrário nesse mecanismo é relevante. Os resultados de microflotação obtidos para dodecilamina são mostrados na Fig. 12.41. Verifica-se que os resultados para o quartzo são independentes da natureza do íon contrário, enquanto para a albita os resultados com o íon acetato levaram ao aumento de recuperação. Resultados de espectroscopia no infravermelho e de potencial zeta indicaram um efeito pronunciado do íon contrário acetato na adsorção da amina.

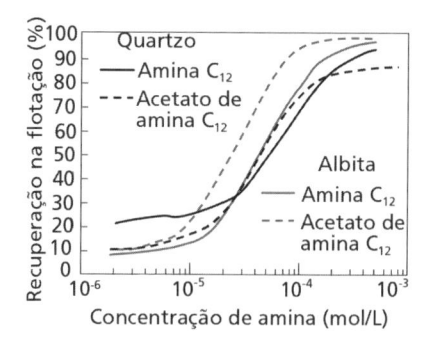

Fig. 12.40 Potencial zeta em função da concentração e adsorção de amina

Quando se compara o potencial zeta para o quartzo com a adsorção das aminas (Fig. 12.40), verifica-se que o potencial zeta na presença de solução de acetato de amina é menor do que no caso do sal de cloro, particularmente nas regiões de concentração de amina em solução intermediária e elevada. Esse fato foi atribuído a uma menor adsorção de amina na presença de íons acetato. Afirma-se que nessas regiões são adsorvidos moléculas neutras e precipitados da solução na primeira monocamada (confirmado por FTIR/XPS), e a presença de íons acetato na dupla camada inibe a formação de moléculas neutras. O aumento do potencial zeta nessa situação é atribuído à precipitação de amina molecular. O fato de que o potencial zeta positivo de precipitados coloidais cresce com o aumento da concentração de amina em solução (Laskowski; Vurdela; Castro, 1986) foi utilizado como argumento complementar. Vale ressaltar que o referido estudo de Laskowski e

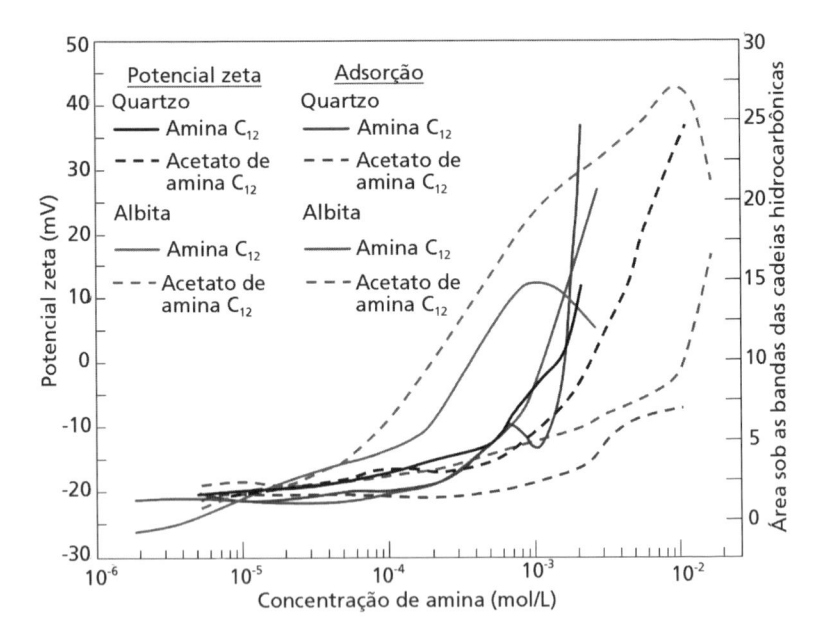

Fig. 12.41 Flotação de quartzo e albita com dodecilamina (pH 6-7)

colaboradores aplica-se à faixa de pH básico, 10 a 11, e que a hidrólise das aminas na faixa de pH do estudo é praticamente nula, pelo menos em solução.

O comportamento contrário ao do quartzo para as curvas da albita em valores maiores que o pcr é explicado pela heterogeneidade da superfície da albita, que determinaria valores relativos de potencial e adsorção diferenciados em função das características diferentes do estado de dissociação em cada porção da superfície (*patch*).

Nos estudos de infravermelho por reflectância difusa, é mostrada uma banda de amina molecular somente para a amina no quartzo, e não para o acetato de amina e nem para a albita. Justifica-se tal fato por uma irregularidade e faz-se referência a outro estudo que mostrou o aparecimento da banda de amina molecular (Chernyshova; Hanumantha, 2001). Uma banda estrutural larga, na Fig. 12.42A, centrada em 3.250-3.000 cm^{-1}, é atribuída ao hidrogênio ligado em vs(N^+-H), vs(O-H) e vs(N-H). Avaliando-se para o quartzo, essa banda está centrada em 3.250 cm^{-1} em baixa Cb e em 3.000 cm^{-1}

em alta Cb. No caso da albita, a posição dessa banda em 3.120 cm^{-1} é constante em concentrações abaixo de um determinado valor crítico, e, após esse valor, a posição muda abruptamente em direção ao lado vermelho do espectro. Considera-se que é bem estabelecido que uma mudança para o vermelho do modo de alongamento de H$^-$ ligado indica o fortalecimento da ligação do H$^-$. Ressalta-se que esse fato ocorre em Cb correspondente à inflexão das curvas de adsorção e potencial zeta. Em todos os espectros gerados no trabalho, é observada a banda negativa 3.745 cm^{-1} correspondente aos grupos silanol livres da superfície, v(SiO$^-$H). Como os espectros das amostras foram gravados em relação ao pó do mineral inicial, sugere-se que a intensidade negativa (Fig. 12.43) significa que os grupos silanol interagem com a amina adsorvida e que essa interação é uma ligação de hidrogênio (H$^-$) entre um próton do grupo polar catiônico da amina e o oxigênio do silanol (SiOH). O fortalecimento da ligação H$^-$ coincidindo com o aumento da adsorção da amina e um decréscimo gradual na frequência v(CH$_2$) mostrando maior ordenação das cadeias indicam a formação da precipitação 2D da amina molecular, cuja presença foi indicada pelo espectro XPS.

Os resultados dos estudos de XPS (Chernyshova; Hanumantha; Vidyadhar, 2000, 2001; Hanumantha et al., 2001) mostraram o aparecimento do sinal N(1s) do grupo da amina, um aumento de intensidade do sinal do pico C(1s) correspondente à adsorção da amina e um decréscimo simultâneo das intensidades dos picos

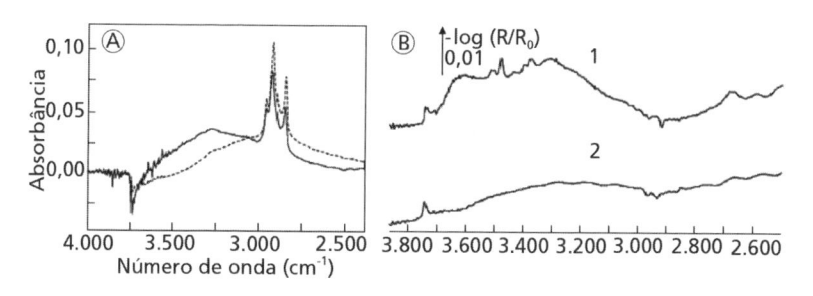

Fig. 12.42 (A) Espectro do quartzo tratado com DA 2x10^{-4} M, linha sólida, e 5x10^{-4} M, linha pontilhada; (B) espectro do quartzo inicial, 1, e tratado em solução de HCl, 2

de Si e O do quartzo. No caso da albita, observou-se também uma diminuição da intensidade do sinal do Al e do Na. A Fig. 12.43A mostra o espectro N(1s) do quartzo tratado com dodecilamina (DA) e com acetato de dodecilamina (ADA). A Fig. 12.43B mostra situação similar para a albita.

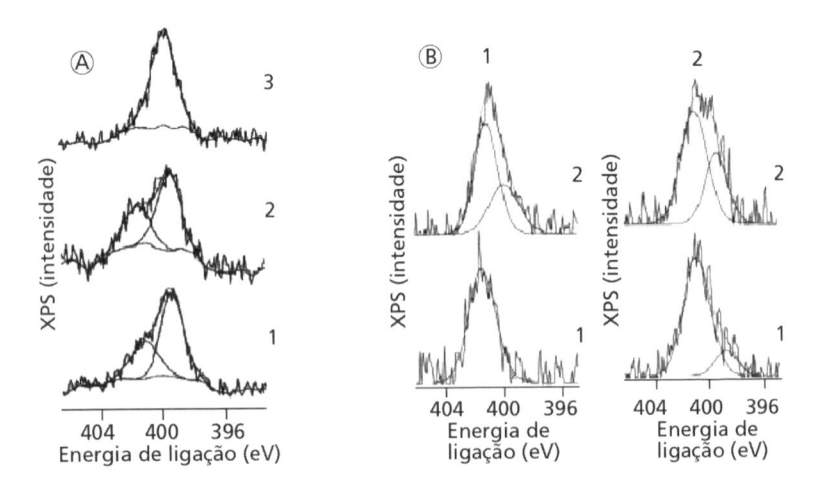

Fig. 12.43 (A) XPS N(1s) do quartzo: (1) 2×10^{-4} M→ concentração CHC » 2 picos, 399,5 e 401,6 eV, DA; (2) 2×10^{-4} M→ concentração CHC » 2 picos, 399,8 e 402,0 eV, acet. DA; (3) 4×10^{-5} M→ concentração menor que a CHC » espectro com 1 pico em 400,1 eV, acet. DA; (B) XPS N(1s) da albita condicionado com ACDA 4×10^{-5} M (1) e DA 2×10^{-4} M (2)

Considera-se que a adsorção da amina nos grupos silanol pode ser atribuída a:
- grupo amina ligado pelo H ao silanol da superfície (picos de ~399 e ~402):

$$\equiv SiOH....H_2NH\text{-}R \leftrightarrow \equiv SiO\text{-}...H_3^+N\text{-}R \quad \textbf{(12.28)}$$

O equilíbrio mostrado por essa reação existiria na interface, uma vez que amina molecular aparece na superfície, na CHC;

- formação do grupo amônio devido à transferência de carga na forte ligação do H entre o nitrogênio do grupo amina e o grupo silanol (picos de 400,1 e 400,1 para quartzo e albita, respectivamente, em concentrações menores que a CHC):

$$\equiv Si\text{-}O...H\text{-}^{+}\overset{\overset{\displaystyle H}{|}}{N}H_{2}\text{-}R \quad \quad (12.29)$$

As ligações NH....O são mais fracas que as ligações N....HO, e a capacidade de doar prótons dos grupos superficiais silanol é maior que a de receber prótons na ligação de H com uma molécula de água, assim como com o par ácido acético/íon acetato. Dessa maneira, a transição das espécies na Eq. 12.29 para as espécies na Eq. 12.28 deve ser acompanhada pelo deslocamento para o vermelho da banda no infravermelho da ligação "H-ligado", o que realmente acontece na CHC.

Estudos de espectroscopia infravermelha por absorção via reflexão foram realizados com o objetivo de compreender a estrutura da amina adsorvida no quartzo e na albita no que se refere à orientação espacial de moléculas e camadas. As conclusões desses estudos foram:

- na região onde Cb < CHC, as espécies adsorvidas estão totalmente desordenadas;
- na região onde Cb > CHC, as espécies adsorvidas estão altamente ordenadas e empacotadas, e adotam a estrutura da fase sólida (amina), na qual as cadeias hidrocarbônicas estão inclinadas 33° em relação à superfície, enquanto a orientação dos grupos polares ligados pelo H é tal que seus TD (momentos de dipolo de transição) maiores, Ms, estão preferencialmente perpendiculares à superfície.

Hanumantha et al. (2001) propõem o mecanismo ilustrado na Fig. 12.44, denominado de precipitação 2D/3D, para a adsorção de aminas em silicatos.

Região I, Cs < C2D

⊖ Íon contrário
○ Molécula de água
⊕ Grupo catiônico
○ Grupo amina

Região II, Cs = C2D

Precipitação 2D

d_{cadeia}

Região III, Cs = C_{sat}

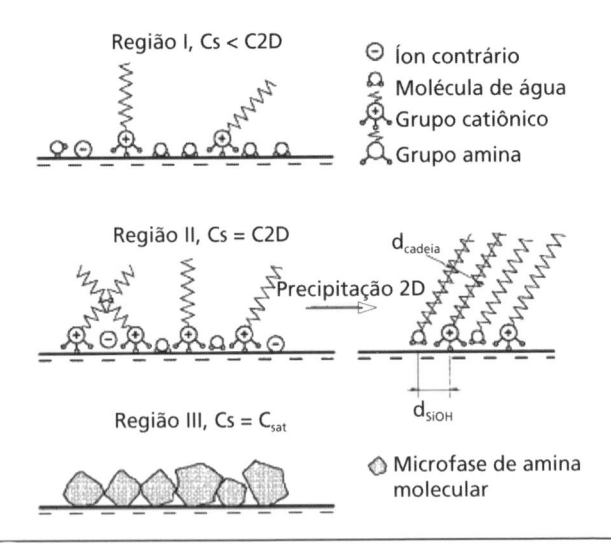

d_{SiOH}

◎ Microfase de amina molecular

Região I. Concentração de amina Cb < CHC - Os grupos silanol da superfície interagem com os grupos polares amônio através de ligações de hidrogênio, enquanto as cadeias hidrocarbônicas têm orientação caótica.
Região II. CHC < Cb < Cpr (2D) - O conteúdo da camada adsorvida sofre mudanças qualitativas com a amina molecular ligada pelo H ao grupo silanol. A amina protonada está coordenada com o oxigênio desprotonado do grupo silanol, levando a um forte aumento na adsorção. As cadeias hidrocarbônicas estão bem empacotadas e altamente organizadas em uma célula monoclínica (biaxial), formando um ângulo de cerca de 30° com a superfície.
Região III. Cb > Cpr (3D) - Ocorre a precipitação da amina em solução e cristalitos da molécula de amina são formados na superfície, distribuídos caoticamente em concentração acima da concentração 3D.

Fig. 12.44 Adsorção de acordo com o modelo de precipitação 2D/3D

12.5 Exemplo de aplicação: flotação de espodumênio em sistemas com feldspato e quartzo

A concentração de espodumênio em minérios provenientes de pegmatito tem como minerais frequentemente presentes nesse sistema os feldspatos alcalinos, quartzo e micas como a moscovita e a petalita. Na prática comercial, o processo usado para a separação do espodumênio inclui, em geral, três passos:

- separação gravítica em meio denso da fração grosseira (> 0,2 mm a 0,5 mm) com auxílio ou não de concentração gravítica convencional;
- separação magnética, de alta ou baixa intensidade, do concentrado da separação gravítica ou do concentrado da flotação, que tem o objetivo de remover minerais portadores de ferro ou metais provenientes da moagem;
- flotação em faixa de pH básico (7 a 9), com ácido graxo como coletor e soda ou carbonato de sódio usados para ajuste do pH. Dependendo do minério, é feita a flotação das micas antes da flotação de espodumênio, com o uso de amido para a depressão do espodumênio.

O uso de ácido graxo como coletor seletivo para espodumênio é conhecido desde a década de 1940. A usina de Black Hills, em South Dakota (EUA), passou a usar esse processo já em 1952 (Munson; Clarke, 1955). Atualmente, as duas operações no mundo que possuem usinas que beneficiam espodumênio por meio de flotação utilizam ácido graxo como coletor. Os fluxogramas dessas operações são mostrados nas Figs. 12.45 e 12.46, e uma descrição detalhada pode ser encontrada em Viana et al. (2004) e nos trabalhos de Hilliard (2003) e Bale e May (1988). Nas duas operações, são combinados processos de concentração gravítica, magnética e flotação. As especificações dos principais produtos dessas operações, usados essencialmente na indústria cerâmica e de vidro, são mostradas nas Tabs. 12.4 e 12.5.

Existem diversos estudos (Azevedo, 1989; Azevedo; Peres, 1990; Peres; Valadão, 1990; Valadão et al., 1991) e várias patentes (Armour; Bunge, 1956; Basic; Martin; Landolt, 1961; Canadian; Wyman, 1973; Board; Yang, 1978) com a utilização de coletores catiônicos e aniônicos, e vários depressores/ativadores para processos alternativos na concentração do espodumênio. Depressão de espodumênio com amido, dextrina e nitrato de alumínio em faixa de pH 10,5 a 11, com amina como coletor, mostraram resultados promissores com teores de Li_2O no concentrado entre 5,5 e 6,5 para recuperações entre 84% e 91%.

Usina de Greenbushes

Pátio de alimentação da usina → Moagem → Espirais → Flotação → Filtragem → Estocagem

Separação em meio denso → Separação magnética

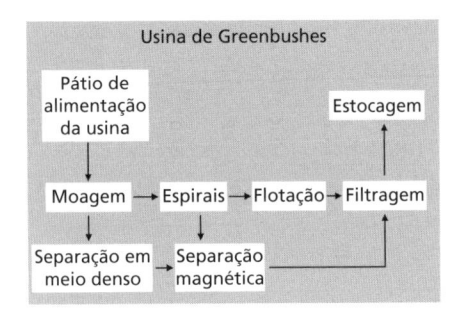

Fig. 12.45 Fluxograma da usina de beneficiamento de espodumênio da empresa Sons of Gwalia, localizada no sudoeste da Austrália

Como o rejeito da flotação de espodumênio inclui o feldspato, que é também usado na industria cerâmica, eventualmente o processo de flotação é empregado para a separação do feldspato dos outros silicatos, principalmente quartzo e micas. A separação do feldspato dos outros silicatos é, em geral, feita em faixa de pH ácida, com o uso de ácido fluorídrico para "ativar" seletivamente o feldspato e de amina como coletor. Em razão de restrições ambientais, tem sido proposto o uso de reagente anfotérico, diamina dioleato, sem o uso de ácido fluorídrico para a flotação do feldspato (Malghan, 1979, 1981; Vidyadhar; Hanumantha; Forssberg, 2002). Estudos de Malghan (1979, 1981) mostraram que as recuperações de feldspato com o uso de coletor anfotérico são ligeiramente

Tanco - Cabot Corporation — Bernic Lake - Manitoba - Canadá

ROM → -12 mm → Feldspato -12 + 0,5 mm → ... → LIMS → Ferro → Quartzo Feldspato

Circuito de recuperação de tântalo → Tântalo

Finos de feldspato → Flotação de ambligonita → WHIMS → Ambligonita Montebrasita

Flotação de mica → Remoção de amido

-150 μm → Flotação de espodumênio Rougher → Spodulite → Cleaner → LIMS → WHIMS → Concentrado de espodumênio

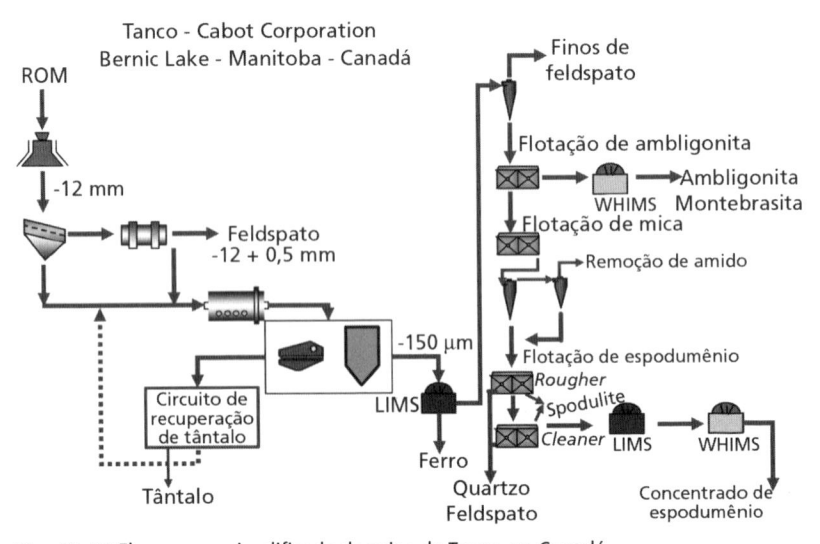

Fig. 12.46 Fluxograma simplificado da usina da Tanco, no Canadá

Tab. 12.4 Especificações químicas e físicas de concentrados da Sons of Gwalia (%)

Item	Li_2O	Fe_2O_3	MnO_2	Al_2O_3	SiO_2	Na_2O	K_2O	P_2O_5	CaO	TiO_2	PPC	+500 µm	+212 µm	+125 µm	+75 µm	-75 µm
Concentrado1	7,60	0,07	0,02	26,50	64,50	0,15	0,08	0,17	0,05	0,01	0,20	zero	4	–	80	–
Concentrado3	7,4	0,1	–	26,50	64,5	0,20	0,20	0,25	–	–	0,25	–	–	0,5	–	92

Tab. 12.5 Especificação de um concentrado da usina da Tanco (%)

Li_2O	Fe_2O_3	MnO_2	Al_2O_3	Na_2O	K_2O	P_2O_5	850 µm	600 µm	300 µm	75 µm
7,25	0,06	0,04	24,0	0,35	0,30	0,27	zero	traços	1 máx	50 min

inferiores às recuperações obtidas com o processo que utiliza HF. As especificações químicas do concentrado obtido com diamina dioleato foram iguais ou superiores às do processo convencional.

No Brasil, a Companhia Brasileira de Lítio (CBL) é a única produtora de minerais de lítio em escala industrial. Segundo a CBL, o desenvolvimento da mina foi concebido para ser implantado visando a duas fases distintas: a produção de concentrado de espodumênio por meio do método de catação manual e a produção de concentrado de espodumênio por meio de processo totalmente mecanizado, pelo qual se pode recuperar os cristais de espodumênio contido nas frações finas. Os métodos de concentração estudados foram o meio denso e a flotação. A necessidade de iniciar a produção da mina sem a prévia implantação da unidade de concentração mecanizada foi decorrente da falta de laboratórios especializados no Brasil para desenvolver as rotas de concentração a serem utilizadas, principalmente em escala-piloto. Os estudos iniciais foram realizados ainda em 1985, quando os laboratórios da Companhia Vale do Rio Doce (CVRD) estudaram, em escala laboratorial, os possíveis métodos a serem utilizados. Posteriormente, já como investimento da CBL, foram contratados os serviços do Laboratório de Mineralogia da Universidade da Carolina do Norte, tendo como coordenador o Dr. James Tanner Jr. (EUA - 1988); do Centro de Pesquisa da Bahia (Ceped) (1990/1991); do Centro de Desenvolvimento de Tecnologia Nuclear (CDTN), com laboratórios no campus da UFMG (1992/1993); novamente da CVRD (1993); novamente do CDTN (1994); em 1995/1996, de profissionais autônomos ligados à Outokumpu Research Oy; em 1996/1997, do Centro de Tecnologia Mineral (Cetem/CNPq); e, finalmente, em 1997, do Centro de Tecnologia de Minas Gerais (Cetec). Em 1996, a CBL iniciou a concentração por meio denso; porém, segundo informação do seu pessoal, grande parte do espodumênio (cerca de 50%) ainda é rejeitada como fração fina, não adequada ao método de concentração por meio denso. Informações sobre os planos da empresa com relação à flotação não são disponibilizadas, indicando que, possivelmente, permanecem restrições de natureza técnica que provavelmente inviabilizaram o custo de produção pelo processo de flotação.

Referências bibliográficas

ARMOUR AND COMPANY; BUNGE, F. H. *Flotation of spodumene*. USPTO Application, June 23, 1952, n. 295,123. Patent n. 2,748,938. June 5, 1956.

AZEVEDO, M. A. D. *Concentração por flotação de minerais de pegmatitos*. 1989. 83 f. Dissertação (Pesquisa de Iniciação Científica em Engenharia Metalúrgica) – Escola de Engenharia da UFMG, Belo Horizonte, 1989.

AZEVEDO, M. A. D.; PERES, A. E. C. Flotação de espodumênio. *Anais do I Simpósio Epusp sobre Caracterização Tecnológica na Engenharia e Indústria Mineral*, São Paulo, p. 269-280, 1990.

BALE, M. D.; MAY, A. V. Processing of ores to produce tantalum and lithium. *Minerals Engineering*, v. 2, n. 3, p. 299-320, 1988.

BASIC ATOMICS INCORPORATED; MARTIN, E. J.; LANDOLT, P. E. *Beneficiation of lithium ores*. USPTO Application, Jan. 2, 1959, n. 784,640. Patent n. 2,974,884. Mar. 14, 1961.

BÉTEKHTINE, A. *Manuel de minéralogie descriptive*. 3. ed. Moscou: MIR, 1968.

BITTING, D.; HARWELL, H. Effects of counterions on surfactant surface aggregates at the alumina/aqueous solution interface. *Langmuir*, v. 3, p. 500-511, 1987.

BOARD OF CONTROL OF MICHIGAN TECHNOLOGICAL UNIVERSITY; YANG, D. C. *Beneficiation of lithium ores by froth flotation*. B03D 1/02. USPTO Application, Jan. 13, 1977, n. 759,092. Patent n. 4,098,687. July 4, 1978.

CANADIAN PATENTS AND DEVELOPMENT LIMITED; WYMAN, R. A. *Concentration of spodumene using flotation*. B03B 1/04, B03D 1/02. USPTO Application, June 29, 1970, n. 50,936. Patent n. 3,710,934. Jan. 16, 1973.

CASES, J. M. *Les phénomènes physico-chimiques à l'interface application au procédé de la flottation*. 1967. 119 f. Grade (Docteur Ès Sciences Physiques) – Faculté des Sciences de L'Université de Nancy, Nancy, France, 1967.

CASES, J. M.; VILLIERAS, F. Thermodynamic model of ionic and nonionic surfactant adsorption-abstraction on heterogeneous surfaces. *Langmuir*, v. 8, p. 1251-1264, 1992.

CASES, J. M.; MIELCZARSKI, J.; MIELCZARSKA, E.; MICHOT, L. J.; VILLIERAS, F.; THOMAS, F. Ionic surfactants adsorption on heterogeneous surfaces. *Geoscience*, v. 334, p. 675-688, 2002a.

CASES, J. M.; VILLIERAS, F.; MICHOT, L. J.; BERSILLON, J. L.; MICHOT, L. J. Long chain ionic surfactants: the understanding of adsorption mechanisms from the resolution of adsorption isotherms. *Colloids and Surfaces* A: physicochemical and engineering aspects, v. 205, p. 85-99, 2002b.

CHEN, Y. L.; CHEN, S.; FRANK, C.; ISRAELACHVILI, J. Molecular mechanisms and kinetics during the self-assembly of surfactant layers. *Journal of Colloids and Interface Science*, v. 153, n. 1, p. 244-265, 1992.

CHERNYSHOVA, I. V.; HANUMANTHA, R. K. A new approach to the IR spectroscopic study of molecular orientation and packing in adsorbed monolayers. Orientation and packing of long-chain primary amines and alcohols on quartz. *Journal of Physical Chemistry B*, v. 105, p. 810-820, 2001.

CHERNYSHOVA, I. V.; HANUMANTHA, R. K.; VIDYADHAR, A. Mechanism of adsorption of long-chain alkylamines on silicates: a spectroscopic study. 1. Quartz. *Langmuir*, v. 16, p. 8071-8084, 2000.

CHERNYSHOVA, I. V.; HANUMANTHA, R. K.; VIDYADHAR, A. Mechanism of adsorption of long-chain alkylamines on silicates: a spectroscopic study. 2. Albite. *Langmuir*, v. 17, p. 775-785, 2001.

DeBRUYN, P. L. Flotation of quartz by cationic collectors. *Transactions AIME*, Littleton, v. 202, p. 291-296, 1955.

DEJU, R. A.; BHAPPU, R. B. Surface properties of silicate minerals. *Circular 82*. Socorro, New Mexico: State Bureau of Mines and Mineral Resources, 1965.

DEJU, R. A.; BHAPPU, R. B. A chemical interpretation of surface phenomena in silicate minerals. *Circular 89*. Socorro, New Mexico: State Bureau of Mines and Mineral Resources, 1966.

DEJU, R. A.; BHAPPU, R. B. A correlation between surface phenomena and flotation in silicates. *Circular 90*. Socorro, New Mexico: State Bureau of Mines and Mineral Resources, 1967.

DEJU, R. A.; BHAPPU, R. B. A mathematical and experimental model of the electrical properties of silicate minerals. *Circular 97*. Socorro, New Mexico: State Bureau of Mines and Mineral Resources, 1968.

DeRUITER, J. *Principles of drug action 1, Carboxylic acid structure and chemistry carboxylic acids part 2*. School of Pharmacy/Auburn University, Spring, 2002. Disponível em: <http://web6.duc.auburn.edu/~deruija/pda1_acids1.pdf>.

FUERSTENAU, D. W. Correlation of contact angles, adsorption density, zeta potencial and flotation rate. *Transactions AIME*, Littleton, v. 208, p. 1365-1367, 1957.

FUERSTENAU, D. W. Chemistry of flotation. In: JONES, M. H.; WOODCOCK, J. T. *Principles of mineral dressing*: The Wark Symposium. Victoria: Australasian Institute of Mining and Metallurgy, 1984. p. 7-29. (Symposia Series, n. 40).

FUERSTENAU, D. W.; RAGHAVAN, S. The crystal chemistry, surface properties and flotation behavior of silicate minerals. In: CONGRESSO INTERNACIONAL DE PROCESSAMENTO DE MINERAIS, 12., 1977, São Paulo. *Anais...* Brasília: DNPM, 1977. p. 368-415.

FUERSTENAU, D. W.; HEALY, T. W.; SOMASUNDARAN, P. The role of hidrocarbon chain of alkyl collectors in flotation. *Transactions AIME*, Littleton, v. 229, p. 321-325, 1964.

FUERSTENAU, M. C. (Ed.). *Flotation*: A. M. Gaudin Memorial Volume. New York: AIME, 1976. v. 1, p. 148-196.

FUERSTENAU, M. C.; HAN, K. N. Metal-surfactant precipitation and adsorption in froth flotation. *Journal of Colloid and Interface Science*, USA, v. 256, p. 175-182, 2002.

GAUDIN, A. M.; FUERSTENAU, D. W. Streaming potential studies: quartz flotation with anionic collectors. *Transactions AIME*, Littleton, v. 202, p. 66-72, 1955a.

GAUDIN, A. M.; FUERSTENAU, D. W. Streaming potential studies: quartz flotation with cationic collectors. *Transactions AIME*, Littleton, v. 202, p. 958-962, 1955b.

HANUMANTHA, R. K.; VIDYADHAR, A.; CHERNYSHOVA, I. V.; FORSSBERG, K. S. E. Interactions of long-chained primary alkylamine on silicate minerals. In: FINCH, J. A.; RAO, S. R.; HUANG, L. *Interactions in mineral processing*. Toronto: Metallurgical Society of CIM, 2001. p. 343-373.

HARWELL, J. H.; HOSKINS, J. C.; SCHECHTER, R. S.; WADE, W. H. Pseudophase separation model for surfactant adsorption: isomerically pure surfactants. *Langmuir*, v. 1, p. 251-262, 1985.

HAYES, W. A.; SCHWARTZ, D. K. Two-stage growth of octadecyltrimethylammonium bromide monolayers at mica from aqueous solution below the Krafft point. *Langmuir*, v. 14, p. 5913-5917, 1998.

HILLIARD, T. Tanco: endurance through adaptability. *Canadian Institute of Mining and Metallurgy Bulletin*, v. 96, n. 1070, p. 43-46, 2003.

IWASAKI, I.; COOKE, S. R. B.; CHOI, H. S. Flotation characteristics of hematite, goethite, and activated quartz with 18-carbon aliphatic acids and related compounds. *Transactions AIME*, Littleton, v. 217, p. 237-244, 1960.

KLEIN, C. *Mineral science*. 22. ed. USA: John Wiley & Sons, 2002.

KOGLIN, E.; TARAZONA, A.; KREISIG, S.; SCHWUGER, M. J. In situ investigations of coadsorbed cationic surfactants on charged surfaces: a SERS microprobe study. *Colloids and Surfaces A*: physicochemical and engineering aspects, v. 123-124, p. 523-542, 1997.

KWANG, S. M.; FUERSTENAU, D. W. Surface crystal chemistry in selective flotation of spodumene ($LiAl[SiO_3]_2$) from other aluminosilicates. *International Journal of Mineral Processing*, v. 72, p. 11-24, 2003.

LASKOWSKI, J. S.; VURDELA, R. M. Positively charged colloidal especies in aqueous anionic surfactant solutions. *Colloids and Surfaces*, Amsterdam, v. 22, p. 77-80, 1987.

LASKOWSKI, J. S.; VURDELA, R. M.; CASTRO, S. H. The surface association and precipitation of surfactant species in alkaline dodecylamine hidrocloride solutions. *Colloids and Surfaces*, Amsterdam, v. 21, p. 87-100, 1986.

LASKOWSKI, J. S.; VURDELA, R. M.; LIU, Q. The colloid chemistry of weak electrolyte collector flotation. *Proceedings of the 16th International Mineral Processing Congress*, Stockholm, p. 703-715, 1988.

LEJA, J.; RAMACHANDRA, S. R. *Surface chemistry of froth flotation*. 2. ed. New York: Kluwer Academic/Plenum Publishers, 2004.

LI, H. C.; DeBRUYN, P. L. Electrokinetic and adsorption studies on quartz. *Surface Science*, v. 5, n. 2, p. 203-220, 1966.

MALGHAN, S. G. Selective flotation of feldspar-quartz in a non-fluoride medium. *Transactions AIME*, Littleton, v. 264, p. 1752-1758, 1979.

MALGHAN, S. G. Effect of process variables in feldspar flotation using non--hydrofluoric acid system. *Transactions AIME*, Littleton, v. 270, p. 1616-1623, 1981.

MANSER, R. M. *Handbook of silicate flotation*. Stevenage, U.K.: Warren Spring Laboratory, 1975.

MUNSON, G. A.; CLARKE, F. F. Mining and concentrating spodumene in the Black Hills, South Dakota. *Transactions AIME*, Littleton, v. 202, p. 1041-1047, 1955.

NOVICH, B. E.; RING, T. A. A predictive model for the alkylamine quartz flotation system. *Langmuir*, USA, v. 1, n. 6, p. 701-708, 1985.

PALMER, B. R.; GUTIERREZ, B.; FUERSTENAU, M. C.; APLAN, F. F. Mechanisms involved in the flotation of oxides and silicates with anionic collectors: Parts 1 and 2. *Transactions AIME*, Littleton, v. 258, p. 257-263, 1975.

PECK, A. S.; RABY, L. H.; WADSWORTH, M. E. An infrared study of the flotation of hematite with oleic acid and sodium oleate. *Transactions AIME*, Littleton, v. 238, p. 301-307, 1966.

PECK, A. S.; WADSWORTH, M. E. An infrared study of the activation and flotation of beryl with hydrofluoric and oleic acid. *Transactions AIME*, Littleton, v. 238, p. 264-268, 1967a.

PECK, A. S.; WADSWORTH, M. E. An infrared study of the flotation of phenacite with oleic acid. *Transactions AIME*, Littleton, v. 238, p. 245-248, 1967b.

PERES, A. E. C.; VALADÃO, G. E. S. Possibilidades de flotação de minerais de lítio no Brasil. *Anais do I Convegno Minerario Italo-Brasiliano*, Cagliari, Itália, p. 639-655, 1990.

SILVA, J. P. *Estudos fundamentais da flotação no sistema lepidolita/moscovita*. 1983. 107 f. Dissertação (Mestrado em Engenharia Metalúrgica) – Escola de Engenharia da UFMG, Belo Horizonte, 1983.

SMITH, R. W. Coadsorption of dodeclamine ion and molecule on quartz. *Transactions AIME*, Littleton, v. 226, p. 427-433, 1963.

SMITH, R. W.; AKHTAR, S. Cationic flotation of oxides and silicates. In: FUERSTENAU, M. C. (Ed.). *Flotation*: A. M. Gaudin Memorial Volume. New York: AIME, 1976. v. 1, cap. 5, p. 87-115.

SMITH, R. W.; NARIMATSU, Y. Electrokinetic behavior of kaolinite in surfactant solutions as measured by both the microelectrophoresis and streaming potential methods. *Minerals Engineering*, London, v. 6, n. 7, p. 753-763, 1993.

SOMASUNDARAN, P.; HEALY, T. W.; FUERSTENAU, D. W. Surfactant adsorption at the solid-liquid interface-dependence of mechanism on chain length. *The Journal of Physical Chemistry*, USA, v. 68, p. 3562-3566, 1964.

SPOSITO, G. Characterization of particle surface charge. In: BUFFLE, J.; VAN LEEUWEN, H. E. (Ed.). *Environmental particles*. Boca Raton, FL: Lewis Publishers, 1992. v. 1, p. 291-314.

TOREM, M. L.; PERES, A. E. C.; ADAMIANI, R. On the mechanisms of beryl flotation in the presence of some metallic cations. *Minerals Engineering*, London, v. 5, n. 10-12, p. 1295-1304, 1992.

VALADÃO, G. E. S. *Estudo de condições de flotabilidade de alguns minerais de lítio*. 1983. 114 f. Dissertação (Mestrado em Engenharia Metalúrgica) – Escola de Engenharia da UFMG, Belo Horizonte, 1983.

VALADÃO, G. E. S.; CANÇADO, R. Z. L.; SÁ, A. C. G.; GUIMARÃES, O. R. A. Depressão de espodumênio em amostras de pegmatito. In: CONGRESSO ANUAL DA ABM, 66., 1991, São Paulo. Anais... São Paulo: ABM, 1991. p. 485-494.

VIANA, P. R. M.; ARAÚJO, A. C.; PERES, A. E. C.; SALUM, M. J. G. Concentração de silicatos de lítio: uma revisão. *Anais do XX Encontro Nacional de Tratamento de Minérios e Metalurgia Extrativa*, Florianópolis, v. 2, p. 325-332, 2004.

VIDYADHAR, A. *Flotation of silicate minerals:* physico-chemical studies in the presence of alkylamines and mixed (cationic/anionic/non-ionic) collectors. 2001. 60 f. Dissertação (Doutorado em Engenharia Metalúrgica) – Luleå University of Technology, Luleå, 2001.

VIDYADHAR, A.; HANUMANTHA, R. K.; FORSSBERG, K. S. E. Adsorption of n-tallow 1,3-propanediamine-dioleate collector on albite and quartz minerals, and selective flotation of albite from greek stefania feldspar ore. *Journal of Colloid and Interface Science*, USA, v. 248, p. 19-29, 2002.

VIJAYA, K. T. V.; PRABHAKAR, S.; BHASKAR, R. G. Adsorption of oleic acid at sillimanite/water interface. *Journal of Colloid and Interface Science*, USA, v. 247, p. 275-281, 2002.

13 Flotação de minérios de ferro

Armando Corrêa de Araujo
Antônio Eduardo Clark Peres
Paulo Roberto de Magalhães Viana
José Farias de Oliveira

O quartzo é o principal mineral de ganga presente em minérios de ferro. A flotação é o método de concentração mais largamente adotado para a faixa granulométrica fina (< 150 μm). Existem diferentes rotas de flotação quando o mineral de ganga é o quartzo:

 i flotação catiônica reversa de quartzo;
 ii flotação aniônica direta de óxidos de ferro;
 iii flotação aniônica reversa de quartzo ativado.

A maior parte dessa pesquisa ocorreu nos Estados Unidos durante as décadas de 1930 e 1940. A Hanna Mining, em associação com a Cyanamid, desenvolveu as duas rotas de flotação aniônica, tendo sido a última delas empregada industrialmente durante os anos 1950 em Michigan e Minnesota. Concomitantemente, a agência do United States Bureau of Mines (USBM) em Minnesota desenvolveu a rota de flotação catiônica reversa, que veio a se tornar a técnica mais viável para a flotação de minérios de ferro nos Estados Unidos e em outros países ocidentais. As primeiras aplicações da flotação catiônica reversa empregavam aminas graxas, posteriormente substituídas pelas mais eficientes eteraminas.

A rota de flotação catiônica reversa é, de longe, o método mais utilizado. O quartzo é flotado com eteraminas (R-O-$(CH_2)_3$-NH_2) parcialmente neutralizadas com ácido acético. O grau de neutralização é um parâmetro importante. Graus maiores de neutralização aumentam a solubilidade, mas prejudicam o desempenho na flotação. A maioria das eteraminas é atualmente fornecida com graus de neutralização na faixa entre 25% e 30%. O desempenho na flotação de certos minérios de ferro é favorecido com o uso de eterdiaminas em combinação com etermonoaminas. Eventualmente, a amina tem sido parcialmente substituída por óleo diesel em alguns concentradores.

A emulsificação do óleo diesel exerce um papel relevante no processo. O preço do óleo diesel é inferior ao da amina, e não foi detectado impacto ambiental significativo.

A amina exerce também o papel de espumante na flotação de minérios de ferro. Como os espumantes custam menos que as aminas, a possibilidade da substituição parcial de aminas por espumantes convencionais tem sido investigada.

Os minerais de ferro são deprimidos por amidos não modificados. Amidos de milho são, de longe, as espécies mais empregadas, em razão de sua elevada disponibilidade. Todos os tipos de amidos não modificados de elevado peso molecular precisam ser solubilizados em um processo conhecido como gelatinização, que pode ser efetuado pela adição de água quente ou, de modo mais prático, pela adição de NaOH. A composição de amidos de milho varia de quase 100% amilopectina + amilose, base seca, até produtos contendo impurezas como óleo e proteínas. A proteína mais abundante no milho, a zeína, tem ação depressora sobre a hematita. Altos teores de óleo inibem a espuma.

Amidos estão presentes em outras espécies vegetais. A espécie mais atrativa em termos de custos de produção é a mandioca, cujo cultivo não requer cuidados especiais. A falta de grandes produtores, no entanto, é um empecilho ao seu uso. Ela apresenta baixo teor de óleo e suas gomas exibem viscosidades superiores às dos amidos de milho, um indicativo de maior peso molecular e ação depressora mais efetiva.

A flotação aniônica direta de óxidos de ferro parece ser uma rota atraente para a concentração de minérios de baixo teor e material estocado em bacias de rejeito. Ácidos graxos podem ser usados como coletores, mas a depressão de quartzo ainda é um desafio a ser vencido.

A flotação aniônica reversa de quartzo ativado foi uma rota utilizada no passado, quando aminas ainda não estavam à disposição dos tratadores de minérios. Há também exemplos de flotação de minerais fosfáticos em minérios de ferro. Esses minerais são normalmente flotados, acontecendo também, nesse caso, uma flotação reversa, com coletores aniônicos ou anfotéricos sendo empregados principalmente para a flotação seletiva de apatita a partir de minérios de ferro, em sua maioria magnetíticos, como no caso da Suécia, México, Irã e Peru.

A Tab. 13.1 resume as principais aplicações conhecidas da flotação de minérios de ferro no mundo. Tanto em termos de número de usinas de concentração como em termos de toneladas tratadas por flotação, o Brasil detém a liderança mundial (mais de 80 Mtpa de alimentação).

Tab. 13.1 DISTRIBUIÇÃO GEOGRÁFICA DA FLOTAÇÃO DE MINÉRIOS DE FERRO NO MUNDO

País	Tecnologia	Número de usinas
EUA	flotação catiônica reversa de silicatos: FM[1] e FC[2]	5
Canadá	flotação catiônica reversa de silicatos: FM	2
Chile	flotação catiônica reversa de silicatos: FP[3]	1
México	flotação reversa de fosfatos: FM	1
Brasil	flotação catiônica reversa de silicatos: FM+FC (já contemplando o emprego de células tipo tanque de grande volume)	10
Venezuela	flotação catiônica reversa de silicatos: FC	1 usina-piloto e 1 projeto em implantação
Peru	flotação aniônica reversa de fosfatos: FM	1
Suécia	flotação reversa de fosfatos: FM+FC	1
Rússia	flotação catiônica reversa de silicatos e flotação direta (?): FC + (?)	(2 em implantação)
Ucrânia	flotação catiônica reversa de silicatos e flotação direta (?): FM (?) + FC (?)	pelo menos 1

Tab. 13.1 DISTRIBUIÇÃO GEOGRÁFICA DA FLOTAÇÃO DE MINÉRIOS DE FERRO NO MUNDO (CONT.)

País	Tecnologia	Número de usinas
China	desconhecida (possivelmente flotação direta em células mecânicas convencionais)	pelo menos 2
Índia	flotação catiônica reversa de silicatos: FC	pelo menos 1
Irã	flotação reversa de fosfatos: FM	1
Total mundial conhecido		26

(1) FM - flotação mecânica; (2) FC - flotação em coluna; (3) FP - flotação pneumática.
Fonte: Araújo e Viana (2003).

13.1 Deslamagem

A deslamagem antecedendo a flotação catiônica reversa de minérios de ferro foi introduzida com o processo USBM. Um grau adequado de dispersão das partículas na polpa é requisito essencial para uma deslamagem eficiente. Uma maneira simples, mas onerosa, para conseguir um alto grau de dispersão é elevar o pH mediante altas dosagens de NaOH, aumentando a repulsão eletrostática entre as partículas. Experimentos de laboratório simples e confiáveis fornecem uma correlação entre grau de dispersão e eficiência de deslamagem, constituindo-se em ferramenta útil para a previsão do desempenho na flotação. Peres, Lima e Araújo (2003) investigaram essa correlação para nove amostras coletadas em minas da CVRD. Para todas as amostras, o grau de dispersão não aumentou significativamente para valores de pH acima de 8. O *by-pass* (determinação quantitativa do conteúdo de lamas na alimentação da flotação) afetou o desempenho na flotação, exceto para duas amostras que apresentavam intrinsecamente alto grau de dispersão. Queiroz (2003) verificou que, para certos tipos de minérios itabiríticos, o uso da atrição acarreta aumento na recuperação mássica das frações lamas e concentrado da flotação e decréscimo dos teores de ferro e de SiO_2, Al_2O_3 e P no concentrado, aumentando o índice de seletividade de Gaudin. Além de melhorar o desempenho do processo de flotação, a atrição reduz o consumo de coletor.

13.2 Coletores catiônicos

Aminas graxas primárias, utilizadas no processo pioneiro USBM, não são mais usadas em flotação de minérios de ferro (Araújo; Peres; Viana, 2005). Elas foram modificadas com a inserção do grupo polar $O-(CH_2)_3$ entre o radical R e a cabeça polar NH_2 da amina primária. Por causa da presença da ligação covalente C-O, característica da função orgânica éter, reagentes pertencentes a essa classe são designados como eteraminas. A presença do grupo hidrofílico a mais aumenta a solubilidade do reagente, facilitando seu acesso às interfaces sólido/líquido e líquido/gás, aumenta a elasticidade do filme líquido que circunda as bolhas e também afeta o momento de dipolo da cabeça polar, reduzindo o tempo de relaxação dielétrica principal (tempo para reorientação dos dipolos). Esse aspecto é relevante para a função espumante da amina. O espumante afeta a cinética da adesão partícula/bolha, tornando o tempo de relaxação inferior ao tempo de contato. Nessas condições, o tempo de colisão supera o tempo requerido para afinamento e ruptura da lamela.

Papini, Brandão e Peres (2001) realizaram inúmeros ensaios de flotação *rougher*, em escala de bancada, com um minério de ferro do Quadrilátero Ferrífero (MG). Diferentes coletores catiônicos foram selecionados: monoamina graxa, diamina graxa, etermonoamina, eterdiamina, condensado e querosene combinado com aminas. Aminas graxas e condensados produziram concentrados com altos teores de sílica. Para o minério sob investigação, etermonoaminas foram coletores mais eficientes que eterdiaminas, contrariando a expectativa de que a presença do segundo grupo polar reforçaria o poder de coleta. Por outro lado, diaminas foram mais efetivas que monoaminas, quando utilizadas em conjunção com querosene. A mistura de diaminas com monoaminas é prática usual em um grande concentrador visando à produção de concentrados com baixo teor de sílica. A proporção de diamina é maior na geração de concentrados com especificação para redução direta.

A combinação de eteramina com óleo diesel também tem sido utilizada na prática industrial. Essa mistura é largamente utilizada na flotação de fosfato, na Flórida (EUA). A emulsificação da fase oleosa na solução de amina é fator-chave para o sucesso da técnica (Pereira, 2003). A proporção de óleo na mistura coletora situa-se em torno de 20%. A redução da dosagem de amina não afeta a recuperação metalúrgica. Foram analisados os efluentes de uma usina que operava com diesel há mais de um ano e não foram observados efeitos adversos em relação a espécies-teste. As características dos efluentes foram similares àquelas do período anterior ao uso do diesel. Detectou-se apenas um aumento na concentração de fenóis, mas existe a possibilidade de que sejam de outras fontes (oficina mecânica, por exemplo).

13.3 Coletores aniônicos

O uso da flotação direta dos óxidos de ferro parece atrativo no caso de minérios de baixo teor, minérios marginais que seriam flotados para reduzir a relação estéril/minério, e também na recuperação de material estocado em bacias de rejeitos. Entretanto, a maior parte das investigações de laboratório indicou que a flotação de óxidos de ferro com coletores aniônicos (ácidos graxos e anfotéricos, sarcosinatos e sulfossuccinamatos) leva a concentrados com altos teores de sílica. Silicatos de sódio não são depressores efetivos nesses sistemas (Casquet, 1995; Luz, 1996; Vieira, 1995). O potencial dos hidroxamatos ainda não foi bem explorado, em razão do seu custo elevado e das potenciais dificuldades de caráter ambiental.

13.4 Depressores

Amidos são depressores universais de óxidos de ferro na flotação de minérios de ferro. O amido pode ser extraído de diversas espécies vegetais, como milho, mandioca, batata, trigo, arroz, araruta etc. Na indústria mineral, amidos de milho são as espécies mais largamente utilizadas. O amido de milho tem sido usado na flotação de minérios de ferro no Brasil desde 1978. O nome comercial do produto era Collamil, consistindo de um pó muito fino, de elevada pureza. O conteúdo de amilose mais amilopectina atingia 98% a 99% em base seca, e o restante era representado por fibras, matéria mineral, óleo e proteínas. Esse produto era utilizado na Samarco e também em concentradores de fosfato. Não havia razões técnicas para a busca de alternativas ao Collamil. Por outro lado, uma companhia detinha o monopólio de seu fornecimento. Esse monopólio gerou sérios problemas comerciais e a Samarco investigou, mediante experimentos de laboratório, alternativas ao Collamil (Viana; Souza, 1988). Havia um produto que era utilizado em cervejarias e estava disponível em condições comerciais atraentes: o *gritz* de milho. As designações amido convencional e amido não convencional serão usadas, respectivamente, para Collamil e *gritz*. Análises físico-química e granulométrica típicas são apresentadas na Tab. 13.2.

Tab. 13.2 ANÁLISES FÍSICO-QUÍMICA E GRANULOMÉTRICA TÍPICAS DE AMIDOS

Amido convencional		Amido não convencional	
umidade (%)	13,5	umidade (%)	13,0
conteúdo amiláceo (%)	85,5 (99 base seca)	conteúdo amiláceo (%)	76,0 (89,9 base seca)
teor de proteínas (%)	–	teor de proteínas (%)	8,6
teor de óleo (%)	1,0	teor de óleo (%)	0,6
conteúdo de fibra + matéria mineral (%)	–	conteúdo de fibra + matéria mineral (%)	1,0
+ 149 µm (100#)	0,0	+ 1.000 µm (16#)	0,0
+ 74 µm (200#)	0,5	+ 600 µm (28#)	20,0
+ 44 µm (325#)	1,0	+ 300 µm (48#)	98,0
		+ 212 µm (65#)	99,5
		+ 149 µm (100#)	100,0

Resultados de prática operacional mostraram que o uso de amido não convencional não prejudicou o desempenho metalúrgico do concentrador em termos de recuperação de ferro e de contaminantes no concentrado.

O preço do depressor alternativo era aproximadamente a metade daquele do amido convencional e havia forte competição entre oito diferentes fornecedores, um cenário muito mais confortável que o antigo monopólio.

Apesar da evidência da prática industrial de que ambos os amidos apresentavam desempenho semelhante, os fornecedores do amido convencional insistiam em mencionar que o teor de proteínas do amido não convencional prejudicava o desempenho na flotação. Resultados experimentais de ensaios de microflotação em tubo de Hallimond mostraram que a zeína, a mais abundante proteína do milho, é um depressor de hematita tão eficiente quanto a amilopectina e o amido de milho convencional (Peres; Correa, 1996). Assim sendo, o desempenho adequado do amido não convencional não era acidental. Pinto, Araújo e Peres (1992) observaram, a partir de experimentos de microflotação, que a amilopectina é o componente do amido mais eficiente na depressão da hematita. Um fornecedor de produtos de milho desenvolveu uma espécie geneticamente modificada, o milho ceroso, com teor de amilopectina de 96%, superior à relação 75%/25% natural no amido de milho amarelo comum. Os benefícios do uso do amido de milho ceroso não foram observados em escala industrial, e o produto era bastante caro.

A demanda por *gritz* de milho para o mercado de salgadinhos, que pagava um preço muito maior que o praticado pela mineração, levou os produtores de amido a oferecer o fubá como alternativa. O fubá é muito mais fino que o *gritz* e apresenta maior teor de óleo. Os grãos de milho são inicialmente degerminados, pois o gérmen, contendo basicamente óleo e proteínas, é um produto valioso para a indústria alimentícia. Os grãos são brunidos para a remoção do esmalte e moídos a seco em moinhos de martelo, produzindo diferentes frações granulométricas. Pelo fato de o gérmen e a porção do grão próxima dele serem mais macios, quanto mais fina a fração, maior o seu teor de óleo.

O fato de os óleos serem inibidores de espumas é conhecido a partir das teorias sobre a elasticidade das películas que envolvem bolhas de ar; porém, os operadores de concentradores compreenderam o problema pela via mais rude. Quando não conseguiam mercado para o óleo, alguns pequenos fornecedores faziam a moagem do grão não germinado, resultando em teores de óleo acima de 3%. A consequência na operação da máquina de flotação é a completa supressão da espuma, o que representa muitas horas de interrupção da produção.

Teores de óleo em amidos superiores a 1,8% são considerados um risco para a estabilidade da espuma. O risco aumenta para minérios com maior valor de perda ao fogo.

Existem duas rotas para solubilização do amido de milho: aquecimento da suspensão de amido em água a 56°C ou adição de NaOH. Em razão dos inconvenientes do uso de água quente em um concentrador, todas as empresas utilizam a rota da soda cáustica. Por causa do alto custo e das frequentes oscilações de preço da soda cáustica, a rota térmica poderá tornar-se novamente atraente.

O milho não é a única fonte natural de amido. A mandioca, cuja cultura é simples e não requer maiores cuidados, tem custo de produção inferior ao do milho. O amido de mandioca apresenta menores teores de óleo e de proteínas que o de milho. O baixo teor de óleo previne o risco de supressão da espuma. A viscosidade da solução gelatinizada é maior que a do amido de milho, o que representa um forte indício de maior peso molecular. Além da puríssima fécula de mandioca, a raspa de mandioca, um produto menos puro, é obtida pela moagem da mandioca com sua casca interna.

A mandioca tem atraído a atenção dos operadores de concentradores há muitos anos, mas problemas comerciais impedem sua utilização extensiva. Não há grandes grupos de plantadores de mandioca no país, e as cooperativas ainda não foram bem-sucedidas. Quando o preço do milho e da soja aumentam no mercado internacional, os plantadores de mandioca migram para os produtos exportáveis.

Amido de batata tem sido utilizado industrialmente na Europa, mas não existem registros do seu uso na mineração. A batata se degrada muito mais facilmente que o milho.

Entre depressores de outras fontes, a carboximetilcelulose (CMC) apresenta grande potencial. Tecnicamente, esse reagente foi aprovado como alternativa ao amido. Diversos programas de ensaios de laboratório, com diferentes minérios do Quadrilátero Ferrífero, foram efetuados com CMCs de grau industrial, de diversos graus de substituição e pesos moleculares. Em geral, as CMCs geraram concentrados com teores de sílica inferiores aos obtidos com amido, mas os teores de ferro no rejeito foram ligeiramente superiores (Viana; Araújo, 2004). Para que se atinja competitividade em termos de custos operacionais, a dosagem de CMC deve ser, no mínimo, cinco vezes inferior à de amido. As dosagens testadas situaram-se na faixa entre 1/10 e 1/5 das de amido. Algumas CMCs apresentaram resultados relativamente bons, mesmo em dosagens referentes a 1/10 daquela de amido. Recentemente, ensaios industriais demonstraram que a CMC pode realmente substituir o amido do ponto de vista técnico (Castro; Felipe; Ribeiro, 2005). Como o custo da CMC é significativamente maior que o do amido, as dosagens requeridas em ensaios industriais para o sucesso da substituição ainda estão muito acima dos valores que viabilizariam a substituição do ponto de vista econômico. Estudos bastante recentes também indicam que reagentes da classe dos ácidos húmicos mostram potencial para a substituição do amido (Santos, 2006).

Outra opção sob investigação é o uso de polímeros sintéticos, empregados como floculantes, substituindo parcialmente o amido (Turrer, 2004; Turrer et al., 2005). Poliacrilamidas aniônicas, catiônicas e não iônicas estão sendo testadas em escala de laboratório. Apesar de seu custo muito superior, esses reagentes são adicionados em dosagens muito inferiores às do amido.

13.5 Espumantes

A despeito da existência de relatos do uso de espumantes específicos na flotação reversa de minérios de ferro, eles estão sendo utilizados, no presente, em poucas aplicações nos Estados Unidos e no Canadá. Como a flotação é efetuada em uma faixa de pH que estabiliza tanto a espécie catiônica quanto a molecular da amina, a catiônica atua como coletor e a molecular, como espumante. A substituição parcial da amina por espumante específico encontra-se sob investigação em escala de laboratório (flotações de mineral puro e de minério). Os resultados já obtidos são animadores. Espumantes sintéticos do tipo poliglicol, substituindo cerca de 20% da dosagem total de amina, aumentaram tanto a recuperação quanto a seletividade. Resultados ainda melhores foram obtidos com a substituição parcial da amina por espumantes da classe dos álcoois alifáticos. O óleo de pinho também apresentou bom desempenho. Por sua vez, álcoois ramificados não apresentaram vantagens em comparação com amina usada individualmente. A próxima etapa incluirá testes industriais em duas usinas do Quadrilátero Ferrífero (Silva, 2004; Araújo; Oliveira; Silva, 2005).

13.6 Surfatantes não iônicos

A influência de surfatantes não iônicos na flotação catiônica de quartzo com eteramina foi investigada em escala de bancada por Leal Filho e Rodrigues (1992). Os reagentes testados foram nonilfenol etoxilado com dois e quatro grupos óxido de etileno, e álcool graxo etoxilado. O nonilfenol etoxilado com dois grupos óxido de etileno combinado com eteramina, numa razão mássica de 1:4, aumentou a flotabilidade do quartzo em aproximadamente 20%. O reagente também modificou significativamente as características da espuma do sistema, reduzindo a tensão superficial a um nível inferior ao existente na presença de amina individualmente. Mais recentemente,

Silva (2004) demonstrou que um surfatante da classe dos éteres coroados, também substituindo parcialmente o coletor em 20%, apresentou resultados de aumento de recuperação e de seletividade na flotação de minérios itabiríticos em escala de bancada.

13.7 Conclusões

A prática industrial da flotação de minérios de ferro envolve principalmente a rota de flotação catiônica reversa, com eteraminas utilizadas como coletor de quartzo e amido de milho gelatinizado empregado como depressor de óxidos de ferro.

Opções já incorporadas na prática industrial, em relação ao coletor, incluem a combinação de monoaminas com diaminas e a substituição parcial de aminas por óleo diesel.

Amido de milho de elevada pureza (99% amido, base seca) foi exitosamente substituído por produtos menos puros, usados na indústria alimentícia, incluindo amido de mandioca.

O conteúdo de óleo no amido é o fator mais preocupante, em razão da ação do óleo como inibidor de espuma.

O consumo de soda cáustica pode ser reduzido mediante otimização do estágio de deslamagem.

Fazem parte do cenário atual tanto os circuitos com emprego apenas de flotação convencional em células mecânicas como outros onde são empregadas as tecnologias de flotação em coluna e/ou de ambos os tipos de equipamentos. Há uma tendência de que os novos projetos contemplem sempre o emprego de circuitos mistos, com a flotação em coluna fazendo o trabalho de acabamento de concentrado. Células mecânicas de grande volume já começam a ganhar espaço na flotação de minérios de ferro. Para a flotação de ultrafinos, praticamente todos os circuitos em funcionamento ou em fase de projeto no Brasil empregam apenas colunas.

Referências bibliográficas

ARAÚJO, A. C.; VIANA, P. R. M. Diagnóstico da flotação de minérios de ferro. Belo Horizonte: Fundação Christiano Ottoni, 2003. p. 45. (Relatório confidencial).

ARAÚJO, A. C.; OLIVEIRA, J. F.; SILVA, R. R. R. Espumantes na flotação catiônica de minérios de ferro. Tecnologia em Metalurgia e Materiais, São Paulo, v. 1, n. 3, p. 13-16, 2005.

ARAÚJO, A. C.; PERES, A. E. C.; VIANA, P. R. M. Reagents in iron ores flotation. Minerals Engineering, Amsterdam, v. 18, n. 2, p. 219-224, 2005.

CASQUET, R. Q. Caracterização mineralógica e tecnológica de minério itabirítico da mina de Alegria Sul, Ouro Preto. 1995. 240 f. Dissertação (Mestrado) – CPGEM--UFMG, Belo Horizonte, 1995.

CASTRO, E. B.; FELIPE, E. A.; RIBEIRO, F. S. Avaliação da aplicação de reagentes "CMC" na flotação catiônica de minério de ferro. In: ENCONTRO NACIONAL DE TRATAMENTO DE MINÉRIOS E METALURGIA EXTRATIVA, 21., 2005, Natal. Natal: O2 Editora, 2005. v. 1, p. 450-456.

LEAL FILHO, L. S.; RODRIGUES, G. A. O uso de surfatantes etoxilados não iônicos na flotação catiônica de quartzo. In: SALUM, M. J. G.; CIMINELLI, V. S. T. (Ed.). Flotation: fundamentals, practice and environment. Proceedings of the III Meeting of the Southern Hemisphere on Mineral Technology. Belo Horizonte: ABTM, 1992. p. 50-64.

LUZ, J. A. M. Flotação aniônica de rejeitos itabiríticos: estudo de reagentes alternativos e modelamento polifásico do processo. 1996. 253 f. Tese (Doutorado) – CPGEM-UFMG, Belo Horizonte, 1996.

PAPINI, R. M.; BRANDÃO, P. R. G.; PERES, A. E. C. Cationic flotation of iron ores: amine characterisation and performance. Minerals & Metallurgical Processing, v. 17, n. 2, p. 1-5, 2001.

PEREIRA, S. R. N. O uso de óleos apolares na flotação catiônica reversa de um minério de ferro. 2003. 253 f. Proposta de Dissertação (Mestrado) – CPGEM-UFMG, Belo Horizonte, 2003.

PERES, A. E. C.; CORREA, M. I. Depression of iron oxides with corn starches. Minerals Engineering, v. 9, n. 12, p. 1227-1234, 1996.

PERES, A. E. C.; LIMA, N. P.; ARAÚJO, A. C. How different iron ore types behave in desliming in hydrocyclones and flotation. In: HYDROCYCLONES, 2003, Cape Town. Proceedings... Falmouth: [s.n.], 2003. p. 8.

PINTO, C. L. L.; ARAÚJO, A. C.; PERES, A. E. C. The effect of starch, amylose and amylopectin on the depression of oxi-minerals. Minerals Engineering, v. 5, n. 3-5, p. 469-478, 1992.

QUEIROZ, L. A. Emprego da atrição na deslamagem: efeitos na flotação reversa de minérios itabiríticos. 2003. 165 f. Dissertação (Mestrado) – CPGEM-UFMG, Belo Horizonte, 2003.

SANTOS, I. D. *Utilização do ácido húmico como agente depressor na flotação seletiva de minério de ferro*. 2006. 89 f. Dissertação (Mestrado) – Coppe-UFRJ, Rio de Janeiro, 2006.

SILVA, R. R. *Sistemas de reagentes na flotação catiônica reversa de minérios de ferro: coletor e espumante*. 2004. 162 f. Dissertação (Mestrado) – CPGEM-UFMG, Belo Horizonte, 2004.

TURRER, H. D. G. *Estudo da utilização de floculantes sintéticos na flotação catiônica reversa de minério de ferro*. 2004. 89 f. Dissertação (Mestrado) – CPGEM-UFMG, Belo Horizonte, 2004.

TURRER, H. D. G.; ARAÚJO, A. C.; PAPPINI, R. M.; PERES, A. E. C. Flotação de minérios de ferro na presença de poliacrilamidas. In: ENCONTRO NACIONAL DE TRATAMENTO DE MINÉRIOS E METALURGIA EXTRATIVA, 21., 2005, Natal. Natal: O2 Editora, 2005. v. 1, p. 433-439.

VIANA, P. R. M.; ARAÚJO, A. C. *Uso de CMC na flotação reversa de minério de ferro*. Belo Horizonte: Fundação Christiano Ottoni, 2004. p. 32. (Relatório confidencial).

VIANA, P. R. M.; SOUZA, H. S. The use of corn grits as a depressant for the flotation of quartz in hematite ore. In: CASTRO, S. H. F.; ALVAREZ, J. M. (Ed.). *Proceedings of the 2nd Latin-American Congress on Froth Flotation, 1985, Developments in Mineral Processing*, 9. Amsterdam: Elsevier, 1988. p. 233-244.

VIEIRA, A. M. *Estudo da viabilidade técnica de concentração de um estéril de mina contendo ferro*. 1995. 253 f. Dissertação (Mestrado) – CPGEM-UFMG, Belo Horizonte, 1995.

14 Flotação de feldspatos

Carlos Alberto Ikeda Oba
Luiz Paulo Barbosa Ribeiro

A flotação de feldspatos no Brasil, principalmente nas regiões sul e sudeste, tem sido estudada como alternativa para a produção de concentrados de melhor qualidade a partir de rochas da região, uma vez que o custo de transporte tem encarecido muito o feldspato originário da região nordeste do país.

Informações não publicadas, geradas a partir de estudos recentemente realizados, indicam a viabilidade técnica de empreendimentos para a obtenção de concentrados de feldspatos em Minas Gerais, e até mesmo de um empreendimento em atividade em Santa Catarina.

14.1 Os feldspatos

O nome feldspato tem origem no alemão *feld* (campo) e *spath* (pedra) e no grego *spáthe* (lâmina) (Ramos, 2001).

Depois do quartzo, os feldspatos constituem os minerais mais comuns na crosta terrestre, aparecendo em quase todas as rochas eruptivas e metamórficas, assim como em algumas rochas sedimentares.

Os feldspatos pertencem ao grupo de silicatos de alumínio com potássio, sódio, cálcio e, mais raramente, bário, conforme a composição química: $X,Al(Al,Si)SiO_2O_8$, onde X = Na, K, Ca e Ba. Pequenas quantidades de Li, Rb, Cs e Sr podem ser observadas.

As características gerais dos feldspatos são:
- dureza (Mohs): 6;
- cor: variável, sendo a maioria branco, creme ou rosa;
- peso específico: 2,56 a 2,77;
- ponto de carga zero (PCZ): 1,4 a 1,6;

- sistema de cristalização: monoclínico, triclínico;
- brilho: vítreo;
- aspecto óptico: translúcido e transparente.

A variação da composição química dos feldspatos pode ser bem observada no gráfico da Fig. 14.1.

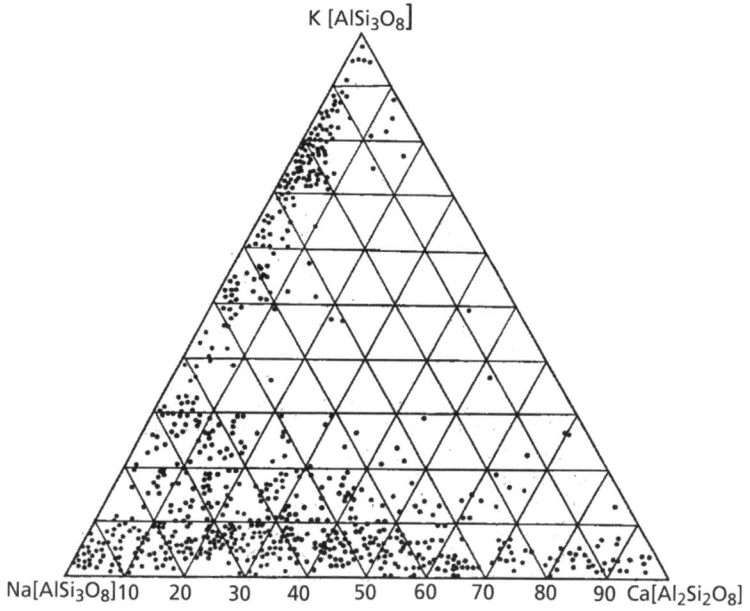

Fig. 14.1 Gráfico com as variações nas composições químicas dos feldspatos
Fonte: Betejtin (1970).

Outra particularidade desses minerais consiste na capacidade de formarem séries isomórficas, principalmente binárias:
- $Na(AlSi_3O_8)$-$Ca(Al_2Si_2O_8)$: subgrupo dos feldspatos calcossódicos (plagioclásios);
- $Na(AlSi_3O_8)$-$K(AlSi_3O_8)$: subgrupo dos feldspatos sódico--potássicos (albita - ortoclásio);
- $K(AlSi_3O_8)$-$Ba(Al_2Si_2O_8)$: subgrupo dos feldspatos bárico--potássicos (hialofanas).

Os plagioclásios são denominados de albita quando a composição é predominantemente sódica e de anortita quando é predominantemente cálcica. Composições intermediárias são denominadas de oligoclásio, andesina, labradorita e bytownita, conforme o aumento no teor de cálcio.

O microclínio apresenta composição química [K,Na(AlSi$_3$O$_8$)] similar ao ortoclásio, porém se cristaliza no sistema triclínico.

A Fig. 14.2 apresenta a denominação dos principais feldspatos conforme a variação da composição química, séries albita-anortita e albita-ortoclásio.

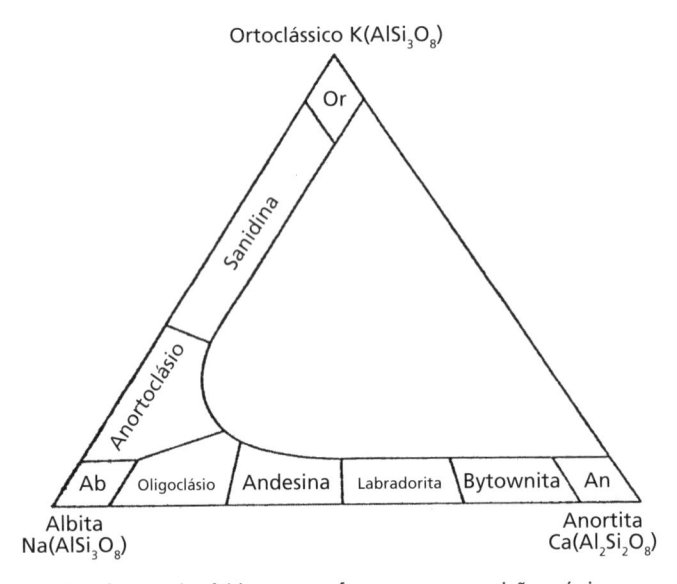

Fig. 14.2 Classificação dos feldspatos conforme sua composição química
Fonte: Manser (1973).

A Tab. 14.1 apresenta a composição química teórica dos principais feldspatos.

Tab. 14.1 COMPOSIÇÃO TEÓRICA DOS PRINCIPAIS FELDSPATOS

Feldspato	K$_2$O (%)	Na$_2$O (%)	CaO (%)	Al$_2$O$_3$ (%)	SiO$_2$ (%)
microclínio	16,9	–	–	18,4	64,7
ortoclásio	16,9	–	–	18,4	64,7
albita	–	11,8	–	19,4	68,8
anortita	–	–	20,1	39,6	43,3

Fonte: Braga (1999).

O feldspato é consumido principalmente pelas indústrias cerâmica, de colorifícios e vidreira, sendo que o feldspato potássico é o preferencialmente utilizado pela indústria cerâmica, com restrições ao teor de ferro e à presença de minerais micáceos e granada no caso da fabricação de porcelana.

O Brasil apresenta cerca de 80 milhões de toneladas de reservas medidas e indicadas de feldspatos, além de aproximadamente 36 milhões adicionais de reservas inferidas. Essas reservas concentram-se nos estados de São Paulo, Minas Gerais e Paraná.

A produção brasileira de feldspato em 2003 ficou em cerca de 102 mil toneladas de produto bruto, por vezes moído em malhas de 0,6 mm a 0,075 mm, principalmente associada à lavra de jazidas pegmatíticas (Jesus, 2004).

Nesse mesmo ano, a produção mundial atingiu cerca de 10,4 milhões de toneladas, destacando-se países como Itália, Turquia, Estados Unidos, Tailândia e França.

14.1.1 Ocorrências de feldspatos

Os maiores depósitos comerciais de feldspato são encontrados em pegmatitos, rochas graníticas, alaskito, aplitos (variedade de rocha granítica) e em areias de rios, dunas e praias (Betejtin, 1970).

Os pegmatitos são constituídos por feldspato, quartzo e mica, sendo encontrados em grandes cristais e permitindo fácil separação. O pegmatito geralmente é composto por 60%-70% de feldspato, 25%-30% de quartzo, 5%-10% de mica e 1%-2% de minerais acessórios.

Alaskito é uma rocha (granito pegmatítico) portadora de feldspatos de grãos grosseiros com 45% de oligoclásio, 20% de microclínio, 10% de mica-moscovita, 20% de quartzo e o restante de minerais acessórios. No alaskito, ao contrário dos pegmatitos, a distribuição mineral é relativamente uniforme.

Aplito é uma rocha granítica de granulação fina e com alto teor de feldspatos. Consiste essencialmente de quartzo e ortoclásio.

O termo aplita é textural e necessariamente implica uma composição granítica, podendo variar entre o gabro e o granito.

O feldspato é o maior constituinte das areias modernas, sendo encontrado em maiores concentrações mais em areias de rios do que em areias de dunas de praias marítimas. Nessas areias, o feldspato potássico é o mais comum, seguido pelos feldspatos sódico e cálcico.

14.2 Características da flotação de feldspatos

O uso de coletores aniônicos para a flotação de feldspatos não apresenta bons resultados, com ou sem a presença de ativadores (Manser, 1973).

A flotação de feldspatos com coletores catiônicos, notadamente as aminas, apresenta bons resultados para uma grande faixa de valores de pH, sendo necessário levar em conta, na flotação de silicatos por tais coletores (Manser, 1973; Smith; Akhtar, 1976), que:

1. há uma grande importância na interação eletrostática entre mineral e coletor;
2. os coletores devem ter pelo menos dez carbonos na cadeia hidrocarbônica;
3. a concentração do coletor deve ser moderada;
4. a ligação entre o coletor e o mineral não parece ser muito forte, mesmo quando o sistema exibe um grande ângulo de contato;
5. o tempo de condicionamento antes da flotação é geralmente pequeno;
6. a presença de lamas é prejudicial ao processo;
7. os coletores têm a capacidade de formar espumas;
8. a seletividade dos coletores para minérios específicos é usualmente baixa.

O diagrama da flotação de albita com coletores aniônico e catiônico mostrado na Fig. 14.3 é típico para a maioria dos feldspatos.

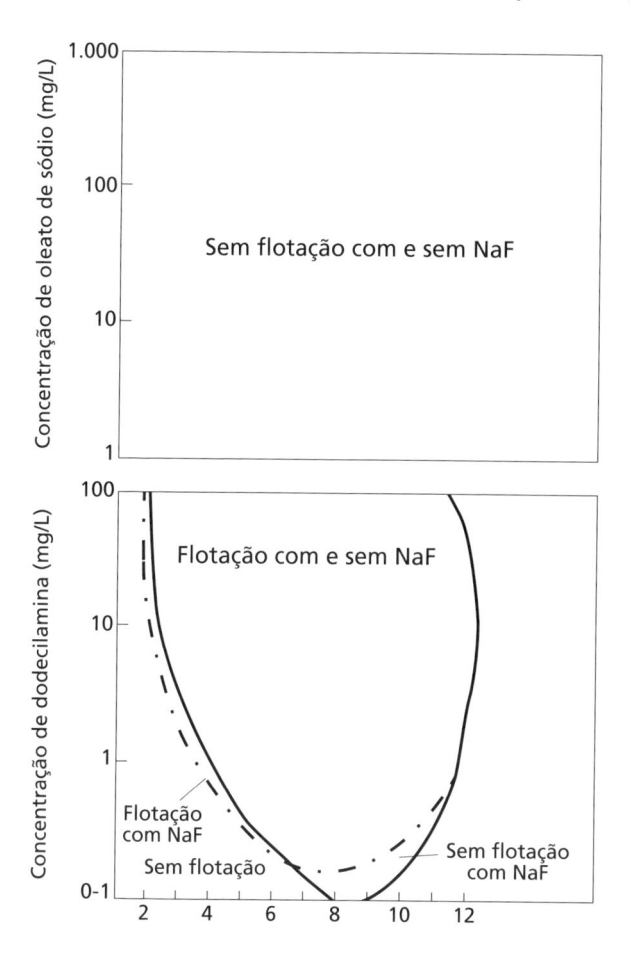

Fig. 14.3 Diagrama da flotação de albita com coletor aniônico (oleato de sódio) e coletor catiônico (dodecilamina)
Fonte: King (1982).

O flúor, na forma de HF, íon fluoreto ou H_2SiF_6, tem sido largamente utilizado como agente modificador na flotação de feldspatos, funcionando como ativador na separação feldspatos/quartzo com coletores catiônicos em pH ácido (King, 1982; Braga, 1999).

A Fig. 14.4 mostra a influência da presença do flúor na flotação de feldspatos com coletores catiônicos em meio ácido.

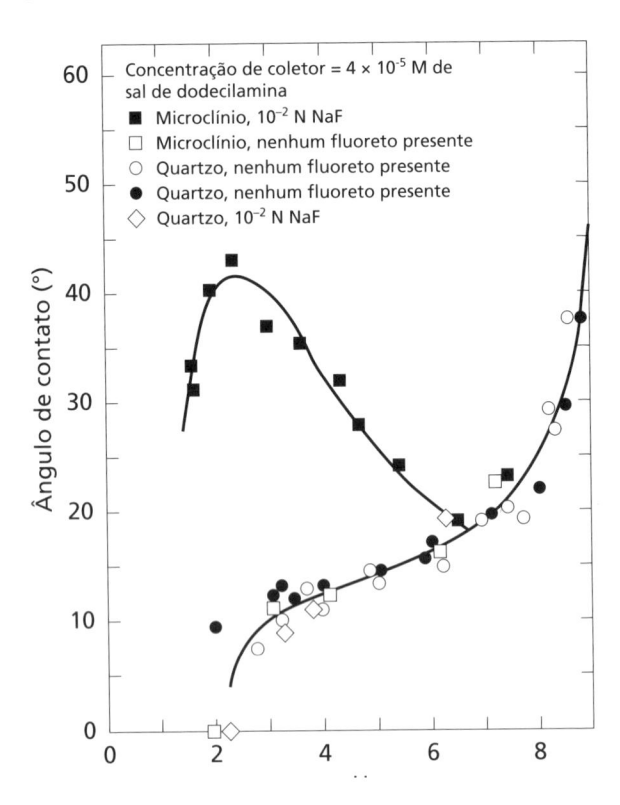

Fig. 14.4 Ângulo de contato do microclínio e do quartzo com dodecilamina em função do pH, na presença e na ausência de flúor
Fonte: adaptado de Smith e Akhtar (1976).

Um dos pontos mais estudados na flotação de feldspatos é o mecanismo de ativação do feldspato pelo flúor em meio ácido. Muitas explicações têm sido propostas para esse fenômeno, entre as quais se destacam (Manser, 1973):

1. limpeza da superfície mineral por meio da solubilização das camadas amorfas;
2. formação de SiF_6^{2-} na solução, que adsorve nos átomos de alumínio da superfície dos feldspatos;
3. formação de complexo SiF_6^{2-} amina na solução, que adsorve nos átomos de alumínio da superfície dos feldspatos;

4 formação de complexos alumino-flúor negativamente carregados na superfície dos minerais;
5 complexação de cátions multivalentes determinantes de potencial;
6 formação de uma camada de flúor-silicato de sódio ou potássio na superfície do mineral. Essa camada fica negativamente carregada na presença de excesso de íons flúor-silicatos, que são determinantes de potencial.

Os mecanismos 2, 4, 5 e 6 geram um aumento do potencial zeta negativo na superfície dos feldspatos, o que facilita a adsorção dos coletores catiônicos.

Os piores resultados de flotação de feldspatos com amina na presença de HF são obtidos na faixa de pH de 3,5 a 4,0, enquanto o máximo de ativação pelo flúor ocorre em pH 2,5. Isso pode estar relacionado à presença de HF molecular na solução.

A lixiviação seletiva do alumínio da superfície dos feldspatos por meio de tratamento com ácido é tida como maléfica para a flotação com coletores catiônicos, mas não é acompanhada pela diminuição da adsorção de amina. Essa adsorção não ocorre no alumínio em valores de pH acima de 4,0, valor este que, no entanto, está fora da faixa de pH na qual ocorre a ativação pelo flúor, que é de 2,0 a 3,5.

A presença de espécies catiônicas de Al^{3+} prejudica a flotação de feldspatos com aminas por causa da capacidade que o alumínio tem de hidrolisar em pH baixo e adsorver-se especificamente na superfície do silicato por meio de suas espécies hidrolisadas, dificultando a interação mineral-coletor (Baltar; Cunha, 2002).

14.3 Beneficiamento de feldspatos

Em geral, o beneficiamento de feldspatos é feito a partir de pegmatitos ou de granitos pegmatíticos, como no caso do alaskito, em que se tem por objetivo a separação dos minerais constituintes das rochas pegmatíticas, ou seja, o feldspato, a mica, o quartzo, os minerais pesados e os minerais portadores de ferro. As operações unitárias normalmente empregadas são britagem e moagem, separação por tamanho (peneiramento e classificação) e concentração (gravítica, magnética e flotação) (Manser, 1973; Braga, 1999; Saller, 1999).

De modo genérico, o processo de flotação é feito da seguinte maneira: inicialmente, a mica é flotada em meio ácido com coletor catiônico; a seguir, são flotados os óxidos metálicos com coletor aniônico também em meio ácido; por fim, é feita a separação feldspato/quartzo, flotando-se o feldspato com coletor aniônico e ativação por HF, em meio ácido (Beraldo, s.n.t.).

Em geral, a mica é removida primeiro. Um método é flotá-la em meio ácido com uma pequena concentração de amina. Ótimos resultados foram obtidos em pH 2,3, usando-se amina com 12 carbonos na cadeia hidrocarbônica (250 g/t), querosene (480 g/t) e metilisobutilcetona como espumante (120 g/t) (Manser, 1973). Outro método para a remoção da mica é a flotação catiônica/aniônica com o uso de oleato e amina como coletores e uma combinação de carbonato de sódio e sulfonato como depressor para o quartzo e o feldspato. A relação entre oleato e amina é de 5:1.

Em seguida, faz-se a remoção de minerais portadores de ferro usando-se coletor aniônico, como, por exemplo, o sulfonato de petróleo, em pH ácido.

Após a remoção da mica e dos óxidos metálicos, o feldspato é separado do quartzo. Os feldspatos são naturalmente mais flotáveis que o quartzo em condições ácidas. Essa diferença de flotabilidade torna-se ainda mais acentuada na faixa de pH entre 2,0 e 3,5, usando-se HF como depressor. Esse método foi desenvolvido em 1939 e ainda é, com pequenas alterações, o principal para a flotação de feldspatos.

Vale ressaltar a importância das etapas de desaguamento antes e durante as etapas de flotação, necessárias para o acerto da melhor porcentagem de sólidos e a eliminação de parte dos reagentes em solução. Um método típico é deslamar o rejeito da flotação dos minerais portadores de ferro para a retirada do material abaixo de 40 µm; condicionar por oito minutos com 1,7 kg/t de HF, 2,0 kg/t de acetato de amina, 0,16 kg/t de metilisobutilcetona e 0,49 kg/t de óleo combustível, e proceder à flotação. Para obter feldspato e quartzo com purezas comerciais, é necessário passar esses produtos por um separador magnético.

A concentração de HF necessária para a ativação do feldspato varia de acordo com o tipo de minério, ficando entre 1,0 kg/t e 9,0 kg/t. Se o feldspato for puro e inalterado, ele poderá ser ativado com uma baixa dosagem de ácido fluorídrico, mas feldspatos intemperizados necessitam de concentrações maiores. Isso pode ser explicado pelo fato de que parte da ação do ácido é limpar a superfície mineral e dispersar os produtos intemperizados.

O ácido fluorídrico comercial apresenta melhores resultados como ativador do que o ácido puro, possivelmente em razão da presença de impurezas de fluorsilicatos. Também é possível o uso de fluoreto de sódio ou de amônio com ácido sulfúrico.

14.3.1 Produção de feldspatos no exterior

O alaskito de Spruce Pine, Carolina do Norte (EUA), apresenta a composição química e mineralógica mostrada na Tab. 14.2.

O beneficiamento do minério inicia-se com a alimentação do material bruto em britadores de mandíbula e giratório para a redução da granulometria, a fim de que esta fique menor que

Tab. 14.2 Composição química e mineralógica do alaskito de Spruce Pine

Teor	%	Mineral	%
Na_2O	5,1	feldspato sódico	42,9
K_2O	3,4	feldspato potássico	14,7
CaO	0,9	feldspato cálcico	6,4
Al_2O_3	15,4	quartzo	28,0
SiO_2	74,4	moscovita	7,5
Fe_2O_3	0,4	minerais com ferro	0,5
perda ao fogo	0,4	argila	< 0,5

Fonte: Braga (1999) e Crozier (1999).

25 mm. O produto obtido é moído em moinhos de barras, em circuito fechado, até atingir a granulometria de 600 µm, em que o feldspato se encontra suficientemente liberado. Os finos menores que 38 µm (lamas) são descartados por ciclonagem para uma bacia de rejeitos.

O minério moído é então flotado em três estágios individuais para a remoção da mica, dos minerais portadores de ferro e do quartzo. No primeiro estágio, a mica é flotada em pH 3,0 e 25% de sólidos na polpa, com 125 g/t de acetato de amina, 500 g/t de óleo combustível e 50 g/t de espumante. No segundo estágio, os minerais portadores de ferro e a mica ainda remanescente são flotados com 250 g/t de sulfonato de petróleo e 25 g/t de espumante, em pH 3,0. O terceiro estágio consiste na separação quartzo/feldspato por meio da flotação catiônica, na presença de ácido fluorídrico, em pH 2,2 a 3,5.

O rejeito do segundo estágio, após condicionamento com ácido fluorídrico, é flotado com acetato de amina. O concentrado da flotação do terceiro estágio é um feldspato grau vidreiro. Uma pequena porção desse produto é reduzida a seco em moinho de seixos, seguido de separação magnética para a produção de um feldspato grau cerâmico.

A Fig. 14.5 apresenta o circuito de beneficiamento do alaskito de Spruce Pine.

Quando a matéria-prima é de origem pegmatítica, o circuito de beneficiamento é similar ao anterior, exceto que na primeira etapa, após a moagem em moinho de barras, uma fração de mica grosseira pode ser recuperada em um *trommel* com telas de 3,0 mm de abertura. O material menor que 3,0 mm é concentrado em espirais de Humphrey, onde, devido ao fator forma da mica, é produzido um concentrado de mica. A mica impura é enviada a um circuito de flotação para limpeza, onde se utiliza acetato de amina oleica como coletor.

A Fig. 14.6 mostra o circuito de beneficiamento de pegmatitos na Carolina do Norte.

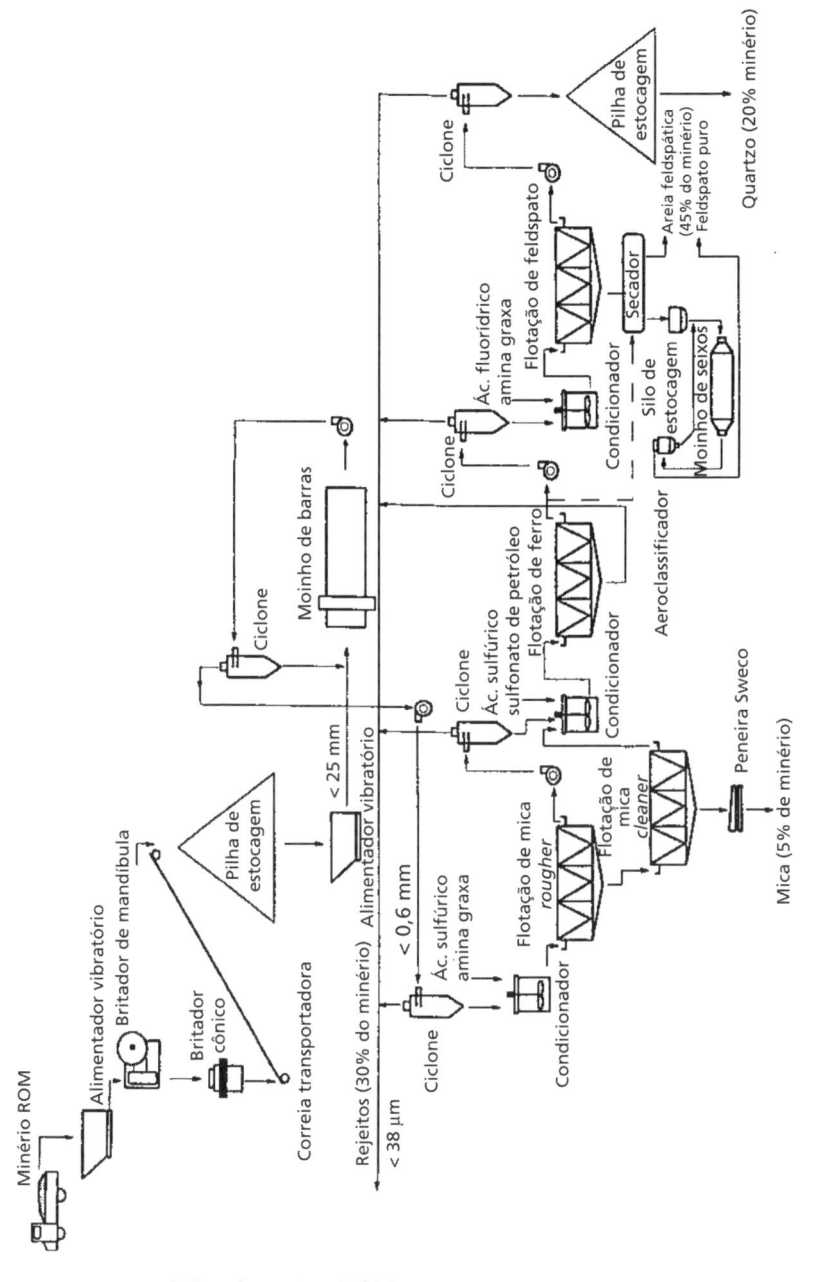

Fig. 14.5 Circuito de beneficiamento de feldspato, mica e quartzo em Spruce Pine, EUA
Fonte: Braga (1999).

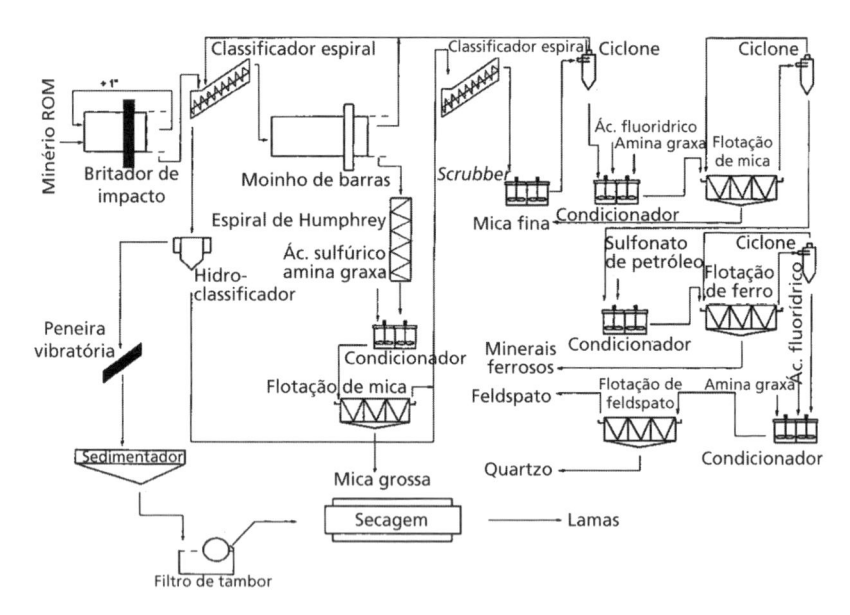

Fig. 14.6 Circuito de beneficiamento de feldspatos a partir de pegmatitos na Carolina do Norte
Fonte: Braga (1999).

14.3.2 Beneficiamento de feldspatos no Brasil

De modo geral, a mineração brasileira de feldspato passa por uma crise sem fim, sendo o atraso tecnológico e os baixos graus de beneficiamento dos produtos gerados alguns dos obstáculos à progressão do setor. Maquinário depreciado e obsoleto, muitas vezes inapropriado à lavra/beneficiamento, é algo comum nas pequenas mineradoras, acarretando baixa produtividade, custos altos e produtos sem tecnologia agregada e de valor inferior (Braga, 1999).

O processo de beneficiamento de feldspato no Brasil inicia-se com a aquisição do bem mineral pelas empresas produtoras da seguinte maneira:

- ♦ aquisição da matéria-prima bruta no mercado *spot*, isto é, compras feitas sem nenhuma programação ou contratos de fornecimento;

- extração em lavras próprias (mineração);
- contratação de serviços de terceiros (terceirização).

Nas usinas de beneficiamento, o feldspato é recebido em caminhões de carroceria ou basculantes, sendo amostrado e classificado preliminarmente como de primeira ou segunda pelo seu aspecto visual. O feldspato de primeira qualidade tem teor de Fe_2O_3 e de SiO_2 menor e teor de Al_2O_3 maior que o de segunda qualidade.

Na usina, o minério bruto é reduzido no britador de mandíbulas primário, sendo, a seguir, classificado em peneira vibratória. O produto de maior tamanho da peneira (30 mm) é rebritado e novamente classificado. O produto de menor tamanho é armazenado no silo intermediário, sendo retomado por correias e classificado em peneira vibratória com tela de malha de 2 mm, seguindo então para um secador rotativo elétrico. O produto seco sofre cominuição em moinho de martelos e é estocado no silo-pulmão, que, por sua vez, por meio de dosadores, alimenta um conjunto de moinho de barras e peneira vibratória com tela de 0,85 mm. O produto de maior tamanho retorna ao silo-pulmão e o menor é transportado para um separador magnético, onde os minerais portadores de ferro (magnéticos) são removidos. O produto não magnético é um feldspato grau vidreiro com granulometria menor que 0,85 mm.

A Fig. 14.7 mostra um circuito de beneficiamento de feldspatos.

Um processo desse tipo é executado hoje no Brasil pela indústria Santa Susana Mineração, empresa ligada à Sama S.A. Mineração de Amianto e à Prominex Mineração Ltda.

No Brasil, os pegmatitos são a principal fonte de feldspato. Um processo para o beneficiamento de pegmatitos brasileiros foi desenvolvido pelo Centro de Tecnologia Mineral (Cetem) (Andrade; Matos; Luz, 2004).

Inicialmente, o minério foi moído a 80% abaixo de 28 malhas, em moinho de barras com 66% de sólidos, e deslamado em peneira de 0,044 mm (325#). Em seguida, procedeu-se à flotação da mica

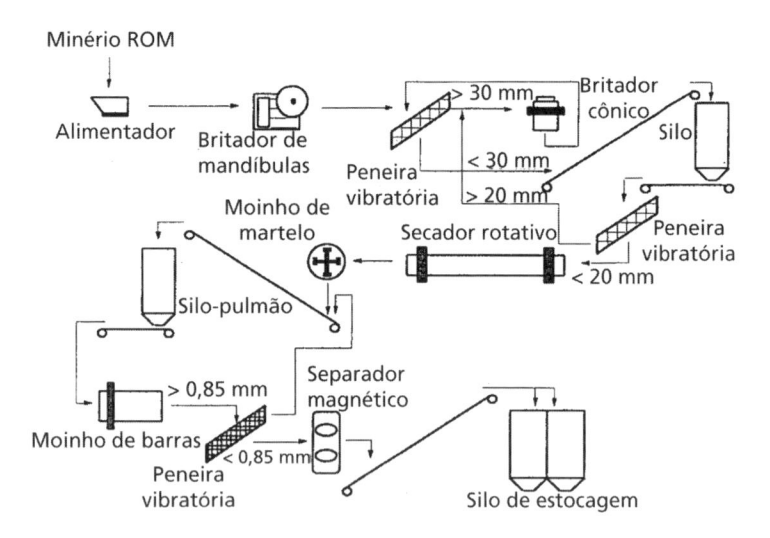

Fig. 14.7 Fluxograma típico de uma usina de beneficiamento de feldspato

em duas etapas de flotação e três condicionamentos. Em todas as etapas de flotação da moscovita, o pH foi ajustado para 3,0 com H_2SO_4. A Tab. 14.3 apresenta as condições para a flotação e o condicionamento da mica.

Em seguida, foi feita a remoção dos minerais de ferro, usando-se sulfonato de petróleo como coletor e ajustando-se o pH com H_2SO_4. A Tab. 14.4 apresenta as condições para a flotação e o condicionamento dos minerais de ferro.

Como preparação para a separação do feldspato, foi feito o desaguamento antes do condicionamento, a fim de remover o ácido sulfúrico residual. Para tanto, utilizou-se uma peneira com

Tab. 14.3 Condições para a flotação e o condicionamento da mica

Condições operacionais	Condic. 1	Condic. 2	Flotação rougher	Condic. 3	Flotação scavenger
amina (g/t)	200	–	–	100	–
óleo combustível (g/t)	250	–	–	125	–
óleo de pinho (g/t)	0	138	–	138	–
tempo (min)	4	2	4	2	3
pH da polpa	3,0	3,0	–	3,0	–

abertura de 0,044 mm (325#). O pH da flotação do feldspato foi ajustado para 2,5 com ácido fluorídrico. As condições para a flotação e o condicionamento do feldspato são mostradas na Tab. 14.5.

Após a flotação dos feldspatos, juntaram-se os concentrados *rougher* e *scavenger* e submeteu-se à separação magnética, constituindo, assim, o concentrado final de feldspato. Na etapa de separação magnética, utilizou-se um separador magnético com tambor de terras-raras, com a inclinação das aletas entre 7° e 45° e velocidade do rotor de 150 rpm na primeira etapa e 200 rpm na segunda.

A Fig. 14.8 apresenta o fluxograma proposto para o beneficiamento de pegmatitos.

Tab. 14.4 CONDIÇÕES PARA A FLOTAÇÃO E O CONDICIONAMENTO DOS MINERAIS DE FERRO

Condições operacionais	Condicionamento	Flotação *rougher*
sulfonato de petróleo (g/t)	400	–
tempo (min)	4	4
pH da polpa	3,0	–

Tab. 14.5 CONDIÇÕES PARA A FLOTAÇÃO E O CONDICIONAMENTO DO FELDSPATO

Condições operacionais	Condic. 1	Condic. 2	Flotação *rougher*	Condic. 3	Flotação *scavenger*
amina (g/t)	300	–	–	150	–
óleo combustível (g/t)	250	–	–	125	–
óleo de pinho (g/t)	0	200	–	200	–
tempo (min)	4	2	3	2	2
pH da polpa	2,5	2,5	–	2,5	–

14.4 Cuidados na eliminação de efluentes com flúor

A flotação de feldspatos apresenta, na utilização do HF, um dos seus pontos mais preocupantes com relação ao meio ambiente e à saúde humana. Conhece-se a função preventiva do flúor contra as cáries dentárias quando utilizado em pequenas dosagens dissolvidas na água e nos cremes dentais, principalmente quando em boa associação com a idade e a fase de desen-

```
Preparação
da amostra
    ↓
Flotação da mica
    ↓
Rejeito  Concentrado
         da moscovita
    ↓
Flotação dos
minerais de ferro
    ↓
Rejeito  Concentrado dos
         minerais de ferro
    ↓
Flotação do
feldspato
    ↓
Areia        Concentrado
feldspática  do feldspato
    ↓
Separação magnética
dos concentrados
de feldspato
```

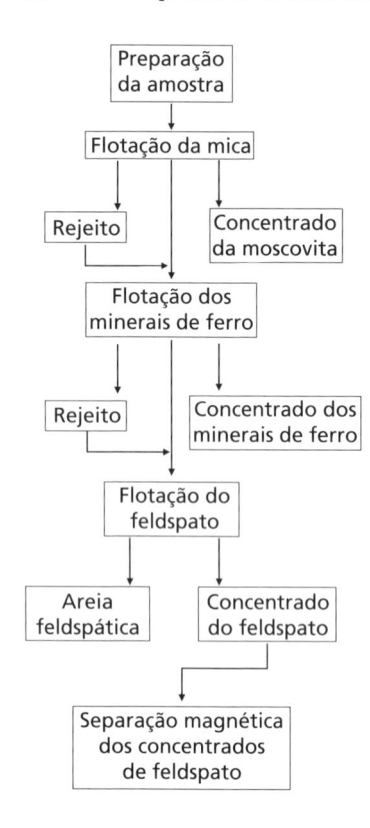

Fig. 14.8 Fluxograma do processo de concentração de rocha pegmatítica

volvimento dos dentes. Contudo, também já é bem estabelecido que, em elevadas dosagens, o flúor pode ser responsável pela fluorose dental, que provoca manchas e pode eliminar o esmalte dos dentes, assim como pela fluorose óssea, que provoca a fragilização dos ossos.

A Organização Mundial de Saúde (OMS) recomenda, no máximo, 0,8 mg/L de flúor na água para consumo humano.

Em certas regiões, o flúor dissolvido nas águas naturais apresenta elevado teor, em particular, do mineral fluorita, de composição química CaF_2.

Na legislação brasileira, os padrões para o lançamento de efluentes são definidos pelo Conselho Nacional do Meio Ambiente (Conama) na Resolução nº 357 de 17/3/2005, que define que o valor máximo de flúor nos efluentes deve ser de 1,4 mg/L para lançamentos em corpos receptores (corpo hídrico superficial), conforme sua classificação:

- ♦ classe 1 (serve ao abastecimento humano após tratamento simplificado);
- ♦ classe 2 (serve ao abastecimento humano após tratamento convencional);
- ♦ classe 3 (serve ao abastecimento humano após tratamento avançado);
- ♦ classe 4 (não serve ao abastecimento humano).

Referências bibliográficas

ANDRADE, M. C.; MATOS, T. F.; LUZ, A. B. Aproveitamento de feldspato contido em pegmatitos. *Anais do XX Encontro Nacional de Tratamento de Minérios e Metalurgia Extrativa*, Florianópolis, v. 2, p. 111-118, 2004.

BALTAR, C. A. M.; CUNHA, A. S. F. Influência de espécies catiônicas na flotação de feldspato com amina. *Anais do XIX Encontro Nacional de Tratamento de Minérios e Metalurgia Extrativa*, Recife, v. 1, p. 234-240, 2002.

BERALDO, J. L. *Flotação*. Apostila de curso. Epusp. [s.n.t.].

BETEJTIN, A. *Curso de Mineralogia*. Moscou: Editorial Mir, 1970.

BRAGA, P. F. A. *Desenvolvimento de processo para o aproveitamento do feldspato contido em finos de pedreira de nefelina sienito*. 1999. 112 f. Dissertação (Mestrado) – Escola Politécnica da Universidade de São Paulo, São Paulo, 1999.

CROZIER, R. D. Non-metallic mineral flotation: reagent technology. *Industrial Minerals*, n. 269, p. 55-65, Feb. 1999.

JESUS, C. A. G. *Sumário Mineral Brasileiro 2004*. Brasília: DNPM, 2004.

KING, R. P. *Principles of flotation*. Johannesburg: SAIMM, 1982.

MANSER, R. M. *Handbook of silicate flotation*. Stevenage: Warren Spring Laboratory, 1973.

RAMOS, J. R. *Balanço Mineral Brasileiro 2001 - Feldspato*. Brasília: DNPM, 2001.

SALLER, M. In a state of flux: feldspar and nepheline syenite reviewed. *Industrial Minerals*, n. 385, p. 43-55, Oct. 1999.

SMITH, R. W.; AKHTAR, S. Cationic flotation of oxides and silicates. In: FUERSTENAU, M. C. (Ed.). *Flotation: A. M. Gaudin Memorial Volume*. New York: AIME, 1976. v. 1.

15 Flotação de minérios de magnesita e talco

Paulo Roberto Gomes Brandão
Arnaldo Lentini da Câmara

Magnesita e talco são dois minerais industriais muito importantes e que frequentemente ocorrem juntos ou associados, num mesmo contexto geológico, mas nem sempre. No complexo mineiro da Serra das Éguas, em Brumado, centro-sudeste da Bahia, há grande proximidade e mesmo ocorrência conjunta de minérios desses dois minerais. Embora ambos os minérios sejam processados por flotação em alguns lugares do mundo, há poucas referências sobre os processos, e mesmo essas poucas são geralmente lacônicas e pobres em detalhes. Como em Brumado se pratica a flotação tanto de magnesita como de talco, este capítulo descreve os processos, esperando contribuir, ainda que modestamente, para a divulgação do tratamento desses minérios pouco conhecidos em relação à sua importância.

15.1 Magnesita

Entre os elementos que formam a crosta terrestre, o magnésio é o oitavo mais abundante, constituindo 2% da crosta e ocupando, ainda, a terceira posição entre os elementos dissolvidos na água dos mares. Embora seja encontrado em mais de 60 minerais, somente dolomita, magnesita, brucita, periclásio (MgO), carnalita e olivina (forsterita) são de importância comercial. Magnésio e seus compostos são também extraídos a partir de água do mar e salmouras de poços e lagos. Atualmente, porém, a produção comercial a partir de magnesita é a mais econômica.

A principal utilização do magnésio, normalmente sob a forma de óxido, é como material refratário em revestimentos de fornos para a produção de ferro e aço, metais não ferrosos, vidro e cimento. Óxido de magnésio e outros compostos são ainda usados na agricultura, indústria química e construção. Em ligas com o alumínio, o magnésio é usado em componentes estruturais de aviões, automóveis, máquinas e latas para bebidas.

A maior parte da produção mundial de magnesita provém da China, Coreia do Norte, Rússia e Turquia. Juntos, esses quatro países responderam por 60% da produção mundial desse insumo mineral em 2001. O Brasil tem a totalidade de suas grandes reservas conhecidas de magnesita concentradas no nordeste do país, mais especificamente nos estados da Bahia e Ceará. O Brasil respondeu por cerca de 3% da produção mundial em 2001 (Garcia; Brandão, Lima, 2005).

Fontes a partir das quais compostos de magnésio podem ser recuperados variam de grandes a virtualmente ilimitadas e são distribuídas globalmente. A abundância na oferta, a retração na demanda e a globalização das relações comerciais tornam cada vez mais importante a qualidade do bem mineral que se promove. Evidentemente, a magnesita não foge a essas regras.

A magnesita pertence à família dos carbonatos do grupo da calcita, minerais que têm como unidade aniônica fundamental da estrutura o grupo $(CO_3)^{2-}$. A ligação dessa unidade com os elementos catiônicos é essencialmente iônica (Palache; Berman; Frondel, 1963). Sua fórmula é, portanto, $MgCO_3$.

O nome magnesita é uma alusão à sua composição: contém 47,81% de MgO e 52,19% de CO_2. Em termos elementares, a composição é a seguinte: 28,83% de magnésio; 14,25% de carbono; 56,93% de oxigênio. O peso molecular é de 84,31 g. O ferro pode substituir o magnésio em grande extensão; porém, magnesitas naturais, como regra, são pobres nesse elemento. A magnesita com cerca de 9% de FeO é denominada breunnerita; quando ainda mais rica em ferro, transacional para siderita, é denominada pistomesita. Pequenas quantidades de Ca e Mn também são encontradas, mas a miscibilidade com $CaCO_3$ e $MnCO_3$ é limitada (Kostov, 1968).

A magnesita é isoestrutural com a calcita, ocorrendo no sistema cristalográfico romboédrico ou trigonal, sendo ditrigonal-escalenoédrica, R$\bar{3}$c, com a = 4,637 Å, c = 15,023 Å e Z = 2 (Kostov, 1968).

No Brasil, as principais ocorrências de minérios de magnesita estão situadas nos municípios de Brumado e Sento Sé, no Estado da Bahia, e nos municípios de Iguatu e Jucás, no Ceará (Garcia; Brandão; Lima, 2005). Dessas ocorrências e jazidas, as únicas que possuem concentradores modernos de minério, inclusive com flotação, estão situadas em Brumado, na Serra das Éguas.

Nas jazidas brasileiras, a ganga é quase sempre constituída de quartzo e dos silicatos talco e clorita (Câmara; Brandão, 2005a); em Brumado, além destes, hematita é frequente, enquanto dolomita e enstatita são bem raras e/ou ocorrem em baixa concentração.

Em várias jazidas do mundo onde dolomita e mesmo calcita são componentes importantes da ganga, a flotação aniônica com o uso de ácidos graxos e seus sabões é uma abordagem, embora difícil, para a seletividade (Brandão; Poling, 1982; Brandão, 1984). Nessas situações, o uso de depressores como amido e dextrina é frequente, sendo a magnesita o mineral flotado.

As jazidas de magnesita da Serra das Éguas (Brumado, BA) (Fig. 15.1) são do tipo maciço de substituição ou macrocristalino (Pohl; Siegl, 1986), inclusas em camadas espessas de dolomito. As rochas dolomíticas metamórficas originais são consideradas de idade pré-cambriana média, enquanto as jazidas de magnesita seriam formadas em tempos pré-cambrianos mais recentes (Oliveira; Fragomeni; Bandeira, 1997).

A mina principal é o complexo Pedra Preta-Jatobá-Pomba (Fig. 15.2). A lavra é toda a céu aberto, com a produção de cerca de um milhão de toneladas por ano. A cava tem 256 m de altura e um diâmetro de cerca de 600 m; as bancadas têm 16 m de altura. Após o desmonte por explosivos, o minério é transportado por caminhões para a planta de britagem e peneiramento, onde a alimentação é de 600 t/h. Há dois estágios de britagem e o material sai nas seguintes faixas: +70 mm; −70 +30 mm; −30 mm. As frações maiores que 30 mm são selecionadas manualmente.

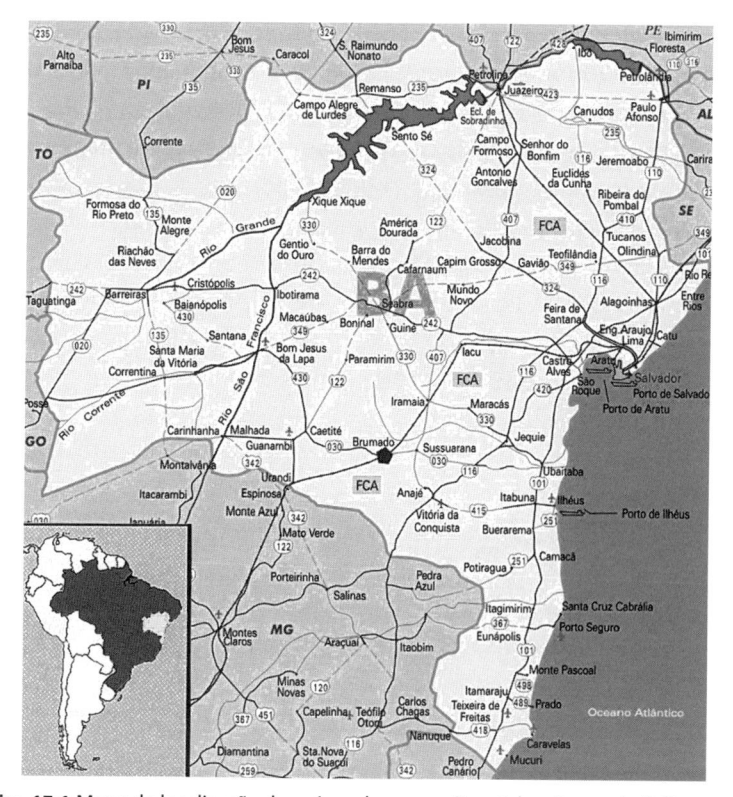

Fig. 15.1 Mapa de localização das minas de magnesita e talco: Brumado (BA)
Fonte: adaptado de Ministério dos Transportes (2003).

Fig. 15.2 Mina de magnesita do complexo Pedra Preta-Jatobá-Pomba, em Brumado (BA)

De acordo com a qualidade do produto selecionado, conforme sua composição química, granulometria e tendência à crepitação nos fornos, o material é direcionado para duas linhas básicas de produção (Fig. 15.3). O minério selecionado para M-10 vai para os fornos verticais de monoqueima, gerando o sínter de magnésia com teor de MgO de cerca de 94% a 95% (base calcinada).

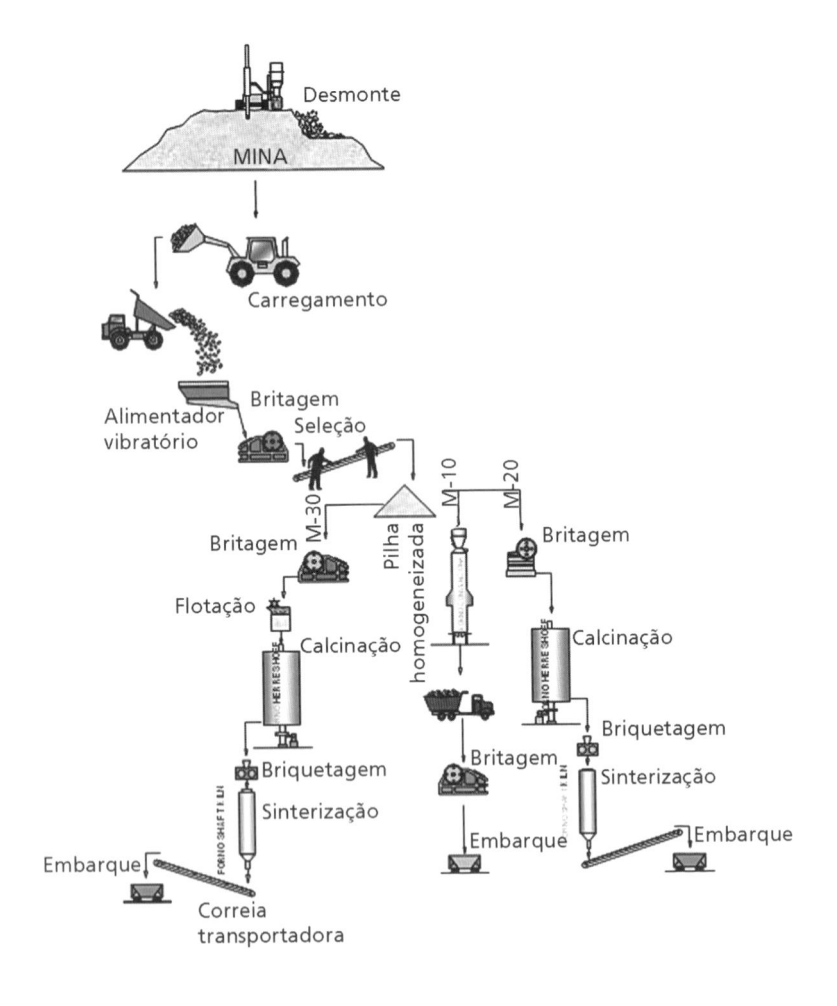

Fig. 15.3 Fluxograma geral de produção dos sínteres de magnésia

O material selecionado para M-20 é submetido à britagem secundária, indo para o processo de dupla queima, com calcinação a cerca de 1.000°C em um forno de soleiras múltiplas, seguindo-se briquetagem da magnésia cáustica e queima em um forno vertical a cerca de 1.900°C. O sínter de magnésia produzido, com teor de MgO de cerca de 95% a 96% (base calcinada), é chamado de M-20 (Fig. 15.3). O material da britagem primária, abaixo de 30 mm, é considerado rejeito pela quantidade relativamente alta de quartzo, talco e hematita, e atualmente é estocado (Câmara; Brandão, 2005a).

O minério usado na alimentação da flotação provém da jazida anexa, chamada Pomba, e é empregado para a produção de um produto de qualidade muito alta, denominado sínter M-30, com teor de MgO acima de 98% (base calcinada). O minério lavrado é britado e classificado para a retirada do material fino e do solo de cobertura. O material é, então, transportado por cerca de 20 km até a usina de flotação.

15.1.1 Flotação de minério de magnesita

A alimentação é composta por cerca de 95% de magnesita, e os minerais de ganga são principalmente quartzo, talco e dolomita. Clorita, hematita e argilominerais ocorrem como minoritários. Essa alimentação tem teor de MgO entre 42% e 48%. A magnesita apresenta-se em cristais com diâmetros que variam de 0,2 mm a 1,5 mm (Fig. 15.4).

Esse material é cominuído em um britador de impacto de barras para uma granulometria de 80% a 90% passantes em 0,21 mm. A capacidade da instalação de britagem e peneiramento é de 80 t/h. A alimentação da flotação é gerada a partir de pilhas longas com retomadores de seção plena. Três moinhos de

Fig. 15.4 Microestrutura do minério de magnesita: seção delgada, luz transmitida polarizada, nicóis cruzados

bolas trabalham em circuito fechado com ciclones classificadores. O *overflow* desses ciclones alimenta os ciclones deslamadores; o *underflow* destes, então, alimenta as células de flotação (Figs. 15.5 e 15.6). Essa alimentação é de 315.000 t/ano, que gera 270.000 t/ano de concentrado de magnesita. Isso produz aproximadamente 140.000 t/ano de sínter de magnésia tipo M-30.

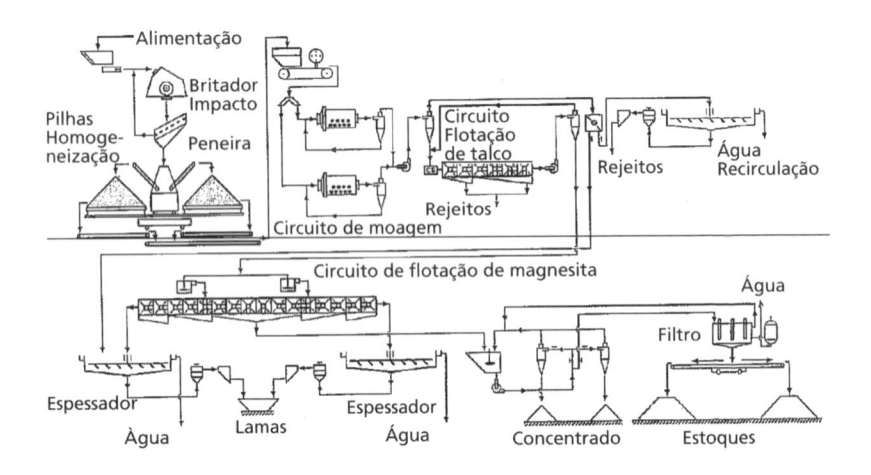

Fig. 15.5 Fluxograma simplificado da flotação direta (aniônica) de minério de magnesita

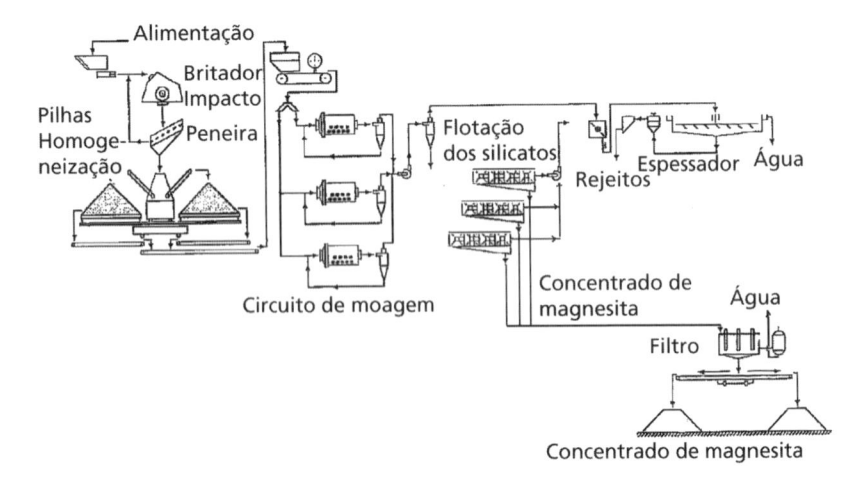

Fig. 15.6 Fluxograma simplificado da flotação reversa (catiônica) de minério de magnesita

Circuito de flotação tradicional

O circuito tradicional estava em operação desde a década de 1970 (Câmara; Brandão, 2005a). O processo de flotação ocorria em dois estágios, com células convencionais (Fig. 15.5). O primeiro era a flotação de talco da ganga. O único reagente era o espumante óleo de pinho. Havia três células desbastadoras e três recuperadoras. A polpa não flotada seguia para o estágio de flotação de magnesita, com concentração de 25% de sólidos. Nesse estágio, usava-se o silicato de sódio como dispersante e depressor para o quartzo e os silicatos (talco, clorita e argilominerais). O coletor da magnesita era o *tall oil*, não previamente saponificado. Não havia ajuste de pH, sendo este o natural da polpa (cerca de 8,2).

O concentrado de magnesita tinha cerca de 40% de sólidos; portanto, havia filtração em um filtro de discos para reduzir a umidade.

As especificações do concentrado final eram de MgO maior que 98% e de SiO_2 menor que 0,3%; a umidade ficava entre 6% e 7%. Análises típicas da alimentação e do concentrado são mostradas na Tab. 15.1.

Tab. 15.1 Composições químicas típicas da alimentação da flotação e do concentrado de magnesita

	PF[1]	MgO	CaO	SiO_2	Al_2O_3	Fe_2O_3	MnO
alimentação	50,60	47,19	0,04	1,60	0,20	0,30	0,07
concentrado	51,90	47,27	0,38	0,12	0,05	0,22	0,06
concentrado[2]	–	98,28	0,80	0,25	0,10	0,45	0,12

(1) perda ao fogo; (2) base calcinada.

Circuito de flotação reversa

Após vários estudos e desenvolvimentos, a flotação reversa foi adotada, em um estágio único: talco, quartzo e os outros silicatos são flotados, e o concentrado de magnesita fica no fundo da célula (Brandão; Poling, 1988; Brandão, 1990). Os valores de granulometria e de composição química são os mesmos do circuito tradicional (Tab. 15.1).

A rota da flotação reversa (Fig. 15.6), sendo uma abordagem mais racional, e mesmo natural, permitiu a simplificação do circuito operacional e gerou economia de energia. O manuseio de reagentes é bem mais eficiente e limpo do que com o uso do *tall oil*. É mais fácil atingir a especificação de sílica do concentrado controlando a dosagem de coletor. A Tab. 15.2 mostra alguns dados comparativos dos circuitos de flotação direta e reversa da magnesita.

O coletor para o quartzo e os silicatos é um surfatante do tipo sal de amônio quaternário; sua composição predominante é de um cloreto de trimetilamônio em uma solução de isopropanol.

Assim como na flotação direta, o pH natural da polpa (cerca de 8,2) é mantido na flotação reversa. Nessas condições, a flotação da magnesita é mínima e as perdas muito pequenas se devem ao carreamento. Esse comportamento já havia sido antecipado em estudos em condições de laboratório (Brandão; Poling, 1988; Brandão, 1990).

Tab. 15.2 Comparação dos dois esquemas de flotação de magnesita

Parâmetros	Flotação direta	Flotação reversa
etapas	5	3
etapas / tipo	talco: *rougher/scavenger*; magnesita: *rougher/scavenger/cleaner*	magnesita: *rougher/cleaner/recleaner*
células Denver de 1 m^3	22 (para 25 t/h de alimentação)	12 (para 45 t/h de alimentação)
% sólidos na célula	25	40
reagentes	óleo de pinho, silicato de sódio, *tall oil*	sal quaternário de amônio (Cl$_2$)
recuperação em massa	80%	90%
recuperação de MgO	87%	93%
umidade do concentrado	6%	8%
consumo de água (na flotação)	3,0 m^3/t	1,5 m^3/t
água residual (concentrado)	0,06 m^3/t	0,08 m^3/t
água residual (espessamento)	0,33 m^3/t	0,17 m^3/t
consumo total de água	14,04 m^3/t	11,00 m^3/t

15.2 Talco

O talco é um silicato de magnésio hidroxilado, com estrutura em folha ou filossilicato, e apresenta politipismo, cristalizando-se tanto no sistema monoclínico como no triclínico (Klein; Hurlbut Jr., 1999). Sua fórmula é $Mg_3Si_4O_{10}(OH)_2$ ou $3MgO \cdot 4SiO_2 \cdot H_2O$ (peso molecular = 379,26 g/mol), correspondente à composição química teórica MgO = 31,7%, SiO_2 = 63,5% e H_2O = 4,8%.

Esse mineral é usado por suas propriedades naturais: dureza muito baixa, morfologia lamelar das partículas, superfície hidrofóbica, capacidade de adsorção de óleos e grande inércia química. Em razão dessas propriedades, o talco encontra várias aplicações industriais (Taylor, 2003; Câmara; Brandão, 2004): plásticos, tintas, papel, recobrimentos, cerâmica, agricultura, farmacêutica, tratamento de água, alimentos, impermeabilização residencial e industrial, têxteis e cosméticos.

Os principais produtores mundiais de talco são China, Estados Unidos, Índia, Finlândia, França, Brasil, Austrália, Itália e Áustria (Taylor, 2003).

Importantes jazidas de minérios de talco ocorrem na Serra das Éguas. Esses minérios encontram-se próximos aos de magnesita e, em vários casos, esses dois minérios estão associados. Atualmente, os minérios de talco lavrados contêm os seguintes minerais de ganga: magnesita, quartzo, dolomita, hematita, goethita e argilominerais (Câmara; Brandão, 2005b). A Fig. 15.7 mostra a morfologia lamelar típica das partículas do talco de Brumado.

Fig. 15.7 Talco de Brumado moído mostrando as lamelas típicas (microscópio eletrônico de varredura, imagem de elétrons secundários)

Os principais depósitos de talco existentes na Serra das Éguas ocorrem em forma de veios centimétricos a métricos e/ou pequenos bolsões disseminados nos maciços de magnesita. Trata-se de um talco muito puro e de propriedades físicas excepcionais, fatores que viabilizam a sua produção em Brumado. O talco explotado é um produto de metamorfismo, envolvendo condições favoráveis à síntese de talco de alta pureza. O processo de talcificação ocorreu em rochas magnesíticas muito puras, praticamente monominerálicas, com a percolação de soluções hidrotermais ácidas contendo fase silicosa. Essas soluções hidrotermais, introduzidas em zonas altamente fraturadas, reagiram com a encaixante, formando veios e/ou bolsões. Como existiam quantidades suficientes de magnesita para reagir com as soluções silicosas, toda sílica e água disponíveis foram introduzidas no sistema, resultando numa reação quase completa e, consequentemente, na formação de depósitos de alta pureza e brancura (Carvalho, 2000; Lobato, 2001).

A mina de talco é uma operação a céu aberto. A remoção de estéril e do minério é feita por escavadeira hidráulica. Para conseguir uma alimentação homogênea para a planta de processamento, é necessário lavrar minério de várias frentes. Alguns produtos têm alimentação blendada, ao passo que, para outros, usam-se minérios lavrados seletivamente.

15.2.1 Flotação de minério de talco

Na planta de classificação e seleção, o minério bruto passa por uma grelha de 150 mm, é lavado em *trommel*, peneirado e sofre seleção manual em duas faixas granulométricas: fragmentos entre 150 mm e 30 mm constituem o material que alimentará diretamente a moagem e a micronização de talco. O talco selecionado é cominuído em uma série de moinhos para a adequação das várias granulometrias finas necessárias às diversas aplicações industriais. Esses tipos de minérios são enriquecidos apenas por seleção manual, pois a maioria das pedras selecionadas já tem teor muito baixo de impurezas.

A fração selecionada entre 20 mm e 30 mm alimenta a planta de flotação. O material fino é estocado à parte, para futuro processamento na flotação. Os finos de peneiramento são desaguados em um classificador espiral para recuperar a água de processo, que é recirculada após sua passagem em tanques de decantação (Câmara; Brandão, 2004). A capacidade da planta é de 70 t/h, e o peneiramento rejeita cerca de 50% do material. A recuperação total da planta era de cerca de 20%, isto é, de uma alimentação anual de 150.000 t, eram produzidas apenas 30.000 t/ano de concentrado. Cerca de 60% desse rejeito eram realmente minerais de ganga (quartzo, magnesita, dolomita, minerais de ferro); portanto, o processo ainda perdia muito talco.

Essa situação motivou a pesquisa e o desenvolvimento de um processo mais eficiente, incorporando os finos à flotação, que resultou numa recuperação global de 40%, isto é, o dobro da atual. Assim, construiu-se uma planta de flotação, cujas unidades principais são duas colunas de flotação: *rougher* e *cleaner*. A Fig. 15.8 apresenta o fluxograma dessa planta. Dados típicos da alimentação e de alguns tipos de concentrado estão nas Tabs. 15.3 e 15.4.

Como diversos tipos de concentrados são produzidos, a qualidade do concentrado final depende das propriedades da alimentação e das condições operacionais.

Tab. 15.3 COMPOSIÇÕES QUÍMICAS TÍPICAS DA ALIMENTAÇÃO DO TALCO E DO CONCENTRADO

	PF[*]	SiO_2	MgO	CaO	Fe_2O_3	Al_2O_3	TiO_2	MnO	Brancura
alimentação	5,30	60,95	31,17	0,00	1,08	1,36	0,05	0,07	58,0
concentrado	4,92	62,87	30,97	0,00	0,28	0,94	0,02	0,00	90,0

[*] perda ao fogo.

Tab. 15.4 PROPRIEDADES FÍSICAS TÍPICAS DA ALIMENTAÇÃO DO TALCO E DO CONCENTRADO

Tipo	Granulometria alimentação (mm)	Produção (t/ano)	Quartzo[*]		Brancura	
			alimen.	produto	alimen.	produto
cosmético	−32 +20	5.000	3,5	0,1	82	90
polímero	−32 +6,4	10.000	9,0	0,5	84	92
papel	−6,4	10.000	10,0	2,0	80	80

[*] A porcentagem de quartzo ou sílica livre é uma especificação importante dos concentrados.

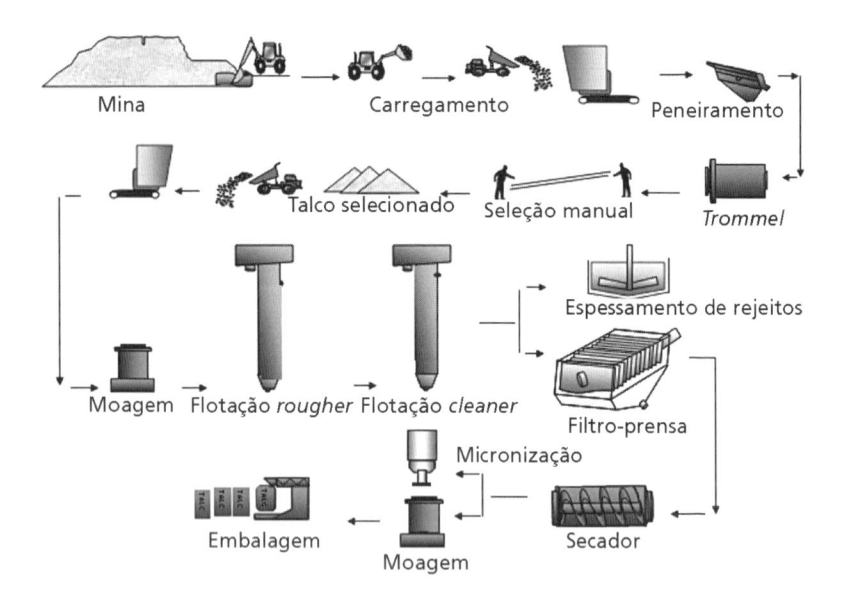

Fig. 15.8 Fluxograma da planta de flotação e moagem de talco

Os aspectos importantes do processo de flotação do talco são:
- alimentação da planta: 4 t/h;
- a cominuição para a flotação é realizada em um moinho pendular, tipo Raymond, a seco; a classificação é feita por um ciclone a ar, acoplado; aí também a poeira é removida;
- 70% da descarga do moinho é menor que 0,21 mm;
- esse material é alimentado na coluna de flotação *rougher*, que tem 13 m de altura e 2 m de diâmetro;
- a espuma mineralizada da coluna *rougher* vai para a coluna *cleaner*; as dimensões das colunas são idênticas;
- o concentrado consiste de talco muito puro, com um teor de quartzo baixíssimo ou ausente;
- nas colunas, a polpa é alimentada a um terço da altura, de cima para baixo;
- usa-se água de lavagem, por meio de chuveiros (tubos perfurados) no topo; a água de *bias* é normalmente positiva, na direção descendente;

- ♦ o único reagente é um espumante tipo álcool, com a finalidade de estabilizar a camada de espuma no topo da coluna; o pH é o natural da polpa (cerca de 8,2);
- ♦ o rejeito vai para um espessador;
- ♦ o concentrado de talco vai para um filtro-prensa, cujas seções quadradas de filtragem têm 1,5 m de lado.

O talco filtrado vai para um secador horizontal, onde é seco e descontaminado, em decorrência da temperatura relativamente alta, de cerca de 200°C. A descontaminação é importante em aplicações em cosméticos e nas indústrias farmacêutica e de alimentos.

A moagem do concentrado seco visa adequar o produto final às especificações das várias indústrias usuárias. Para certas aplicações, o talco precisa ser micronizado e, nesse caso, o d_{50} é de aproximadamente 1,0 μm.

15.3 Conclusões

Para atender à demanda por concentrados de magnesita de pureza muito elevada, uma nova abordagem foi adotada para a flotação de minérios desse importante mineral industrial: a flotação reversa (catiônica), na qual os silicatos e outros minerais de ganga são removidos com a espuma. Como a ganga é minoritária em relação ao mineral-minério, essa é, realmente, a opção mais lógica e natural.

Várias vantagens foram obtidas após essa alteração na planta de concentração em comparação com o processo tradicional (flotação direta aniônica): fluxograma mais simples; tempo de condicionamento mais curto; maior porcentagem de sólidos na polpa; maior capacidade das células de flotação; melhor operação do espessador; maior volume de água reciclada ao processo; melhor e mais fácil controle de qualidade do concentrado.

Após o início de operação da planta de flotação por colunas, as excelentes jazidas de talco da região também estão sendo mais bem aproveitadas e os concentrados são produzidos com ótimas propriedades químicas, mineralógicas e granulométricas.

Ressalte-se que essas melhorias estão aliadas a um notável aumento da recuperação do processo.

Agradecimentos

Os autores agradecem a Magnesita S.A. pelo fornecimento de importantes informações utilizadas para a elaboração deste capítulo, a partir de relatórios internos e de trabalhos técnicos de seus funcionários, bem como pela permissão para publicação.

Referências bibliográficas

BRANDÃO, P. R. G. Flotação de carbonatos de Mg/Ca: efeito comparativo de coletores aniônicos. *Anais do X Encontro Nacional de Tratamento de Minérios e Hidrometalurgia*, Belo Horizonte, p. 323-336, 1984.

BRANDÃO, P. R. G. A seletividade da flotação entre a magnesita e o quartzo. In: ENCONTRO NACIONAL DE TRATAMENTO DE MINÉRIOS E HIDROMETA-LURGIA, 14., 1990, Salvador. *Anais...* São Paulo: ABM, 1990. p. 276-291.

BRANDÃO, P. R. G.; POLING, G. W. Anionic flotation of magnesite. *Canadian Metallurgical Quarterly*, v. 21, n. 3, p. 211-220, 1982.

BRANDÃO, P. R. G.; POLING, G. W. The selective flotation of coarse crystalline magnesite with anionic and cationic collectors. *Proceedings of the International Symposium on Refractories*, Hangzhou, China, Beijing, International Academic Publ., p. 871-884, 1988.

CÂMARA, A. L.; BRANDÃO, P. R. G. Avaliação da adsorção de piche (pitch) no processo de fabricação do papel por talco brasileiro. *O Papel*, ABTCP, v. 64, n. 4, p. 67-78, abr. 2004.

CÂMARA, A. L.; BRANDÃO, P. R. G. Magnesite concentration by reverse flotation. In: WILLS, B. A. (Ed.). *Proceedings of the Processing of Industrial Minerals 2005 Conference*, Falmouth, United Kingdom, June 16-17, Minerals Engineering Conferences, p. 138-145, 2005a.

CÂMARA, A. L.; BRANDÃO, P. R. G. Optimizing talc ore use by the integration of mine, process and market. In: WILLS, B. A. (Ed.). *Proceedings of the Processing of Industrial Minerals 2005 Conference*, Falmouth, United Kingdom, June 16-17, Minerals Engineering Conferences, p. 95-103, 2005b.

CARVALHO, I. G. Chemical deposits associated to metavolcanosedimentary sequences of the central portion of the Sao Francisco Craton in the State of Bahia, Brazil: a review. *Revista Brasileira de Geociências*, v. 30, n. 2, p. 279-284, jun. 2000.

GARCIA, L. R. A.; BRANDÃO, P. R. G.; LIMA, R. M. F. Magnesita. In: LUZ, A. B.; LINS, F. F. (Ed.). *Rochas e minerais industriais*: usos e especificações. Rio de Janeiro: Cetem, 2005. p. 489-514.

KLEIN, C.; HURLBUT Jr., C. S. *Manual of mineralogy*. 21. ed. (After J. D. Dana). New York: John Wiley & Sons, 1999.

KOSTOV, I. *Mineralogy*. 1st. English ed. Edinburgh: Oliver & Boyd, 1968.

LOBATO, E. M. C. Talco: produção e aplicações na indústria cerâmica. *IX Encontro de Mineradores e Consumidores*, Salvador, 29-31 ago. 2001.

MINISTÉRIO DOS TRANSPORTES. *Mapas*. Disponível em: <http://www.transportes.gov.br/bit/inrodo.htm>. 2003.

OLIVEIRA, V. P.; FRAGOMENI, L. F. P.; BANDEIRA, C. A. Depósitos de magnesita da Serra das Éguas, Brumado, Bahia. In: SCHOBBENHAUS, C.; QUEIROZ, E. T.; COELHO, C. E. S. (Coord.). *Principais depósitos minerais do Brasil*. Brasília: DNPM, 1997. v. IV-C, cap. 18, p. 219-234.

PALACHE, C.; BERMAN, H.; FRONDEL, C. *Dana's system of mineralogy*. 7. ed. New York: John Wiley & Sons, 1963. v. 2.

POHL, W.; SIEGL, W. Sediment-hosted magnesite deposits. In: WOLF, K. H. (Ed.). *Handbook of strata-bound and stratiform ore deposits*. Amsterdam: Elsevier Science Publishers, 1986. part 4, v. 14, cap. 10, p. 223-310.

TAYLOR, L. Smooth operator: talc gets specialised for growth. *Industrial Minerals*, n. 428, p. 24-33, May 2003.

16 Flotação de bauxita

Arthur Pinto Chaves

Shaffer (1985), em seu capítulo do SME *Mineral Processing Handbook* sobre alumina, afirma, literalmente, que "as técnicas intrincadas de moagem e beneficiamento comuns na indústria dos metais de base não são usadas com bauxita". Sua afirmação, embora possa parecer chocante, reflete a verdade de que a concentração de bauxita não é regra na indústria do alumínio. A prática, em todo o mundo, consiste em encontrar depósitos ricos, lavrar a bauxita e alimentá-la diretamente a uma refinaria especialmente projetada para as suas características.

Em contrapartida, o Brasil tem longa tradição de aplicar técnicas de beneficiamento à bauxita. A Mineração Rio do Norte (Porto Trombetas, PA) trata a bauxita via desagregação (que chamaremos de "escrubagem") e deslamagem. A Mineração Santa Lucrécia (Monte Dourado, PA) utilizou a separação em meio denso (*dyna whirlpool* - DWP) para produzir bauxita refratária. A Companhia Brasileira de Alumíno (CBA), em Itamarati de Minas (MG), usa escrubagem e deslamagem, complementadas por separação densitária em espirais e por separação magnética de alta intensidade, para eliminar minerais de ferro e titânio que diluem a alumina aproveitável. Em sua instalação de Poços de Caldas (MG), ela utilizou, durante certo tempo, *sorting* óptico. A Mineração Rio Pomba (Mercês, MG) utilizou jigues para separar sílica grosseira. Em Paragominas (PA), a Vale, hoje substituída pela Hydro, tem um moinho SAG e um mineroduto (Chaves et al., 2007).

Cerca de 95% da produção brasileira de bauxita é destinada à metalurgia do alumínio pelo processo Bayer:

- a alumina (Al_2O_3) que pode ser extraída pelo processo Bayer é chamada de alumina aproveitável (AA);
- a sílica (SiO_2) está presente em duas formas: o quartzo é a sílica insolúvel (SI) e a sílica presente em argilominerais é a sílica reativa (SR), assim chamada porque reage com a soda durante a etapa de digestão. Ela consome soda, rouba alumina e forma um complexo cuja remoção do licor é problemática. A AA fica sendo, portanto, a alumina total menos a alumina presente nos argilominerais. O quartzo não afeta o processo Bayer, apenas dilui a alumina aproveitável, diminuindo o seu teor no minério e exigindo instalações maiores;
- as outras impurezas (óxidos de ferro e titânio) não reagem com a soda e precipitam para formar um efluente muito problemático, a lama vermelha. Além disso, diluem a AA, diminuindo o seu teor. Por isso, é de toda a conveniência manter os óxidos de ferro e titânio em teores tão baixos quanto possível na bauxita lavada.

A CBA tem minas em Poços de Caldas, Itamarati de Minas, Descoberto e Miraí, todas em Minas Gerais. Os depósitos ocorrem no topo das montanhas de meia laranja, em altitudes em torno de 800 m. Originam-se da laterização de granulitos pré-cambrianos. Conforme a rocha-mãe, essas bauxitas são classificadas como gnáissicas (Itamarati de Minas e Miraí) ou anfibolíticas (Descoberto). Partículas maiores que 0,350 mm apresentam essencialmente a mesma assembleia mineralógica. As frações mais finas da bauxita gnáissica são mais ricas em quartzo, ao passo que, na anfibolítica, são mais ricas em minerais de ferro e titânio. Os dois tipos de minério são lavados na instalação de Itamarati de Minas.

16.1 Histórico do desenvolvimento de processo

Trabalhos iniciais (Oba, 2000) mostraram a possibilidade da remoção dos minerais pesados do minério anfibolítico em espirais de Reichert. Um circuito industrial foi montado na usina e complementado por separação magnética de alta intensidade (Bergerman; Chaves, 2004). Ele funcionou muito bem com o minério anfibolítico, porém mal com o minério gnáissico, pois este tem poucos minerais pesados e muito quartzo. Assim, uma rota alternativa precisava ser desenvolvida. Considerando a granulometria dessa fração, a flotação era a rota natural a ser trilhada.

Os estudos iniciais foram feitos por Freitas (2004) num trabalho de formatura. Ele tentou duas rotas: a flotação direta da gibbsita e a flotação reversa do quartzo. Não foram obtidos bons resultados com a flotação direta, ao passo que a flotação reversa, empregando-se a experiência da flotação reversa dos minérios de ferro, foi prontamente bem-sucedida. O autor verificou também que os minerais de ferro e titânio acompanham a bauxita para o produto deprimido. Torna-se necessário, então, separá-los para atingir os teores desejados, o que foi feito por separação magnética.

O trabalho de Freitas (2004) foi seguido por Kurusu (2005) em outro trabalho de formatura. Ela começou trabalhando com a mesma amostra, dessa vez fazendo ensaios sistemáticos (bancada, apenas *rougher*) para encontrar a melhor dosagem de coletor e depressor. Seguiram-se ensaios de bancada *rougher-cleaner--scavenger* e, finalmente, simulação de circuito contínuo em bancada (*locked cycle test*).

Massola (2008), no trabalho experimental de seu mestrado, completou o desenvolvimento. Ela fez ensaios cinéticos e operou uma usina-piloto que foi instalada junto à usina de Itamarati de Minas, para que pudesse trabalhar em tempo real. Dificuldades insuperáveis fizeram com que a planta-piloto fosse transferida para os laboratórios da Escola Politécnica da USP, em São Paulo, onde o desenvolvimento foi concluído.

Todos esses estudos foram feitos sob a supervisão do autor deste capítulo e com intenso suporte material e participativo da equipe da CBA. A descrição dos trabalhos, desenvolvidos entre 2000 e 2009, com ênfase para a flotação a partir de 2005, poderá parecer confusa devido às mudanças de minério estudado, mas ilustra muito bem as dificuldades encontradas no desenvolvimento de um processo novo, com amostras reais e em consonância com a atividade industrial, e apresenta as etapas e dificuldades enfrentadas no desenvolvimento de um processo inédito.

A cada etapa, uma nova campanha de amostragem precisava ser feita. Para não interferir na operação industrial, amostrava-se o material que estava sendo processado no momento. Assim, foi preciso amostrar, caracterizar e fazer novos ensaios de bancada para acertar a dosagem de reagentes para cada caso, a saber, sempre os rejeitos do circuito, operando com minérios de Itamarati de Minas, mistura de Itamarati de Minas e Descoberto, rejeitos do beneficiamento densitário do minério de Descoberto e bauxita de Miraí.

16.2 Revisão da literatura

O material publicado é muito escasso e não existem descrições de usinas. À época, foram encontrados apenas Bittencourt (1989); Bittencourt, Lin e Miller (1990); Wang et al. (2004); Xu, Plitt e Liu (2004); Liu et al. (2007); Liuyin et al. (2009). Em 2010, o autor deste capítulo teve a oportunidade de visitar uma usina em Zhengzhou, na China, mas foi rigorosamente policiado e impedido de examinar a instalação em detalhe.

Os pesquisadores chineses trabalharam com minérios de diásporo, que não é encontrado no Brasil. As outras publicações descrevem um trabalho desenvolvido na Universidade de Utah pelo Dr. L. R. M. Bittencourt, da Magnesita S.A., sob supervisão do Prof. Miller, em que se buscava obter bauxita refratária. Bittencourt usou minério da Mineração Rio Pomba (Mercês, MG), composto basicamente de gibbsita (50%), caulinita (15%) e quartzo (35%). Seu processo foi feito em duas etapas: flotou inicialmente a gibbsita e a caulinita em pH 2, usando alquilsulfatos como coletores, e depois a caulinita (deprimindo a gibbsita), usando aminas, em pH 8.

16.2.1 Ensaios exploratórios e sistemáticos

Freitas (2004) fez os estudos iniciais com o minério gnáissico de Itamarati de Minas tentando as duas rotas, aniônica (direta) e catiônica (reversa). Os reagentes utilizados como coletores aniônicos foram o Flotinor SM-15 e o Genapol LRO, e, como coletor catiônico, o Flotigam EDA, todos da Clariant. Na flotação reversa, utilizou-se amido cáustico como depressor da gibbsita.

Nos ensaios exploratórios, variaram-se as dosagens e o pH. Ficou evidente, com base na avaliação visual, que a melhor separação foi obtida com a flotação reversa, o que foi confirmado pelas análises químicas. As melhores condições experimentais encontradas foram 300 g/t de Flotigam EDA e 300 g/t de amido cáustico em pH 10 – o que corrresponde à prática usual da concentração de itabiritos, conforme Araújo, Viana e Peres (2005) e Santana e Peres (2001) –, que levaram a concentrado com teores de 25,5% de AA e 1,3% de SR, com recuperação mássica de 63,8%.

Como os minerais de ferro e titânio vão para o deprimido, diluindo seu teor de AA, torna-se necessário eliminá-los, o que foi feito por separação magnética, elevando o teor de AA para 42,2%. Os ensaios mostraram ainda que partículas de até 0,297 mm podem ser flotadas.

Em continuação, Kurusu (2005) fez ensaios sistemáticos de bancada, ensaios *rougher-cleaner-scavenger* e um *locked cycle test* para simular a operação contínua.

Para seu trabalho, nova amostra foi tomada em Itamarati de Minas durante cinco horas por dia, durante cinco dias, mediante incrementos a cada hora. O material amostrado foi o *underflow* dos ciclones de 6", último estágio de classificação da usina. As amostras foram decantadas e desaguadas no local, embaladas em tambores e enviadas para São Paulo, onde foram secadas, homogeneizadas e quarteadas em alíquotas representativas.

Fez-se a caracterização por análise química, de cabeça e por fração granulométrica, difração de raios X e microscopia eletrônica de varredura. Verificou-se que a amostra era constituída de gibbsita como mineral de minério e quartzo, cristobalita, ilmenita, goethita e caulinita como acessórios.

Os experimentos iniciais consistiram em conferir o trabalho anterior (para essa nova amostra), variando a adição de coletor entre 200 g/t e 400 g/t e mantendo a adição de depressor em 300 g/t e o pH em 10. Os resultados variaram pouco em relação aos anteriores: AA no concentrado entre 22,1% e 24,6%, recuperação entre 70,4% e 76,2% e recuperação de massa entre 30,5% e 34,9%. Durante o trabalho experimental, a amostra inicial foi esgotada e uma nova amostra precisou ser tomada e caracterizada. Nessa etapa, ficou evidente que as lamas têm um efeito extremamente nocivo sobre a flotação.

Numa segunda etapa, Kurusu (2005) manteve a adição de coletor em 300 g/t e variou a adição de depressor entre 0 g/t e 600 g/t, no mesmo pH. Obteve AA no concentrado entre 15,6% e 23,5%, recuperação entre 69,8% e 82,3% e recuperação de massa entre 39,3% e 54%. A melhor dosagem foi de 300 g/t para ambos os reagentes, levando a recuperação de 82,3% para 21,8% AA no concentrado, com recuperação de massa de 44,8%.

Confirmadas as dosagens de 300 g/t para os dois reagentes, Kurusu (2005) passou a ensaios *rougher-cleaner-scavenger*, adicionando mais 150 g/t de coletor na etapa *scavenger* (*scavenger* é definido aqui como a flotação do deprimido *rougher*, e *cleaner,* como a flotação do flotado (espuma) *rougher*). O deprimido *scavenger* foi submetido ainda à separação magnética. As Figs. 16.1 e 16.2 mostram os produtos obtidos.

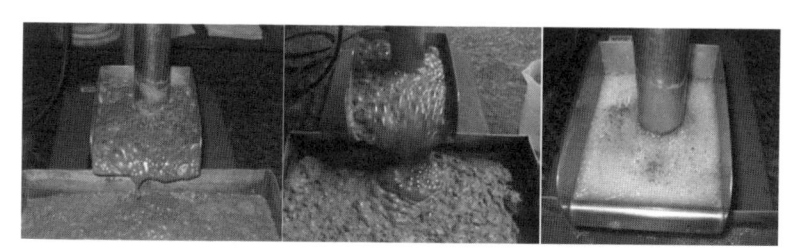

Fig. 16.1 Espumas *rougher, scavenger* e *cleaner*

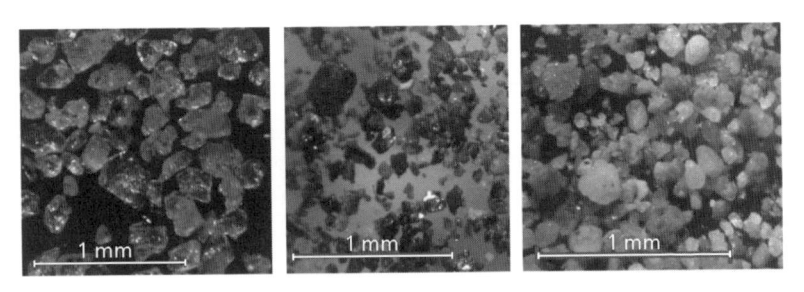

Fig. 16.2 Produtos finais: flotado, magnético e deprimido não magnético

O ensaio *locked cycle* com cinco estágios *rougher* foi feito com essa amostra de Itamarati de Minas, reciclando-se os deprimidos *cleaner* e os flotados *scavenger* no estágio *rougher* subsequente, como mostra a Fig. 16.3. Os produtos obtidos são mostrados nas Figs. 16.4 e 16.5.

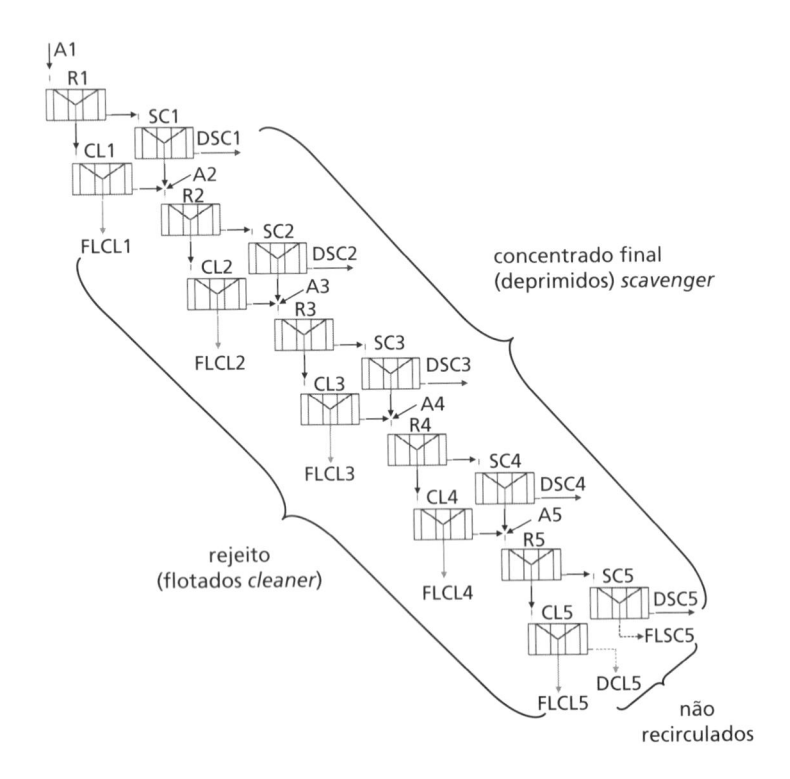

Fig. 16.3 *Locked cycle test*

16.2.2 Usina-piloto

Por fim, Massola (2008) conduziu a operação da usina-piloto. Inicialmente, ela foi montada junto à usina industrial de Itamarati de Minas para operar em tempo real, processando os rejeitos industriais conforme eram gerados. Infelizmente isso não foi possível, e decidiu-se transferi-la para os laboratórios da Escola Politécnica da USP.

Fig. 16.4 Flotado e deprimido - *locked cycle test*

Fig. 16.5 Produtos da separação magnética

Novas amostras foram tomadas usando-se o mesmo procedimento anterior: uma amostra do *underflow* dos ciclones de deslamagem de 6" e outra dos rejeitos da espiral de Reichert. Em ambos os casos, a usina estava operando com minério de Miraí, o que demandou nova caracterização das amostras e ensaios de bancada para otimizar a adição de reagentes. Também foram realizados ensaios cinéticos para poder dimensionar o circuito-piloto.

As amostras foram peneiradas em 0,297 mm e deslamadas em microciclones, repetindo-se o procedimento de Kurusu (2005). Uma diferença significativa encontrada foi a de que essas amostras, mesmo tendo sido deslamadas, desprenderam quantidades enormes de lamas limoníticas, que têm efeito extremamente nocivo sobre a flotação.

As alíquotas precisaram ser atricionadas em meio alcalino (soda cáustica, pH 10) e deslamadas em ciclones de 1½" (40 mm), o que corresponde a um d_{95} de cerca de 10 µm.

Tentou-se contornar o problema dessas lamas usando como coletor uma diamina que trazia um coagulante na sua formulação, e esperava-se que fosse capaz de resolver o problema. Os resultados foram positivos, mas o consumo de reagentes aumentou. Como essa diamina é mais cara que o Flotigam, decidiu-se abandoná-la. Foram feitos, então, ensaios de atrição variando o tempo de residência na máquina de atrição. Esses ensaios visaram remover os *slimes coatings* da superfície das partículas. O tempo ótimo encontrado foi de um minuto. A partir desse resultado, amostras foram peneiradas em 48#, deslamadas em 10 µm, atricionadas durante um minuto e novamente deslamadas em 10 µm. Novos ensaios foram feitos usando Flotigam EDA como coletor e amido como depressor, em pH 10. Os melhores resultados foram obtidos com 250 g/t de coletor e 300 g/t de depressor; o deprimido correspondeu a 41,3% da massa, recuperando 79,3% da AA, com teor de 25,8% AA. Houve, portanto, aumento de 2% na recuperação de AA e redução do consumo de reagentes.

A amostra esgotou-se novamente e nova campanha de amostragem se fez necessária. A alimentação da usina foi uma mistura de minérios de Itamarati de Minas e Descoberto, tomada durante 12 dias na usina de Itamarati de Minas. A amostra foi desaguada e enviada a São Paulo, onde foi secada e peneirada em 0,297 mm. *Undersize* e *oversize* foram secados e homogeneizados em pilhas. Conscientes do efeito nocivo das lamas, o *undersize* foi deslamado em ciclone de 2" (d_{95} de cerca de 15 µm), secado e novamente homogeneizado em pilhas.

Nova caracterização e novos ensaios de bancada foram feitos, sendo obtidas, para essa amostra, as dosagens de 500 g/t de coletor e 200 g/t de depressor, o que correspondeu a 39,5% de recuperação de massa e 80% de recuperação da AA ao teor de 28,4% AA, que aumentou para 43,3% após a separação magnética.

Nos primeiros ensaios contínuos, o controle da espuma mostrou-se um problema avassalador, devido à quantidade de lamas desprendida durante o condicionamento. Apesar da deslamagem prévia, a atrição durante o condicionamento desprendia quantidades adicionais de minerais hidratados de ferro. O teor do concentrado caiu para 24,2% AA (89,9% de recuperação), 42,3% após a separação magnética (recuperação de 72,3%), e recuperação final de 23,4% da massa, resultados muito desapontadores e totalmente diferentes daqueles obtidos nos ensaios por batelada. A causa é a quantidade de lamas de goethita desprendida durante as operações de condicionamento e flotação, apesar da deslamagem prévia. Essas lamas envenenam a flotação e impedem a boa seletividade.

A conclusão foi que o condicionamento não pode ser feito em condicionadores usuais. Assim, para essa operação em particular, foi construído o condicionador especial mostrado na Fig. 16.6. Ele foi projetado de modo a dar o tempo de residência necessário, evitando a agitação excessiva e a consequente geração de lamas.

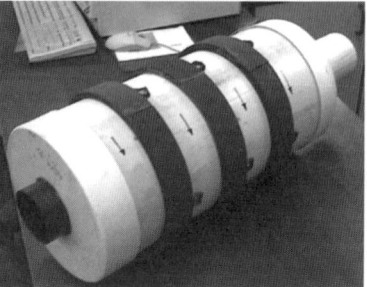

Fig. 16.6 Condicionador horizontal

Todos os fluxos da usina-piloto foram amostrados por interceptação total do fluxo, de modo a permitir o estabelecimento dos balanços de massas e metalúrgico. O incremento seguinte só foi tomado depois que a usina tornou a entrar em regime, e amostrou-se sempre de jusante para montante. Adicionalmente, as vazões de água e de reagentes foram controladas.

Notou-se que o deprimido ainda continha quartzo, o que obrigou a aumentar-se a dosagem de coletor e a adicionar-se essa quantidade aumentada na célula *scavenger*. Passou-se a adicionar 2/3 na célula *rougher* e 1/3 na célula *scavenger*.

Em outubro de 2006, chegou-se à configuração final do circuito (Fig. 16.7), submetida a uma operação durante dois dias, seis horas ininterruptas por dia, controlando cada fluxo de polpa,

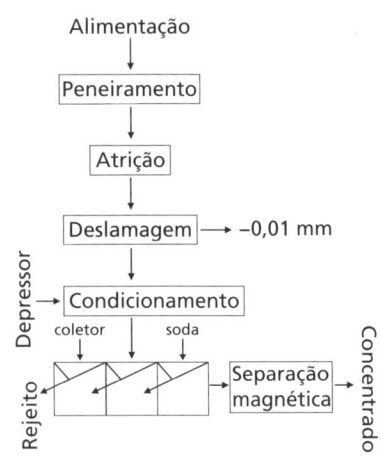

Alimentação
↓
Peneiramento
↓
Atrição
↓
Deslamagem → –0,01 mm
↓
Depressor → Condicionamento
    coletor ↓ soda ↓
Rejeito ← [células] → Separação magnética → Concentrado

Fig. 16.7 Fluxograma da usina-piloto

reagentes e água. Obteve-se o concentrado com 42,3% AA, recuperação metalúrgica de 85,4% e de massa de 45,3%. As dosagens otimizadas foram de 250 g/t de depressor e 420 g/t de coletor – diferentes, portanto, das dosagens dos ensaios *batch*.

A separação magnética aumentou o teor de alumina aproveitável do concentrado para 54%.

16.2.3 Resultados experimentais

A Fig. 16.8 mostra um aspecto geral da alimentação da flotação, os rejeitos do circuito atual. Identificam-se partículas liberadas de gibbsita e partículas contaminadas por quartzo, cristobalita e ilmenita. Como se trata de uma imagem de microscopia eletrônica de varredura, não existem cores, e sim

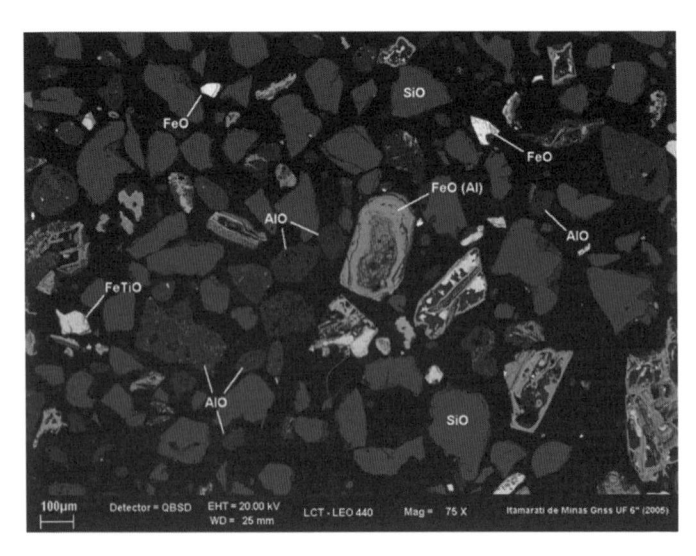

Fig. 16.8 Aspecto geral do minério gnáissico de Itamarati de Minas

tons de cinza. Quanto mais claro, maior é o número atômico da espécie metálica presente.

As partículas de quartzo e gibbsita têm praticamente o mesmo tom de cinza, mas as de quartzo são angulosas e as de gibbsita, arredondadas.

A análise química (Tab. 16.1) mostra o teor elevado de SiO_2 nessa amostra (52%). As frações acima de 0,297 mm foram removidas para os ensaios de flotação. O teor de quartzo é representado pela sílica insolúvel (SI), e a sílica na caulinita, pela sílica reativa (SR). A alumina aproveitável (AA) mostra a alumina recuperável pelo processo Bayer contida nessa amostra (14% na amostra de cabeça).

Tab. 16.1 ANÁLISE QUÍMICA POR FRAÇÃO GRANULOMÉTRICA - AMOSTRA DE CABEÇA

Tamanho (mm)	%				
	massa	AA	SR	SI	Fe_2O_3
0,420	4,0	306	7,0	20,0	14,8
0,210	29,6	11,9	2,6	63,5	11,8
0,149	20,7	11,0	3,9	59,5	12,4
0,104	18,1	12,7	3,5	50,7	15,9
0,074	10,3	17,8	4,6	37,6	21,3
0,037	11,8	17,8	7,0	18,9	24,9
−0,037	5,5	16,1	3,5	14,7	25,8
total	100,0	14,1	4,0	48,0	16,1

A Fig. 16.9 mostra o comportamento cinético dessa amostra. O melhor tempo de residência é de 100 s, a partir do qual o ganho de recuperação é praticamente nulo.

A Tab. 16.2 mostra os resultados obtidos na usina-piloto.

A Tab. 16.3 sumariza a evolução dos teores dos concentrados obtidos ao longo do trabalho experimental.

16.3 Conclusão

Todo o trabalho experimental foi feito sobre finos descartados no circuito existente. Não foi feita nenhuma moagem.

Partículas até 0,297 mm podem ser flotadas.

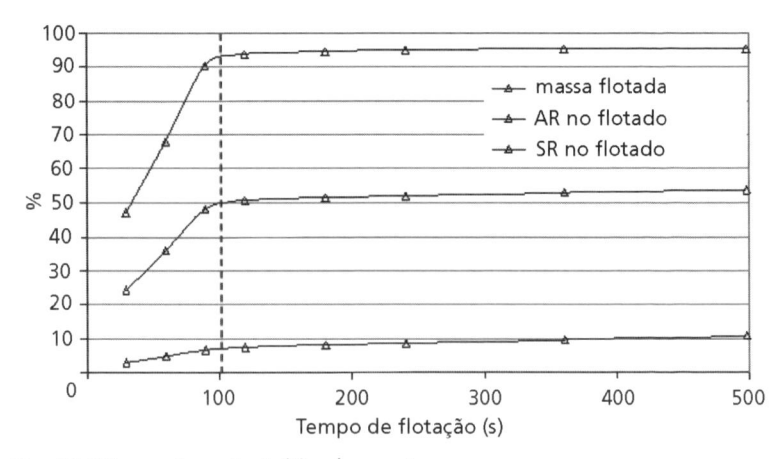

Fig. 16.9 Comportamento cinético da amostra

Tab. 16.2 Resultados da usina-piloto - balanços de massas e metalúrgicos

Produto	g/t col.	g/t dep.	Recuperação (%) massa	AA	SI	AA/SiO$_2$	Teor (%) SR	SI	Fe$_2$O$_3$	AA
concentrado			45,3	85,4	4,0	11,1	0,8	3,8	16,6	42,3
não magnético	420	250	28,8	69,3	2,9	12,6	1,0	4,3	4,3	54,0
rejeito			54,7	14,6	96,0	–	4,7	75,1	4,6	6,0
concentrado			41,9	81,8	3,5	9,6	0,6	4,0	1,9	38,6
não magnético	250	250	30,6	82,0	2,6	13,3	1,1	4,0	6,5	53,0
rejeito			58,1	18,2	96,5	–	1,2	79,6	4,1	6,2
alimentação			100,0	100,0	100,0	0,5	0,95	43,9	9,4	24,0

Tab. 16.3 Sequência de resultados experimentais

Etapa	dosagem (g/t)	Flotação AA (%)	SI (%)	rec. massa	Separação magnética AA (%)	SI (%)	rec. massa
preliminares	300+300	25,5	–	63,8	42,2	–	–
sistemáticos	300+300	24,3	–	72,9	–	–	–
rougher+cleaner	300+300	25,6	–	929	42,9	–	68,7
locked cycle	300+300	29,7	–	71,2	52,6	–	60,4
alimentação	–	10,6	5,4	–	–	–	–
piloto Miraí	(250+80)200	31,1	8,8	92,3	44,3	16,1	65,0
alimentação	–	21,4	36,5	–	–	–	–
rejeitos espiral	(320+100)250	42,3	3,8	85,4	54,0	4,3	81,2
alimentação	–	22,5	42,8	–	–	–	–

A flotação catiônica reversa do quartzo da gibbsita mostrou ser uma rota praticável tanto em ensaios de bancada como em usina--piloto. Os reagentes mais adequados são uma eteramina comercial como coletor do quartzo e amido de milho como depressor da gibbsita, em pH 10.

Como as amostras estudadas eram rejeitos da usina industrial, todas continham grandes quantidades de finos. As lamas, tanto as naturais como as geradas durante o processamento, tornam a flotação impraticável. Esse problema foi resolvido pela introdução de operações de atrição e deslamagem antes da flotação. Para prevenir a geração adicional de lamas durante o condicionamento, um condicionador especial precisou ser projetado e construído.

Os minerais de ferro e titânio são deprimidos pelo amido de milho junto com a gibbsita. Por isso, após a flotação, uma operação de separação magnética se faz necessária para elevar o teor de alumina aproveitável do concentrado.

O concentrado da usina-piloto alcançou 42,3% AA, aumentado para 54% após a remoção das espécies magnéticas. O teor de AA desejado pela refinaria da CBA é de 42%. A relação Al_2O_3/SiO_2 é de 12,6, o que mostra que o produto é adequado para o processo Bayer.

O processo desenvolvido é inovador, pois não existe literatura descrevendo a produção de gibbsita grau metalúrgico mediante flotação reversa. Ele é adequado ao processamento de finos naturais de bauxita.

Referências bibliográficas

ARAUJO, A. C.; VIANA, P. R. M.; PERES, A. E. C. Reagents in iron ore flotation. *Minerals Engineering*, v. 18, p. 219-224, 2005.

BERGERMAN, M. G.; CHAVES, A. P. Experiência de produção mais limpa na CBA. *Brasil Mineral*, v. 231, n. 8, p. 16-24, 2004.

BITTENCOURT, L. R. M. *The recovery of high-purity gibbsite from a Brazilian bauxita ore.* MSc thesis – The University of Utah, Salt Lake City, 1989.

BITTENCOURT, L. R. M.; LIN, C. L.; MILLER, J. D. The flotation recovery of high-purity gibbsite concentrates from a Brazilian bauxita ore. In: LAKSHMANAN, V. I. *Advanced materials applications of mineral and metallurgical proces-*

sing principles. Littleton: Society for Mining, Metallurgy and Exploration Inc., 1990. p. 77-85.

CHAVES, A. P.; MASSOLA, C. P.; ANDRADE, C. F.; VIDAL, A. C. The practice of bauxita ores processing. In: ENCONTRO NACIONAL DE TRATAMENTO DE MINÉRIOS E METALURGIA EXTRATIVA, 22., 2007, Ouro Preto. Ouro Preto: Ufop/UFMG/CDTN, 2007. p. 187-192.

FREITAS, T. G. *Análise de viabilidade técnica de aproveitamento do rejeito de bauxita do Departamento de Itamarati de Minas da Companhia Brasileira de Alumínio (CBA)*. Escola Politécnica da Universidade de São Paulo, São Paulo, 2004. (Monografia - Trabalho de formatura).

KURUSU, R. S. *Flotação de finos de bauxita*. Escola Politécnica da Universidade de São Paulo, São Paulo, 2005. (Monografia - Trabalho de formatura).

LIU, G.; ZHONG, H.; HU, Y.; ZHAO, S.; XIA, L. The role of cationic polyacrylamide in the reverse froth flotation of diasporic bauxita. *Minerals Engineering*, v. 20, p. 1191-1199, 2007.

LIUYIN, X.; HONG, Z. GUANGYI, L.; SHUAI, W. Utilization of soluble starch as a depressant for the reverse flotation of diaspore from kaolinite. *Minerals Engineering*, v. 22, n. 6, p. 560-565, 2009.

MASSOLA, C. P. *Flotação reversa da bauxita de Miraí, MG.* 2008. 85 f. Dissertação (Mestrado) – Escola Politécnica da Universidade de São Paulo, São Paulo, 2008.

OBA, C. A. I. *Caracterização dos rejeitos de bauxita de Itamarati e Descoberto*. São Paulo: APChaves Assessoria Técnica, 2000.

SANTANA, A. N.; PERES, A. E. C. Reverse magnesite flotation. *Minerals Engineering*, v. 14, p. 107-111, 2001.

SHAFFER, J. W. Bauxita. In: WEISS, N. (Ed.). *SME Mineral Processing Handbook*. New York: SME, 1985. p. 19/2-19/20.

WANG, Y.; HU, Y.; HE, P.; GU, G. Reverse flotation for removal of silicates from diasporic-bauxita. *Minerals Engineering*, v. 17, p. 63-68, 2004.

XU, Z.; PLITT, V.; LIU, Q. Recent advances in reverse flotation of diasporic ores: a Chinese experience. *Minerals Engineering*, v. 17, n. 9-10, p. 1007-1015, 2004.

17 Flotação de carvão

Carlyle Torres Bezerra de Menezes
André Taboada Escobar
Arthur Pinto Chaves

O aproveitamento e a valorização das frações finas resultantes dos processos de beneficiamento de carvão no Brasil sempre acompanharam as oscilações de mercado e as mudanças na estrutura produtiva da indústria carbonífera. Essa indústria passou por grandes transformações no início da década de 1990, fruto principalmente das mudanças nas políticas econômicas e de utilização de recursos energéticos. O aproveitamento das frações finas e ultrafinas por meio da técnica de flotação, que representou, no passado, grandes volumes produzidos, principalmente para o abastecimento da indústria de coqueificação de carvão, restringe-se atualmente a apenas três empresas, localizadas no Estado de Santa Catarina. Entretanto, em que pese o volume produzido comparativamente menor, o maior valor agregado dos materiais produzidos e o maior aproveitamento desses subprodutos do carvão tornam plenamente justificável o uso da técnica de flotação, tanto em termos econômicos quanto ambientais. Entre outros benefícios, a flotação proporciona maior vida útil às bacias de decantação e maior eficiência nas demais operações unitárias de beneficiamento de finos, tais como as etapas de separação em mesas concentradoras e em espirais de Humphreys.

17.1 Breve histórico do processo de flotação de carvão no Brasil

Das camadas de carvão existentes em Santa Catarina – Barro Branco, Bonito e Irapuá –, a de maior importância e mais explorada até os dias atuais é a camada Barro Branco, que, além de grandes reservas iniciais, possui a fração de carvão metalúrgico, que até o final da década de 1980 era também a principal fonte de produção dos carvões finos metalúrgicos (Cetem; Canmet, 2000). As camadas de carvão existentes no Rio Grande do Sul, por não possuírem frações finas com características superficiais favoráveis para a recuperação por meio do processo de flotação, pelo menos conforme o conhecimento técnico e as variáveis econômicas atuais, não motivaram a instalação, em escala industrial, de unidades de flotação dos finos gerados no processo de beneficiamento.

No que se refere ao Estado de Santa Catarina, o pré-beneficiamento era realizado em lavadores construídos junto às unidades de extração para a produção de um carvão pré-lavado (granulometria maior que 0,60 mm) e enviado ao Lavador de Capivari (Lavacap) na cidade de Capivari de Baixo, para a separação das frações de carvão metalúrgico das demais frações de carvão mineral. Essa usina de beneficiamento pertencia à Companhia Siderúrgica Nacional (CSN), antiga Carbonífera Próspera. A fração metalúrgica era obrigatoriamente comprada pela indústria siderúrgica nacional, sendo o carvão CE 5.200 (com poder calorífico de 5.200 kcal/kg) destinado principalmente à indústria cimenteira, e o CE 4.500 (com poder calorífico de 4.500 kcal/kg), usado na geração de energia no complexo termoelétrico em Capivari de Baixo.

Como esse modelo de entrega de carvão ao Lavacap não remunerava as frações finas, ocorria na região um interesse de recuperação nos pré-lavadores das frações menores que 0,60 mm, principalmente da fração metalúrgica, que era obtida pelo processo de flotação em células convencionais e atendia ao mercado das coquerias locais. As frações energéticas finas eram descarregadas em bacias de decantação, pois possuíam um preço de venda não muito interessante, ou eram comercializadas com a indústria cimenteira e com outros mercados com baixo consumo, como cerâmicas e indústrias de alimentos.

Após 1990, com a desregulamentação do setor carbonífero, as empresas siderúrgicas não tiveram mais a obrigação de consumir o carvão metalúrgico e deixaram de comprá-lo, o que resultou em mudança no modelo existente e culminou no fechamento do Lavacap e no fornecimento diretamente dos lavadores das minerações ao mercado consumidor (Sánchez et al., 1994; Nascimento; Soares, 2001). Com isso, ocorreu uma mudança na cultura das empresas, que foram obrigadas a estruturar seus departamentos de vendas e, principalmente, a buscar alternativas de mercado que fossem além do fornecimento de carvão para o complexo termoelétrico. Desde essa época e até os dias atuais, muitas outras alterações ocorreram, inclusive a redução da extração de carvão na camada Barro Branco e o aumento da exploração da camada Bonito, que não apresenta as mesmas características favoráveis ao processo de flotação atualmente utilizado pelas empresas da região.

No período anterior, os preços e a qualidade do carvão produzido no Brasil eram estabelecidos pelo Governo. Não havia estímulos para a melhoria da qualidade do carvão lavado nem para a redução de seu preço, pois o carvão tinha consumo obrigatório, por lei. Não obstante, extensos estudos demonstraram a possibilidade de reduzir os teores de cinzas e de enxofre tanto do carvão catarinense como dos carvões gaúcho e paranaense (Paulo Abib, 1976).

Outro fator importante que determinou o fechamento de coquerias, principais responsáveis pelo consumo do carvão metalúrgico flotado, foi a oscilação do mercado nacional de coque, que recebeu grande influência da importação de coque produzido na China, que chegava ao Brasil com qualidade irregular, mas com preços altamente competitivos com o do coque aqui produzido. Dessa forma, todos esses fatores fizeram com que a maioria das empresas paralisasse as suas atividades de flotação de finos de carvão.

Atualmente, os finos produzidos pelas empresas que utilizam processo de flotação para obtenção de carvão metalúrgico são destinados à produção de coque em coquerias locais, à produção de carvão do tipo Cardiff, utilizado em fundições, e à produção de carvão moído para injeção em fornos, como alternativa de combustível para misturar ao óleo combustível, principalmente em mercados distantes de centros consumidores, nos quais se torna competitivo o uso do carvão mineral, mesmo com os altos custos de transportes rodoviários, em razão do elevado poder calorífico do carvão produzido.

17.2 Mecanismos atuantes na flotação de carvão

Os carvões betuminosos constituem um dos exemplos clássicos de substâncias naturais flotáveis apenas com o auxílio de espumantes, sem a necessidade do uso de coletor. Essa flotabilidade natural decorre da sua estrutura química, constituída de hidrocarbonetos de cadeia muito longa e estruturas cíclicas.

Os reagentes utilizados – hidrocarbonetos líquidos, derivados de petróleo – não são coletores no sentido estrito do termo. Quando muito, poderiam ser chamados de "reforçadores da hidrofobicidade". A superfície do carvão betuminoso já é naturalmente hidrofóbica. Esses produtos apenas reforçam esse caráter.

Esses hidrocarbonetos, geralmente querosene ou diesel, são emulsionados e adicionados à polpa. Eles adsorvem sobre a superfície do carvão por adesão. É o chamado *squeezing out effect*, ou efeito de segregação: tanto carvão como óleos têm maior atração entre si, e pela fase gasosa mais que pela fase aquosa. Resulta que os óleos são segregados da fase aquosa, indo depositar-se na superfície carbonosa, reforçando, assim, a coleta. Isso se torna importante quando a superfície do carvão está oxidada ou contaminada com outras espécies minerais, como é o caso do carvão brasileiro.

É convicção generalizada que alguns espumantes, especialmente o óleo de pinho, têm ação coletora sobre o carvão. Como os espumantes são moléculas polares-não polares, pode haver uma atração elétrica entre a porção polar da molécula e os sítios portadores de minerais na superfície do carvão, caracterizando, assim, um efeito coletor. Outros autores, porém, atribuem esse resultado apenas à consistência da espuma, que, com o óleo de pinho, seria capaz de arrastar mecanicamente partículas carbonosas (Chaves, 1983). O metilisobutilcarbinol, que gera espumas mais ralas, tem, via de regra, menor recuperação mássica, mas fornece flotados de menor teor de cinzas.

Nessa ordem de ideias, a oxidação do carvão e a presença de partículas minerais iônicas intercrescidas com o carvão prejudicam a seletividade da flotação.

São usados depressores para os minerais de ganga; para a pirita, cal, cloretos de sódio ou potássio e cloreto férrico; para os minerais silícicos, silicato de sódio.

Chaves (1983) mostrou que a cinética é muito importante para a seletividade da flotação de carvões, porque, inicialmente, flotam as partículas de carvão mais puro. À medida que evolui o processo, começam a separar partículas cada vez mais impuras. Em termos ideais, para um tempo de flotação infinito, flotariam todas as partículas presentes (Imaizumi; Inoue, 1965). É um caso único de flotação com cinética variável.

A prática da flotação de carvões também tem peculiaridades muito próprias, diferentes das práticas das substâncias minerais (Chaves, 1983):

- ♦ em geral, a flotação é feita em apenas um estágio; raramente se faz *cleaner* e, mais raramente ainda, *scavenger*;
- ♦ a flotação dos carvões opera com granulometrias muito mais grossas que as dos minérios, em razão do baixo peso específico do carvão;
- ♦ o processo dá melhores resultados com grandes quantidades de bolhas de ar de pequeno diâmetro, justificável pelo tamanho maior das partículas;
- ♦ a flotação do carvão opera com diluições extremamente altas se comparadas com as usuais (da ordem de 3% a 8% em peso);

- a velocidade de flotação (cinética) varia com o *rank* do carvão, cresce conforme melhora a aeração da polpa e é aproximadamente constante nas polpas diluídas. Ela cai quando a porcentagem de sólidos excede 13% (Aplan, 1967).

A operação de flotação é uma operação auxiliar num circuito brasileiro de beneficiamento de carvão, onde o processo principal é o de concentração densitária em jigue. Dessa forma, o objetivo da flotação em uma usina de beneficiamento de carvão mineral é apenas o de aumentar a recuperação de finos metalúrgicos, e as frações finas não metalúrgicas são recuperadas por processos densitários, que apresentam menor custo e não necessitam do uso de reagentes químicos – portanto, com menores riscos ao meio ambiente.

O circuito de flotação de carvão costuma ser extremamente simples. Em geral, há apenas um estágio *rougher*; raramente se usa um estágio adicional. Acresce o fato de que a flotação do carvão é feita em diluições extremamente altas, o que acarreta a necessidade de um grande volume de células. Introduzir uma etapa adicional significa duplicar o volume de células. Estudos desenvolvidos por vários autores propuseram melhorias nos circuitos de beneficiamento de finos de carvão mineral, buscando tanto uma maior recuperação das frações carbonosas finas e ultrafinas quanto a redução nos teores de cinzas (Lima; Correia; Campos, 1992; Oliveira; Peres, 1992).

O enxofre contido no carvão pode estar sob a forma de enxofre orgânico, ligado à matriz orgânica, e enxofre inorgânico, principalmente enxofre pirítico, disperso na porção orgânica e inorgânica do carvão. No entanto, somente o enxofre pirítico é passível de ser removido por processos físicos de concentração e por flotação. A coleta de partículas hidrofóbicas (ou previamente hidrofobizadas pela ação de agentes coletores) por bolhas de ar em suspensão aquosa envolve basicamente a substituição de uma interface sólido/líquido por outra do tipo líquido/gás (Leal Filho; Menezes; Guidi, 1993). Por outro lado, a passagem de um fluxo de ar através de uma polpa que contenha partículas hidrofóbicas não é condição suficiente para promover tal substituição e efetivar a flotação dessas partículas. Na realidade, o sucesso de tal operação demanda a ocorrência sucessiva de alguns eventos que se tornam bastante favorecidos na presença de reagentes químicos conhecidos como agentes coletores e espumantes (Chaves; Leal Filho, 2004).

A separação da pirita da matéria carbonosa por meio de flotação pode ser feita pela utilização da diferença em suas cinéticas de flotação, pela flotação do carvão e depressão da pirita ou pela depressão do carvão e flotação da pirita. Para maior seletividade na separação de minerais como o carvão por flotação, é importante identificar os mecanismos principais de geração de carga na interface mineral/solução aquosa. A determinação do potencial zeta das partículas minerais leva a uma melhor compreensão, em muitos dos seus aspectos fundamentais, dos mecanismos de adsorção de surfatantes na superfície dos minerais.

17.3 Equipamentos utilizados na flotação de carvão

A Carbonífera Metropolitana utiliza um equipamento fabricado pela Industrial Conventos (*know-how* da empresa polonesa Kopex), e como não nos foram fornecidas informações acerca dos processos de flotação por parte das empresas Carbonífera Criciúma e Carbonífera Rio Deserto, supõe-se que elas também utilizem equipamentos do mesmo fabricante, que possui instalações industriais na cidade de Criciúma (SC).

As características construtivas das máquinas de flotação instaladas na Mina Esperança, de propriedade da Carbonífera Metropolitana, são:
- flotador: modelo IZ-12;
- fabricação: Industrial Conventos, com licença da Kopex Overseas Mine Constructions Company, da Polônia;
- tipo de máquina: mecânico-pneumática;
- capacidade de cada célula: 13 m^3;
- diâmetro do rotor: 1.000 mm;
- potência instalada em cada célula: 22 kW;

- rotação do rotor: 140 min^{-1};
- quantidade de ar suprido: 8 m^3/min (aprox.);
- pressão de ar nos coletores: 30 kPa;
- vazão de alimentação: (até) 15 m^3/min.

17.4 Reagentes utilizados na flotação

Ao longo dos anos, várias alternativas foram testadas e utilizadas por períodos em que os preços de mercado eram competitivos. Um dos espumantes utilizados com melhor desempenho na flotação de carvão foi o metilisobutilcarbinol (MIBC); porém, em decorrência de uma relação de custo-benefício desfavorável, acabou sendo substituído pelo óleo de pinho, que até hoje é utilizado na flotação do carvão. Outros espumantes sintéticos também já foram testados na flotação de finos de carvão (Leal Filho; Menezes; Guidi, 1993), mas, da mesma forma que os espumantes convencionais, em razão dos valores unitários relativamente baixos dos finos flotados de carvão, terminaram por não terem o seu uso viabilizado em escala industrial. O óleo diesel é o coletor mais amplamente utilizado na flotação de carvão por causa do seu desempenho, apesar do seu custo crescente atual.

As dosagens que a Metropolitana utiliza são:
- óleo de pinho: 200 g/t de alimentação na flotação;
- óleo diesel: 950 g/t de alimentação na flotação;

17.5 Desafios e problemas operacionais na flotação de carvão

Os principais problemas técnicos que ainda persistem e precisam ser enfrentados para a melhoria do processo de flotação de carvão são os seguintes:

1 Dificuldade de flotação de partículas com granulometrias grossas (acima de 0,60 mm) e que possuem recuperação muito baixa: esse fator é muito importante, porque é de

extrema dificuldade manter as telas de deságue da saída do jigue em condições de fluxo normal.

2. Flotação da pirita, principalmente das frações ultrafinas: os processos de recuperação de finos deveriam explorar ao máximo a diferença de peso específico entre as partículas (processos densitários), para que, numa fase final, e após a eliminação dessas frações pesadas de pirita, se fizesse o uso da flotação para a recuperação de frações ultrafinas de carvão, que hoje são descartadas na maioria das unidades.

3. Dificuldade do controle da concentração de sólidos na alimentação da flotação: a necessidade de recirculação de águas no processo de beneficiamento de carvão termina por gerar um desgaste excessivo nos equipamentos, acelerado pelo processo de corrosão decorrente da oxidação da pirita, somado à abrasividade do carvão. A etapa de ciclonagem que antecede a flotação necessita de controle rigoroso em termos de porcentagem de sólidos e contribui para a elevação do custo de manutenção e reposição de peças e equipamentos.

4. Geração e controle de efluentes: são gerados efluentes contendo os reagentes utilizados no processo e que precisam ser tratados e recirculados com vistas à sua adequação aos parâmetros de lançamento de efluentes conforme a legislação ambiental.

17.6 Considerações finais

A demanda mundial por energia irá quase dobrar até o ano de 2030. O carvão brasileiro como alternativa de fonte energética, porém com um aumento dos custos de mineração em jazidas piores ou mais profundas, tem a necessidade de melhor aproveitamento no seu beneficiamento. No entanto, o uso intensivo de combustíveis fósseis, correlacionado com as suas implicações ambientais, exige que sejam analisadas com maior rigor as consequências do uso desses recursos energéticos para a sustentabilidade da vida no nosso planeta.

Uma nova postura diante das profundas e atuais transformações ambientais e sociais exige a abordagem integral do uso racional dos recursos naturais, e, especificamente para o setor carbonífero, ela aponta para a necessidade de estudos aprofundados com vistas à eliminação dos impactos ambientais da mineração de carvão, desde a sua extração até a fase final de uso e disposição dos resíduos gerados.

A flotação, consagrada na recuperação de finos metalúrgicos, poderá desempenhar um importante papel como processo de recuperação de partículas ultrafinas atualmente descartadas para bacias de decantação e posterior deposição.

Os autores esperam que essa oportunidade de rever o processo de flotação do carvão possa contribuir para o incremento na recuperação das unidades em operação e viabilizar, em futuros projetos, a melhoria na eficiência dos processos produtivos, com redução também nos teores em enxofre e cinzas. Dessa forma, esses esforços poderão, em seu conjunto, contribuir para o melhor desempenho e qualidade ambiental das atividades industriais e dos setores econômicos que utilizam matérias-primas de origem mineral.

Agradecimentos

Os autores deste capítulo desejam agradecer à Carbonífera Metropolitana as informações de processo de flotação fornecidas. Essa atitude da empresa mostra a sua capacidade técnica e a sua abertura para o desenvolvimento tecnológico.

Referências bibliográficas

APLAN, F. F. Coal flotation. In: *Froth flotation*. Nova York: AIME, 1967.

CETEM - CENTRO DE TECNOLOGIA MINERAL; CANMET - CANADA CENTRE FOR MINERAL AND ENERGY TECHNOLOGY. *Projeto conceitual para a recuperação ambiental da Bacia Carbonífera Sul Catarinense*. 2000. 3 v., 194 p.

CHAVES, A. P. *Flotação de carvão de Santa Catarina*. Tese (Doutorado) – Escola Politécnica da Universidade de São Paulo, São Paulo, 1983.

CHAVES, A. P.; LEAL FILHO, L. S. Flotação. In: LUZ, A. B. et al. (Ed.). *Tratamento de minérios*. 4. ed. Rio de Janeiro: Cetem/MCT, 2004. p. 409-455.

IMAIZUMI, T.; INOUE, T. Kinetic considerations of froth flotation. In: INTERNATIONAL MINING CONGRESS, 5., 1963, Cannes. *Proceedings*... Cannes: Pergamon, 1965. p. 581-593.

LEAL FILHO, L. S.; MENEZES, C. T. B.; GUIDI, A. Estudo comparativo do desempenho de espumantes sintéticos versus óleo de pinho na flotação de carvão. *Anais do II Congresso Brasileiro de Engenharia de Minas*, São Paulo, v. 2, p. 859-880, 1993.

LIMA, R. M. F.; CORREIA, J. C. G.; CAMPOS, A. R. Flotação em coluna de finos de carvão. In: SALUM, M. J. G.; CIMINELLI, V. S. T. (Ed.). *Anais do XV Encontro Nacional de Tratamento de Minérios e Hidrometalurgia*. São Lourenço, Minas Gerais, 1992. São Lourenço: [s.n.], 1992. p. 389-402.

NASCIMENTO, F. M. F.; SOARES, P. S. M. Estimativas sobre a ocupação do solo pelas atividades de mineração de carvão nas bacias dos rios Tubarão, Araranguá e Urussanga, Sul de SC. In: ENCONTRO NACIONAL DE TRATAMENTO DE MINÉRIOS E METALURGIA EXTRATIVA, 18., 2001, Rio de Janeiro. *Anais*... Rio de Janeiro: Cetem/MCT, 2001. p. 387-391.

OLIVEIRA, M. L. M.; PERES, A. E. C. Flotação em coluna aplicada ao beneficiamento de carvão. In: SALUM, M. J. G.; CIMINELLI, V. S. T. (Ed.). *Anais do XV Encontro Nacional de Tratamento de Minérios e Hidrometalurgia*. São Lourenço, Minas Gerais, 1992. São Lourenço: [s.n.], 1992. p. 403-421.

PAULO ABIB ENGENHARIA. *Estudo dos carvões nacionais*. São Paulo: PAA/Finep, 1976.

SÁNCHEZ, L. E.; HENNIES, W. T.; ESTON, S. M.; MENEZES, C. T. B. Cumulative impacts and environment liabilities in the Santa Catarina coalfield in Southern Brazil. In: INTERNATIONAL CONFERENCE ENVIRONMENT TECHNOLOGY, 1994, Perth. *Proceedings*... Perth: Perth University, 1994. p. 75-84.

18 O processo de condicionamento em alta intensidade (CAI) na flotação de minérios

Jorge Rubio

18.1 A problemática da recuperação de finos de minérios

A concentração de minérios por flotação apresenta boa eficiência em uma dada faixa de tamanho de partícula, fora da qual a recuperação de finos ou grossos é muito baixa. Essa faixa de tamanho depende da espécie mineral, da escala de operação e da concentração de reagentes, e flutua para os minérios entre 5 µm e 150 µm. Em razão da baixa recuperação, principalmente nas frações finas e grossas, milhares de toneladas de rejeitos com altos teores têm sido depositadas em barragens, gerando custos operacionais, perdas de produção e, em muitos casos, problemas ambientais. Há um grande interesse na exploração sustentável desses rejeitos ou "minérios complexos".

Os principais problemas e características observados na flotação de partículas finas ("F", < 38-13 µm) e ultrafinas ("UF", < 13 µm) são:

- elevada área superficial por unidade de massa, o que acarreta um maior consumo de reagentes e a formação de espumas mais resistentes e torna a filtragem mais difícil;
- as partículas possuem baixa quantidade de movimento (*momentum*), o que facilita o arraste hidrodinâmico pelas linhas de fluxo de água e leva a uma menor energia de colisão com as bolhas de ar;
- essas frações são mais passíveis ao mecanismo de *slimes coating* (recobrimento por lamas), seja em razão da sua alta área superficial, tornando-as assim mais reativas, seja pela baixa quantidade de movimento, o que implica uma

diminuição na limpeza superficial pelo mecanismo de atrição com outras partículas;
- frações F-UF tendem a ser mais afetadas por íons em solução presentes na água de processo;
- a cinética de flotação para as frações F-UF é menor do que para as partículas de tamanho médio. Aumentos dos tempos de residência e o uso de bolhas pequenas aumentam a cinética e a recuperação dessas frações por flotação.

Alguns fatos relevantes são:
- as usinas têm sido historicamente projetadas e desenhadas para a recuperação de partículas médias de alta cinética de flotação. Assim, as condições de moagem, classificação, tipo de condicionamento e células de flotação (hidrodinâmica/aeração) e os fluxogramas e parâmetros operacionais não foram e nem são otimizados para a recuperação de partículas grossas ou finamente divididas;
- existe um intervalo de tamanho de partículas e uma distribuição de tamanho de bolhas ótimas quando a "captura" de partículas por bolhas é máxima. Portanto, se há uma ampla distribuição granulométrica de partículas de valor (F-UF + médias + grossas), teoricamente deveria haver uma correspondente distribuição (ampla) de tamanho de bolhas (melhor com pequenas e médias). Isso não ocorre nas condições das atuais usinas de flotação e, por isso, a recuperação das partículas F-UF é sempre baixa.

Entre as alternativas para o aumento do potencial de recuperação das partículas F-UF, estão:

a] em usinas de flotação:
- processos de condicionamento em alta intensidade (CAI), agregação hidrofóbica (flotação *extender*) ou injeção de bolhas médias (100-600 µm) e pequenas (< 100 µm). O efeito será maior depois de classificar a alimentação, separando as frações F-UF das frações grossas (250 µm);

♦ diminuir a geração de partículas F-UF em etapas de remoagem, incorporando flotação rápida, *unit* (em moagem - classificação) e CAI-*flash-rougher* (em alimentação), com colunas de flotação de "alto teor" (enriquecedoras).

b] em unidades PTR (usinas de tratamento de rejeitos):
As plantas de tratamento de rejeitos deveriam ser modernizadas e incluir operações de CAI, recirculação de concentrados e injeção de bolhas pequenas. Nas plantas com área para cascatas, propõe-se modificar completamente o *design* das cascatas para favorecer a captura de partículas F-UF, empregando técnicas inovadoras.

18.2 Condicionamento em alta intensidade (CAI)

18.2.1 Estado da arte

O condicionamento normal da polpa, em sistemas agitados e por suficiente tempo de contato, permite aos reagentes (coletores, ativadores, espumantes etc.) reagirem com as partículas minerais presentes no minério. O CAI, por outro lado, rapidamente visa exceder essa transferência mínima de energia, sob um adequado aumento de turbulência ou do tempo de agitação, para que ocorra, entre outros, a agregação seletiva induzida das partículas (frações) de tamanho fino.

O limite mínimo de transferência de energia depende das propriedades superficiais das partículas finas, dos reagentes utilizados e da hidrodinâmica do sistema (velocidade de agitação, número de defletores, geometria das hélices impulsoras etc.).

O Quadro 18.1 resume os principais estudos do CAI como etapa pré-flotação, em escala de laboratório, piloto e industrial.

18.2.2 Fundamentos do CAI

O condicionamento normal da polpa, em sistemas agitados e por tempo suficiente de contato, tem a função de suspender as partículas na polpa, permitindo a interação com os reagentes adicionados (coletores, ativadores, espumantes etc.). O CAI, por

Quadro 18.1 Principais estudos de flotação com condicionamento em alta intensidade

Autor	País/sistema mineral	Descrição
Rubio e Brum (1994)	Brasil/Chile (Cu/Mo)	Influência do estágio do CAI na recuperação de sulfetos de cobre e molibdênio em escalas de laboratório e piloto. Ganhos maiores que 2% na recuperação de finos de ambos os sulfetos. As energias transferidas à polpa foram da ordem de 0,1 kWh·m^{-3} a 4 kWh·m^{-3}, e os principais parâmetros envolvidos foram a turbulência e a concentração de coletor.
Davis e Hood (1994)	EUA (fosfato)	Estudo do CAI na flotação *rougher* de grossos de fosfato com quatro tipos de condicionadores e o tempo de condicionamento. A recuperação metalúrgica aumenta com o CAI, e o quartzo inicialmente ativado pelos reagentes perde a ativação com a ação da agitação.
Valderrama e Rubio (1998); Valderrama (1997)	Chile (ouro)	O efeito do CAI na pré-flotação de Au foi estudado (nível de bancada) mantendo-se o grau de turbulência constante e variando-se a energia transferida à polpa. Com o CAI, houve aumento de 24% na recuperação de Au e 50% no teor, e a constante cinética foi 3 a 4 vezes maior.
Engel, Middlebrook e Jameson (1997)	Austrália (Ni)	O *design* do impelidor e a reologia da polpa no CAI foram investigados com o objetivo de criar procedimentos para o *scale-up*. Para maiores taxas de cisalhamento e potência por unidade de volume, maiores cinéticas de flotação e melhores valores de teor e recuperação.
Rosa, Rodrigues e Rubio (1998)	Brasil (sulfeto de zinco)	CAI como etapa pré-flotação de finos e ultrafinos de sulfeto de zinco, em escala de laboratório. Obtiveram-se aumentos de 14% nas porcentagens de recuperação de ZnS e a cinética de flotação foi pelo menos 2,8 vezes maior, com aumento de 31% na recuperação real (*true flotation*) e diminuição no grau de arraste de ganga.
Chen et al. (1999a, 1999b)	Austrália (pentlandita - Ni)	O CAI melhora a flotação tanto de minério de Ni com finos quanto sem fração de finos. Ainda houve um aumento significativo na constante cinética de flotação de pentlandita para as frações intermediárias e grossas. A flotação da fração sem finos teve um aumento da constante cinética para todas as frações, exceto para a fração menor que 7 μm. A limpeza da superfície das partículas de pentlandita seria o principal efeito.

Quadro 18.1 PRINCIPAIS ESTUDOS DE FLOTAÇÃO COM CONDICIONAMENTO EM ALTA INTENSIDADE (CONT.)

Autor	País/sistema mineral	Descrição
Bulatovic e Wyslouzil (1999)	Canadá (sulfeto de chumbo e zinco)	CAI na etapa de flotação *rougher* de sulfeto de Zn, em 1986. Cada tanque de condicionamento (120 m^3) foi equipado com um motor de 170 HP e um mecanismo de CAI. Em 1995, condicionadores de alta intensidade foram adicionados à alimentação da etapa *cleaner*. Foram obtidos melhores resultados metalúrgicos e cinéticos.
Aldrich e Feng (2000)	África do Sul (minérios sulfetados)	Comparação entre condicionamento em vasos agitados, ultrassom e uso de "prato vibrador". O CAI em vasos agitados foi especialmente benéfico para a flotação de partículas finas de sulfetos, ao passo que a agitação por ultrassom mostrou ser mais efetiva para a remoção de camadas oxidadas das partículas. Já o "prato vibrador" atuou na formação de bolhas, resultando em maiores taxas de colisão bolha-partícula.
Negeri, Boisclair e Cotnoir (2006)	Canadá (sulfeto de zinco)	CAI na flotação seletiva de cobre de um sistema mineral Cu/Pb/Zn, em escala de laboratório e industrial. Avaliação do efeito da intensidade do cisalhamento e duração do CAI na recuperação de esfalerita. A análise superficial mineral indicou que o tratamento com alto cisalhamento da polpa resulta em maior limpeza, maior ativação da superfície da esfalerita e, assim, em melhores recuperações.
Sun et al. (2006)	China (Cu/Pb/Zn/Fe)	A agregação entre bolhas e partículas no CAI foi estudada e constatou-se que o CAI permite a formação de pequenas bolhas devido à cavitação hidrodinâmica, aumentando a probabilidade de colisão bolha-partícula. No CAI, muitas bolhas pequenas são produzidas *in situ*, na superfície de partículas finas, e a maioria das partículas são agregadas sob ação de interação entre essas bolhas produzidas na superfície das partículas.
Tabosa e Rubio (2010)	Brasil (minério sulfetado de cobre)	Estudo em escala de laboratório e flotação com recirculação parcial de frações concentradas (flotadas) de minério sulfetado de cobre à alimentação da flotação primária (técnica FRC). Os melhores resultados foram obtidos com a FRC com CAI. Foram obtidos ganhos de 17% na recuperação e 3,6% no teor de cobre, e a cinética do processo foi 2,4 vezes maior quando comparada com os estudos de flotação padrão (*standard*).

outro lado, visa exceder essa transferência mínima de energia sob um adequado aumento de turbulência, para que ocorra, entre outros, a agregação seletiva induzida das partículas hidrofóbicas. O limite mínimo de transferência de energia depende das propriedades superficiais, dos reagentes utilizados e da hidrodinâmica do sistema (velocidade de agitação, número de defletores, geometria das hélices impulsoras etc.).

A adesão "provocada" (forçada/induzida) das partículas finas entre si ou na superfície das partículas maiores (médias) é obtida por meio da agitação intensa, que permite otimizar as colisões efetivas, causando a "agregação" das frações F-UF na superfície das maiores (flotação autotransportadora; Fig. 18.1). Se as partículas maiores forem de composição mineralógica diferente, o processo de flotação é conhecido como flotação transportadora (Fig. 18.2). Esses fenômenos de agregação têm sido reportados por diversos autores, com diferentes sistemas minerais (entre outros, Rubio et al., 2004; Tabosa et al., 2009; Testa, Capponi e Rubio, 2008; Wei et al., 2008; Wei, Mei-Jiao e Yue-Hua, 2009; Tabosa, 2007).

Rosa, Rodrigues e Rubio (1998), em estudo da adição de uma etapa de condicionamento turbulento com sulfeto de zinco, propõem que, dependendo da quantidade de energia transferida pelo CAI à polpa, ocorre a formação de agregados hidrofóbicos entre partículas com

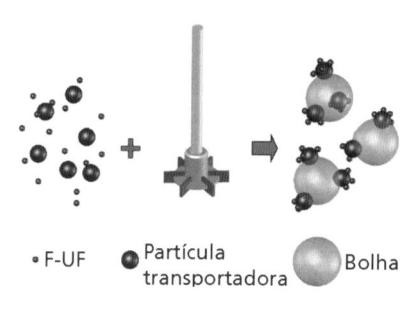

Fig. 18.1 CAI: adesão de partículas por homoagregação e flotação autotransportadora

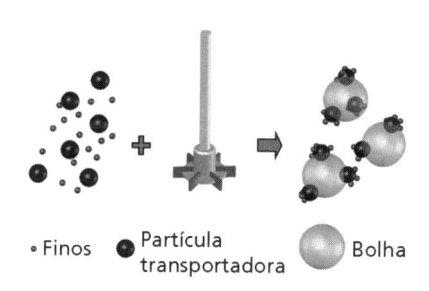

Fig. 18.2 CAI: fenômenos de heteroagregação de partículas e flotação transportadora

diferentes granulometrias, entre finas e médias, e entre finas e finas, o que justifica a existência do aumento de recuperação em dois picos. Assim, os agregados maiores são rompidos por cisalhamento durante a transferência de energia, e as partículas finas interagem entre si somente no intervalo de alta turbulência. Esse fenômeno também foi observado no trabalho de Valderrama e Rubio (1998) com minério de ouro, em que o aumento de recuperação ocorre em dois pontos distintos, com diferentes energias transferidas à polpa (expresso em kWh·m^3 de polpa), conforme mostrado na Fig. 18.3.

Sun et al. (2006) propõem que um dos mecanismos que ocasionam o aumento da recuperação da flotação com CAI é a incorporação de bolhas à polpa, geradas pela cavitação provocada pela alta velocidade periférica presente nas pás do impelidor. Esse fato provocaria uma agregação hidrofóbica gerada por uma ponte

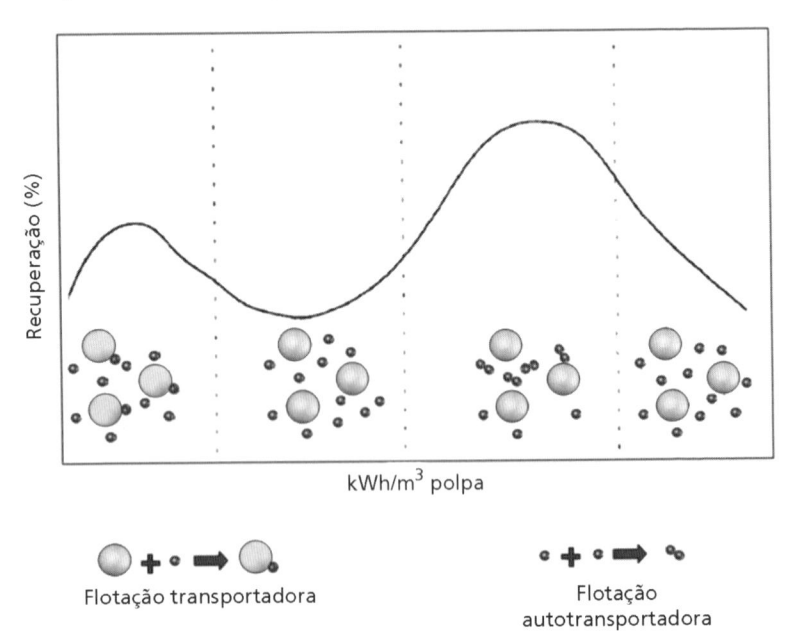

Fig. 18.3 Fenômeno de agregação de partículas durante estágio de condicionamento e mecanismos da flotação
Fonte: Valderrama e Rubio (1998).

de bolhas (Fig. 18.4), aumentando a probabilidade de colisão na célula de flotação. A nucleação da bolha na superfície da partícula eliminaria a necessidade do estágio de colisão para uma coleção da partícula (Zhou; Xu; Finch, 1994), aumentando, consequentemente, a recuperação.

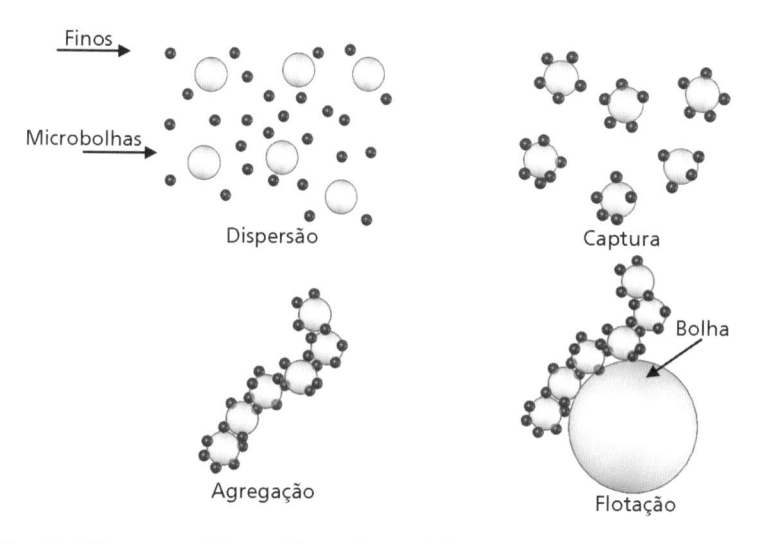

Fig. 18.4 Mecanismo CAI sugerido por Sun et al. (2006)

Diversos fatores influenciam a agregação entre as partículas em contato em uma polpa bem agitada. Entre os principais, estão: o tamanho, a carga superficial e a hidrofobicidade das partículas; o tempo de retenção do CAI; o gradiente de velocidade de agitação; e a proporção (teor) de minerais de valor na polpa (Koh; Warren, 1979). Nessa agregação, outra variável importante é a geometria do sistema (impelidor e tanque), estudada por diversos autores (Engel; Middlebrook; Jameson, 1997; Rosa, 1997; Valderrama; Guzmán; Zazzali, 2001; Testa; Rubio, 2008; Negeri; Boisclair; Cotnoir, 2006).

Nessa mesma linha da agregação, Rosa (1997) desenvolveu um modelo conceitual do processo CAI em termos de "probabilidade de agregação" (Pag), descrito como:

$$Pag = Pc \cdot Pa \cdot Ps \qquad (18.1)$$

onde:

Pc é a probabilidade de colisão entre as partículas;

Pa é a probabilidade de adesão entre as partículas e formação do agregado;

Ps é a probabilidade de o agregado formado permanecer estável.

Segundo Rosa (1997), cada uma dessas probabilidades depende de vários fatores, como o tamanho e a distribuição de tamanho de partículas, o grau de hidrofobicidade e a turbulência do sistema, entre outros. Esses fatores possuem um "grau de influência" variável sobre cada probabilidade, e a quantificação dessa influência é muito complexa e específica para cada sistema estudado. No entanto, é possível chegar a um consenso em relação aos fatores envolvidos em cada probabilidade.

Diversos autores (Trahar, 1981; Jordan; Spears, 1990; Spears; Stanley, 1994), embora divergindo com relação ao grau de influência de cada fator, afirmam que a probabilidade de colisão entre as partículas dependerá, em ordem decrescente de importância, do tamanho, da concentração e da velocidade relativa das partículas, que é uma função da energia transferida ao sistema.

A probabilidade de adesão, para Trahar (1981), seria diretamente proporcional ao grau de hidrofobicidade e inversamente proporcional ao tamanho das partículas. Entretanto, o mesmo autor afirma que, quando o grau de hidrofobicidade é elevado, a probabilidade de adesão atinge um valor máximo, independentemente do tamanho das partículas. Outros autores (Jordan; Spears, 1990; Spears; Stanley, 1994; Testa; Rubio, 2008; Tabosa; Rubio, 2010) postulam que, além de um grau de hidrofobicidade adequado, é preciso uma energia de colisão mínima para ocorrer a aproximação das partículas necessária para permitir que as forças hidrofóbicas atuem, formando os agregados.

Por outro lado, a probabilidade de o agregado formado permanecer estável é inversamente proporcional ao tamanho do agregado e diretamente proporcional ao grau de hidrofobicidade das partículas (Trahar, 1981). O tamanho máximo do agregado que é possível de se formar e de se manter estável depende também, principalmente, do grau de turbulência do sistema (Jordan; Spears, 1990; Spears; Stanley, 1994; Wei et al., 2008; Wei; Mei-Jiao; Yue-Hua, 2009) e do teor das partículas a serem agregadas (Tabosa; Rubio, 2010).

18.3 Processo CAI-flotação: estudos de pesquisa em escala de laboratório

Diversos parâmetros têm sido avaliados em escala de laboratório, entre os quais se destaca o *design* dos tipos de impelidores no CAI modificado (Fig. 18.5). A Fig. 18.6A mostra um impelidor de tipo naval com quatro aletas, que promove um fluxo axial dentro do reator CAI, e a Fig. 18.6B mostra um impelidor tipo turbina Rushton, de fluxo radial.

18.3.1 Minérios de cobre

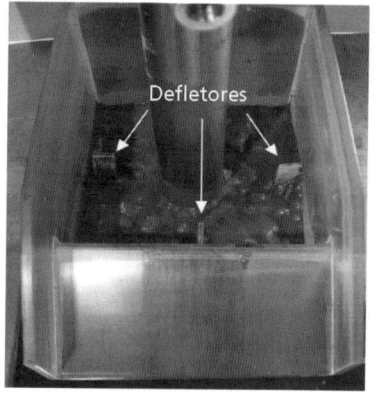

Fig. 18.5 CAI: sistema utilizado em escala de laboratório (LTM-UFRGS)

A maioria dos estudos realizados em nível de bancada envolve a análise dos mecanismos requeridos e a avaliação de parâmetros de separação como teor, recuperação e cinética de flotação. A maioria dos estudos tem sido realizada via ensaios padrões de flotação, denominados *standard* (STD), em células tipo Denver de laboratório. A variável estudada, na maioria das

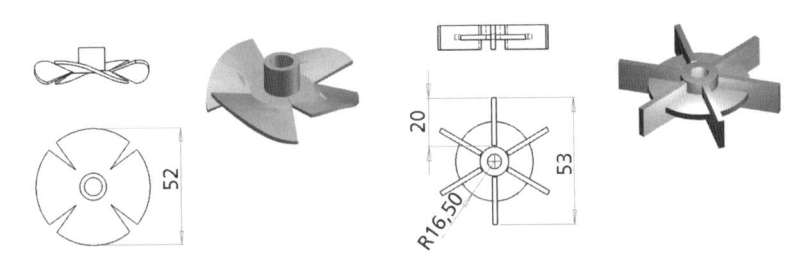

Fig. 18.6 CAI: sistema em escala de laboratório: (A) impelidor de fluxo axial tipo naval, com quatro aletas (dimensões em mm); (B) impelidor de fluxo radial tipo turbina Rushton, com seis aletas (dimensões em mm)
Fonte: Testa e Rubio (2008); Valderrama, Guzmán e Zazzali (2001).

pesquisas, tem sido o tempo de condicionamento, quantificado em termos de energia transferida à polpa, que é, por sua vez, medida com um watímetro, de acordo com a metodologia descrita em Valderrama (1997).

Os melhores resultados com CAI (sempre melhores que os alcançados com os ensaios de referência) foram obtidos para um máximo de energia transferida (em kWh·m^{-3} de polpa), com ganhos em todos os parâmetros de separação e com menor grau de arraste das partículas de ganga, determinados por meio do método proposto por Warren (1985), baseado na linearidade entre a recuperação acumulada de água e a recuperação de uma espécie mineral.

Os concentrados do ensaio STD e CAI com melhor resultado (2 kWh·m^{-3} de polpa) foram classificados em micropeneiras de 5 μm, 15 μm e 40 μm, com a análise dos teores de Cu dos retidos em cada faixa. Como era esperado, a recuperação de Cu nas frações finas, inclusive nas frações entre 15-40 μm, aumentou após a introdução do CAI.

Tabosa et al. (2009) e Tabosa e Rubio (2010) estudaram a flotação com recirculação parcial de frações concentradas (flotadas) à alimentação da flotação primária, aqui denominada de flotação com reciclo de concentrado (FRC). Essa alternativa foi avaliada em termos cinéticos e pela recuperação, entre outras, de partículas minerais finas ("F" 40-13 μm) e ultrafinas ("UF" < 13 μm) de minério sulfetado de cobre. Também foi avaliado o efeito do CAI, etapa pré-flotação, na eficiência comparativa com FRC e em conjunto com FRC. Os resultados são discutidos em termos dos parâmetros da captura de partículas por bolhas de ar, do efeito do aumento "artificial" do teor de partículas de alta cinética de flotação (FRC) e do efeito do regime hidrodinâmico turbulento de condicionamento (CAI) na segunda etapa da FRC.

Em particular, o referido estudo visou aperfeiçoar o processo convencional de flotação, com ênfase no tratamento de finos e ultrafinos de minérios, problemática antiga na área de tecnologia mineral. Os resultados mostraram que a FRC permitiu aumentar os parâmetros de separação (recuperação, teor e cinética) de partículas portadoras de cobre.

Os melhores resultados foram obtidos com a FRC com CAI. Nesses estudos, foram obtidos ganhos de 17% na recuperação metalúrgica e de 3,6% no teor de cobre, sendo que a cinética do processo também foi 2,4 vezes maior quando comparada com os estudos de flotação padrão (*standard*). Esses resultados também foram acompanhados por um aumento de 32,5% na recuperação real e uma diminuição de 2,4 vezes no grau de arraste hidrodinâmico das partículas sulfetadas de cobre.

Os dados obtidos foram explicados pelos mecanismos propostos que ocorrem no CAI, que têm relação com o fenômeno de agregação de partículas, sendo otimizados com o reciclo do concentrado, que aumenta "artificialmente" o teor, resultando em um aumento da probabilidade de colisões entre as partículas hidrofóbicas ("sementes" ou *carrier*).

18.4 Estudo de caso: minérios de fosfato da Bunge Araxá (atual Vale)

18.4.1 Minérios de fosfato

As amostras utilizadas correspondem ao fluxo denominado de finos naturais (FN), uma fração fina retirada após a moagem primária e que foi deslamada posteriormente em microciclones. Os teores médios de P_2O_5 foram de 11,5% e os de CaO, de 11,4%; as impurezas Fe_2O_3 e SiO_2 representam 29,6% e 16,5%, respectivamente. A distribuição granulométrica, medida em granulômetro a *laser* Cilas, mostra que 67% das partículas encontram-se no intervalo < 13 μm (Testa; Fonseca; Rubio, 2009).

Estudos de coluna de 4" de diâmetro e 7 m de altura
Coluna de flotação-piloto de 4"

Os estudos-piloto em coluna de flotação foram realizados em uma coluna-piloto com 4" de diâmetro e 7 m de altura (Fig. 18.7). Os ensaios foram realizados com amostras de polpa com 40%-44% de sólidos em peso, que alimentavam um tanque agitado com capacidade de 400 L. A partir desse tanque, a polpa era bombeada para os condicionadores, e no primeiro condicionador foi adicionado depressor (fubá de milho) e reali-

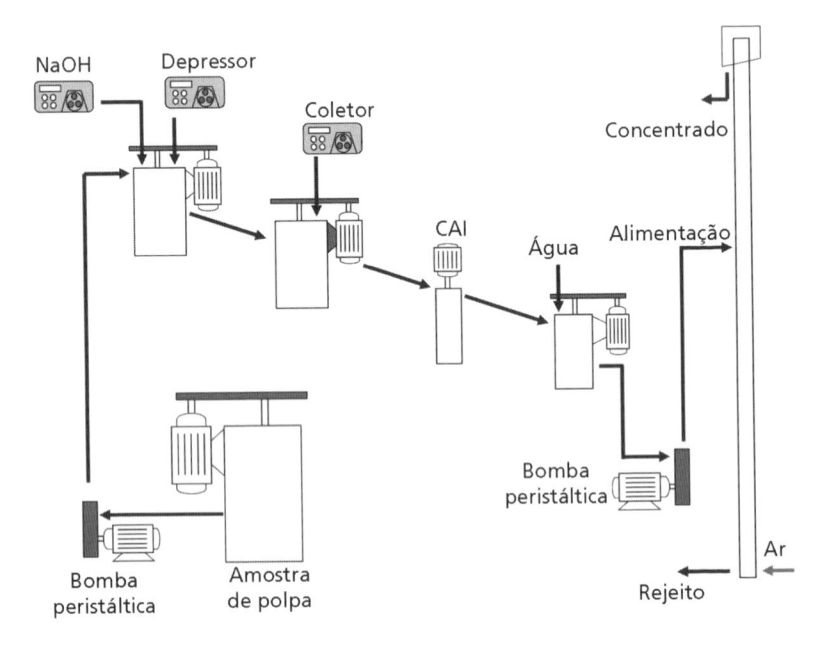

Fig. 18.7 Sistema experimental montado para estudos de flotação com CAI em escala-piloto de 4" de diâmetro

zado o ajuste de pH com NaOH. A polpa passava, pela ação da gravidade, para o segundo condicionador, onde foi adicionado coletor (ácido graxo de soja). Após esse ponto, a polpa era diluída, em tanque de diluição, até 25% de sólidos em peso.

A polpa condicionada foi alimentada a 1,26 m do topo da coluna por meio de uma bomba peristáltica. O rejeito foi retirado pela parte inferior da coluna com uma bomba peristáltica, e o concentrado transbordado foi coletado em um recipiente de fundo inclinado, situado no topo da coluna. A geração de bolhas foi feita por meio da passagem forçada de ar em um tubo poroso situado na base da coluna.

Os estudos de flotação com CAI foram realizados de acordo com o procedimento do ensaio STD. Além da etapa de condicionamento convencional, foi realizada uma etapa de condicionamento em um regime de alta turbulência, obtido com a introdução de defletores ou *baffles* na célula de condicionamento CAI (Fig. 18.8).

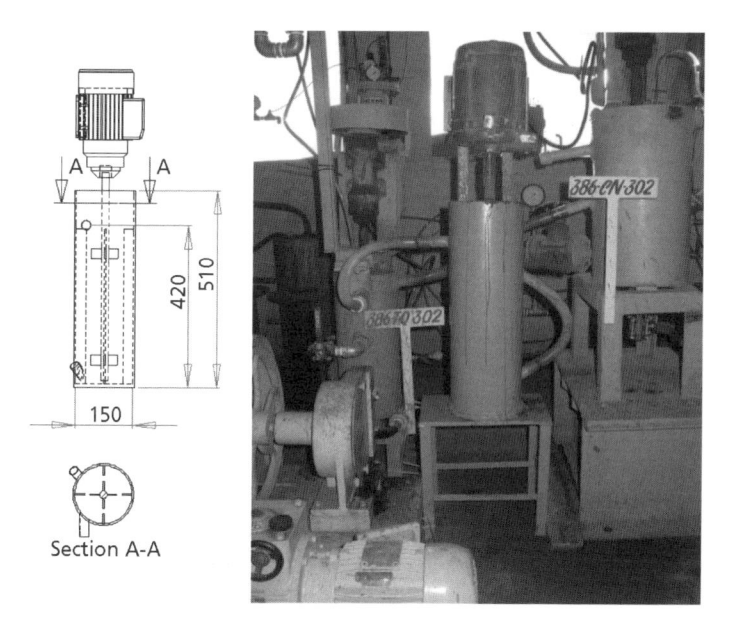

Fig. 18.8 Tanque CAI para estudos de flotação de minérios de fosfato em nível piloto, em coluna de 4" (dimensões em mm)

Os resultados obtidos também mostraram um aumento na recuperação de apatita sem contaminação do concentrado (Figs. 18.9 e 18.10; Tab. 18.1). A maior recuperação da apatita foi obtida para 0,23 kWh·m^{-3} de energia transferida à polpa. A Tab. 18.1 mostra, ainda, teores similares de Fe$_2$O$_3$ e uma diminuição do teor de sílica nos concentrados, resultados similares aos obtidos por Davis e Hood (1994).

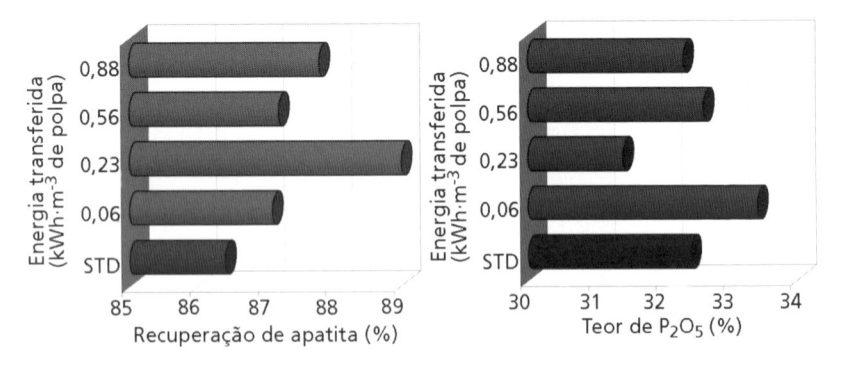

Fig. 18.9 Efeito da energia transferida à polpa na recuperação de apatita

Fig. 18.10 Efeito da energia transferida à polpa no teor de P$_2$O$_5$ do concentrado

Tab. 18.1 Resumo dos melhores resultados obtidos nos estudos com CAI (coluna de 4")

Ensaio	Recuperação de apatita (%)	Teor P$_2$O$_5$ (%)	Teor Fe$_2$O$_3$ (%)	Teor SiO$_2$ (%)
STD	86,4	32,4	8,5	2,3
0,06 kWh×m^{-3}	87,1	33,4	8,1	1,9
0,23 kWh×m^{-3}	89,0	31,4	8,9	1,5
0,56 kWh×m^{-3}	87,2	32,6	8,7	1,7
0,88 kWh×m^{-3}	87,8	32,3	8,1	1,3

Estudos de flotação em coluna de 24" de diâmetro e 10 m de altura

A polpa de finos naturais amostrada foi condicionada primeiramente com depressor, o pH foi controlado com NaOH e, depois, a polpa foi condicionada com coletor. Após essas etapas, incluído o ajuste do teor de sólidos, a polpa foi alimentada a 3,25 m do topo da coluna de flotação (Fig. 18.11).

O rejeito foi retirado pela parte inferior da coluna, com o fluxo controlado por uma válvula do tipo solenoide. A geração de bolhas foi realizada por meio da mistura ar/água em misturador do tipo MX, e a passagem da mistura, por dois *spargers* localizados na base da coluna (Testa; Rubio, 2008).

Fig. 18.11 Unidade-piloto de flotação em coluna de minério de fosfato (24" de diâmetro e 10 m de altura), com detalhes do transbordo da espuma (direita, acima) e do sistema de geração de bolhas (direita, abaixo)

O reator de CAI utilizado foi um tanque cilíndrico de 1 m de altura, com diâmetro de 90 cm e altura do nível da polpa de 50 cm, adaptado com quatro defletores, dimensionados de tal forma que permita um CAI (elevada turbulência) (Fig. 18.12). Nesses ensaios comparativos com o *standard*, avaliou-se o efeito do grau de agitação no reator CAI, modificado por meio da variação da rotação do motor, controlada por um inversor de frequência que agita a polpa no reator CAI.

As Figs. 18.13 e 18.14 mostram os acréscimos tanto nas recuperações metalúrgicas como nos teores de P_2O_5 após o CAI, e a Tab. 18.2 mostra um resumo dos resultados obtidos. Os resultados incluem, ainda, valores significativos de redução de teor de impurezas tanto de Fe_2O_3 como de SiO_2.

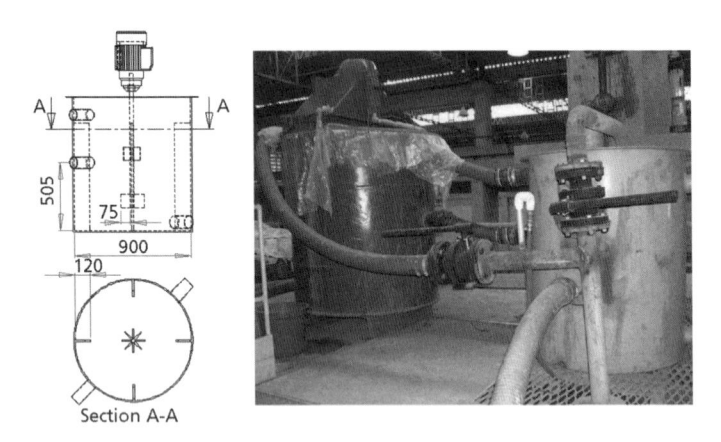

Fig. 18.12 Reator CAI utilizado nos estudos em escala-piloto da coluna de flotação de 24" (dimensões em mm)

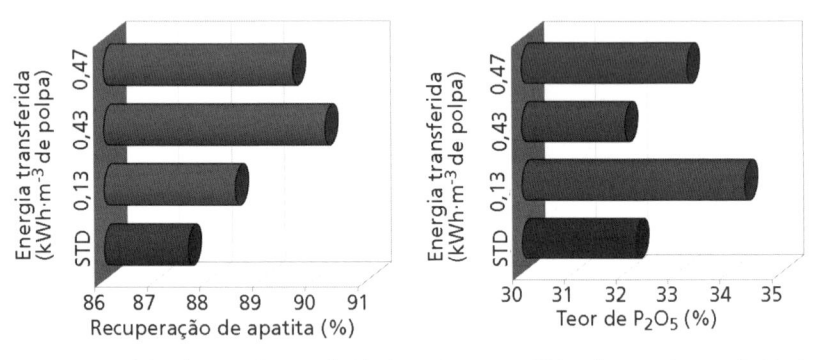

Fig. 18.13 Efeito da energia transferida à polpa na recuperação de apatita

Fig. 18.14 Efeito da energia transferida à polpa no teor de P_2O_5 do concentrado

Tab. 18.2 RESUMO DOS MELHORES RESULTADOS OBTIDOS NOS ESTUDOS COM CAI (COLUNA DE 24")

Ensaio	Recuperação de apatita (%)	Teor P_2O_5 (%)	Teor Fe_2O_3 (%)	Teor SiO_2 (%)
STD	87,6	32,2	7,9	3,0
0,13 kWh×m^{-3}	88,5	34,3	6,3	2,4
0,43 kWh×m^{-3}	90,2	32,0	7,7	2,9
0,47 kWh×m^{-3}	89,6	33,2	7,4	2,8

18.5 Considerações finais e conclusões

Os antecedentes mostram que, em todos os casos, os benefícios obtidos após o CAI são importantes em termos de aumentos na recuperação e, em alguns casos, de teor das partículas de valor. No caso das partículas grossas, o CAI promove uma melhor suspensão e atrito entre as partículas, limpando e ativando as superfícies e aumentando a adsorção do coletor e a recuperação global.

Neste capítulo, todos os resultados mostram que, usando-se o CAI como etapa pré-flotação: (i) maiores recuperações foram obtidas, independentemente do sistema mineral; (ii) são obtidos concentrados mais limpos, menores graus de arraste e maiores velocidades específicas de flotação. No caso de minérios sulfetados de cobre, as maiores recuperações, após o CAI, ocorreram nas frações mais finas, de acordo com o esperado.

Os mecanismos que operam no CAI são diversos, com destaque para a agregação entre as partículas finas e ultrafinas, entre si ou com as maiores, formando partículas de maior probabilidade de captura pelas bolhas.

Os exemplos de CAI com minérios de fosfato mostraram que, para valores de energia transferida à polpa acima de 0,23 kWh·m^{-3}, as recuperações de apatita aumentaram entre 2% e 4,8%, sem contaminação de impurezas do concentrado (Testa; Rubio, 2008; Testa; Fonseca; Rubio, 2009).

Os principais parâmetros avaliados foram a intensidade da agitação, a transferência de energia e o fluxo hidrodinâmico no reator. Os resultados obtidos mostram que, com a agitação turbulenta do CAI, ocorre um acréscimo na recuperação de apatita durante a flotação sem prejudicar o teor de P_2O_5 do concentrado ou o arraste de impurezas. Observou-se também que o impelidor de fluxo radial apresenta melhor rendimento que um de fluxo axial, provavelmente em razão do maior número de colisões efetivas.

Os resultados em nível de bancada foram validados em escala-piloto, em que a recuperação por flotação *rougher* de apatita aumentou, no mínimo, 2% após o CAI, com valores de energia transferida à polpa acima de 0,23 kWh·m^{-3} de polpa, sem diminuir o teor de P$_2$O$_5$ do concentrado ou aumentar as impurezas (sílica e óxidos de ferro). Esses resultados são, provavelmente, decorrentes dos mecanismos envolvidos nessa técnica, que dependem do grau de dispersão de polpa, da intensidade do cisalhamento, do aumento da probabilidade de colisão e adesão, do teor de partículas de fosfato e da distribuição de tamanho de partículas.

O processo CAI encontra-se em fase de inserção na unidade industrial da Vale-Araxá, onde se tinha identificado que a flotação *scavenger* da usina apresentava uma baixa recuperação (deveria ser uma operação com alta recuperação mássica e metalúrgica), provavelmente em razão de um baixo grau de dispersão da polpa ou do tempo de condicionamento nessa etapa. Para compensar o tempo reduzido de condicionamento, foi utilizado um CAI para obter uma maior transmissão de energia à polpa sem a necessidade de aumentar o volume dos condicionadores. Com a substituição, a recuperação em massa passou de uma média de 12% para 20%. Houve uma pequena redução no teor de concentrado, que não interferiu no processo por tratar-se de uma flotação *scavenger*. Por outro lado, existem informações do uso de condicionadores turbulentos em usinas de flotação de pirocloro (Nb$_2$O$_5$), mas não se conhecem quantitativamente possíveis vantagens.

Em virtude de todos os resultados obtidos em distintos cenários, espera-se que, em breve, o CAI seja uma operação unitária auxiliar à flotação na maioria das usinas com problemas de recuperação de finos de minérios.

Agradecimentos

Agradecemos a todos os alunos do Laboratório de Tecnologia Mineral e Ambiental (LTM-UFRGS), aos amigos da Tecnologia Mineral e às instituições de fomento à pesquisa no Brasil.

Referências bibliográficas

ALDRICH, C.; FENG, D. The effect of frothers on bubble size distributions in flotation pulp phases and surface froths. *Minerals Engineering*, v. 13, n. 10-11, p. 1049-1057, 2000.

BULATOVIC, S. M.; WYSLOUZIL, D. M. Development and application of new technology for the treatment of complex massive sulphide ores. Case study - Faro lead/zinc concentrator - Yukon. *Minerals Engineering*, v. 12, n. 2, p. 129-145, 1999.

CHEN, G.; GRANO, S.; SOBIERAJ, S.; RALSTON, J. The effect of high intensity conditioning on the flotation of nickel ore, part 1. Size-by-size analysis. *Minerals Engineering*, v. 12, n. 10, p. 1185-1200, 1999a.

CHEN, G.; GRANO, S.; SOBIERAJ, S.; RALSTON, J. The effect of high intensity conditioning on the flotation of nickel ore, part 2. Mechanisms. *Minerals Engineering*, v. 12, n. 11, p. 1359-1373, 1999b.

DAVIS, B. E.; HOOD, G. D. Conditioning parameter effects on the recovery of coarse phosphate. *Mineral and Metallurgical Processing*, p. 50-54, Feb. 1994.

ENGEL, M. D.; MIDDLEBROOK, P. D.; JAMESON, G. J. Advances in the study of high intensity conditioning as a means of improving mineral flotation performance. *Minerals Engineering*, v. 10, p. 55-68, 1997.

JORDAN, C. E.; SPEARS, D. R. Evaluation of turbulent flow model for fine-bubble and fine-particle flotation. *Mineral and Metallurgical Processing*, p. 65-73, May 1990.

KOH, P. T. L.; WARREN, L. J. Flotation of an ultrafine scheelite ore and the effect of shear-flocculation. *Proceedings of the XIII International Mineral Processing Congress*, Warsaw, p. 263-321, 1979.

NEGERI, T.; BOISCLAIR, M.; COTNOIR, D. Flotation pulp conditioning intensity determination and scale-up considerations. *Proceedings of the XXII International Mineral Processing Congress*, Istanbul, Turkey, 3-8 Sept. 2006.

ROSA, J. J. *O condicionamento à alta intensidade e a recuperação de finos de minérios por flotação*. 1997. Dissertação (Mestrado) – PPGEM, Universidade Federal do Rio Grande do Sul, Porto Alegre, 1997.

ROSA, J. J.; RODRIGUES, R. T.; RUBIO, J. Condicionamento em alta intensidade para aumentar a recuperação de finos de minérios por flotação. *Anais do XVII Encontro Nacional de Tratamento de Minérios e Metalurgia Extrativa e I Seminário de Química de Colóides Aplicada à Tecnologia Mineral*, Águas de São Pedro, São Paulo, v. 2, p. 521-542, 1998.

RUBIO, J.; BRUM, I. The conditioning effect on the flotation of copper/moly mineral particles. *Proceedings of the Southern Hemisphere Meeting on Mineral Technology*, Concepción, Chile, v. 2, p. 295-308, 1994.

RUBIO, J.; CAPPONI, F.; MATIOLO, E.; ROSA, J. J. Avanços na flotação de finos de minérios sulfetados de cobre e molibdênio. *Anais do XX Encontro Nacional de Tratamento de Minérios e Metalurgia Extrativa*, Florianópolis, Santa Catarina, v. 2, p. 69-78, sessão 7, 2004.

SPEARS, D. R.; STANLEY, D. A. Study of shear-flocculation of silica. *Minerals and Metallurgical Processing*, v. 11, n. 1, p. 5-11, 1994.

SUN, W.; HU, Y.; DAI, J.; LIU, R. Observation of fine particle aggregating behavior induced by high intensity conditioning using high speed CCD. *Transactions of Nonferrous Metals Society of China*, v. 16, p. 198-202, 2006.

TABOSA, E. O. *Flotação com reciclo de concentrados (FRC) para recuperação de finos de minérios*: fundamentos e aplicações. 2007. Dissertação (Mestrado) – PPGEM, Universidade Federal do Rio Grande do Sul, Porto Alegre, 2007.

TABOSA, E. O.; RUBIO, J. Flotation of copper sulphides assisted by High Intensity Conditioning (HIC) and concentrate recirculation. *J. Minerals Engineering*, v. 23, n. 15, p. 1198-1206, 2010.

TABOSA, E. O.; CENTENO, C.; TESTA, F.; RUBIO, J. Flotação com reciclo de concentrado (FRC) na recuperação de minério de cobre: fundamentos e aplicações. *Anais do XXIII Encontro Nacional de Tratamento de Minérios e Metalurgia Extrativa*, Gramado/Rio Grande do Sul, v. 1, p. 309-316, 2009.

TESTA, F.; RUBIO, J. O condicionamento em alta intensidade como alternativa real para o aumento da recuperação de partículas finas. *Brasil Mineral*, v. 278, p. 96-103, 2008.

TESTA, F.; CAPPONI, F.; RUBIO, J. Estudios de flotación no convencional de partículas finas de sulfuros de cobre y molibdeno. *Revista da Faculdad de Ingeniería*, Universidad de Atacama, Chile, ISSN 0716-3711, v. 22, p. 18-25, 2008.

TESTA, F.; FONSECA, R.; RUBIO, J. O condicionamento em alta intensidade (CAI) na flotação de fosfatos. *Anais do XXIII Encontro Nacional de Tratamento de Minérios e Metalurgia Extrativa*, Gramado, Rio Grande do Sul, v. 1, p. 331-338, 2009.

TRAHAR, W. J. A rational interpretation of role of particle size in flotation. *International Journal of Mineral Processing*, Amsterdam, v. 2, p. 289-327, 1981.

VALDERRAMA, L. C. *Estudos de flotação não convencional para o tratamento de rejeitos de ouro*. 124 f. Tese (Doutorado) – Escola de Engenharia, PPGEM, Universidade Federal do Rio Grande do Sul, Porto Alegre, 1997.

VALDERRAMA, L.; RUBIO, J. High intensity conditioning and the carrier flotation of gold fine particles. *International Journal of Mineral Processing*, v. 52, p. 273-285, 1998.

VALDERRAMA, L.; GUZMÁN, D.; ZAZZALI, B. Efecto de la hélice en la recuperación de partículas finas de cobre y oro en relaves. *Anais do VI Southern Hemis-*

phere Meeting on Minerals Technology e XVIII Encontro Nacional de Tratamento de Minérios e Metalurgia Extrativa, Rio de Janeiro, 2001.

WARREN, L. J. Determination of the contributions of true flotation and entrainment in batch flotation tests. *International Journal of Mineral Processing*, v. 14, p. 33-44, 1985.

WEI, S.; MEI-JIAO, D.; YUE-HUA, H. Fine particle aggregating and flotation behavior induced by high intensity conditioning of a CO_2 saturation slurry. *Mining Science and Technology (China)*, v. 19, n. 4, p. 483-488, 2009.

WEI, S.; YUE-HUA, H.; JING-PING, D.; RUN-QING, L. Observation of fine particle aggregating behavior induced by high intensity conditioning using high speed CCD. *Transactions of Nonferrous Metals Society of China*, v. 16, p. 198-202, 2006.

WEI, S.; ZE-JUN, X.; YUE-HUA, H.; MEI-JIAO, D.; LUAN, Y.; GUO-YONG, H. Effect of high intensity conditioning on aggregate size of fine sphalerite. *Transactions of Nonferrous Metals Society of China*, v. 18, n. 2, p. 438-443, 2008.

ZHOU, Z. A.; XU, Z.; FINCH, J. A. On the role of cavitation in particle collection during flotation: a critical review. *Mineral Engineering*, v. 7, n. 9, p. 1073-1084, 1994.

19 Tratamento de água na mineração

Magno Meliauskas

A preocupação crescente com o impacto das atividades de mineração sobre o meio ambiente tem acarretado estudos visando tanto à utilização racional dos recursos hídricos quanto ao tratamento das águas descartadas durante o processo de beneficiamento mineral. O presente capítulo apresenta alguns aspectos relacionados à política e ao gerenciamento dos recursos hídricos e aborda também alguns conceitos básicos de Hidrogeologia. Os processos tradicionais e potenciais para o tratamento das águas oriundas das atividades de lavra e do processamento mineral são igualmente discutidos.

O processo de gerenciamento de recursos hídricos envolve componentes multidisciplinares, visto que precisa atender a diferentes objetivos, sejam econômicos, ambientais ou sociais. Entre esses componentes, a engenharia de recursos hídricos busca adequar a disponibilidade e a necessidade de água em termos de espaço, tempo, quantidade e qualidade. Seu trabalho está relacionado aos diversos usos da água, em que se pode destacar infraestrutura social, agricultura, florestamento, aquacultura, indústria, mineração, conservação e preservação. Esses usos da água podem ser consuntivos, não consuntivos e locais. O emprego consuntivo da água provoca a sua retirada da fonte natural, diminuindo sua disponibilidade espacial e temporal (p. ex., agricultura, processamento industrial e uso doméstico). Por sua vez, no uso não consuntivo, praticamente toda a água utilizada retorna à fonte de suprimento, podendo haver modificação na sua disponibilidade e nas suas características ao longo do tempo (p. ex., recreação, piscicultura e mineração). O uso local não provoca modificações relevantes na disponibilidade da água.

A grande variedade de usos da água, somada às suas diferentes características (estruturais e intrínsecas) e funções (biológica, natural, técnica e simbólica), torna a cobrança pela utilização do recurso hídrico bastante complexa. Durante muito tempo, a água não foi considerada um bem econômico; porém, a escassez de água de boa qualidade disponível no mundo fez com que esse produto assumisse essa nova condição. Dentro da categoria de bem econômico, a água pode, ainda, ser classificada como bem privado, quando dois agentes econômicos não podem utilizar simultaneamente esse bem, ou como bem público (puro ou misto), o que não simplifica a determinação do seu valor econômico.

Alguns países, como a França e a Alemanha, já estabeleceram um sistema de cobrança pelo uso do recurso hídrico; no entanto, mesmo nesses casos, ainda se procuram metodologias mais eficientes que promovam uma maior preservação desse recurso e um custo menor para a sociedade. No Brasil, o debate sobre esse tipo de cobrança é recente e tornou-se mais intensivo a partir da criação da Agência Nacional de Águas (ANA).

O U.S. Geological Survey disponibilizou dados referentes às fontes de água doce disponíveis nos Estados Unidos em 1995, bem como às diversas categorias de uso dessas águas. Para cada finalidade de consumo de água, foram apresentadas as porcentagens correspondentes à fonte de água utilizada e as porcentagens relativas ao consumo de água de cada categoria de uso. Esse órgão disponibiliza, ainda, o consumo de água na mineração por cada estado dos Estados Unidos, que é de aproximadamente 1% do total. Informações semelhantes não foram encontradas para o Brasil, o que aponta a necessidade de serem efetuados levantamentos desse tipo para um melhor gerenciamento dos recursos hídricos.

19.1 Hidrologia e Hidrogeologia

A Hidrologia é a ciência que trata da água de forma global, investigando suas propriedades, sua circulação e sua distribuição sobre e sob a superfície, bem como na atmosfera. Por sua vez, a Hidrogeologia foi definida, inicialmente, como o estudo das leis da ocorrência e do movimento das águas subterrâneas em diferentes tipos de rochas e formações. Atualmente, porém, a Hidrogeologia também se preocupa com o aproveitamento que o homem pode dar a esses aquíferos.

Tendo em vista a importância dos fundamentos dessas duas ciências para a melhor compreensão da origem e da natureza dos recursos hídricos, alguns conceitos básicos são apresentados a seguir.

A origem da água subterrânea encontra-se no ciclo hidrológico. Os fatores que regem esse ciclo são a ação da gravidade, o tipo de densidade da cobertura vegetal para o solo e o subsolo e os fatores climáticos para a atmosfera e as superfícies líquidas.

Os principais processos de um ciclo hidrológico são:

1 evaporação – moléculas de água da superfície líquida ou da umidade do solo passam de estado líquido para vapor;
2 evapotranspiração – perda de água pelas plantas para a atmosfera;
3 infiltração – absorção, pelo solo, da água precipitada;
4 deflúvio – fluxo da água da chuva precipitada na superfície da Terra, por ação da gravidade nos leitos dos rios.

Entre os sistemas de água subterrânea, os aquíferos apresentam a maior importância, pois permitem que quantidades significativas de água se movimentem no interior da formação geológica em condições naturais.

Os aquíferos podem ser confinados (ou sob pressão) ou não confinados (livres ou freáticos).

O aquífero confinado está contido entre formações e, dessa forma:

1 não há necessidade de construção de locais para armazenamento nem de sistemas de distribuição, tendo em vista sua ocorrência em áreas extensas, ao longo das quais se pode ter acesso a ele por meio de poços;
2 a regularização do fluxo subterrâneo é menos onerosa e há menor influência das variações climáticas;

3 há maior dificuldade de contaminação física ou biológica e a pressão da água é superior à pressão atmosférica.

A produção de águas desse tipo de aquífero se dá por meio de poços onde o nível de água subterrânea fica acima da camada confinante superior.

Como desvantagens dos aquíferos confinados, podem-se citar:

1 os custos operacionais são relativamente altos;
2 a remoção de poluentes é mais difícil e, em alguns casos, impraticável;
3 inexistência de uma estrutura legal e satisfatória para a exploração de aquíferos, o que facilita a sua contaminação.

A Hidrologia e a Hidrogeologia podem fornecer ferramentas valiosas para o diagnóstico do impacto de empreendimentos de mineração nas águas superficiais e subterrâneas. O mapeamento hídrico e geológico da região desde a fase de pré-viabilidade do projeto permite a formação de um banco de dados a partir do qual se pode ter maior controle do processo, antecipar problemas ambientais e, consequentemente, propor possíveis soluções.

As atividades de lavra e processamento mineral envolvem grande número de etapas, às quais estão associadas inúmeras possibilidades de contaminação do meio ambiente. Esses riscos ambientais devem ser avaliados durante o desenvolvimento do fluxograma de operação da usina, que deve prever as formas de gerenciamento e tratamento dos efluentes produzidos (Melamed, 1998).

As operações de lavra geralmente envolvem grandes volumes de água, que se torna responsável pelo transporte de contaminantes (óleos, reagentes químicos etc.) gerados nas etapas de perfuração, desmonte e transporte do minério. Em geral, essa água proveniente da lavra é descartada na bacia de rejeitos; em alguns casos, porém, ela pode ser utilizada nas operações de processamento mineral. Independentemente da sua finalidade, essa água deve ser tratada previamente para a remoção dos contaminantes.

Outra forma de contaminação do meio ambiente, comum em minas de sulfetos, é a drenagem ácida de minas, que ocorre em decorrência da ação do intemperismo e da oxidação, pelo ar e bacteriana, de sulfetos, levando à formação de ácido sulfúrico, que promove, ainda, a dissolução de metais presentes em depósitos de estéreis e minas subterrâneas e a céu aberto. Em consequência desse fenômeno, além do risco de contaminação de fontes de água superficiais e subterrâneas, a recuperação dessas áreas torna-se mais cara, em razão da maior dificuldade de reflorestamento.

19.2 Tratamento de águas de lavra e do processamento mineral

Um dos principais problemas encontrados atualmente pela indústria de mineração é a necessidade cada vez mais elevada de utilização de fontes de águas primárias impuras com altos níveis de salinidade (incluindo sais de cálcio, magnésio e ferro como precipitados em potencial) e de água reciclada a partir de bacias de rejeitos, *overflows* de espessadores e filtragem. Dessa forma, a introdução de consideráveis quantidades de espécies dissolvidas, a partir da dissolução de minerais, e a elevação do teor de orgânicos, pela presença de quantidades residuais de depressores, ativadores, dispersantes, floculantes e coletores, podem afetar significativamente os custos e a eficiência do processo.

Hansen e Davies (1994) apresentaram uma revisão de tecnologias potenciais para a remoção de componentes dissolvidos em águas produzidas na exploração do petróleo. Diversos processos passíveis de aplicação no tratamento de águas de lavra e do processamento mineral foram descritos, tanto do ponto de vista técnico quanto do econômico e logístico.

O tratamento de águas envolve, na realidade, duas etapas: remoção dos contaminantes e separação sólido-água. Abordaremos aqui os seguintes processos: coagulação, floculação e precipitação.

Dentel (1991) fez uma revisão bastante completa sobre a necessidade de otimização da dosagem de coagulante no tratamento de águas, em consequência das leis, cada vez mais severas, relacionadas ao controle da qualidade da água. Contudo, outros objetivos são igualmente importantes no controle da quantidade de coagulante adicionado em processos de purificação de águas, tais como:

1 aumentar a produção de água mantendo sua qualidade;
2 reduzir os custos operacionais (retrolavagem ou manuseio da lama) e de reagentes químicos;
3 melhorar as propriedades da lama formada ou diminuir seu volume para facilitar seu manuseio.

As diferenças existentes entre os processos de coagulação e floculação nem sempre são muito claras. Em termos de características do processo, a coagulação pode ser considerada como a etapa inicial de desestabilização da dispersão, sendo o coagulante geralmente adicionado à água antes ou durante uma forte agitação. Por sua vez, a floculação ocorre em um ambiente menos turbulento e, em geral, o floculante é adicionado posteriormente ao coagulante. Em alguns casos, o floculante pode ser utilizado isoladamente como auxiliador na filtração ou condicionador da lama. Diferentes mecanismos são atribuídos aos dois processos, ocorrendo na coagulação a neutralização da carga, enquanto na floculação há a formação de pontes entre as partículas.

Os principais coagulantes inorgânicos são os sais de alumínio e ferro, em especial o sulfato de alumínio, o policloreto de alumínio e o cloreto férrico. O mecanismo de atuação desses sais pode ser dividido em três etapas:

1 ultrapassagem do limite de solubilidade do hidróxido de ferro ou alumínio;
2 adsorção do hidróxido de alumínio ou de ferro sobre as superfícies coloidais;
3 neutralização da carga superficial, considerando que, em condições típicas do processo, o hidróxido metálico está

positivamente carregado e as partículas coloidais estão negativamente carregadas.

Um diagrama completo de estabilidade pode ser gerado por meio da realização de diversos testes de jarro (*jar tests*), conforme mostrado na Fig. 19.1, para diversas dosagens de coagulantes e valores de pH. Ensaios de mobilidade eletroforética podem ser realizados para compreender melhor os mecanismos de coagulação.

Existem também produtos pré-hidrolisados bastante utilizados, como o policloreto de alumínio (PAC), que é o produto da adição controlada de hidróxido ou carbonato de sódio ao cloreto de alumínio concentrado. Esses coagulantes são relativamente estáveis depois de formados e possuem uma elevada razão área/volume, promovendo uma melhor neutralização de carga quando adsorvidos na superfície de uma partícula negativamente carregada.

Cal é tipicamente empregada no processo de redução da dureza da água por precipitação. O processo de precipitação é combinado com a remoção de sólidos suspensos, com a cal agindo como coagulante. Esse reagente também pode ser usado no

Fig. 19.1 Testes de jarro (*jar tests*)

controle de pH quando são utilizados coagulantes ácidos, como os sais de alumínio e ferro; no entanto, seu efeito nos mecanismos de coagulação não são muito bem conhecidos.

Outro tipo de tratamento ainda pouco explorado são os coagulantes orgânicos, as poliaminas e os taninos, que possuem boa atuação para a formação dos coágulos, tendo como ganho adicional o não incremento de sais na água.

Os polímeros orgânicos (polieletrólitos ou floculantes) empregados no tratamento de águas são cadeias de unidades monoméricas ligadas em uma configuração linear ou ramificada. Os grupos funcionais encontram-se localizados ao longo da cadeia e podem possuir carga negativa, positiva ou neutra. Esses coagulantes são também conhecidos como polieletrólitos, apesar de a definição formal do termo ser atribuída somente aos tipos catiônicos e aniônicos. Apesar da pouca variedade de polímeros, eles diferem em peso molecular e fração ativa. O peso molecular dos coagulantes orgânicos pode variar de 1.000 a 15.000.000, sendo sua denominação mais comum polímeros de baixo, alto ou altíssimo peso molecular.

Tendo em vista que o meio coloidal presente em águas naturais é negativamente carregado, os polímeros coagulantes catiônicos agem no sentido de atrair eletrostaticamente a superfície coloidal, resultando em uma neutralização de cargas. Dessa forma, as forças atrativas superam as forças repulsivas e ocorre a coagulação (teoria DLVO).

Na floculação, o peso molecular dos polímeros (floculantes) governa o desempenho do processo, principalmente no que se refere à aparência do floco e à velocidade de sedimentação. Para que a floculação seja eficiente, sugere-se que o tamanho do polímero seja superior à espessura da dupla camada elétrica, o que é mais comum para polímeros de alto peso molecular. Tendo em vista que o mecanismo associado à floculação se refere à formação de pontes entre as partículas, os floculantes podem ser catiônicos, aniônicos ou neutros.

A escolha de coagulantes e floculantes ainda tem sido baseada em resultados empíricos, e nem mesmo modelos semiempíricos foram desenvolvidos para auxiliar inicialmente no processo de seleção. O *jar test* tem sido o método mais utilizado em experimentos de coagulação realizados em laboratório. Entre os resultados obtidos a partir desses testes, estão: medidas de turbidez, tempo de aparecimento do primeiro floco, análises de mobilidade eletroforética, analisadores de tamanho de partículas e cor. Os resultados podem ser apresentados na forma de gráficos que representem determinado resultado em função da dosagem de coagulante ou floculante. Pode-se também desenvolver topogramas que relacionem dosagens de coagulante inorgânico e coagulante orgânico em linhas de turbidez e custo. Gráficos de velocidade de sedimentação também podem ser elaborados com o objetivo de selecionar coagulantes e floculantes.

19.3 Considerações finais

As atividades de mineração são dinâmicas, considerando as variações no teor do minério e no preço das *commodities*, o que pode resultar em mudanças significativas nas características físicas da mina ao longo do tempo. Portanto, o sistema de gerenciamento de águas deve ser flexível para ser capaz de responder rapidamente às influências externas. Os dois principais objetivos do sistema de gerenciamento de águas na mineração são garantir um suprimento de água confiável para atender às necessidades de operação da lavra e do processamento mineral, tanto em termos quantitativos como qualitativos, e cumprir as regulamentações impostas pela legislação ambiental.

Referências bibliográficas

DENTEL, S. K. Coagulant control in water treatment. *Critical Reviews in Environmental Control*, v. 21, n. 1, p. 41-135, 1991.

HANSEN, B. R.; DAVIES, S. R. H. Review of potential technologies for the removal of dissolved components from produced water. *Transactions IchemE*, v. 72, n. A, p. 176-188, 1994.

MELAMED, R. Water: a key for sustainable development. In: VILLAS-BÔAS, R. C.; KAHN, J. *Zero emission*. Rio de Janeiro: CNPq/Cetem/Iatafi, 1998. p. 61-79.

20 Pesquisa e desenvolvimento em flotação

Armando Corrêa de Araujo
Paulo Roberto de Magalhães Viana
Antônio Eduardo Clark Peres

"Sem o desenvolvimento da flotação em espumas, a indústria mineral não existiria como a conhecemos hoje. Aproximadamente todo o suprimento de vários metais (cobre, chumbo, zinco, prata, molibdênio, cobalto...) depende diretamente de operações de flotação em espumas." Com essas palavras, Cases (2002) praticamente repete a afirmação feita 40 anos antes por Milliken (1962). Milliken e Cases vão mais longe ao ressaltar a importância da introdução do processo de flotação na indústria mineral, afirmando que, desde a descoberta da fusão dos metais, nenhum outro processo foi tão importante para o aumento da produção dos minerais e, consequentemente, para o desenvolvimento da sociedade nos seus moldes atuais.

A flotação hoje se aplica em praticamente todos os tipos de recursos minerais. Entre os recursos metálicos, é o processo básico para a concentração de cobre, chumbo, zinco, cádmio, cobalto, prata, molibdênio, nióbio e platinoides (PGM), e destaca-se consideravelmente em termos de aplicação para ferro, níquel, terras-raras, tungstênio, estanho e ouro. Com relação aos bens minerais não metálicos, existem aplicações de flotação para a concentração de vários silicatos (talco, quartzo, feldspato, micas, espodumênio etc.), carbonatos (calcita, magnesita, dolomita), sulfatos (barita), boratos, além de ser extremamente importante na concentração dos fornecedores de matéria-prima para a indústria de fertilizantes (fosfatos e silvita). Aplica-se a flotação também para a concentração de grafita, enxofre, fluorita e para a eliminação de impurezas ferrotitaníferas da caulinita. No âmbito dos recursos minerais energéticos, a flotação é aplicada na limpeza de carvões e na concentração de óleo a partir de arenitos oleaginosos (*tar sands*). A grande diversidade de aplicabilidade da flotação reside no fato de a propriedade diferenciadora ser, na grande maioria dos casos, induzida pela introdução de reagentes químicos.

Levando em conta a máxima de que cada minério é um minério diferente, o processamento de minerais – particularmente a flotação – depende, de forma extremamente significativa, de pesquisas realizadas em laboratório. O processamento mineral caracteriza-se pela necessidade intrínseca da realização de ensaios tecnológicos para determinar a aplicabilidade técnica e econômica de todos os seus processos básicos, especialmente os de concentração de minerais, como a flotação.

A flotação baseia-se, na maioria das vezes, em aplicar (induzir) diferenças de comportamento de umectação ("molhamento") em partículas de certos minerais que se deseja separar de outros. Essas diferenças são quase sempre conseguidas por meio da adição de um ou vários reagentes químicos, que têm funções específicas no processo de criação das diferenças necessárias de comportamento superficial das partículas dos minerais presentes em um minério, de forma a transformar a aplicação do processo de flotação em um meio bem-sucedido de promover a separação eficiente entre minerais.

Atualmente, o processo de engenharia denominado flotação, quando aplicado à separação de minerais na indústria de mineração, representa o principal processo tanto em termos de quantidade de minérios processados como em termos de variedade de aplicações. Cada caso representará um estudo particular sob todos os aspectos, especialmente em função das características únicas de cada minério, que nunca podem ser subestimadas.

A pesquisa na flotação foi marcada, historicamente, pela necessidade de encontrar uma solução rápida para o problema de exaustão de minérios metálicos de teor mais alto e liberação em maiores tamanhos de partícula, e, consequentemente, pela necessidade de desenvolver um novo método que permitisse o aproveitamento de finos e de minérios mais pobres. Isso aconteceu na virada do século XIX para o século XX.

Nos seus primeiros anos, a experimentação na flotação pode ser caracterizada por simples aplicação de técnicas de tentativa e erro, em geral muito pouco esclarecidas sob o ponto de vista do conhecimento básico. Os erros, sem dúvida, foram muitos, mas os poucos acertos deram muito certo, e o processo se desenvolveu com certa rapidez entre a sua aplicação pioneira na Austrália (1905) e diversas aplicações em vários outros pontos do mundo. Os primeiros anos do processo de flotação foram também mais focados nas tentativas de descobrir reatores que funcionassem nas usinas de processamento de minérios de forma eficaz. Por isso mesmo, uma verdadeira guerra de patentes prejudicou, de forma significativa, uma mais ampla divulgação e aplicação do processo no âmbito industrial.

Sob o ponto de vista do conhecimento mecanístico, o início do entendimento do processo de flotação se deu, primeiramente, a partir do reconhecimento da natureza da propriedade diferenciadora fundamental do processo, que é o grau de hidrofobicidade nas superfícies dos minerais. Em alguns poucos casos, o grau de hidrofobicidade intrínseco (existente pela natureza das ligações químicas nos planos de fratura das partículas) é suficiente para promover a seletividade necessária à aplicação do processo. Na maioria das vezes, porém, o grau de hidrofobicidade necessário só é conseguido por meio da adição de reagentes químicos. Dessa forma, a pesquisa em flotação com caráter mais mecanístico iniciou-se pela busca dos reagentes adequados para a obtenção de um grau de hidrofobicidade suficientemente elevado na superfície das partículas que se deseja separar pelo processo de flotação. Trabalhos iniciais nesse sentido caracterizaram literalmente centenas de reagentes considerados, então, potencialmente aplicáveis, como pode ser consultado, por exemplo, em Taggart, Taylor e Ince (1930).

20.1 Etapas de pesquisa e desenvolvimento no processo de flotação

O entendimento de todos os níveis de processo que operam concomitantemente na flotação é, sem dúvida, uma tarefa complexa e, necessariamente, multidisciplinar. Deve-se considerar Gaudin e seu grupo de pesquisa nos anos 1920 como os pais da pesquisa sistemática em flotação. O caráter multidisciplinar da pesquisa em flotação fica bem evidenciado na Fig. 20.1, que mostra anéis concêntricos e a flotação no centro de todos. O primeiro anel lista disciplinas e áreas do conhecimento diretamente associadas ao processo de flotação. O anel subsequente enumera exemplos de características relevantes de cada uma das disciplinas. Por sua vez, o anel mais externo apresenta uma lista parcial de técnicas e metodologias aplicáveis para o estudo das características listadas.

Embora o objetivo essencial da aplicação do processo de flotação na indústria mineral seja bastante simples e direto – atingir especificações de qualidade de produtos com máxima recuperação e mínimo custo –, o completo entendimento do processo de flotação ainda se encontra em pleno desenvolvimento. Não há dúvida de que, em anos recentes, progressos significativos alteraram positivamente a aplicação da flotação a um número cada vez maior de separações entre minerais, em volumes cada vez maiores.

O Quadro 20.1 lista de forma sintética, para três níveis de pesquisa empregados na flotação (fundamental, básico e aplicado), os principais objetivos a serem atingidos e algumas das técnicas e metodologias que foram e ainda estão sendo aplicadas. A Fig. 20.2 apresenta as massas e os tipos de amostras normalmente empregados, também de acordo com as principais etapas de pesquisa do processo de flotação.

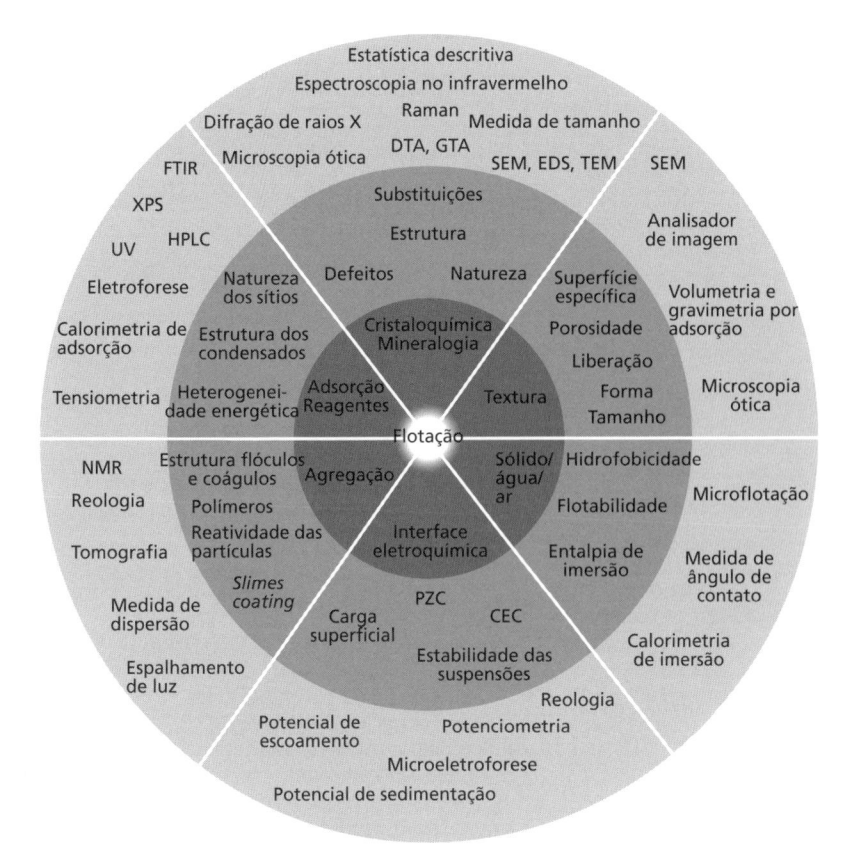

Onde:

PZC - ponto de carga nula;
CEC - capacidade de troca de cátions;
UV - ultravioleta;
HPLC - cromatografia líquida de alta performance;
XPS - espectroscopia de fótons;
FTIR - infravermelho à transformada de Fourier;
DTA - análise térmica diferencial;
GTA - análise termogravimétrica;
SEM/TEM - microscopia eletrônica de varredura e de transmissão;
EDS - sistema de energia dispersiva;
NMR - ressonância nuclear magnética

Fig. 20.1 A multidisciplinaridade na flotação
Fonte: adaptado de Cases (2002).

Quadro 20.1 Níveis de pesquisa empregados no processo de flotação

Nível da pesquisa	Objetivo principal	Exemplos de metodologias aplicadas(*)
fundamental	entender a natureza das forças que atuam no sistema de flotação	• microcalorimetria: medida do calor de imersão • ângulo de contato em superfícies planas • ângulo de contato de pós (aplicação da equação de Washburn) • tensiometria de superfície • tempo de indução • fotografia de alta velocidade (interação partícula-bolha) • microscopia de força atômica (AFM) • cálculo direto de adsorção *ab initio* por meio da teoria funcional de densidade e da teoria de Hartree-Fock (DFT-HF)
básica	entender os mecanismos de interação entre reagentes e minerais	• espectroscopia no infravermelho (diversas técnicas, desde simples pastilhas de KBr, refletância múltipla e, mais recentemente, HAGIS (*headspace analysis gas-phase infrared spectroscopy*)) • espectroscopia RAMAN • espectroscopia XPS • medidas diretas de adsorção (muitas baseadas em métodos colorimétricos, especialmente na faixa UV-visível) • determinação de potencial zeta • métodos cintilométricos • ressonância nuclear magnética • métodos eletroquímicos (p. ex., a voltametria cíclica) • microscopia eletrônica (varredura e transmissão) e microanálise (EDS)
básica	entender as características de espumantes	• medidas de tempo de retenção de espumas • medidas de tensão superficial • espumabilidade (*foamability*) pelo método de Bickermann modificado • determinação da concentração crítica de coalescência (CCC) de espumas
básica	entender a interação entre reagentes e minerais sob condições controladas	• microflotação - tubo de Hallimond (múltiplas versões e aplicações) - célula de Smith-Partridge - células de Gates e Jacobsen e de Maurice Fuerstenau - EMDEE Microflot • *bubble pick-up*; tubos de ensaio • flotação a vácuo e por ar dissolvido

20 Pesquisa e desenvolvimento em flotação 465

Quadro 20.1 NÍVEIS DE PESQUISA EMPREGADOS NO PROCESSO DE FLOTAÇÃO (CONT.)

Nível da pesquisa	Objetivo principal	Exemplos de metodologias aplicadas(*)
aplicada	estudar a resposta de minérios (e de minerais puros) ao processo de flotação	• flotação em bancada (ensaios tipo semibatelada, principalmente com células mecânicas tipo Denver ou similares) - ensaios tradicionais - ensaios cinéticos - ensaios com adição estagiada de reagentes - ensaios sem espuma (*frothless*) - ensaios de liberabilidade (*release analysis*; Dell et al., 1972) - modificações da metodologia de Dell (p. ex., *release analysis* com tempo determinado) - ensaios Tree (em árvore) - ensaios de ciclo fechado (*locked cycle test*) - MFT (*MinnovEX Flotation Technique*) e similares, com remoção rápida e intensa de espuma - ensaios de flotação em coluna de pequena dimensão, com ou sem fluxo contínuo de alimentação • flotação em escala-piloto (ensaios contínuos) - miniplanta-piloto (p. ex., miniplanta-piloto CPT) - planta-piloto convencional - planta-piloto de flotação em coluna - planta-piloto combinada
	entender a formação e as propriedades relevantes da fase espuma no processo de flotação	• ensaios para determinação de retenção de gases (*gas hold-up*), empregando diversas técnicas, como condutividade elétrica e medidores de pressão (transdutores de pressão) • ensaios com traçadores (radioativos ou não) • ensaios industriais de visualização e medição de espumas, com aquisição e análise computadorizada de imagens
	entender as condições hidrodinâmicas dos reatores empregados no processo de flotação	• ensaios com traçadores (radioativos ou não) • ensaios com o uso de técnicas computacionais de modelagem dinâmica das condições fluidodinâmicas (CFD - *computational fluid dynamics*) • ensaios industriais em equipamentos em escala reduzida • ensaios em escala real (equipamentos novos)

(*) Taggart, Taylor e Knoll (1930); Wark (1933); Araújo e Pinto (1948); Poling e Leja (1963); Dell et al. (1972); Chudacek (1990); Klimpel (1993); Pugh et al. (1996); Aksoy (1997); Randolph (1997); Nguyen, Ralston e Schulze (1998); Agar (2000); Vidyadhar (2001); Cases (2002); Araújo, Oliveira e Silva (2003); Laskowski et al. (2003); Ozkan e Yekeler (2003); Bai et al. (2004); Larsson (2004); Schimann (2004); Sherrel (2004); Araújo et al. (2005); Dobby e Savassi (2005); Fuerstenau (2005); Hellstrom (2005); Lascelles e Finch (2005); Lynch et al. (2005); Melo e Laskowski (2005); Pugh (2005).

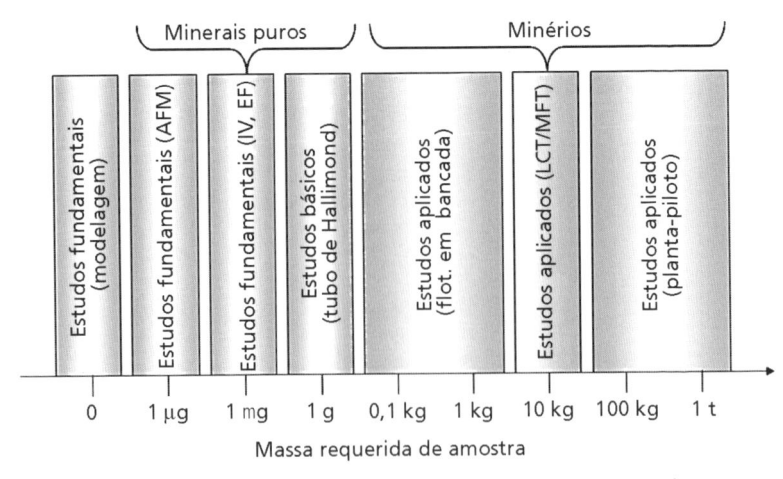

[Gráfico de barras mostrando massas de amostra requeridas]

Minerais puros:
- Estudos fundamentais (modelagem)
- Estudos fundamentais (AFM)
- Estudos fundamentais (IV, EF)
- Estudos básicos (tubo de Hallimond)

Minérios:
- Estudos aplicados (flot. em bancada)
- Estudos aplicados (LCT/MFT)
- Estudos aplicados (planta-piloto)

Eixo: 0 — 1 µg — 1 mg — 1 g — 0,1 kg — 1 kg — 10 kg — 100 kg — 1 t

Massa requerida de amostra

Legenda: AFM: microscopia de força atômica; IV: espectroscopia no infravermelho; EF: eletroforese; LCT: teste de ciclo fechado; MFT: MinnovEX Flotation Test

Fig. 20.2 Exemplos de massas e tipos de amostras requeridas na pesquisa e no desenvolvimento do processo de flotação

Muito do desenvolvimento de ponta na flotação, tanto nos seus anos iniciais como no presente, deu-se a partir de ensaios em pequena escala quase que essencialmente realizados com minerais puros. O desenvolvimento de circuitos aplicados diretamente no âmbito industrial, entretanto, continua a depender sobremodo de pesquisas aplicadas realizadas com amostras de minérios, especialmente na fase de explotação dos depósitos minerais.

A separação entre minerais puros e minérios mostrada na Fig. 20.1 não pode e não deve ser entendida como absoluta. Em algumas situações, será necessário, por exemplo, efetuar ensaios em maior escala com o emprego de minerais puros. A separação mostrada deve ser encarada apenas como a situação mais comum.

20.2 Onde as pesquisas em flotação são desenvolvidas?

Historicamente, o desenvolvimento do processo de flotação passou por ciclos com focos diferenciados em termos de pesquisa. A pesquisa mais sistemática começou em centros acadêmicos e em organismos governamentais de fomento ao desenvolvimento. Nos primórdios da pesquisa em flotação, destacam-se algumas instituições acadêmicas e governamentais em países onde as primeiras usinas de beneficiamento por flotação se instalaram, notadamente nos Estados Unidos (USBM e University of Utah, para citar dois exemplos) e na Austrália (University of Melbourne e CSIRO, também para citar dois exemplos). Em outras nações, também houve um despertamento pela importância da pesquisa fundamental, em particular na antiga União Soviética, no Reino Unido, na França e na Alemanha. O início do período mais sistemático da pesquisa em flotação coincide com trabalhos muito expressivos no campo da então química coloidal. Muitos grupos ativos na química de coloides também partiram para a realização de pesquisas no campo de flotação, nitidamente um processo que se passa, em sua essência, na conjunção das interfaces sólido/líquido/gás.

Após praticamente 40 anos de aplicação bem-sucedida do processo de flotação, centros de pesquisa, tanto universitários como em instituições governamentais, já haviam sido estabelecidos com uma distribuição geográfica ampla, incluindo-se aí países como Chile, Peru e Brasil, na América do Sul; Canadá e México, na América do Norte; Itália, Polônia, Finlândia, Suécia, Grécia e Turquia, na Europa; África do Sul e Egito, na África; China e Japão, na Ásia.

No Brasil, as primeiras pesquisas mais sistemáticas de flotação aparentemente ocorreram no Instituto de Pesquisas Tecnológicas (IPT), em São Paulo, no final da década de 1930, quando se estudou a concentração por flotação de minérios sulfetados de chumbo (galena) do Vale do Ribeira (sul de São Paulo e norte do Paraná), onde também se instalou a primeira usina de concentração por flotação no Brasil (<www.poli.usp.br/organizacao/historia/diretores>, História dos diretores da Epusp, Prof. Dr. Tharcísio Damy de Souza Santos; acessado em: 4 fev. 2006). Em estudos realizados fora do país, o então Serviço de Fomento da

Produção Mineral (mais tarde, Departamento Nacional da Produção Mineral - DNPM) encomendava, em 1938, ensaios de concentração para o fosfato de Ipanema (SP). Esses estudos foram realizados por duas empresas americanas (Denver Equipment Corp. e American Cyanamid). Pouco tempo depois, o DNPM estabeleceria laboratórios no país para desenvolver os seus próprios estudos de flotação, como atestado pelas publicações de Araújo (1945) e Wahle (1945), que estudaram a concentração de piritas de Ouro Preto (MG) e a remoção de impurezas ferrotitaníferas de areias de praia de Cabo Frio (RJ). Araújo e Pinto (1948) relataram estudos visando à concentração por flotação da apatita de Araxá (MG).

O Quadro 20.2 lista os principais centros atualmente envolvidos de forma efetiva em pesquisas no âmbito da flotação, em todos os níveis. Excetuando-se metodologias muito especializadas e específicas, existe no Brasil ampla capacitação para a realização de pesquisa em flotação, tanto em termos de infraestrutura laboratorial e piloto como em termos de recursos humanos.

Quadro 20.2 LISTA DAS INSTITUIÇÕES DE PESQUISA EM FLOTAÇÃO ATUANTES NO BRASIL

Instituição	Localização	Foco das principais atividades de pesquisa
PUC	Rio de Janeiro (RJ)	pesquisa básica e fundamental
UFBA	Salvador (BA)	pesquisa básica e fundamental
UFCG	Campina Grande (PB)	pesquisa básica e fundamental
UFMG	Belo Horizonte (MG)	pesquisa fundamental, básica e aplicada em nível de laboratório
UFOP	Ouro Preto (MG)	pesquisa fundamental, básica e aplicada em nível de laboratório
UFPE	Recife (PE)	pesquisa fundamental, básica e aplicada em nível de laboratório
UFRGS	Porto Alegre (RS)	pesquisa fundamental, básica e aplicada em nível de laboratório
UFRJ	Rio de Janeiro (RJ)	pesquisa básica e fundamental
UFRN	Natal (RN)	pesquisa básica e fundamental
USP	São Paulo (SP)	pesquisa fundamental, básica e aplicada em nível de laboratório
CDTN	Belo Horizonte (MG)	pesquisa básica e aplicada (laboratório e piloto)

Quadro 20.2 LISTA DAS INSTITUIÇÕES DE PESQUISA EM FLOTAÇÃO ATUANTES NO BRASIL (CONT.)

Instituição	Localização	Foco das principais atividades de pesquisa
Cetec	Belo Horizonte (MG)	pesquisa fundamental, básica e aplicada (laboratório e piloto)
Cetem	Rio de Janeiro (RJ)	pesquisa fundamental, básica e aplicada (laboratório e piloto)
Fundação Gorceix	Ouro Preto (MG)	pesquisa básica e aplicada (laboratório e piloto)
IPT	São Paulo (SP)	pesquisa básica e aplicada (laboratório e piloto)
Bunge	Araxá (MG)	pesquisa básica e aplicada (laboratório e piloto)
CBMM	Araxá (MG)	pesquisa básica e aplicada (laboratório e piloto)
Votorantim	Vazante (MG)	pesquisa básica e aplicada (laboratório e piloto)
CVRD CPT Alegria	Mariana (MG)	pesquisa básica e aplicada (laboratório e piloto)
CVRD CPT Itabira	Itabira (MG)	pesquisa básica e aplicada (laboratório e piloto)
CVRD CDM	Santa Luzia (MG)	pesquisa básica e aplicada (laboratório e piloto)
Fosfertil	Tapira (MG)	pesquisa básica e aplicada (laboratório e piloto)
MBR	Nova Lima (MG)	pesquisa básica e aplicada (laboratório e piloto)
Samarco	Mariana (MG)	pesquisa básica e aplicada (laboratório e piloto)

Além das instituições listadas no Quadro 20.2, outras, tanto governamentais como privadas, realizam ou têm capacidade de realizar algum tipo de pesquisa em flotação, entre as quais se destacam a UFU, em Uberlândia (MG), os centros federais de educação tecnológica (CEFETs) de Araxá e Ouro Preto (MG), o centro de ensino do Senai em Nova Lima (MG) e as empresas Anglo American, AngloGold Ashanti, Mineração Caraíba (BA), Clariant (SP) e Votorantim Metais, em Juiz de Fora e Paracatu (MG). É importante mencionar também que, em anos recentes, algumas instituições brasileiras desativaram suas instalações com capacidade de pesquisa em flotação, como, por exemplo, o Ceped, na Bahia; a Cientec, no Rio Grande do Sul; a Metago, em Goiás; e a empresa Paulo Abib Andery, em São Paulo e Minas Gerais.

20.3 Características importantes no desenvolvimento de pesquisas em flotação

Como em qualquer programa de pesquisa de cunho experimental, a flotação exige dos pesquisadores uma visão ampla dos objetivos do programa e da sua inserção no processo que se deseja investigar, grande disciplina laboratorial, cuidado extremo na preparação de amostras e reagentes e a escolha correta das metodologias a serem empregadas. Não se deve nunca subestimar a importância da programação dos ensaios, com uma constante revisão de metas a partir da análise de resultados preliminares. Não se deve também engessar a criatividade da pesquisa com o emprego excessivo de procedimentos padronizados, muitas vezes escritos para "ensinar", por exemplo, um médico a fazer (mal) um teste de flotação, o que seria mais ou menos a mesma coisa que escrever um procedimento para uma cirurgia cardíaca para ser executada por um engenheiro.

Especialmente no Brasil, há uma epidemia de padronização, que permeia as instituições executoras de pesquisa aplicada em flotação, ou seja, principalmente as empresas privadas. Escrevem-se procedimentos não para atender ao ensaio de flotação em si e para que este possa ser executado com precisão e reprodutibilidade, e sim para que sejam atendidos os requisitos de sistemas de gestão auditáveis com vistas à normalização. Esse tipo de erro estrutural vem causando, muitas vezes, uma perda de qualidade e, consequentemente, da capacidade das empresas em darem respostas rápidas a situações relativamente simples, como a de investigar se um novo reagente é mais adequado técnica e economicamente do que um atualmente em uso. Infelizmente, consequências indesejáveis dessa prática de excessiva rigidez na gestão de pesquisa pela indústria nacional já começam a ser sentidas, por exemplo, na exportação de meras pesquisas laboratoriais de flotação, para que sejam executadas em laboratórios de pesquisa de outros países, como Austrália, Canadá, Chile e Estados Unidos.

Ainda sobre o cotidiano de um laboratório de pesquisa de flotação, deve-se ressaltar que existem características experimentais muito peculiares e que merecem atenção e supervisão direta da pessoa responsável pela execução de um dado programa de pesquisa. Em outras palavras, a presença física no laboratório (pelo menos no início de uma campanha de testes) é um requisito essencial para garantir a boa condução de um estudo e a confiabilidade de seus resultados. Não se pode e não se deve nunca colocar um ensaio de flotação no mesmo nível de uma análise química ou granulométrica. Observar e/ou realizar os ensaios pode trazer lampejos fundamentais para a solução de problemas quando da interpretação dos resultados.

20.4 Tendências para o futuro

Não se pode negar que a flotação continuará a desempenhar um papel de extrema relevância para a indústria mineral no século XXI. Mais e mais minérios, geralmente mais pobres e com mineralogia mais complexa, serão concentrados por flotação, tanto no Brasil com em todos os demais locais onde a indústria mineral tem prosperado. Cada vez mais, portanto, será necessário ampliar o âmbito das pesquisas em flotação em todos os seus níveis. Há, no Brasil, uma infraestrutura razoavelmente adequada, tanto nas instituições públicas como nas empresas, para dar respostas às novas demandas que virão. Há, porém, uma necessidade iminente de aumentar a capacitação dos recursos humanos para a área de flotação por meio de treinamento contínuo da mão de obra existente e da criação de uma massa crítica de novos pesquisadores para a área.

Até certo ponto, o Brasil vem exportando alguns dos seus pesquisadores para países como Canadá e Austrália, por exemplo. Há, então, a necessidade de organismos que deem suporte à pesquisa e de que se criem políticas específicas para atrair mais jovens para uma área de fundamental relevância, de um setor que tanto tem contribuído para a geração de riquezas no país.

Com referência à geração de novos conhecimentos, fundamentais para que se possam dar passos mais largos no sentido do entendimento do processo de flotação como um todo, observa-se uma tendência de manutenção das formas mais tradicionais de condução de pesquisas, com o aperfeiçoamento das técnicas de análise tanto das superfícies como dos produtos de reação entre reagentes e minerais. Observa-se também uma nítida tendência de condução dos experimentos em escala industrial especialmente na caracterização da fase espuma, que se tornou possível pelos avanços nas tecnologias de aquisição e tratamento de imagens.

Referências bibliográficas

AGAR, G. E. Calculation of locked cycle flotation tests results. *Minerals Engineering*, v. 13, p. 1533-1542, 2000.

AKSOY, B. S. *Hydrophobic forces in free thin films of water in the presence and absence of surfactants*. 1997. Dissertation (Ph.D.) – Virginia Polytechnic Institute and State University, Blacksburg, 1997.

ARAUJO, A. C.; OLIVEIRA, J. F.; SILVA, R. R. R. Espumantes na flotação reversa de minérios de ferro. *Anais do XXXII Seminário de Redução de Minério de Ferro e Matérias-primas e IV Simpósio Brasileiro de Minério de Ferro*, Ouro Preto, p. 823-832, 2003.

ARAUJO, A. C.; GALERY, R.; VIANA, P. R. M.; ARENARE, D. Revisitando as técnicas de avaliação de flotabilidade: uma visão crítica. *Anais do XXI Encontro Nacional de Tratamento de Minérios e Metalurgia Extrativa*, Natal, v. 1, p. 325-332, 2005.

ARAÚJO, J. B. Ensaios de beneficiamento de minério (III), II Pirita de Ouro Preto-MG. *Boletim 16*, Ministério da Agricultura, DNPM Laboratório da Produção Mineral, Rio de Janeiro, p. 46-73, 1945.

ARAÚJO, J. B.; PINTO, C. M. Notas sobre fertilizantes fosfatados. *Avulso 8*, Ministério da Agricultura, DNPM Laboratório da Produção Mineral, Rio de Janeiro, 1948.

BAI, B.; HANKINS, N. P.; HEY, M. J.; KINGMAN, S. W. In situ mechanistic study of SDS adsorption on hematite for optimized froth flotation. *Ind. Eng. Chem. Res.*, v. 43, p. 5326-5338, 2004.

CASES, J. M. Natural minerals and divided solids: methodology for understanding surface phenomena related to industrial uses and environmental problems. *C. R. Geoscience*, v. 334, p. 585-596, 2002.

CHUDACEK, M. W. A new quantitative test-tube flotability test. *Mineral Engineers*, v. 3, n. 5, p. 461-472, 1990.

DELL, C. C.; BUNYARD, M. J.; RICKELTON, W. A.; YOUNG, P. A. Release analysis: a comparison of techniques. *Transactions IMM*, section C, v. 81, p. C89-C96, 1972.

DOBBY, G. S.; SAVASSI, O. N. An advanced modelling technique for scale-up of batch flotation results to plant metallurgical performance. In: JAMESON, G. J. (Ed.). *Centenary of flotation symposium*. Brisbane: The Australasian Institute of Mining and Metallurgy, 2005. Publication Series n. 5/2005. p. 99-104.

HELLSTROM, P. *Ab initio modeling of xanthate adsorption on ZnS surfaces*. Luleå: Luleå University of Technology, Department of Mathematics, 2005.

KLIMPEL, R. R. Froth flotation: an old process with a new outlook. *Mining Magazine*, p. 266-271, May 1993.

LARSSON, A. C. *A nuclear magnetic resonance study of dialkyldithiophosphate complexes*. 2004. Dissertation (Ph.D.) – Luleå University of Technology, Luleå, 2004.

LASCELLES, D. M.; FINCH, J. A. A technique for quantification of adsorbed collectors: xanthate. *Minerals Engineering*, v. 18, p. 257-262, 2005.

LASKOWSKI, J. S.; TLHONE, T.; WILLIAMS, P.; DING, K. Fundamental properties of the polyoxypropylene alkyl ether flotation frothers. *International Journal of Mineral Processing*, v. 72, p. 289-299, 2003.

LYNCH, A. J.; WATT, J. S.; FINCH, J. A.; HARBORT, G. J. In: JAMESON, G. J. (Ed.). *History of flotation technology*. Brisbane: The Australasian Institute of Mining and Metallurgy, 2005. Publication Series n. 5/2005. p. 15-16.

MELO, F.; LASKOWSKI, J. S. Fundamental properties of flotation frothers and their effect on flotation. In: JAMESON, G. J. (Ed.). Brisbane: The Australasian Institute of Mining and Metallurgy, 2005. Publication Series n. 5/2005. p. 347-354.

MILLIKEN, F. R. Introduction. In: FUERSTENAU, D. W. (Ed.). *Froth flotation* - 50th Anniversary Volume. New York: AIME, 1962. p. 1-3.

NGUYEN, A. V.; RALSTON, J.; SCHULZE, H. J. On modeling of bubble-particle attachment probability in flotation. *International Journal of Mineral Processing*, v. 53, p. 225-249, 1998.

OZKAN, A.; YEKELER, M. A new microcolumn flotation cell for determining wettability and flotability of minerals. *Colloids and Interface Science*, v. 261, p. 476-480, 2003.

POLING, G. W.; LEJA, J. Infrared study of xanthate adsorption on vacuum deposited films of lead sulfide and metallic copper under conditions of controlled oxidation. *Journal of Physical Chemistry*, v. 67, p. 2121-2135, 1963.

PUGH, R. J. Experimental techniques for studying the structure of foams and froths. *Advances in Colloid and Interface Science*, v. 114-115, p. 239-251, 2005.

PUGH, R. J.; RUTLAND, M. W.; MANEV, E.; CLAESSON, P. M. Dodecylamine collector - pH effect on mica flotation and correlation with thin aqueous foam film and surface force measurements. *International Journal of Mineral Processing*, v. 46, p. 245-262, 1996.

RANDOLPH, J. M. *Characterizing flotation response*: a theoretical and experimental comparison of techniques. 1997. Thesis (Master of Science) – Faculty of the Virginia Polytechnic Institute and State University, Blacksburg, 1997.

SCHIMANN, H. C. R. *Force and energy measurement of bubble-particle detachment*. 2004. Thesis (Master of Science) – Faculty of the Virginia Polytechnic Institute and State University, Blacksburg, 2004.

SHERREL, M. I. *Development of a flotation rate equation from first principles under turbulent flow conditions*. 2004. Dissertation (Ph.D.) – Faculty of the Virginia Polytechnic Institute and State University, Blacksburg, 2004.

TAGGART, A. F.; TAYLOR, T. C.; INCE, C. R. Experiments with flotation reagents. Am. Inst. Mining Metallurgical Engineers. *Milling Methods*, p. 285-345, 1930.

TAGGART, A. F.; TAYLOR, T. C.; KNOLL, A. F. Chemical reactions in flotation. Am. Inst. Mining Metallurgical Engineers. *Milling Methods*, p. 217-283, 1930.

VIDYADHAR, A. *Flotation of silicate minerals*: physico-chemical studies in the presence of alkylamines and mixed (cationic/anionic/non-ionic) collectors. Luleå: Luleå University of Technology, 2001.

WAHLE, S. C. Ensaios de beneficiamento de minério (III), III Areia de Cabo Frio-Rio de Janeiro para a fabricação de vidro. *Boletim 16*, Ministério da Agricultura, DNPM Laboratório da Produção Mineral, Rio de Janeiro, p. 76-89, 1945.

WARK, W. I. Physical chemistry of flotation I. The significance of contact angle in flotation. *Journal of Physical Chemistry*, v. 37, n. 5, p. 623-644, 1933.

A Clariant na mineração 21

Equipe Clariant

Os óleos de constituição variada e, geralmente, desconhecida que eram usados nos primórdios da flotação foram sendo gradualmente substituídos por reagentes de composição definida e características peculiares aos coletores de minérios. A Clariant é pioneira em reagentes para flotação, atuando há mais de 60 anos nesse ramo da indústria.

Ela oferece uma ampla variação de reagentes com funções diversificadas, como coletores, espumantes e agentes modificadores para todas as etapas de flotação.

Nesses 60 anos, além dos produtos de flotação, a Clariant tem fornecido reagentes para diferentes operações do Tratamento de Minérios:

i classificação - dispersantes para deslamagem;
ii espessamento e clarificação - floculantes para otimização do desaguamento em espessadores;
iii filtração - auxiliares de filtragem para redução de umidade da torta;
iv pelotização - aglomerantes para pelotização;
v lixiviação - extratantes de produtos de lixiviação.

Além disso, a Clariant produz emulsificantes para explosivos, supressores de pó para pilhas de armazenamento, vagões, frentes de lavra e estradas e, finalmente, no tratamento de água, floculantes, anticorrosivos e anti-incrustantes.

21.1 Coletores

São compostos heterogêneos, constituídos de um grupo inorgânico ativo e uma cadeia hidrocarbônica. A parte inorgânica da molécula é a porção coletora que adsorve na superfície mineral. Por sua vez, a cadeia hidrocarbônica promove a hidrofobicidade da superfície mineral.

Uma grande variedade de coletores está disponível, os quais podem ser classificados em função da sua composição e da ionização de sua parte inorgânica.

21.1.1 Coletores catiônicos

Os únicos coletores catiônicos utilizados industrialmente são as aminas. Esses reagentes ionizam em solução aquosa por protonação, conforme a seguinte equação:

$$RNH_{2(aq)} + H_2O \leftrightarrow RNH_3^+ + OH^- \quad (21.1)$$

Em sistemas saturados:

$$RNH_{2(s)} \leftrightarrow RNH_{2(aq)} \quad (21.2)$$

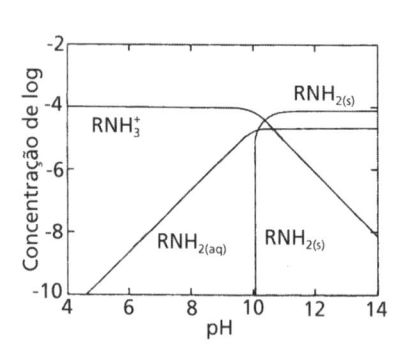

Fig. 21.1 Diagrama de concentração das espécies de amina (dodecilamina = 1×10^{-4} mol/L)

As aminas podem ser classificadas em função do número de radicais hidrocarbônicos ligados ao átomo de nitrogênio, definindo-as como primárias, secundárias, terciárias ou quaternárias. As aminas primárias, secundárias e terciárias são bases fracas; sua ionização depende do pH, conforme a Fig. 21.1, ao passo que as aminas quaternárias são bases fortes.

A Clariant produz uma variedade de surfatantes catiônicos, como as eteraminas, as aminas graxas e seus derivados.

Eteramina

Coletor-padrão para quartzo, sua principal aplicação é como coletor de sílica na flotação reversa do minério de ferro. A eteramina também é utilizada para coletar filossilicatos (micas) em pH fortemente ácido. As eteraminas são fornecidas parcialmente neutralizadas com ácido acético, que as torna solúveis em água. Elas são classificadas em etermonoaminas e eterdiaminas, com as seguintes fórmulas químicas:

i etermonoamina: $R - O - (CH_2)_3 - NH_2$
ii eterdiamina: $R - O - (CH_2)_3 - NH - (CH_2)_3 - NH_2$

Um grande número de produtos com essas estruturas químicas pode ser formulado, variando-se a matéria-prima principal – álcool –, que, por sua vez, pode apresentar diversos comprimentos e diversas estruturas da cadeia de carbonos (linear ou ramificada).

As eteraminas são fabricadas com diversos graus de neutralização. Atualmente, a Clariant produz os seguintes compostos nessa linha:

Etermonoaminas
- Flotigam EDA: cadeia média ramificada, com grau de neutralização de 50%;
- Flotigam EDA-3: cadeia média ramificada, com grau de neutralização de 30%;
- Flotigam V 5499: cadeia curta ramificada, com grau de neutralização de 30% ou 50%;
- Flotigam V 5436: cadeia média ramificada, com grau de neutralização de 30% ou 50%;
- Flotigam EDA-C: cadeia média ramificada, com grau de neutralização de 30% ou 50%.

Eterdiaminas
- Flotigam 2835: cadeia longa ramificada, com grau de neutralização de 50%;

- Flotigam 2835-2: cadeia longa ramificada, com grau de neutralização de 20%;
- Flotigam 2835-2L: cadeia longa linear, com grau de neutralização de 20%;
- Flotigam 3135: cadeia média ramificada, com grau de neutralização de 35%;
- Flotigam LDD-2: cadeia longa ramificada, com grau de neutralização de 20%.

As eteraminas são geralmente aplicadas em solução aquosa com concentração de 3% a 10%. Essas aminas possuem grande atividade de superfície, necessitando, portanto, de pouco tempo de condicionamento. Elas podem ser dosadas na própria caixa de alimentação da flotação ou em condicionadores com agitação mecânica.

Na flotação reversa de minérios de ferro brasileiros, predominantemente hematíticos, são utilizadas as etermonoaminas como coletor. As dosagens variam entre 20 g/t e 120 g/t, e o pH de flotação, entre 9 e 11. Os produtos-padrão são o Flotigam EDA e o Flotigam EDA-3.

Em alguns casos, é necessário aditivar a etermonoamina (Flotigam EDA ou Flotigam EDA-3) com eterdiamina (Flotigam 2835-2 ou Flotigam 2835-2L). Provavelmente isso ocorre pelo fato de certos minérios de ferro apresentarem elevadas quantidades de lamas.

Recentemente, vem ocorrendo no mundo a implementação de flotação de minérios de ferro predominantemente magnetíticos, em que o processo de concentração magnética não é capaz de produzir um concentrado de boa qualidade. Esse tipo de flotação ocorre em pH natural e não é utilizado depressor; em outros, porém, utiliza-se a dextrina para deprimir a magnetita. Como coletores, são utilizadas misturas de eterdiaminas (maior proporção) e etermonoaminas.

Na flotação de minérios oxidados de zinco, são utilizadas as eterdiaminas (Flotigam 2835-2 ou Flotigam 2835-2L) como coletores, após sulfetização do minério com Na_2S. A flotação ocorre em meio fortemente alcalino (pH entre 11 e 12), e a dosagem do coletor varia entre 80 g/t e 300 g/t.

Etermonoaminas também são empregadas como coletores para flotação de filossilicatos (micas) e feldspatos em meio fortemente ácido, e ainda na flotação reversa de cromita e de magnesita.

Outra aplicação importante das eteraminas é no beneficiamento de fosfatos. Em função do teor de minérios silicatados, é preferível realizar a flotação reversa da apatita. Nesse caso, pode-se usar uma etermonoamina (Flotigam EDA) ou uma eterdiamina (Flotigam 3135), ou mesmo a mistura dessas duas.

Aminas primárias

Essas aminas apresentam basicidade menor que as aminas secundárias e maior que as eteraminas. A Clariant produz as linhas Flotigam e Genamin, aplicadas principalmente na flotação de sais solúveis, como silvinita (KCl). Além disso, são também empregadas na concentração de filossilicatos (micas, caulinitas etc.). Sua fórmula geral é:

$$R - NH_2$$

onde R tem principalmente 16 a 18 carbonos na cadeia.

Os principais produtos dessas linhas são: Flotigam T (coletor para KCl), Flotigam S (KCl e biotita) e Genamin CC 100 (moscovita e feldspato).

Diaminas graxas

Diaminas são bases mais fortes que as monoaminas e são utilizadas na flotação de feldspato e pirocloro. A Clariant produz o Coletor 075/94 e o Flotigam DAT, coletores-padrão de pirocloro e feldspatos, respectivamente. Tais aminas possuem a seguinte fórmula geral:

$$R - NH - (CH_2)_3 - NH_2$$

onde R tem principalmente 16 a 18 carbonos na cadeia.

Triamina ou "amina estrela"

Utilizada na flotação de minerais de nióbio, tem como principal característica seu estado físico líquido. Ela foi desenvolvida para substituir as diaminas graxas, que são pastosas. Essa amina é o principal constituinte do Coletor NB 99.

Quaternário de amônio

A Clariant produz o Flotigam K2C e o V4884. Essas bases são usadas para flotação reversa de silicatos da calcita e para concentração de wollastonita. O desempenho desse produto pode ser otimizado com adição de espumante. Sua fórmula geral é:

$$R2-\underset{R4}{\overset{R1}{N^+}}-R3Cl^-$$

Imidazomolinas

Com essa estrutura, a Clariant fabrica o Flotigam ITU, produto aplicado na flotação de minério de nióbio (pirocloro e columbita) e que pode também ser utilizado na concentração de silicatos. Sua fórmula geral é:

$$R-\underset{\underset{CH_2-CH_2-NH_2}{|}}{\overset{N-CH_2}{\underset{N-CH_2}{\diagdown\diagup}}}$$

21.1.2 Coletores aniônicos

Na polpa de flotação, dependendo do pH, a forma iônica desses coletores é preponderante. Os coletores aniônicos podem ser subdivididos em função de sua ionização.

Oxidrilas

São reagentes que possuem carboxilatos, sulfonatos, alquilsulfatos e alguns quelantes. As fórmulas estruturais dos principais coletores aniônicos foram apresentadas no primeiro capítulo.

Esses coletores são amplamente utilizados na flotação de óxidos, silicatos e, principalmente, na concentração de sais semissolúveis. Eles estão disponíveis numa ampla variedade de pesos moleculares e configurações.

A cadeia hidrocarbônica dos coletores aniônicos pode ser linear e saturada ou linear com uma, duas ou três ligações duplas. A solubilidade das espécies que contêm duplas ligações na sua cadeia hidrocarbônica, como o ácido oleico, é maior que a das espécies saturadas, como é o caso do ácido esteárico.

Os ácidos graxos são, certamente, os coletores aniônicos mais clássicos no estudo da flotação. Na prática comercial, os dois ácidos graxos mais empregados são o ácido oleico impuro e o *tall oil*, este consistindo, em sua grande maioria, de ácido abiético.

Os coletores aniônicos da Clariant são representados pelo nome Flotinor, com destaque para:

i Flotinor FS-2: ácido graxo que pode ser aplicado não somente na flotação de apatita, mas também como cocoletor de metais pesados e feldspatos. O FS-2 pode ser aplicado puro ou saponificado com NaOH, e pode também ser empregado com outros coletores mais seletivos. Ressalta-se, ainda, sua combinação com emulsificadores não iônicos.

ii Flotinor S-72: alquilsulfato de sódio recomendado para a flotação de barita, mas que também pode ser utilizado para a flotação de celestita e gipsita. Em algumas situações, pode requerer espumante para auxiliar a flotação.

iii Flotinor SM-15: ésteres de ácido mono/difosfórico, geralmente são utilizados para a flotação de minerais pesados que ocorrem como impureza em matérias-primas para cerâmica (areia para vidro, pegmatitos). Esses minerais incluem óxidos de ferro, titânio, cromo e manganês. O Flotinor SM-15 também pode, em combinação com o FS-2, ser aplicado na flotação de carbonatos.

A Clariant também dispõe de coletores mais seletivos, desenvolvidos para sistemas de flotação de peculiaridades bastante próprias, como:

- Arkomon SO: sarcosinato utilizado como coletor na flotação de apatita, fluorita e scheelita:

$$R-\underset{\underset{O}{\|}}{C}-\underset{\underset{CH_3}{|}}{N}-(CH_2)_x-C\underset{OH}{\overset{O}{\diagup}}$$

- Flotinor V-2875: alquilsulfossuccinamato indicado para a flotação de fosfatos, calcita e dolomita. Ele é também utilizado para minerais de óxidos de metais, tais como hematita, magnetita, ilmenita e cassiterita em meio ácido (pH de 3 a 5). No caso dos fosfatos, geralmente é utilizado como aditivo (20% a 40%) aos ácidos graxos:

$$R-NH-\underset{\underset{O}{\|}}{C}-CH_2-CH\underset{COOH}{\overset{SO_3Na}{\diagup}}$$

- Flotinor SM-35: alquilsulfossuccinato indicado para minerais não sulfetados, que apresenta alta atividade, principalmente quando utilizado em conjunto com alquilésteres de ácido fosfórico (Flotinor SM-15) e com ácido carboxílico (Flotinor FS-2). Seu uso predominante é na flotação de óxidos de metal pesado (magnetita, ilmenita, rutilo, cromita) de gangas silicáticas ou pegmatitos, em pH extremamente baixo.

$$R-CH_2-CH\underset{COOH}{\overset{SO_3Na}{\diagup}}$$

Coletores aniônicos sulfídricos

Esses coletores são aplicados exclusivamente na flotação de minérios sulfetados, oxidados sulfetizados e metais preciosos. Eles são caracterizados pelo grupo funcional –SH ligado ao átomo de carbono ou fósforo.

Os radicais apolares dos coletores sulfídricos são geralmente cadeias hidrocarbônicas alifáticas curtas.

i Xantatos: são os mais comuns dos coletores sulfídricos aniônicos, aplicados na flotação de sulfetos e óxidos sulfetizados. Sua atividade de coleta aumenta em função do crescimento da cadeia carbônica, ao passo que sua seletividade decresce nesta circunstância. Em razão da sua baixa seletividade, os xantatos são usados em combinação com outros tiocoletores, como os ditiofosfatos e os tiocarbamatos.

ii Ditiofosfatos: assim como os xantatos, os ditiofosfatos são utilizados na flotação de minérios sulfetados, ressaltando-se sua maior seletividade. A Clariant apresenta os produtos Hostaflot L, que têm como vantagem a capacidade de operar num amplo intervalo de pH. Os ditiofosfatos Clariant (Quadro 21.1) requerem a utilização de espumantes convencionais.

Quadro 21.1 DITIOFOSFATOS CLARIANT

Hostaflot	Composição
LET	etil
LIP	isopropil
LSB	secbutil
LIB	isobutil

iii Mercaptobenzotiazol (MBT): esses coletores são aplicados não só na flotação de sulfetos, mas também são bastante recomendados para a concentração de metais preciosos como ouro, prata e platina. Eles são utilizados especialmente na flotação de pirita, pentlandita, pirrotita e arsenopirita, associados com ouro, em circuitos ácidos. Além disso, são também indicados para a flotação de sulfetos de cobre e chumbo oxidados. Assim, como os ditiofosfatos necessitam de espumantes (linhas Flotanol e Montanol), a Clariant fabrica, nessa linha de tiocompostos, os Hostaflots M-grades.

iv Tiocarbamatos: coletores bastante seletivos para sulfetos de cobre, geralmente utilizados em conjunto com ditiofosfatos ou xantatos. Entre eles, destaca-se o Hostaflot E703, da Clariant.

21.2 Espumantes

Trata-se de espécies químicas que adsorvem na interface ar/água e reduzem a tensão superficial, criando condições propícias para a geração de espuma. Além disso, otimizam a cinética do processo, atuando nas interações entre partículas e bolhas.

Os espumantes consistem de um grupo não iônico polar, geralmente –OH, e outro apolar, uma cadeia hidrocarbônica ramificada. Há três grupos principais de espumantes, sendo que a Clariant possui uma extensiva variação deles.

Polipropilenoglicol

Os poliglicóis têm características peculiares para a flotação de partículas grossas, tendendo a formar espumas finas que são muito seletivas. O uso de polipropilenoglicol é ideal quando coletores como ésteres xânticos ou mercaptanas são aplicados:

$$HO-CH_2-CH(CH_3)-O-(CH_2-CH(CH_3)-O)_n-H$$

Entre os poliglicóis, a Clariant fornece o Flotanol C-7.

Éter-alquilpolipropilenoglicol

A linha Flotanol D é baseada no metiléter de polipropilenoglicol. Solúvel em água, o Flotanol D é aplicado numa ampla faixa de pH, principalmente em flotação de sulfetos:

$$R-O-(CH_2-CH(CH_3)-O)_n-H$$

O Flotanol H-53 e o Flotanol H-54 são misturas de álcoois feitas sob medida, que também são aplicadas na flotação de minério de cobre.

Álcoois alifáticos

Capazes de reduzir bastante o tamanho de bolhas, os álcoois alifáticos são muito indicados para a flotação de finos. A Clariant produz a linha Montanol, composta de misturas de álcoois, éteres e ésteres, aplicada em quase todos os tipos de flotação:

◆ Montanol 88: grafita e talco;
◆ Montanol 200: carvão;
◆ Montanol 531 e 551: carvão;
◆ Montanol 800: minérios naturalmente hidrofóbicos, como talco, carvão, molibdenita e grafita. Além disso, pode ser aplicado na flotação de cobre e apatita.

A Clariant produz, ainda, o Flotanol M-28, que consiste numa mistura de álcoois alifáticos, que vem substituindo os espumantes tradicionais. Ele é amplamente utilizado na flotação de vários tipos de minério, como sulfetos, nióbio etc.

O Quadro 21.2 resume a contribuição da Clariant para a indústria mineral.

Quadro 21.2 REAGENTES OFERECIDOS PELA CLARIANT

Reagente/ composição química	Uso	Pode ser combinado com	Espumante recomendado
Coletores para minérios sulfetados			
Ditiofosfatos alifáticos			
Hostaflot LET	coletores para minérios sulfetados de cobre, molibdênio, sulfeto de zinco, minérios contendo metais nobres; pH > 3,5	Xantatos; Hostaflot X-23; Hostaflot X-231; Hostaflot M-91	Flotanol D-grades; Flotanol C-7; Flotanol H-grades
Hostaflot LIB			
Hostaflot LIP			
Hostaflot LSB			
Ditiofosfatos aromáticos			
Phosokresol B	especialmente para minérios sulfetados de chumbo	Xantatos; Hostaflot L-grades	Flotanol D-grades; Flotanol C-7; Flotanol H-grades
Phosokresol F			

Quadro 21.2 REAGENTES OFERECIDOS PELA CLARIANT (CONT.)

Reagente/ composição química	Uso	Pode ser combinado com	Espumante recomendado
Formulação de mercaptobenzotiazol			
Hostaflot M-91	coletores para todos os minerais sulfetados, especialmente para metais nobres. Em pH 4-5: ouro contido em pirita e arsenopirita; flotação bulk de minerais sulfetados. Em pH>8: ouro contido em minérios de cobre porfirítico, galena; minérios de chumbo não sulfetados (após sulfetização)	Xantatos; Hostaflot L-grades	Flotanol D-grades; Flotanol C-7; Flotanol H-grades
Hostaflot M-92			
Tiocarbamatos			
Hostaflot X-23	coletor oleoso para minérios de cobre e zinco; reduz o consumo específico	Xantatos; Hostaflot L-grades; Hostaflot M-91; Hostaflot M-92	Flotanol D-grades; Flotanol C-7; Flotanol H-grades
Hostaflot X-231			
Hostaflot NP-107			
Hostaflot E703			
Hostaflot 3403			
Coletores para minérios não sulfetados e não metálicos			
Ácidos graxos			
Flotinor FS-2	coletor utilizado para todas as flotações industriais, como scheelita, minerais de óxidos pesados, feldspatos, fosfatos etc.	Flotinor V-2875; Flotinor SM-15; Flotinor SM-35; Emulsificador não iônico	Flotol B
Flotinor GA-01	coletor de apatita	-	-
Alquilsulfatos de sódio			
Flotinor S-72	coletor para barita, celestita e anglesita	Flotinor FS-2	-
Ésteres de ácido mono/difosfórico			
Flotinor SM-15	coletor para biotita; minerais de óxidos pesados (titânio e ferro) bordeando quartzo para vidro; fluorita; magnesita; flotação reversa de fosforito	Flotinor FS-2; Flotinor SM-35	-
Sarcosinatos			
Arkomon SO	coletor para apatita, fluorita e scheelita	Flotinor FS-2	-
Alquilsulfossuccinato			
Flotinor SM-35	coletor para apatita; minérios de ferro contaminantes na flotação de areia para vidro	Flotinor FS-2; Flotinor SM-15	-

Quadro 21.2 REAGENTES OFERECIDOS PELA CLARIANT (CONT.)

Reagente/ composição química	Uso	Pode ser combinado com	Espumante recomendado
Alquilsulfossuccinamato			
Flotinor V-2875	coletor para apatita; minérios de ferro contaminantes na flotação de areia para vidro	Flotinor FS-2; Flotinor SM-15	-
Coletores catiônicos			
Aminas primárias			
Flotigam T	coletor para potássio	Flotigam S; Flotigam T; Flotigam FS-2	Flotol grades; Flotanol F
Flotigam S	coletor para potássio e biotita		
Genamin CC 100	coletor para moscovita e feldspato		
Alquil graxo propilenodiamina			
Genamin TAP 100	coletor para feldspato e pirocloro		
Flotigam DAT	coletor para feldspato	Genagen grades	-
Flotigam V 4343	coletor para feldspato	Flotinor FS-2	
Alquileteramina			
Flotigam EDA	coletor para silicatos em flotação reversa de ferro e para a flotação de moscovita	-	-
Flotigam EDA-3			
Flotigam EDA-C			
Flotigam V 5499			
Flotigam V 5436			
Alquileterdiamina			
Flotigam 2835	coletor para minério de zinco oxidado e para silicatos em flotação reversa de ferro	Xantatos em flotação de zinco oxidado	-
Flotigam 2835-2			
Flotigam 2835-2L			
Flotigam 3135			
Flotigam LDD-2			
Quaternário de amônio			
Flotigam K2C	coletor para silicatos em flotação reversa de calcita e para a flotação de wollastonita	-	Flotol B
Flotigam V 4884			
Imidazolinas			
Flotigam ITU	coletor para pirocloro e silicatos na flotação reversa de calcita	-	-

Quadro 21.2 REAGENTES OFERECIDOS PELA CLARIANT (CONT.)

Reagente/ composição química	Uso	Pode ser combinado com	Espumante recomendado
Coletores não iônicos emulsificadores			
Nonilfenol etoxilado			
Arkopal grades	emulsificador para a flotação de fluorita, magnesita e fosfatos	Flotinor FS-2; Arkomon SO	-
Ácidos graxos etoxilados			
Genagen grades	dispersante para lamas na flotação de pirocloro e fluorita	Flotinor V-2875; Genamin TAP 100	-

Quem é quem na flotação no Brasil 22

Alberto Augusto Rebelo Biava

Natural de Batatais (SP), formou-se engenheiro de minas pela Escola Politécnica da Universidade de São Paulo (Poli-USP) em 1966. Especializou-se em beneficiamento de minerais não ferrosos.

Iniciou sua vida profissional na Mineração Boquira (BA), como engenheiro da Mina Cruzeiro, mina de chumbo e zinco. Posteriormente trabalhou na Companhia de Cimento Itambé, na pesquisa de calcário e argila. Por duas ocasiões prestou serviços para a Paulo Abib Engenharia, participando principalmente de projetos na área de não ferrosos (Zn, Pb, Cu e Sn). Participou, em todas as fases, do Projeto Caraíba (BA), hoje Mineração Caraíba; do Projeto Expansão de Camaquã (RS); e em vários estudos de desenvolvimento de processo para vários minérios de cobre da Bahia, Sergipe, Rio Grande do Sul, Goiás e Pará, pelo Ceped (Centro de Pesquisas e Desenvolvimento, BA). Trabalhou, ainda, para a empresa de engenharia Jaakko Pöyry Engenharia, em diversos estudos e projetos.

Para a Votorantim Metais (VM), prestou serviços de 1998 a 2005, inicialmente como Gerente de Projetos de Engenharia do setor de mineração da Companhia Mineira de Metais (CMM) (Zn e Pb) e, posteriormente, como Gerente de Desenvolvimento Tecnológico da VM (Zn, Pb, Ni e tratamento e recuperação de resíduos industriais do Grupo Votorantim), tendo participado de vários estudos de melhorias nas atuais operações e em novos projetos da CMM, da Companhia Níquel Tocantins (Ni sulfetado e laterítico) e da Mineração Serra da Fortaleza (Ni sulfetado).

Desde 2005, presta serviços para a Minerconsult Engenharia, tendo participado do Projeto Expansão III (Au), da Rio Paracatu Mineração (RPM), para processar 41 Mtpa de minério; do Projeto Barro Alto (Ni), da Anglo Base Metals, para a produção de 158.000 t/ano de FeNi; e do Projeto Bayovar (fosfato do Peru), para a produção de 3,9 Mtpa de concentrado de rocha fosfática. Atualmente participa de dois projetos de minério de cobre: Projeto Chapada (GO), da Mineração Maracá Ind. e Com. (Yamana Gold), de expansão para 32 Mtpa de minério; e Projeto Serrote da Laje (AL), da Mineração Vale Verde (Aura Minerals), para processamento de 15 Mtpa de minério.

André Taboada Escobar

Graduado em Engenharia Química pela Pontifícia Universidade Católica do Rio Grande do Sul (PUC/RS) em 1982, fez pós-graduação na Universidade Federal do Rio Grande do Sul (UFRGS).

Em janeiro de 1983, iniciou sua carreira profissional na Carbonífera Metropolitana, onde permanece até hoje, com as seguintes atribuições:

a) Complexo Esperança/Fontanella - responsável pela área de processos industriais das unidades de beneficiamento:
- unidade de beneficiamento mina Esperança;
- unidade de beneficiamento mina Fontanella;
- unidade de beneficiamento de concentração de pirita;
- circuito de mesas concentradoras de reprocessamento de finos;
- unidade de secagem e moagem de carvão mineral;
- laboratório de análises e ensaios de carvão mineral;
- operação e logística do transporte de carvão mineral;
- responsável pela estação de tratamento de água;
- tratamento e abastecimento de água potável e industrial;

- responsável pela fábrica de resinas para uso no escoramento da mina subsolo.

b] Setor Capivari de Baixo - responsável pela unidade de aglomeração de carvão mineral ultrafino.

Antônio Eduardo Clark Peres

Engenheiro metalurgista de formação (Escola de Engenharia da UFMG, 1968), mestre em Ciências e Técnicas Nucleares (CNEN/UFMG, 1973) e Ph.D. em Engenharia Mineral (University of British Columbia, Canadá, 1979). Foi Professor Titular do Departamento de Engenharia de Minas da UFMG, universidade na qual é Professor Associado do Departamento de Engenharia Metalúrgica e de Materiais desde janeiro de 1998. Foi chefe do Departamento de Engenharia de Minas da UFMG e coordenador dos cursos de pós-graduação em Engenharia Metalúrgica e de Minas e de graduação em Engenharia Metalúrgica.

Orientou 61 dissertações de mestrado (54 na UFMG, cinco na USP e duas na Ufop) e 21 teses de doutorado (20 na UFMG e uma na Coppe/UFRJ) em Tratamento de Minérios, tendo publicado mais de 300 artigos técnicos, especialmente no que tange a métodos físico-químicos de concentração de minérios. Foi agraciado com as distinções: Prêmio "Oxigênio do Brasil" - ABM (1969); Prêmio "Metal Leve" - ABM (1978); Prêmio "MALC" - Revista Brasil Mineral (1987); Medalha Christiano Ottoni, Engenheiro do Ano no Estado de Minas Gerais (2003).

É pesquisador do CNPq, classificado no nível IA. Foi coordenador do Projeto Pronex/96 - "Tecnologia Mineral Aplicada a Minérios Brasileiros"; vice-coordenador do Instituto do Milênio "Água: uma visão mineral"; membro de comitês assessores do CNPq por 10 anos, no PADCT (três editais) e da Capes. Coordenou 20 projetos de pesquisa e desenvolvimento financiados pela Finep (FNDCT e PADCT), pelo CNPq e pela Fapemig.

Sua área de interesse é o Tratamento de Minérios com ênfase em flotação: minérios de ferro, fosfáticos, sulfetos de chumbo-zinco, oxidados de zinco, reagentes.

Armando Corrêa de Araujo

Engenheiro de minas pela UFMG (1979), recebeu a Medalha de Prata da instituição. Tornou-se mestre em Metalurgia Extrativa pela mesma instituição em 1982 e Ph.D. em Processamento Mineral pela University of British Columbia (UBC) em 1988. Publicou mais de 90 artigos técnicos e supervisionou 13 dissertações de mestrado na UFMG (Programa de Engenharia Metalúrgica e de Minas - CPGEM).

Desde o seu retorno à vida acadêmica, em 2002, está supervisionando cinco alunos de doutorado e cinco alunos de mestrado. A maior parte dos trabalhos supervisionados ou em supervisão é resultado de cooperação direta com a indústria mineral. De 1993 a 2002, o Prof. Araújo atuou na iniciativa privada como Gerente de Pesquisa e Desenvolvimento numa empresa de mineração de ferro, supervisionando ensaios em escala de laboratório, piloto e industrial nas áreas de Tratamento de Minérios e de caracterização metalúrgica de minérios de ferro e sua aglomeração por sinterização e pelotização.

Esteve diretamente envolvido na implementação – desde a fase de projeto conceitual até o comissionamento de operação – de uma usina industrial de beneficiamento de minério de ferro, com investimento de mais de R$ 40 milhões. Coordenou projetos de pesquisa do CNPq e do PADCT, nos quais atuou como membro de comitês. É revisor de periódicos nacionais e internacionais e editor adjunto de uma publicação técnica nacional.

Em 2004, recebeu o prêmio Samarco de reconhecimento técnico pela melhor publicação no âmbito de minério de ferro apresentada em seminários da ABM em 2003.

Na UFMG, já foi escolhido diversas vezes como professor homenageado e como patrono de turmas de engenheiros de minas.

Arnaldo Lentini da Câmara

Pesquisador Master do Centro de Pesquisa e Desenvolvimento da Magnesita S.A., responde pelos estudos relacionados ao beneficiamento de matérias-primas minerais.

Graduado em Engenharia de Minas pela Escola de Engenharia da UFMG (1977) e em Psicologia pela PUC/MG (1991). Fez especializações em Aperfeiçoamento em Economia Mineral, Análise de Sistemas de Informação e Geoestatística. É mestre em Engenharia Metalúrgica e de Minas, Área de Concentração Tecnologia Mineral, pela Escola de Engenharia da UFMG (2003).

Suas atividades profissionais iniciaram-se em 1977, na Magnesita S.A., em trabalho de gerenciamento operacional de minas de pequeno porte de matérias-primas minerais diversas (argilas, caulim, cianita, dolomita, cromita, magnesita, magnetita, talco, filito, quartzito, agalmatolito, espongilito), que compreendeu atividades de desenvolvimento de mina, lavra e Tratamento de Minérios.

A partir de 1999, passou a atuar como pesquisador na área de Tratamento de Minérios do CPqD, tendo como principais trabalhos realizados o desenvolvimento da flotação de talco e a implantação da usina industrial de flotação de talco em colunas em Brumado (BA); a mudança do processo de concentração de flotação de magnesita – de flotação direta para flotação reversa –, com implantação da nova usina de concentração em Brumado; estudos de concentração de cromita; desenvolvimento do processo de concentração de espongilito; estudos de concentração de grafita; avaliação de processos de moagem e micronização; estudos para aproveitamento de refugos de processos siderúrgicos.

Arthur Pinto Chaves

Engenheiro metalurgista de formação (1968) e com mestrado, doutorado e livre-docência pela Escola Politécnica da USP (Poli-USP), na área de Tratamento de Minérios.

Iniciou sua carreira profissional no Instituto de Pesquisas Tecnológicas (IPT), na então recém-criada Divisão de Tratamento de Minérios, ao mesmo tempo que fazia o seu mestrado em Tecnologia Mineral. Em 1972, passou para a Paulo Abib Engenharia (PAA), onde galgou diversas posições até chegar a Gerente de Processos Minerais. Em 1979, foi trabalhar na Promon Engenharia como Gerente de Operações e Mercado. Era a época do "milagre brasileiro", quando foram implantados os grandes projetos de mineração, o que lhe deu a oportunidade de adquirir uma experiência sólida e diversificada.

Em 1983, retornou ao agora Instituto de Pesquisas Tecnológicas do Estado de São Paulo (IPT), e, de 1985 a 1987, ocupou a posição de Gerente de Planejamento e Desenvolvimento das Empresas Brumadinho, então o segundo maior grupo produtor de estanho no Brasil. Entre 1986 e 1990, com outros sócios, dirigiu a Alternativa Engenharia de Minas S.C. Ltda.

Está na carreira universitária desde 1976, como professor da Escola Politécnica da USP, onde foi aposentado em 1999 como Professor Titular de Tratamento de Minérios, embora continue lecionando como Professor Colaborador. Entre 1985 e 1988, lecionou no Instituto de Geociências da Unicamp. Participou ativamente dos programas de extensão do Departamento de Engenharia de Minas, tendo sido Gerente do Programa de MBA em Mineração para a Vale.

Como resultado de toda essa atividade docente, tem 32 mestres formados, 19 doutores e 5 pós-doutores. Tem também seis livros-texto publicados, dois já em terceira edição e dois em quinta edição.

Carlos Alberto Ikeda Oba

Geólogo de formação (Instituto de Geociências da USP, 1985), com doutorado em Engenharia Mineral pela Escola Politécnica da USP (2000), doutorado em Ciências e Engenharia de Materiais pelo Institut National Polytechnique de Toulouse (2000) e pós-doutorado pelo Instituto de Geociências da USP (2002). É especialista em Caracterização Tecnológica e Tratamento de Minérios.

Iniciou sua carreira profissional na Paulo Abib Engenharia, em 1986, atuando nos departamentos de caracterização tecnológica e processos minerais. Gerenciou os laboratórios químico e mineral, tendo participado de diversos projetos de viabilidade técnica de empreendimentos mineiros do Brasil e do exterior. A partir de 1995, implantou e gerenciou um laboratório químico via úmida no Departamento de Engenharia de Minas da Escola Politécnica da USP, desenvolvendo atividades de pesquisa em caracterização tecnológica e processos minerais no Laboratório de Tratamento de Minérios, época em que iniciou seu doutorado.

Desde 2002 vem atuando na Multigeo Mineração Geologia e Meio Ambiente, coordenando diversos trabalhos no setor mineral e ambiental.

Carlyle Torres Bezerra de Menezes

Pós-graduado pela Escola Nacional Politécnica da Lorraine (Nancy, França) na área de tratamento de efluentes da indústria mineral, no âmbito do Convênio Cesmat/CNPq, desenvolveu estudos na área de aplicação da flotação iônica e em coluna no Laboratório de Meio Ambiente e Mineralurgia (LEM).

É doutor em Engenharia Mineral pelo Departamento de Engenharia de Minas e de Petróleo da Escola Politécnica da USP, com ênfase na área de Gestão Ambiental dos Recursos Minerais.

Iniciou sua carreira profissional no Estado de Santa Catarina, onde trabalhou na empresa Carbonífera Barro Branco de 1986 a 1990. Trabalhou também na Companhia Brasileira Carbonífera de Araranguá (CBCA), atual Cooperminas, no período de 1990 a 1996, onde exerceu as funções de Engenheiro-chefe de Beneficiamento, Gerente Técnico e, posteriormente, Síndico da Massa Falida no processo de recuperação socioeconômica e financeira da empresa.

Trabalha atualmente na Universidade do Extremo Sul Catarinense (Unesc), onde colaborou e desenvolveu trabalhos de pesquisa aplicada e atividades de extensão no Instituto de Pesquisas Ambientais e Tecnológicas (Ipat), nas áreas de reabilitação de áreas degradadas e de tratamento de efluentes. Em 1999, assumiu os trabalhos de implantação e coordenação do curso de Engenharia Ambiental da Unesc, bem como passou a lecionar as disciplinas de Reabilitação de Áreas Degradadas, Extração Mineral e Meio Ambiente e Introdução à Engenharia Ambiental.

Eldon Azevedo Masini

Engenheiro de minas (1969) e doutor em Engenharia (1995) pela Politécnica da USP com a tese "Efeito das dimensões de provetas no dimensionamento de espessadores".

Suas especialidades são o Tratamento de Minérios, o desenvolvimento de processos de beneficiamento de minérios, o manuseio de polpas de minérios, processos de separação sólido/líquido de polpas de minérios, engenharia de processo, engenharia básica e coordenação de equipes multidisciplinares para a execução de projetos de mineração.

Iniciou sua carreira profissional na Caraíba Metais S.A., tendo passado para a Paulo Abib Engenharia em 1971, onde permaneceu até o encerramento das atividades da empresa, em 1990. Desde então é professor do Departamento de Engenharia de Minas e de Petróleo da Escola Politécnica da USP (Poli-USP).

Fernando Antônio Freitas Lins

Nascido em Maceió (AL), ainda criança foi morar no Rio de Janeiro. Graduou-se em Engenharia Metalúrgica pela PUC/RJ em 1975.

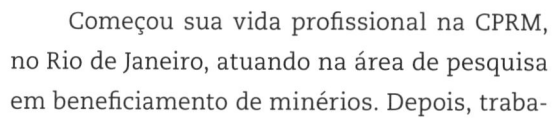

Começou sua vida profissional na CPRM, no Rio de Janeiro, atuando na área de pesquisa em beneficiamento de minérios. Depois, trabalhou no start-up e, por cinco anos, na unidade de pelotização de minério de ferro da Samarco Mineração, em Ubu (ES), chegando a ser responsável pela Divisão de Processo e Controle de Qualidade.

De volta ao Rio de Janeiro, atua desde 1982 no Centro de Tecnologia Mineral (Cetem) do Ministério da Ciência e Tecnologia, tendo participado de vários projetos de Tratamento de Minérios, em especial na flotação. No Cetem, onde é Pesquisador Titular, ocupou várias funções, tendo sido seu Diretor entre 1998 e 2002, cargo que também ocupou interinamente, por dez meses, entre 2003 e 2004, e depois foi Coordenador de Planejamento. Em 2006, passou a exercer a função de Diretor de Transformação e Tecnologia Mineral da Secretaria de Geologia, Mineração e Transformação Mineral (SGM) do Ministério de Minas e Energia, em Brasília.

Obteve o mestrado e o doutorado em Engenharia Metalúrgica e de Materiais pela Coppe/UFRJ. Em 1988, recebeu o prêmio Companhia Brasileira de Alumínio (CBA), outorgado pela ABM, por um trabalho sobre flotação de ouro.

Coeditou cinco livros e publicou cerca de 70 trabalhos completos em periódicos e anais de congressos nacionais e internacionais, além de capítulos de livros. É pesquisador do CNPq desde 1996.

Francisco Evando Alves

Jornalista formado pela Escola de Comunicações e Artes da USP (1978), atuou nos jornais Folha de S.Paulo, O Estado de S. Paulo e Diário do Grande ABC, entre outras publicações.

Especializou-se em mineração e há mais de 20 anos é editor da revista *Brasil Mineral*. É responsável também pela publicação das revistas *Saneamento Ambiental*, *Química Industrial* e *Brasil Alimentos*, da Signus Editora, empresa na qual ocupa o cargo de Diretor Editorial.

Idealizou e coordenou eventos no setor mineral, como o Encontro Nacional da Pequena e Média Mineração e o Simposio Latinoamericano de Minería. Coordenou a publicação de diversos livros nas áreas de mineração e meio ambiente.

Como jornalista especializado, realizou viagens de trabalho à França, Suécia, Alemanha, Espanha, Estados Unidos, Peru, Bolívia, Argentina e Venezuela.

Frank Edward de Oliveira Rezende

Engenheiro de minas formado pela Escola Politécnica da USP, obteve o mestrado e o doutorado em Tratamento de Minérios (MSc e DIC) pelo Imperial College com a tese *Technological characterization of Caraíba copper ore*.

Trabalhou de 1976 a 1986 no Centro de Pesquisas e Desenvolvimento (Ceped), tendo atuado como engenheiro de minas e de processos em vários estudos de viabilidade e projetos de empreendimentos mineiros e metalúrgicos, com destaque para a participação no projeto Caraíba Metais (atual Mineração Caraíba). Gerenciou o departamento de Tecnologia Mineral do Ceped por dois anos.

De 1986 a 1989, atuou como consultor independente para clientes expressivos, como o Cepca, a Rio Salitre Mineração Ltda., a Superintendência de Geologia e Recursos Minerais - Bahia, e a Metais Especiais Consultoria Ltda.

De 1990 a 1997, foi sócio da Metais Especiais Consultoria Ltda., responsável pelo desenvolvimento de processo de tratamento de minério; pela supervisão de projetos básicos e detalhados de empreendimentos mineiros, principalmente para ouro; pelo planejamento, projeto e supervisão de mina a céu aberto e pela realização de estudos de viabilidade, com participação ativa em projetos realizados no Brasil e no exterior (Rússia).

Desde 1998 atua como consultor independente, tendo como principais clientes a Votorantim Metais Zinco S.A., a Yamana Desenvolvimentos Minerais S.A., a Mineração Caraíba S.A. (de 8/1998 a 5/2005), a Kinross Americas e a Codelco Chile.

Geraldo Majela Silveira

Engenheiro de minas formado pela UFMG (1992), iniciou sua carreira profissional na Companhia Mato-grossense de Mineração, órgão de fomento à mineração. Desenvolveu trabalhos de engenharia voltados para o aproveitamento econômico de corpos auríferos filonianos de pequena potência, com aplicação de lavra subterrânea e concentração gravítica em pequena escala.

Ingressou no grupo Rio Tinto Brasil em 1997, participando do pré-comissionamento e do *start-up* da Mineração Serra da Fortaleza.

Trabalhou como Coordenador de Processo e Laboratório Químico, atuando mais intensamente nas áreas de moagem SAG, flotação unitária e mecânica e desenvolvimento de processo para o aproveitamento de minérios sulfetados de níquel de baixos teores.

Participou e liderou cinco programas de melhorias contínuas dentro da unidade, entre eles o de aumento da recuperação de níquel na flotação, redução de custos operacionais da metalurgia e otimização da matriz energética. Foi responsável técnico pelas barragens da Serra da Fortaleza e participou, como representante de processos, na equipe do closure design para a cava a céu aberto, pilha de estéril e depósito de rejeitos.

Desde 2004 vem trabalhando com avaliações técnico-financeiras em vários projetos da Votorantim Metais para níquel, e atualmente é Gerente de Desenvolvimento de Projetos da área de mineração corporativa da VM, atuando em projetos no Brasil e no exterior.

Jorge Rubio

Licenciado em Ciências Químicas, Ph.D. pela Universidad de Chile (1971); M. Phil. (1976) e Ph.D. (1977) pelo Imperial College, University of London, no Mineral Resources Engineering Department, Royal School of Mines.

Pós-doutorados no Institute of Colloids and Surfaces, University of Clarkson, New York, EUA (1977-1978), e no Materials Science and Engineering, University of California, Berkeley, EUA (1979).

Foi Professor Assistente no Departamento de Físico-química da Universidad de Chile, de 1971 a 1974, e Research Assistant no Clarkson College e na University of California, de 1977 a 1979. Desde 1979 é Professor Associado e Chefe do Laboratório de Tecnologia Mineral e Ambiental (LTM) do Departamento de Engenharia de Minas da Escola de Engenharia da UFRGS. Foi Professor Visitante no Istituto per il Trattamento dei Minerali, Roma, Itália (1984); no Institut für Aufbereitung, Universidade de Aachen, Alemanha (1988); e na University of Nevada, UNR, Chemical and Metallurgical Dept., Reno, EUA (1996 e 1998). Foi Pesquisador Sênior Visitante na Universidad de Chile e no Centro de Investigación Minera y Metalúrgica (CIMM) (outubro/1991 a maio/1992). É Pesquisador 1-A do CNPq desde 1987.

Como resultado de toda essa atividade docente, tem 27 mestres formados, 15 doutores e 4 pós-doutores, mais de 250 artigos em periódicos científicos (120 internacionais), congressos, capítulos de livros e duas patentes concedidas, mais duas depositadas.

Suas linhas de pesquisa, desenvolvimento e inovação (P, D&In) são nas áreas de processamento de recursos minerais (frações finas e ultrafinas); novos equipamentos; técnicas de flotação e floculação; e estudos ambientais: tratamento de efluentes líquidos industriais e urbanos, tratamento de drenagens ácidas de minas (DAM) e remoção de íons, óleos e reagentes residuais.

José Farias de Oliveira

Engenheiro de minas pela UFPE (1968), trabalhou inicialmente em pesquisas geológicas no Estado da Bahia e na Divisão de Fiscalização do DNPM, no Rio de Janeiro.

Após a conclusão do mestrado em Engenharia Metalúrgica pela PUC/RJ (1972), trabalhou em pesquisas no Warren Spring Laboratory, Inglaterra (1973-1974), com apoio financeiro do Conselho Britânico. Em 1986, defendeu tese de doutorado na Coppe/UFRJ, na área de flotação.

Como Chefe da Divisão de Tecnologia Mineral da CPRM (1975-1978), coordenou os trabalhos de pesquisa da equipe inicial em atividades desenvolvidas nos laboratórios da Praia Vermelha. Participou da elaboração do projeto do Cetem e das atividades tecnológicas visando à sua implantação. Com a transferência para a Ilha do Fundão e a estruturação do Centro, ocupou os cargos de Chefe do Departamento de Processos (coordenador das atividades de todas as divisões técnicas) e de Superintendente Adjunto do Cetem, no período de 1978 a 1986.

Como Professor Adjunto da Coppe (1986), passou a desenvolver pesquisas aplicadas ao setor mineral, à indústria de petróleo e ao meio ambiente, e coordenou a implantação do novo Laboratório de Tecnologia Mineral (PADCT). Após um período como Chefe do Departamento de Engenharia Metalúrgica e de Materiais e Coordenador do Programa de Pós-graduação, exerceu subsequentemente o cargo de Diretor Executivo da Fundação Coppetec e Diretor de Tecnologia e Inovação da Coppe (2002/2003). Por dois anos foi membro da CAD, a comissão de avaliação das atividades de pesquisa da Coppe/UFRJ.

Em 2002, recebeu o título de Professor Titular por meio de concurso público de provas e títulos. Nos últimos anos vem orientando teses de mestrado e doutorado, com artigos científicos publicados em congressos e revistas internacionais, tais como Minerals Engineering, Journal of Colloid and Interface Science, International Journal of Mineral Processing, Colloids and Surfaces e Journal of Dispersion Science and Technology.

Atualmente é membro do Conselho Deliberativo da Coppe e Diretor Superintendente do Cetem.

Laurindo de Salles Leal Filho

Professor Titular de Tratamento de Minérios da Escola Politécnica da USP, é engenheiro de minas de formação (UFMG, 1984). Fez mestrado em Engenharia Metalúrgica (UFMG, 1988) e doutorado em Engenharia Mineral (USP, 1991). Conquistou a livre-docência na USP em 1999.

Trabalha há 20 anos com flotação de minerais (escalas de laboratório, piloto e industrial), no desenvolvimento de processos, reagentes, pesquisa fundamental, fenômenos de transporte e tratamento de efluentes.

Orientou 5 doutores e 14 mestres. Publicou mais de 50 trabalhos acadêmicos, incluindo artigos em anais de congressos e periódicos nacionais e internacionais, assim como capítulos de livros.

Lauro Akira Takata

Graduado em Engenharia de Minas pela Escola Politécnica da USP (1971), trabalhou dois anos na

Mineração Boquira (chumbo e zinco) e 23 anos na Bunge Fertilizantes - Unidade Araxá (fosfato). Após vários anos atuando em diferentes áreas de produção industrial, a partir de 1980 passou a trabalhar nas áreas de tecnologia mineral e de fertilizantes, coordenando um grupo de pesquisadores com dedicação integral. Desde 1996, atua como consultor independente, prestando serviços para a Bunge Fertilizantes, Fosfertil, Cia. Mineira de Metais (CMM), Companhia Brasileira de Metalurgia e Mineração (CBMM), Galvani, Canadian Process Technologies (CPT) e outras empresas no exterior.

Na área de fosfatos, desenvolveu estudos de processos em escala de laboratório e planta-piloto com minérios de Araxá (MG), Cajati (SP), Tapira (MG), Irecê (BA), Lagamar (MG) e Serra do Salitre (MG). No exterior, desenvolveu pesquisa com minérios de fosfato de Sept-Îles (Quebec) e Kapuskasing (Ontário), no Canadá, além de trabalhos em Kovdor, na Rússia.

Sua produção acadêmica abrange trabalhos publicados no Brasil, Estados Unidos, Chile e Canadá. Essas publicações estão relacionadas com caracterização tecnológica de minérios, automação industrial, processos de flotação em coluna etc. Como pesquisador, obteve várias patentes concedidas pelo Instituto Nacional de Propriedade Industrial (Inpi), em processos de concentração de barita, apatita ultrafina e de fabricação de fertilizantes.

Luiz Antonio Fonseca de Barros

Graduado em Engenharia de Minas pela Ufop, tem mestrado pela Escola Politécnica da USP (Poli-USP) e doutorado em Engenharia Mineral pela EE/UFMG. Possui especialização em Engenharia de Segurança do Trabalho, Gestão Empresarial, Economia Mineral e Automação Industrial.

Iniciou sua vida profissional em atividades de pesquisa mineral e desenvolvimento de processos de concentração de minérios fosfatados. Participou dos diversos estudos de engenharia dos projetos de implantação de unidades industriais de aproveitamento de fosfatos da região de Araxá (MG). Trabalhou nas atividades de posta em marcha e operação das usinas de concentração e aproveitamento industrial de concentrados fosfáticos, bem como dos estudos e projetos das ampliações das escalas de produção.

Desenvolveu sua vida profissional ligado ao beneficiamento de minérios, estudos de processo de concentração e desenvolvimento tecnológico, com trabalhos realizados em escala laboratorial, em planta-piloto e em escala industrial, com minérios das diversas jazidas brasileiras.

Ocupou atividades nas áreas de operação, manutenção, planejamento de produção e engenharia de processo. Ocupou o cargo de Gerente de Engenharia, ligado ao desenvolvimento de projetos de bombeamento de polpas minerais em tubulações em longa distância (minerodutos e rejeitodutos).

Atualmente desenvolve trabalhos de consultoria mineral, no desenvolvimento de processos minerais e projetos de engenharia para o aproveitamento industrial.

Possui ampla produção acadêmica, abrangendo trabalhos técnicos publicados em anais de seminários e simpósios no Brasil e no exterior. Como pesquisador, tem algumas patentes industriais concedidas pelo Inpi, em processos de concentração de apatita, de aplicação de reativos de flotação e insumos industriais.

Luiz Paulo Barbosa Ribeiro

Mestre em Engenharia Mineral (Escola Politécnica da USP, 2002), graduado em Química Industrial (Faculdades Oswaldo Cruz, 1992) e em Engenharia Química (Faculdades Oswaldo Cruz, 1996). É especialista em Tratamento de Minérios, flotação e análises químicas, com mais de dez anos de experiência na área mineral.

Iniciou sua carreira profissional na Paulo Abib Engenharia, em 1993, atuando nos laboratórios químico e instrumental, tendo participado, entre outros, de projetos de empresas como a Mineração Taboca, Mineração Rio do Norte e Santa Elina. A partir de 1995, trabalhou no Departamento de Engenharia de Minas da Escola Politécnica da USP, onde também fez o seu mestrado, cujo tema foi o desenvolvimento de processo para recuperação de gálio por meio de flotação iônica. Continuou trabalhando na USP, onde fez a implantação do Laboratório de Isótopos Estáveis do Centro de Pesquisas Geocronológicas do Instituto de Geociências. Entre 2003 e 2008, trabalhou também na Cadam, Xilolite e Arr-Maz do Brasil, e atualmente está na Akzo Nobel - Divisão Química.

Marco Antônio Nankran Rosa

Graduado em Engenharia de Minas pela UFMG (1982), tem especialização em Engenharia de Segurança pela Fundação Mineira de Educação e Cultura (1992), em Engenharia Mineral pela Escola Politécnica da USP (1994) e em Fruticultura Comercial pela Universidade Federal de Lavras (1998).

Trabalhou sempre para a Companhia Vale do Rio Doce, inicialmente com minério de ferro e, mais recentemente, no Projeto Cobre, nas áreas de:

- cominuição (britagem e moagem);
- concentração por flotação, meio denso e magnética;
- classificação e bombeamento;
- separação sólido/líquido;
- equipamentos auxiliares;
- usina-piloto e laboratório de processo;
- implantação e desenvolvimento de projetos.

Marisa Monte

Nascida no Rio de Janeiro, formou-se em Engenharia Química

na Escola de Química da UFRJ (1984). É mestre e doutora em Engenharia Metalúrgica e de Materiais pela Coppe/UFRJ, em temas relacionados à flotação.

É Tecnologista Sênior do Centro de Tecnologia Mineral (Cetem) do Ministério da Ciência e Tecnologia, onde trabalha desde 1989. Por ocasião das comemorações dos 45 anos de fundação do CNPq, em março de 1996, recebeu uma medalha de Honra ao Mérito pelo prêmio Jovem Cientista, em reconhecimento às suas atividades de pesquisa.

Os resultados do trabalho em pesquisa e desenvolvimento traduzem-se pela sua participação em projetos para empresas de mineração e agências de fomento e na elaboração de patentes, além de 65 publicações nacionais e internacionais. Desde 1999 é pesquisadora do CNPq.

Coordenou por 12 anos um grupo de pesquisa no Cetem na área de físico-química de superfície aplicada à flotação, além de processamento e desenvolvimento de novos produtos minerais. Desde abril de 2008 está fazendo pós-doutorado no Ian Research Institute, vinculado à University of South Australia (Adelaide, Austrália).

Paulo Roberto Gomes Brandão

Engenheiro de minas pela UFMG (agraciado com a medalha de ouro, 1968) e mestre (1980) e doutor (Ph.D., 1982) em Mining and Mineral Process Engineering pela University of British Columbia (Vancouver, Canadá).

Trabalhou como pesquisador e supervisor de pesquisas na Magnesita S.A. durante 20 anos. Tornou-se professor do Departamento de Engenharia de Minas da UFMG em 1989, tendo sido aprovado para Professor Titular em 1991. Aposentou-se em 2003 e foi honrado com o título de Professor Emérito em abril de 2004.

É pesquisador nível 1A do CNPq. Ganhou o Prêmio Companhia Vale do Rio Doce em 1997, pelo melhor trabalho sobre minério de ferro. Em 2005, recebeu o Prêmio Dr. Gildo Sá: Rochas e Minerais Industriais, conferido pelo Centro de Tecnologia Mineral (Cetem - Rio de Janeiro) ao melhor trabalho sobre esse tema.

Participou, como pesquisador e coordenador, de vários projetos de pesquisa, pelo PADCT, Pronex e Milênio. Fez parte de comitês assessores (CAs) do CNPq e do PADCT. Tem desempenhado a função de revisor de periódicos nacionais e de consultor do CNPq, Finep, Capes e de várias fundações estaduais de apoio à pesquisa.

Suas áreas de interesse são a caracterização e o processamento de minérios e minerais/rochas industriais; agregação/dispersão e reologia de polpas minerais; separação sólido-líquido e flotação; materiais cerâmicos, cimentícios e refratários (matérias-primas e desempenho).

Orientou 23 dissertações de mestrado e 12 teses de doutorado. Foi autor e coautor de 120 artigos completos publicados em periódicos nacionais e internacionais e em anais de congressos.

Paulo Roberto de Magalhães Viana

Graduado em Engenharia de Minas (UFMG, 1979) e mestre (UFMG, 1981) e doutor (UFMG, 2006) em Engenharia Metalúrgica e de Minas.

Trabalhou por 22 anos na iniciativa privada, nas áreas de pesquisa mineral, lavra, Tratamento de Minérios, aglomeração e gestão de desenvolvimento de tecnologias. Atualmente é Professor Adjunto da UFMG. Tem experiência na área de Engenharia de Minas, com ênfase em Métodos de Caracterização, Concentração e Enriquecimento de Minérios.

Rogério Luiz Moura

Engenheiro e químico industrial formado pela Universidade Federal de Sergipe (UFS), trabalha com flotação de potássio desde 1986. Atualmente é Engenheiro Sênior lotado na Gerência Geral de Fertilizantes (Gefew) da CVRD, sendo responsável pelo controle e desenvolvimento de processos da usina de beneficiamento de cloreto de potássio.

EQUIPE CLARIANT
Jorge Arias

Engenheiro metalúrgico pela Universidad de Santiago de Chile e engenheiro civil pela Universidad de Atacama (Chile). Durante cinco anos atuou em pesquisa de beneficiamento de minérios, com foco na flotação de sulfetados, no Centro de Investigación Minera e Metalúrgica (CIMM), um dos principais centros de pesquisa de mineração no Chile.

Ingressou na Clariant em 2001 como vendedor técnico na área de mineração. Em 2004 foi transferido para a Clariant Brasil, onde assumiu a coordenação da Área de Mineração. Atualmente se dedica às atividades de desenvolvimento de negócios, marketing e novas tecnologias para beneficiamento de minérios (flotação) e indústria de fertilizantes.

Nilson Mar Bartalini

Mestre em Engenharia Mineral e engenheiro de minas pela Escola Politécnica da USP (Poli-USP) e técnico em eletrônica pela Escola Técnica Federal de São Paulo.

Atua na Clariant desde 1997, nas áreas de vendas, assistência técnica e desenvolvimento de novos reagentes para flotação, pelotização, filtragem e controle de particulados. Especialista em minério de ferro, trabalha também com fosfatos, nióbio, grafite, cobre, ouro e zinco oxidado.

Antes de fazer parte da equipe Clariant, prestou serviços por cinco anos nos laboratórios da Escola Politécnica da USP (Poli--USP), onde participou de projetos de beneficiamento de minérios e resíduos e no controle e estudo de vibrações geradas em desmontes por explosivos.

Jailson Cardoso

Técnico químico industrial pela Escola Mário de Andrade (SP), atua desde 2000 no Laboratório de Aplicação Tecnológica, na Área de Mineração da Clariant, onde é responsável por ensaios de flotação, filtragem, desaguamento e pelotização, análises químicas e preparação de amostras.

Iniciou sua carreira na Paulo Abib Engenharia, onde trabalhou por 15 anos, adquirindo experiência nas etapas do processo de beneficiamento mineral, realizando ensaios de laboratório. Em seguida, esteve por nove anos no Laboratório de Caracterização Tecnológica da Escola Politécnica da USP (Poli-USP), sendo o responsável pela confecção de lâminas petrográficas e a realização de ensaios de meio denso.

Monica Speck Cassola

Engenheira de minas (1976) e mestre e doutora em Engenharia de Minas (1993 e 1997) pela Escola Politécnica da USP (Poli-USP).

Atuou por 18 anos como pesquisadora e chefe do Laboratório de Minérios e Resíduos Industriais do Instituto de Pesquisas Tecnológicas (IPT) do Estado de São Paulo. Na área de Engenharia de Minas, atuou por oito anos na Serrana S.A. de Mineração (atual Bunge Fertilizantes) e por seis anos na Paulo Abib Engenharia, sendo as suas principais áreas de atuação a aglomeração por pelotização e briquetagem, caracterização tecnológica, flotação e Tratamento de Minérios com ênfase em caracterização tecnológica e otimizações do processo de tratamento de fosfato. Atualmente é Coordenadora do Laboratório de Mineração da Clariant.

Antônio Pedro de Oliveira Filho

Bacharel em Química e doutor em Química Orgânica pela Unicamp (2000). Possui larga experiência em pesquisa e desenvolvimento por ter trabalhado em empresas como Degussa e Dupont.

Na Clariant, é responsável por P&D e Inovação na América Latina. Vem aprofundando seu trabalho no desenvolvimento de reagentes para a flotação de minérios de ferro, fosfatos e cobre, abordando também aspectos ambientais como membro da equipe de mineração da Clariant.

Zaíra Duarte

Engenheira química pela Universidade Santa Cecília (Santos, SP) e técnica em Química pelo Colégio Dr. Clóvis Bevilácqua (Santo André, SP). Atuou em tratamento de águas industriais na Clariant durante três anos, e por dois anos na empresa Nalco. Em 2006, retornou à Clariant, onde atua na área de vendas e assistência técnica para os mercados de fertilizantes, fosfatos e supressores de poeira.

Elcio Camilo Cruz

Técnico metalúrgico formado pela Escola Técnica Isaac Newton (1978). Trabalhou por 14 anos na AngloGold Mineração, onde foi responsável pelo controle de processos de beneficiamento mineral para extração de ouro. Atuou na Degussa por seis anos como vendedor e assistente técnico na área de tratamento de águas para mineração. Ingressou na Clariant em 2006, onde trabalha como vendedor e assistente técnico nas áreas de minério de ferro, nióbio, zinco, ouro e fosfatos.

Cassiano José de Oliveira

Graduando como Bacharel em Química com Atribuições Tecnológicas na Faculdade São Bernardo do Campo (Fasb) e técnico em Química pela Escola Senai Mário Amato, de

São Bernardo do Campo. Atua desde 2006 no Laboratório de Aplicação Tecnológica da área de mineração da Clariant, onde é responsável pelas análises químicas minerais principalmente de minérios de ferro e fosfatos. Iniciou sua carreira na empresa ITW do Brasil (tintas), tendo trabalhado posteriormente no Laboratório de Controle de Qualidade da Leonardi Construção Industrializada Ltda. (concreto).

CTP · Impressão · Acabamento
Com arquivos fornecidos pelo Editor

EDITORA e GRÁFICA
VIDA & CONSCIÊNCIA

R. Agostinho Gomes, 2312 • Ipiranga • SP
Fone/fax: (11) 3577-3200 / 3577-3201
e-mail:grafica@vidaeconsciencia.com.br
site: www.vidaeconsciencia.com.br